U0283143

"十四五"职业教育国家规划教材

住房和城乡建设部"十四五"规划教材
全国住房和城乡建设职业教育
教学指导委员会建筑与规划类
专业指导委员会规划推荐教材
高等职业教育建筑与规划类
"十四五"数字化新形态教材

建筑施工图设计

主　编　陈　芳　廖雅静
副主编　隆正前　徐　婧
　　　　　　　　李晓琳
主　审　　　　　吴国雄

中国建筑工业出版社

出版说明

党和国家高度重视教材建设。2016年，中办国办印发了《关于加强和改进新形势下大中小学教材建设的意见》，提出要健全国家教材制度。2019年12月，教育部牵头制定了《普通高等学校教材管理办法》和《职业院校教材管理办法》，旨在全面加强党的领导，切实提高教材建设的科学化水平，打造精品教材。住房和城乡建设部历来重视土建类学科专业教材建设，从"九五"开始组织部级规划教材立项工作，经过近30年的不断建设，规划教材提升了住房和城乡建设行业教材质量和认可度，出版了一系列精品教材，有效促进了行业部门引导专业教育，推动了行业高质量发展。

为进一步加强高等教育、职业教育住房和城乡建设领域学科专业教材建设工作，提高住房和城乡建设行业人才培养质量，2020年12月，住房和城乡建设部办公厅印发《关于申报高等教育职业教育住房和城乡建设领域学科专业"十四五"规划教材的通知》（建办人函〔2020〕656号），开展了住房和城乡建设部"十四五"规划教材选题的申报工作。经过专家评审和部人事司审核，512项选题列入住房和城乡建设领域学科专业"十四五"规划教材（简称规划教材）。2021年9月，住房和城乡建设部印发了《高等教育职业教育住房和城乡建设领域学科专业"十四五"规划教材选题的通知》（建人函〔2021〕36号）。为做好"十四五"规划教材的编写、审核、出版等工作，《通知》要求：（1）规划教材的编著者应依据《住房和城乡建设领域学科专业"十四五"规划教材申请书》（简称《申请书》）中的立项目标、申报依据、工作安排及进度，按时编写出高质量的教材；（2）规划教材编著者所在单位应履行《申请书》中的学校保证计划实施的主要条件，支持编著者按计划完成书稿编写工作；（3）高等学校土建类专业课程教材与教学资源专家委员会、全国住房和城乡建设职业教育教学指导委员会、住房和城乡建设部中等职业教育专业指导委员会应做好规划教材的指导、协调和审稿等工作，保证编写质量；（4）规划教材出版单位应积极配合，做好编辑、出版、发行等工作；（5）规划教材封面和书脊应标注"住房和城乡建设部'十四五'规划教材"字样和统一标识；（6）规划教材应在"十四五"期间完成出版，逾期不能完成的，不再作为《住房和城乡建设领域学科专业"十四五"规划教材》。

住房和城乡建设领域学科专业"十四五"规划教材的特点，一是重点以修订教育部、住房和城乡建设部"十二五""十三五"规划教材为主；二是严格按照专业标准规范要求编写，体现新发展理念；三是系列教材具有明显特点，满足不同层次和类型的学校专业教学要求；四是配备了数字资源，适应现代化教学的要求。规划教材的出版凝聚了作者、主审及编辑的心血，得到了有关院校、出版单位的大力支持，教材建设管理过程有严格保障。希望广大院校及各专业师生在选用、使用过程中，对规划教材的编写、出版质量进行反馈，以促进规划教材建设质量不断提高。

住房和城乡建设部"十四五"规划教材办公室
2021年11月

前　言

建筑施工图设计能力是建筑设计专业学生必须掌握的主要岗位能力，在本科及高职院校建筑设计专业人才培养体系中都处于很重要的地位。其知识与技能点的构成不仅包括建筑施工图设计与表达的能力，还包含：建筑制图、建筑构造、相关建筑规范的应用、计算机辅助设计应用以及施工图文件深度表达等能力，是一项综合性非常强的实训教学。由于与建筑施工图设计工作相关的专业知识体系庞大繁杂，我国目前缺少能够在实际工作情景中有效指导学生开展实训的教材。

本教材注重落实立德树人根本任务，促进学生成为德智体美劳全面发展的社会主义建设者和接班人。教材内容融入思想政治教育，推进中华民族文化自信自强。

本教材邀请企业专家参与教材建设，共同研发，包括研讨教材建设目标，遴选真实项目教学案例，拟定标准化、准确度高的工作流程（图 0-1），确定工作任务的操作要点与难点等。

以真实案例作为任务驱动，以工作过程建立思维导图模型，使学生能够快速建立起任务框架。强调学生可自主学习。过程中，不同生源和不同学习目的的学生可以结合自身需求选择不同的学习内容。通过教材任务驱动式的学习与实训，能较轻松地逐步掌握施工图设计的相关知识，习得其基本技能，建立起逻辑自洽的工作框架和思维方式。通过重复工作中的思考与经验总结，内化知识、提升技能。

本教材的学习内容精准对接 2016 年版全国《建筑工程设计文件编制深度规定》等现行行业标准。共五个模块，其中模块二、模块三为教材主要内容，也是教学重点，在体例上包括学习目标、案例展示、学习内容、课堂练习、小节实训等，再结合章节形成单项实训，以行动导向实施“学中做”“做中学”。模块四为综合实训，由多个由易至难的任务书和详细的指导书组成。教材内容搭建上遵循高职学生学习规律，重点突出，实训内容由单一至综合，由简单至复杂，便于课前、课中、课后的教学组织，在理实一体课程教学中实操性强。

在教学案例的选择上，以一个住宅楼项目为教学案例载体，贯穿各章节知识点、技能点的学习，各图纸间有很好的对应关系。以另一住宅楼项目为实训载体，串联小节实训、单项实训，各实训间有较好的延续关系。各小节的课堂练习则针对不同知识点选取了更有针对性的建筑案例做即时训练，突破重点、难点。在保证案例统一的基础上，丰富拓展训练，引导学生举一反三，建立创新意识。

本教材力求打造一本真正能指导实际工作任务的工作手册式教材。争取读者即使在自学的基础上，依靠本教材仍能顺利开展实训和学习，从而获得并逐步提升其建筑施工图设计的能力。使本教材除可服务高职院校的教学活动外，也可服务于社会培训，更能作为自学资源服务于相关专业岗位。

本教材编写人员主要为湖南城建职业技术学院主讲“居住建筑设计”和“建筑技术设计综合实训”课程的骨干教师，并邀请湘潭市建筑设计院、湖南华银国际工程设计研究院有限公司、黑龙江建筑职业技术学院、哈尔滨职业技术学院合作完成。其中湘潭市

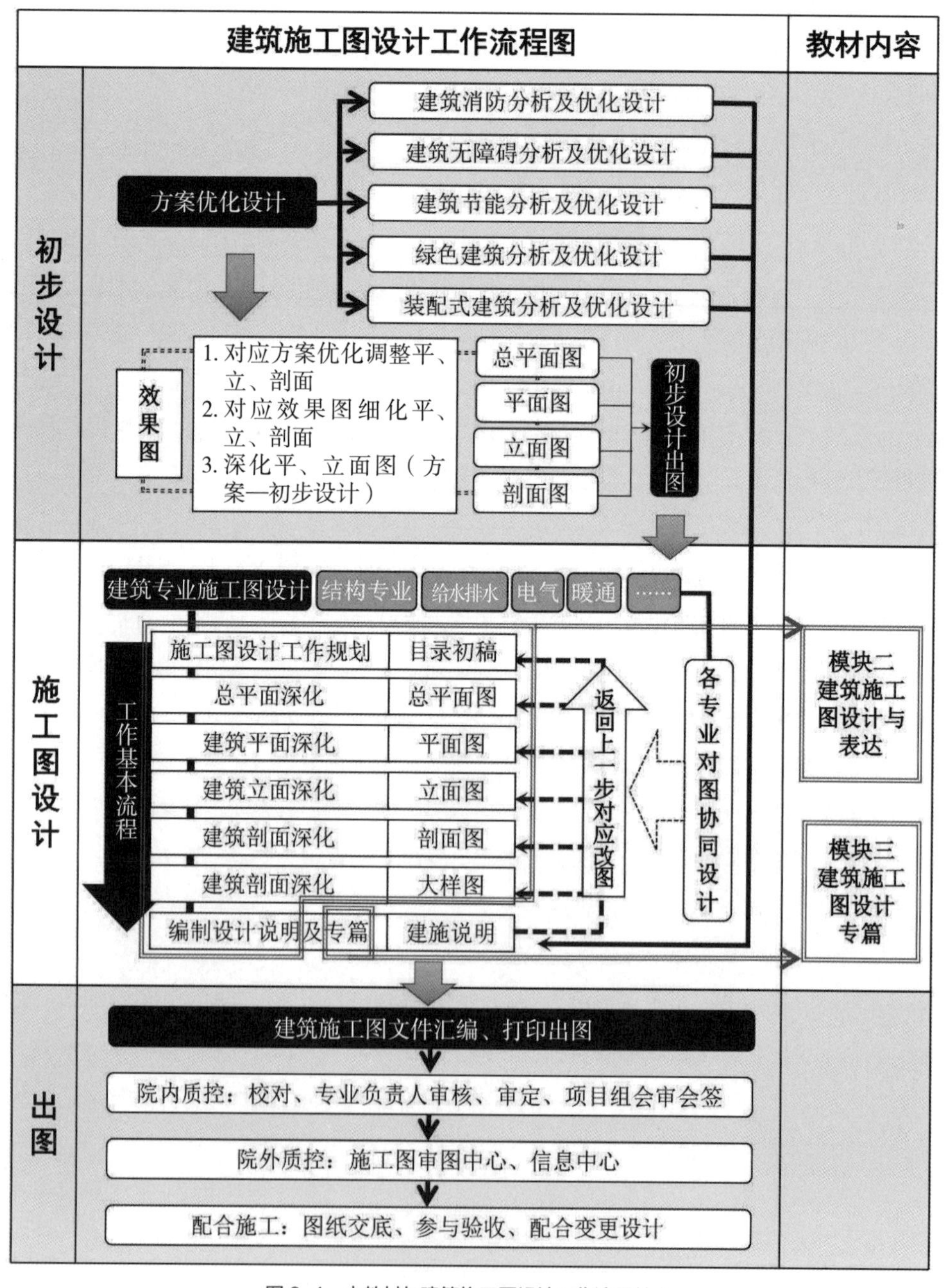

图 0-1　本教材与建筑施工图设计工作流程关系

建筑设计院、湖南科迪建筑设计有限公司、湖南华银国际工程设计研究院有限公司、中机国际工程设计研究院有限责任公司提供了大量工程案例和有力的技术支持，充分发挥了校企合作、校校联合的优势。编写人员及完成编写章节分列如下：

<table>
<tr><th>组成</th><th>成员姓名</th><th>所属院校</th><th>编写章节</th></tr>
<tr><td rowspan="2">主编</td><td>陈　芳</td><td>湖南城建职业技术学院</td><td>主编，负责本书大纲、统筹教材整体框架、模块任务遴选，完成了模块二 2.2 编写和模块四技术支持</td></tr>
<tr><td>廖雅静</td><td>湖南城建职业技术学院</td><td>模块二 2.1、2.2、2.3、2.4 编写；统筹编写工作、技术支持</td></tr>
<tr><td rowspan="3">副主编</td><td>隆正前</td><td>湖南城建职业技术学院</td><td>模块三 3.1、3.5 编写</td></tr>
<tr><td>徐　婧</td><td>黑龙江建筑职业技术学院</td><td>提供案例、技术支持</td></tr>
<tr><td>李晓琳</td><td>哈尔滨职业技术学院</td><td>提供案例、技术支持</td></tr>
<tr><td rowspan="7">参编</td><td>宋　巍</td><td>湖南城建职业技术学院</td><td>模块一及模块二 2.5、2.6、2.7 编写</td></tr>
<tr><td>彭　瑶</td><td>湖南城建职业技术学院</td><td>模块三 3.2、3.3、3.4 编写</td></tr>
<tr><td>闫　雪</td><td>湖南城建职业技术学院</td><td>模块四编写</td></tr>
<tr><td>刘殿阁</td><td>黑龙江建筑职业技术学院</td><td>提供模块四案例和技术支持</td></tr>
<tr><td>汤　闯</td><td>哈尔滨职业技术学院</td><td>模块三 3.4 编写
提供模块四案例</td></tr>
<tr><td>赵挺雄</td><td>湖南城建职业技术学院</td><td>提供案例、技术支持</td></tr>
<tr><td>张　妍</td><td>黑龙江建筑职业技术学院</td><td>提供案例、技术支持</td></tr>
</table>

由于当今建筑行业新材料、新技术日益更新，BIM 技术越加成熟，知识更新周期加速，全国各地建筑施工图设计，其地方要求略有不同。编写内容难免有与实践需求不尽契合之处，敬请广大师生在使用过程中提出宝贵意见，以供继续修编改进。

编者

目　录

1

Mokuaiyi　Jianzhu Gongcheng Sheji Gongzuo

模块一
建筑工程设计工作

本模块对建筑工程设计工作全过程进行简要概述。主要内容包括两个方面：建筑工程设计工作及建筑专业设计工作。建筑工程设计工作是建筑工程项目从立项到建成交付使用、权属登记等全过程中的一个重要环节；建筑工程设计工作主要包括方案设计、初步设计、施工图设计三个阶段，涵盖总图、建筑、结构、设备、室内装饰等多个专业方向。该模块重点介绍作为建筑师主导的建筑专业的建筑方案设计、建筑专业初步设计、建筑专业施工图设计的基本内容及建筑师的基本职责与“精神”。

二维码 1-1　建筑工程设计工作概述课件

1.1　建筑工程设计工作概述

建筑工程设计工作是指建筑在建造之前，设计师根据设计要求及各方面所限定的设计条件，对于建设过程中可能出现的问题事先进行规划、考量及设计，以文本、图纸等文件将建设工作表达出来，作为工程建设的重要依据（图 1-1、二维码 1-1、二维码 1-2）。

二维码 1-2　建筑工程设计工作概述微课

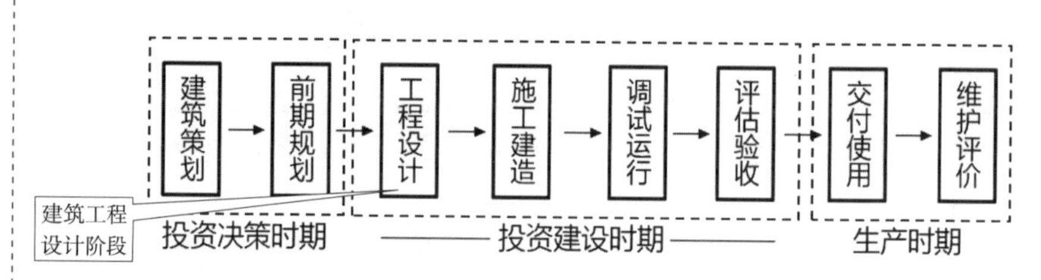

图 1-1　建筑工程项目整体流程

二维码 1-3　某项目方案设计图样例（建筑平面图）

1.1.1　建筑工程设计各阶段与设计文件

学习目标：

了解建筑工程设计各个阶段的主要内容及其设计文件。

学习内容：

二维码 1-4　某项目初步设计图样例（建筑平面图）

建筑工程设计工作按照阶段分，一般分为方案设计、初步设计和施工图设计，而对于技术要求相对简单的民用建筑工程，当有关主管部门在初步设计阶段没有审查要求，且合同中没有做初步设计的约定时，可在方案设计审批后直接进入施工图设计，主要包括建筑、结构、设备、室内装饰等多个专业方向（表 1-1）。

建筑工程设计各阶段与设计文件表　　　　表 1-1

设计阶段	概述	设计文件	备注
方案设计	建筑方案设计阶段是根据项目任务书中的要求及给定的条件来确定设计的主题、设计内容、形式等设计主要核心内容的过程。 方案主要用于项目招标、投标及委托设计、与甲方进行设计沟通	设计说明书、总平面图及相关建筑设计图纸，如：透视图、模型（图 1-2）	方案阶段主要根据环境、文化、可行性研究报告等设计要求，对项目的基本功能、空间营造、美学效果进行统筹规划与设计；主要为建筑专业图纸，配套专业多以文字的方式对方案进行说明 （扫描二维码 1-3 查看高清图片）
初步设计	在方案设计审批后，对方案设计进行深化的过程，主要解决建设项目中各个专业的重大技术问题。 初步设计主要对接各相关部门的审查	设计说明书、有关专业设计图纸、主要设备或材料表、工程概算书、有关专业计算书（图 1-3）	以建筑设计为主导，相关专业给予配合设计 （扫描二维码 1-4 查看高清图片）

续表

设计阶段	概述	设计文件	备注
施工图设计	在初步设计审批后，根据审批文件中的修改意见，对初步设计图纸进行修整、深化，综合建筑、结构、设备等各个专业的内容与要求，从而制定出一套完整的、全面的、把所有工程技术问题都在图纸上得以解决的可以用来指导施工的图纸。 施工图一般直接用于对接建设单位与施工单位，用来指导施工	合同要求的所有专业的设计图纸、工程预算书、各专业计算书（图 1–4）	各个专业都需要出具详尽的、能够指导施工的图纸 （扫描二维码 1–5 查看高清图片）

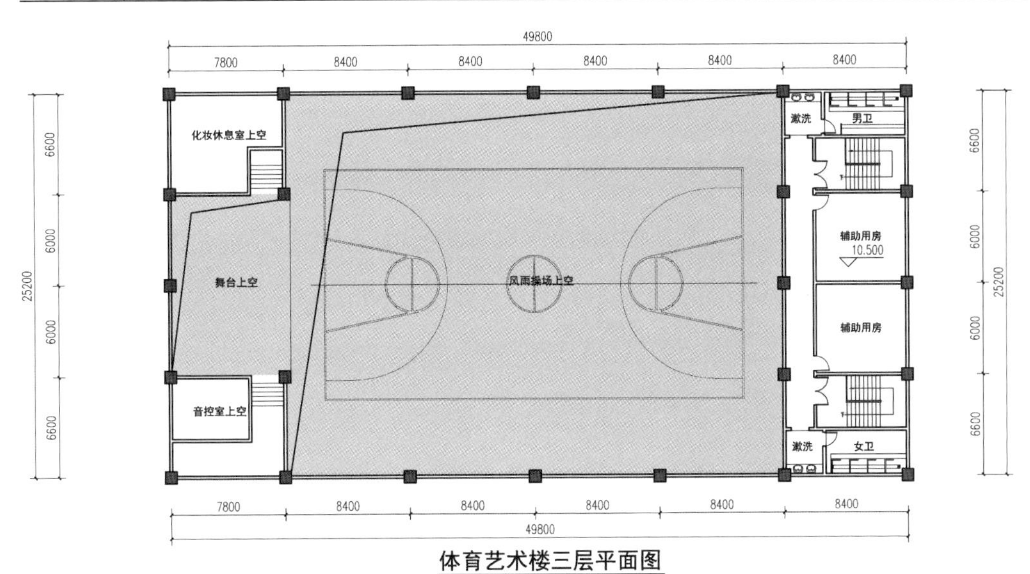

图 1–2　某项目方案设计图样例（建筑平面图）

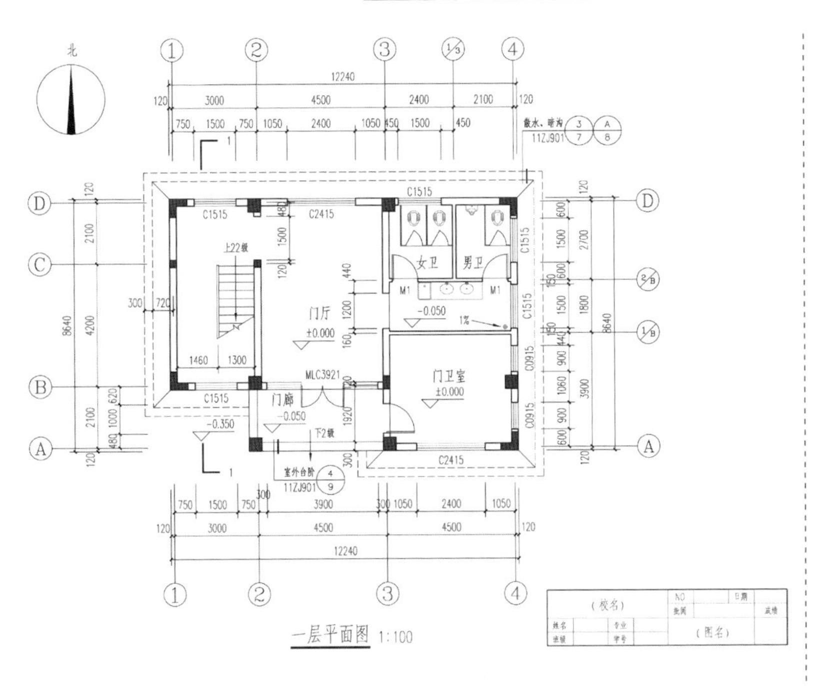

图 1–3　某项目初步设计图样例（建筑平面图）

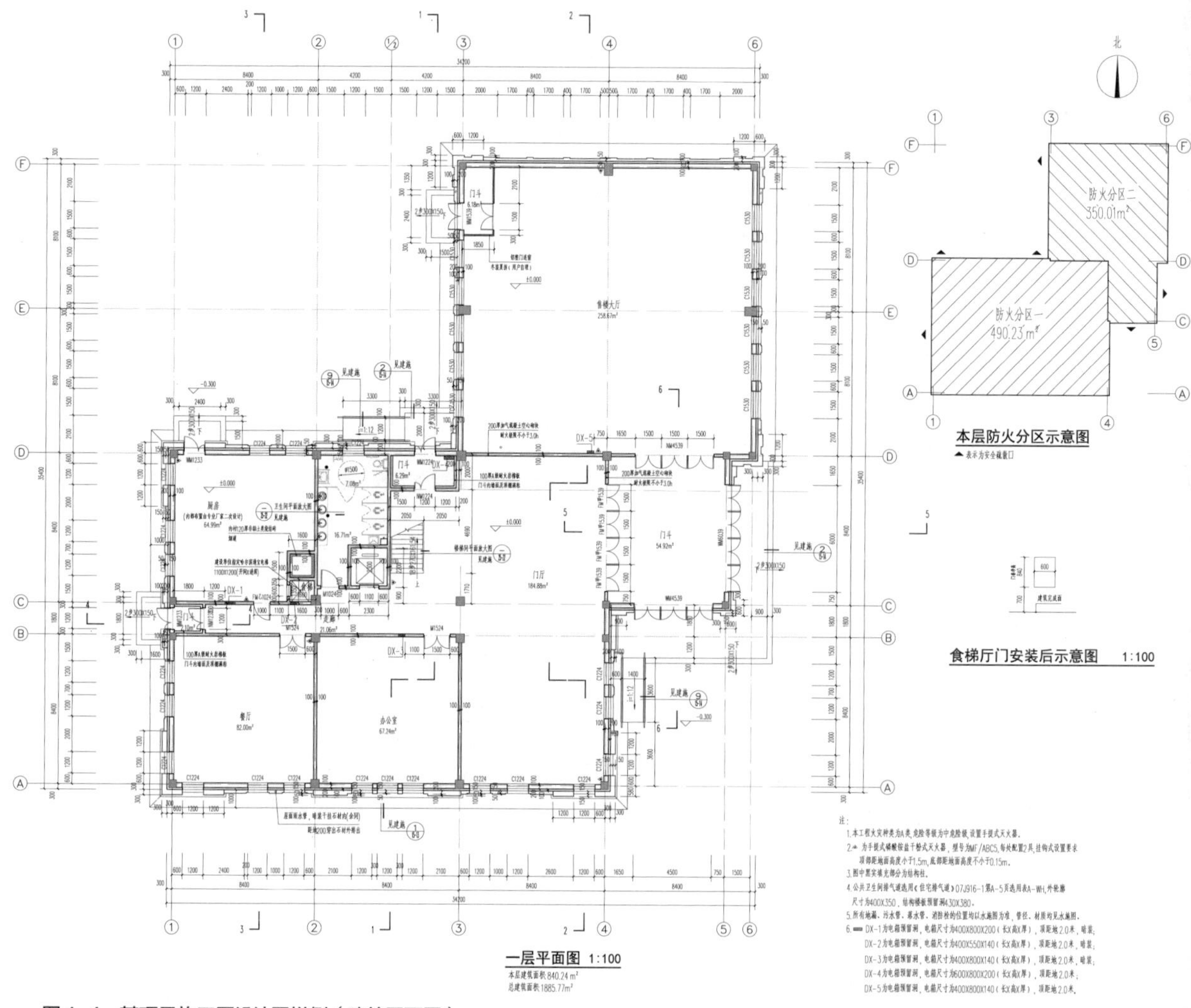

图 1-4 某项目施工图设计图样例（建筑平面图）

二维码 1-5 某项目施工图设计图样例（建筑平面图）

1.1.2 建筑工程设计审批程序

学习目标：

掌握建筑工程设计阶段的审批流程。

学习内容（图 1-5）：

建筑工程审批的各个阶段各个地区不尽相同，通常来说大致可分为六个阶段，分别为选址阶段、规划阶段、初步设计及施工图阶段、规划单体审查、施工报建阶段、建设工程竣工验收阶段，建筑工程设计工作的审批主要处于规划阶段以及初步设计及施工图阶段。

规划阶段：由人防部门进行人防工程建设布局审查；由国土部门办理土地预审；由规划部门审核规划总图并下发《建设用地规划许可证》，同时确定工程规划设计条件。

初步设计及施工图阶段：由规划、消防、交通、人防、市政环保部门

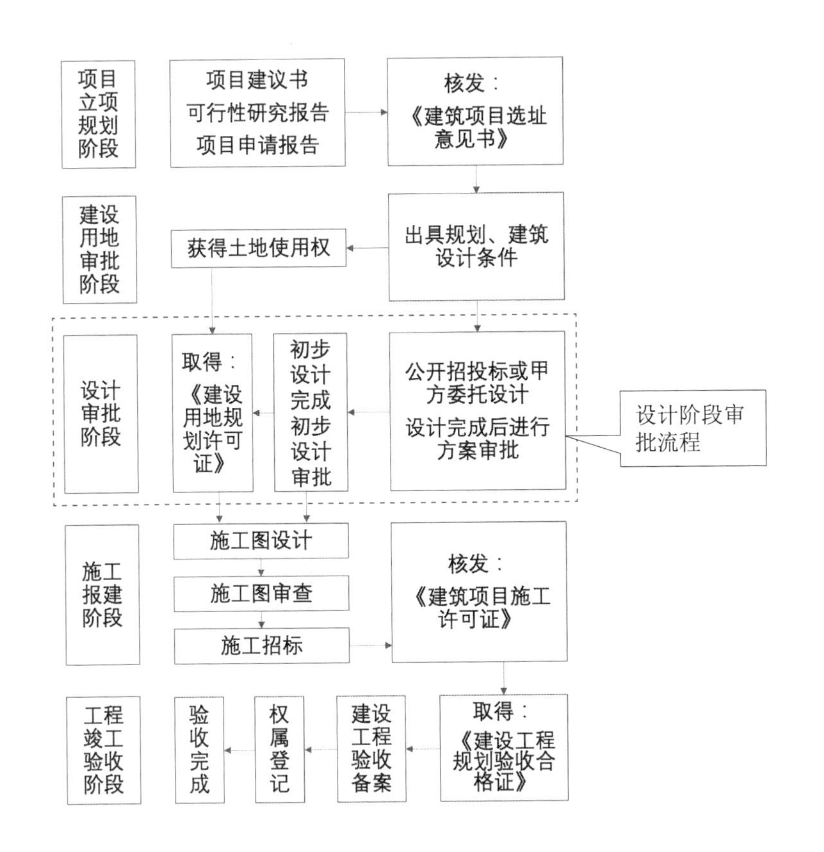

图 1-5　建筑工程项目审批流程

对初步设计中的相关内容进行审查；由国土部门进行土地预审；由住建部门发布初步设计批复，之后在施工图阶段对施工图进行审查，并根据相关审查机构发出的《建设工程施工图设计文件》发放《建设工程施工图设计文件审查批准书》。

1.2　建筑专业设计工作

建筑专业设计工作是建设工程设计部分中重要一环，是指由建筑设计师所承担的从方案设计到指导施工的设计工作。可以细分为建筑方案设计、初步设计、施工图设计。

本节主要由建筑设计基本内容及各阶段设计文件、建筑设计文件审批程序、建筑师的职责组成（二维码 1-6、二维码 1-7）。

二维码 1-6　建筑专业设计工作课件

二维码 1-7　建筑专业设计工作微课

1.2.1　建筑专业设计的基本内容及各阶段设计文件

学习目标：

1. 了解建筑设计工作类型。

2. 了解建筑专业设计各个阶段（建筑方案设计、初步设计、施工图设计）。

3. 了解建筑专业各阶段设计文件。

学习内容（表 1–2~ 表 1–4）：

建筑方案设计文件简表 **表 1–2**

设计阶段	设计文件	
建筑方案设计	设计说明书	建筑方案的设计构思和特点
		建筑与城市空间关系、建筑群体和单体的空间处理、平面和剖面关系、立面造型和环境营造、环境分析及立面主要材质色彩等
		建筑的功能布局和内部交通组织
		建筑防火设计
		无障碍设计简要说明
		当建筑在声学、光学、建筑安全防护与维护、电磁波屏蔽以及人防地下室等方面有特殊要求时，应作相应说明
		建筑节能设计说明
		绿色建筑设计说明
		装配式建筑设计说明
	设计图纸（图 1–6）	总平面设计图纸
		平面图
		立面图
		剖面图
		热能动力设计图纸
建筑方案设计	设计图纸（图 1–6）	鸟瞰图
		效果图

建筑初步设计文件简表 **表 1–3**

设计阶段	设计文件	
建筑初步设计	设计说明书	工程设计依据
		工程建设的规模和设计范围
		总指标
		设计要点综述
	建筑专业	设计说明书
		平面图
		立面图
		剖面图（图 1–7）

（a）

（b）

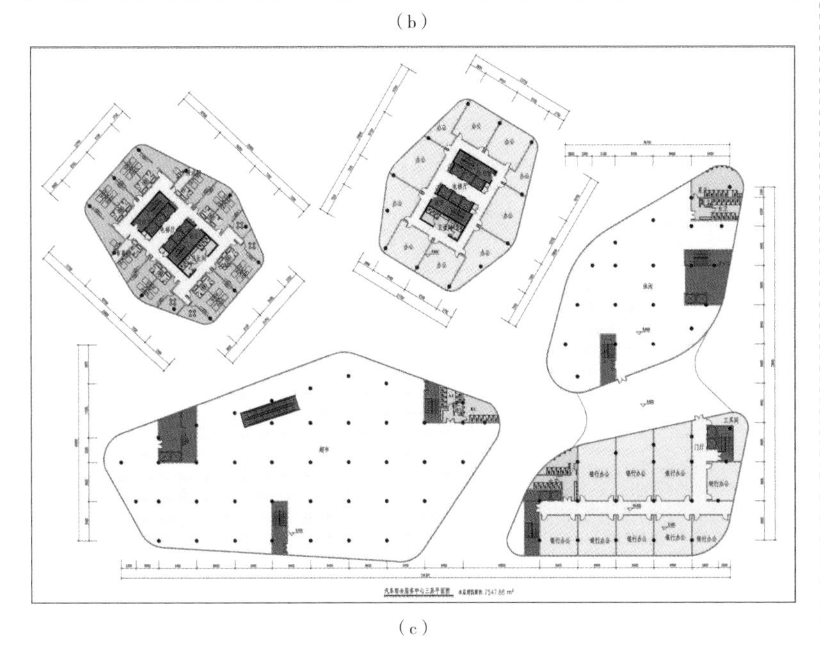

（c）

图 1-6　建筑方案设计文件展示

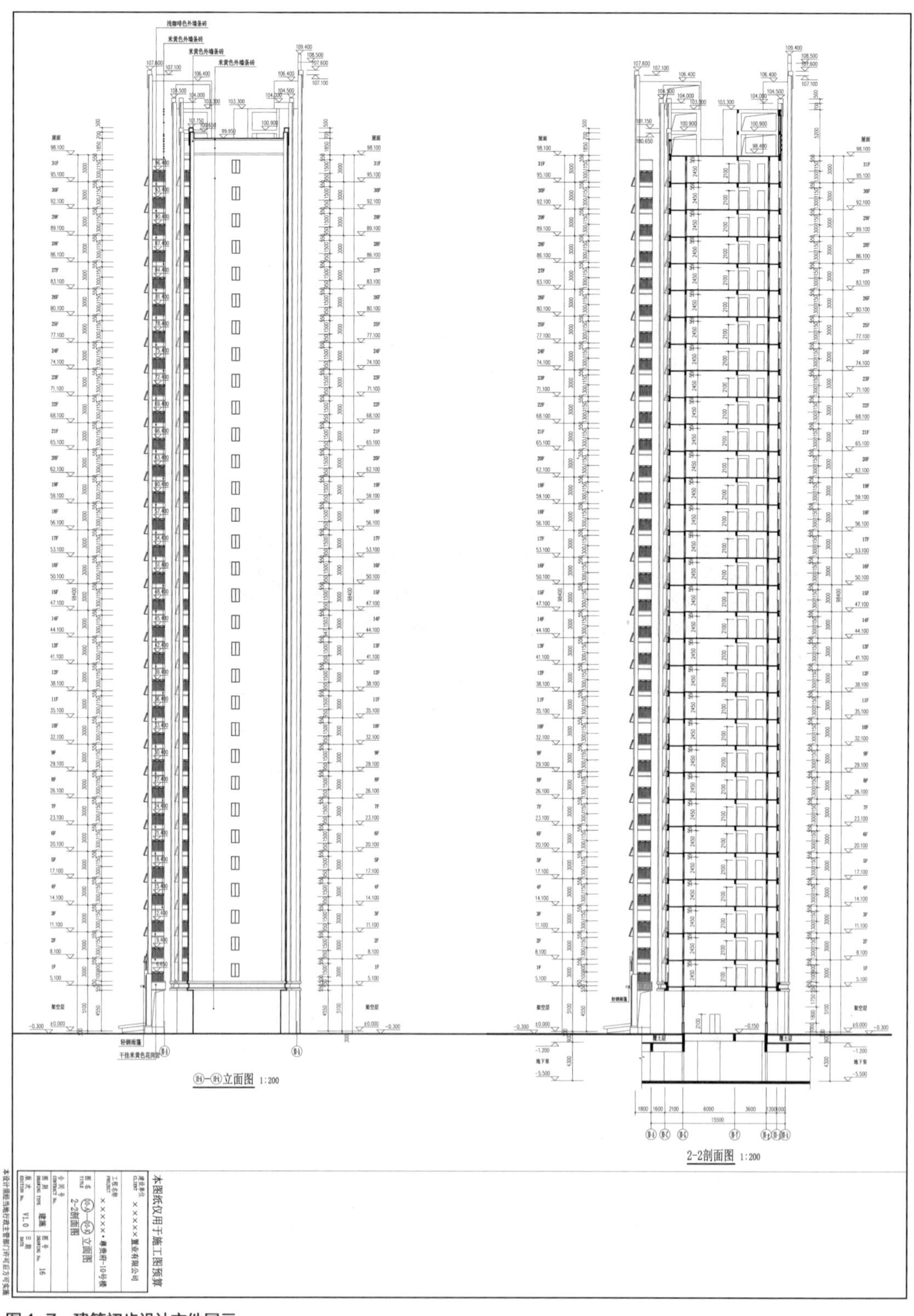

图 1-7 建筑初步设计文件展示

建筑施工图设计文件简表 **表 1–4**

设计阶段	设计文件	
建筑施工图设计	图纸目录	图纸目录
	设计说明	依据性文件名称和文号
		项目概况
		设计标高
	设计说明	用料说明和室内外装修
		门窗表
		幕墙工程
		电梯
	图纸目录	图纸目录
	设计说明	依据性文件名称和文号
		项目概况
		设计标高
		用料说明和室内外装修
		门窗表
		幕墙工程
		电梯
		建筑设计防火设计说明
		无障碍设计说明
		建筑节能设计说明
		绿色建筑设计说明
		装配式建筑设计说明
	建筑专业设计图纸	平面图（扫描二维码 1–8 查看案例）
		立面图
		剖面图
		详图
		计算书

二维码 1–8 建筑施工图设计文件展示

1.2.2 建筑专业设计文件技术管理程序

学习目标：

正确了解建筑设计文件审批程序。

学习内容：

建筑专业所涉及的工程设计文件审批程序一般是对初步设计文件及施工图设计文件的审查，主要包括在初步设计阶段由规划、消防、人防、国土、市政环保部门等机构对图纸所涉及的相关内容进行审查，并由住建部门制发初步设计批复，再到施工图设计完成之后再次审核，制发《建设工程施工图设计文件审查报告》，发放《建设工程施工图设计文件审查批准书》。在编制施工图设计文件的过程中应完成设计、制图、自校、专业内校审和专业间会签的过程；专业内校审主要由校对人、专业负责人、审核人、审定人进行。专业间会签是由设计总负责人主持各专业共同进行。专业间会签是由设计总负责人主持各专业共同进行。

1.2.3 建筑师的职责

学习目标：

1. 正确了解建筑师的定义。

2. 正确了解建筑师的责任及义务。

学习内容：

1. 建筑师的定义：建筑师是以建筑学及相关学科知识及建筑各阶段设计技能为社会实施生产服务的专业从业人员。在我国，实行注册建筑师制度，建筑从业人员达到一定的条件后，方可通过审核报考国家注册建筑师执业资格考试获得国家认定的注册建筑师身份。注册建筑师依法履行相关职责、权限，且受到相关法律的保障。主要相关适用法律为《中华人民共和国注册建筑师条例》及《中华人民共和国注册建筑师条例实施细则》。

注册建筑师分为一级注册建筑师和二级注册建筑师；主要从事建筑设计、建筑设计咨询、建筑物的相关调研鉴定，并且对自身设计的建设工程项目进行施工监督和指导。

2. 建筑师的责任及义务：注册建筑师应当履行以下义务：

（1）遵守法律、法规和职业道德，维护社会公共利益；

（2）保证建筑设计的质量，并在其负责的设计图纸上签字；

（3）保守在执业中所知悉的单位和个人的秘密；

（4）不得同时受聘于两个以上建筑设计单位。

3. 在正常业务范围之外，建筑师还可以提供 8 项服务，内容如下：

（1）建筑策划

此项工作的主要任务就是通过对场址及建设任务的详细分析，就建筑项目的功能、形式、时间、投资额等提出合理的综合方案，并以此作为设计的依据。

（2）协助业主拟订设计任务书

收集有关建设资料，研究有关法律、财务及土地利用等问题，测绘现有建筑，编写有关文件，参与业主与主管部门或投资方进行的洽谈等。

（3）进行项目的使用后评估或称"后评价"（通常在建成后一年保证期结束前）。

（4）建筑设计单位发出设计变更（设计变更通知单及附图）。

注：设计单位负责签发设计变更；施工单位负责签发工程洽商并最终编制竣工图。

（5）设计固定及活动家具、景观小品等。

（6）提供对现有旧建筑的安全条件、价值、维护及改造方面的咨询。

（7）对某些争端、仲裁提供资料文件。

（8）提供专业咨询。

1.3　建筑设计与建筑师“精神”

中央提出，高校思想政治工作关系到高校培养什么样的人、如何培养人以及为谁培养人这个根本问题。要把立德树人作为中心环节，把思想政治工作贯穿教育学全过程，实现全程育人、全方位育人，努力开创我国高等教育事业发展新局面。

建设行业作为国家支柱型行业，在过去几十年的改革开放洪流中起到了不可磨灭的作用。作为新一代的建筑人，同学们应该紧跟时代步伐，不仅只是在技术技能上钻研，同时也要注重自身的精神追求与道德素养。本节通过建筑设计与建筑工程的视角，激励同学们树立远大目标，培养国家及专业的荣誉感和自豪感，把个人的理想追求融入国家和民族的事业中。

本节主要由建筑设计基本内容及各阶段设计文件、建筑设计文件审批程序、建筑师的职责组成（二维码 1–9、二维码 1–10）。

二维码 1–9　建筑设计与建筑师“精神”课件

二维码 1–10　建筑设计与建筑师“精神”微课

学习目标：

1. 通过建筑无障碍设计了解人文情怀思想。
2. 通过绿色节能建筑理念了解绿色发展理念。
3. 通过建筑质量要求了解工匠精神。
4. 通过传统建筑技艺了解文化自信。

学习内容（表 1–5）：

建筑施工图设计和思想教育融合知识点　　表 1–5

建筑师精神	教学案例
· 人文关怀思想 中共十七大报告第一次提出“加强和改进思想政治工作，注重人文关怀和心理疏导。”人文关怀体现了党对人民的关怀、社会对人民的关爱，引导人们正确对待自己、他人和社会，正确对待困难、挫折和荣誉	· 建筑无障碍设计 目前，伴随着社会的发展与老龄化，以此为对象的无障碍住宅及无障碍养老建筑已经成为建筑发展的一个颇具前景的方向。 1. 无障碍住宅设计理念 无障碍设计就是强调在科学技术高度发展的现代社会，有关人类衣食住行的各类城市空间和建筑空间、设施、设备的相关设计。它们都必须充分考虑到各类特殊需求的人员的使用要求，包括不同程度的生理伤残、缺陷以及正常活动能力衰退者（如老年人），能够为上述人士提供方便的、充满关爱的、舒适安全的现代生活环境。 2. 建筑无障碍设计的常见要素 在建筑设计中，无障碍设计基本上渗透到各个方面。 建筑中的各类门，为了满足上下台阶或者坡道的要求（图 1–8），会安装防滑扶手，并且严禁使用弹簧门。建筑内部的楼梯和走道，应必须保证足够宽敞，同时注重地面的防滑处理，楼梯也应设计得较为平缓（图 1–9）。

续表

建筑师精神	教学案例
	无障碍卫生间是建筑中人文关怀最为常见和直观的体现之一。日常生活中的公共建筑、高铁动车、公园游乐场等处都会设计有无障碍洗手间或无障碍隔间（图 1–10）。 建筑的无障碍设计是一个比较复杂且成熟的设计专篇，在本书的无障碍设计的专门章节中会引导同学们细致学习
· 绿色发展理念 创新、协调、绿色、开放、共享的发展理念。新发展理念符合我国国情，顺应时代要求，对破解发展难题、增强发展动力、厚植发展优势具有重大指导意义。其中绿色发展注重的是解决人与自然和谐问题。我国资源约束趋紧、环境污染严重、生态系统退化的问题十分严峻，人民群众对清新空气、干净饮水、安全食品、优美环境的要求越来越强烈	建设行业一直是一个能源消耗大、污染高的行业。进入 21 世纪以来，伴随环境问题的日益严峻和科学技术的进一步提高，绿色建筑这个领域迎来了许多发展契机。绿色建筑的定义是复杂而多元的。简单来说是指建筑可以充分利用自然资源，在建设和生产使用过程中不严重破坏生态平衡；最大可能做到建筑与环境的和谐。 同样绿色建筑的评定标准复杂，有一套完整的规范与流程（现行国家标准为《绿色建筑评价标准》GB/T 50378—2019）。其主要的设计理念可以概括为：①确保人的健康；②合理利用资源；③降低环境负荷；④经济适用，不追求高成本；⑤绿色建筑不仅仅局限于新建建筑等方面。 在我国目前也有一些典型的绿色节能建筑设计案例： 1. 北京奥运村 北京奥运村采用了建筑一体化的包含集热、储热、换热综合的太阳能热水系统，最大时可满足近两万人供水。同时，奥运村利用污水处理厂的二级出水建设再生水源热泵系统，为夏季奥运会制冷及冬季奥运会供暖（图 1–11）。 2. 2010 上海世博会中国馆 2010 上海世博会中国馆很好地响应了"城市让生活更美好"这一主题。层层出挑的设计，使得上层对下层形成了自然遮阳。而地区馆外廊为半室外玻璃廊，使用被动式节能技术为地区馆提供冬季保温和夏季通风。同时还先进地运用了雨水收集系统和人工湿地技术，实现了建筑的循环自洁（图 1–12）。 3. 上海绿地集团总部大楼 绿地集团总部大楼在绿色节能建筑设计方面也较为突出。首先建筑中采用了综合建筑遮阳系统，使用了特殊玻璃遮阳，玻璃材料透射率低，大大减少太阳辐射得热。其次，在建筑平面设计中，利用 CFD 模拟技术设计通风口数量及位置，更加科学合理地组织自然通风，尽可能减少机械通风的压力。另外，大楼在自动控制新风系统、行为节能等方面都取得了较为突出的建树（图 1–13）

图 1–8　建筑出入口无障碍坡道（左）

图 1–9　2008 北京奥运会场馆无障碍看台（右）

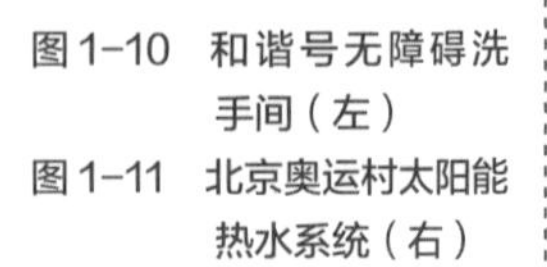

图 1–10　和谐号无障碍洗手间（左）

图 1–11　北京奥运村太阳能热水系统（右）

图 1–12　上海世博会中国馆（左）
图 1–13　上海绿地集团总部大楼（右）

续表

建筑师精神	教学案例
工匠精神 2016 年 3 月中央提出，鼓励企业开展个性化定制、柔性化生产，培育精益求精的工匠精神，增品种、提品质、创品牌	2018 年在中华人民共和国住房和城乡建设部网站上刊登了一篇题为《建筑施工安全专项治理两年行动启动——确保房屋市政工程生产安全事故总量下降》的专题报道。报道中指出：为期两年的建筑施工安全专项治理行动已启动（图 1–14）。住房城乡建设部将通过对房屋建筑和市政基础设施工程安全关键领域及薄弱环节进行集中治理，有效防控施工现场重大安全风险，确保全国房屋建筑和市政基础设施工程生产安全事故总量下降，为决胜全面建成小康社会创造良好的安全环境。专项治理行动坚持依法监管、改革创新、源头防范、系统治理的原则，重点从三方面加强治理。从中不难看出国家对于建设工程质量工作越来越重视。 建设工程项目投资大、周期长、生产使用时间久，并且一旦出现事故极易造成不可估量的严重后果。作为一个建设行业的学习者和从业者，必须对自己的工作充满敬畏心和使命感。以“工匠精神”来面对自己的每一份作业或每一个工程项目。精益求精把控设计质量、施工质量。 中国建设正在飞速走向世界，从全长 55km 的港珠澳大桥（图 1–15）到总高 632m 的上海中心大厦（图 1–16）；从当今世界最大的水力发电工程——三峡大坝（图 1–17）到可观宇宙的中国天眼（图 1–18），无不是一代代中国建设者书写出的满意答卷。工匠精神是我们每个从业者所需要的必备素质

中华人民共和国住房和城乡建设部

检　索　工作邮箱：用户名　密码　登录

业动态

建筑施工安全专项治理两年行动启动

确保房屋市政工程生产安全事故总量下降

3月28日，记者从住房城乡建设部召开的新闻发布会上获悉，为期两年的建筑施工安全专项治理行动已启动。住房城乡建设部将通过对房屋建筑和市政基础设施工程安全关键领域及薄弱环节进行集中治理，有效防控施工现场重大安全风险，确保全国房屋建筑和市政基础设施工程生产安全事故总量下降，为决胜全面建成小康社会创造良好的安全环境。

图 1–14　建筑施工安全专项治理两年行动启动

图 1–15　港珠澳大桥

图 1-16　上海中心大厦

图 1-17　三峡大坝

图 1-18　中国“天眼”

续表

建筑师精神	教学案例
文化自信 四个自信即中国特色社会主义道路自信、理论自信、制度自信、文化自信，这四个自信是对党的十八大提出的中国特色社会主义“三个自信”的创造性拓展和完善。 文化自信是一个民族、一个国家以及一个政党对自身文化价值的充分肯定和积极践行，并对其文化的生命力持有的坚定信心	自古以来，建筑在我国古代属于传统“士、农、工、商”中的“工”，建筑的设计、修葺都来自一个个精湛技艺的工匠代代相传。近代以来，建筑在我国逐渐被认定为一门科学，拥有系统的体系与研究方法论。 时至今日，中国虽然有强大的文化根基和强劲的文化发展势头，但目前还只是一个文化大国，要从文化大国到文化强国，需要的是我辈青年孜孜不倦的努力，坚韧不屈的信念，成为新时代“自信建筑人”

1.4　新技术和新材料在建筑设计中的应用

21 世纪以来，我国建设事业蓬勃发展，随着科学技术不断进步，大量的建筑新技术、新材料被研究和创新应用。同时，“绿水青山就是金山银山”生态发展理念，可持续发展、坚持节能低碳环保的设计理念和人民日益增长的美好生活需要，都促进了建筑新技术、新材料的更新，有效推动我国建筑行业的深化改革。目前已采用新型技术、新型材料的新建筑充分表现出其优势，无论是使用效果还是实际作用都优于传统建筑工程。而且，在建筑设计中积极应用新技术、新材料，还能够提高建筑设计工作水平，丰富设计，应用新型数字技术更能提高建筑施工图设计工作效率。

1.4.1 新技术在建筑设计中的应用

建筑设计需要应用新型技术响应可持续发展观，有效顺应时代发展与需求，需要选择最优技术策略，保证工程设计、施工、使用全程高效、高水平、高收益地进行，新技术在建筑设计中的应用，能优化建筑与环境的关系、更好地满足人性化设计需求，提升方案竞争力、节约建设成本。

生态技术的应用 新型生态技术建立在现代生物学、生态学和信息科学等前沿科学的基础上，围绕着绿色建筑的理念来落实。生态技术要充分利用地理环境以及周边建筑、景观环境的优势，在不破坏原有景观的基础上，让新建筑融入其中，实现人、自然、建筑之间的和谐共生。还需突出环保意识，应用可再生、可降解、可重复利用建筑材料。此外，设计上也非常强调日照采光和自然通风效果。通过生态技术实现建筑形式向绿色、生态、节能的转变。

数字技术的应用 新型数字化技术主要包括数字处理技术、数字储存技术、数字经济技术和信息化技术等方面的内容。当下建筑逐渐迈向智能化，极大地提升了建筑设计的工作效率和质量，促进建筑设计行业健康发展。如今，信息化技术不仅应用于建筑设计，如 BIM 技术便很好地实现了从规划、设计、施工、竣工验收、维护使用整个生命周期的全过程管理。其中的碰撞检测，可以提前对不同专业的交叉施工进行模拟，发现问题可以及时提前解决，提高施工效率，减少材料浪费，更为施工中的动态造价管理提供了技术支持。

装配技术的应用 装配技术应用到建筑设计中，能够提高后续施工效率，缩短施工周期，有利于建筑产业化的发展。装配技术一般被应用在前期的建筑结构设计以及后续的建筑施工组织设计中。设计者遵循标准化的设计原则，将建筑结构构件设计为适合工厂化预制生产的形态。由于大部分结构都可以统一、机械化批量生产，减少了大量的现场施工步骤以及材料运输费用，使工序更加简单、质量更加可控，全面优化建筑设计的效用。

绿色节能技术的应用 借助于绿色节能材料、技术及新能源，降低建筑能耗水平，符合建筑可持续发展要求。在建筑设计阶段，就要考虑到清洁能源的利用，要科学规划、合理布局，保证建筑物的日照、采光、通风效果，还需对施工环境的地理位置、环境气候进行充分的分析。绿色节能技术还要考虑对土地资源的节约，提高利用率，建筑暖通空调的能耗是节能关注的焦点，地源热泵技术的运用，替代了传热空调，具有基础投资少、使用方便、能源利用率高、污染排放低、生态环保的几大优点，在绿色建筑中提倡地热能、太阳能的合理运用，可达到明显的节能效果。

1.4.2 新材料在建筑设计中的应用

建筑设计需求的变化推动了新材料的研发与应用，而新材料的应用也给建筑施工、设计带来较大改变，在环保、节能、成本节约等方面新材料有显著优势。设计时应考虑到科学发展观以及实际情况，对建筑材料的实用性、环保性、科学性以及性价比进行分析，选用能达到最高经济效益的新型材料。现阶段建筑工程项目中比较常见的新材料有以下几类：

新型保温隔热材料 在建筑设计中，为了减少能源消耗，有必要加强新型保温隔热材料在设计中的应用。新型保温隔热材料发展迅速、种类较多。例如多层玻璃、保温隔热复合墙都是当下应用较多的材料。多层玻璃内层玻璃反射阳光，中间层吸收外部热量，外层阻隔外部热量，有利于实现最终建筑工程内部的保温隔热功能；保温隔热复合墙主要包括外墙保温、内墙保温与内外混合保温等几种类型，在建筑设计中应用保温隔热复合墙，可以确保外墙的保温隔热效果，实现降低能耗的目的。

新型结构材料 当前对高层建筑材料的要求越来越高，传统的建筑材料已无法满足建筑工程的需求。新型钢筋混凝土材料的强度更高、质量更轻。如钢筋和钢管等与混凝土混合使用，能极大提高建筑工程构件的强度与稳定性，能有效地丰富建筑设计的结构方案选择。

新型通风材料 为满足建筑工程的通风需求，提高建筑内部空气质量，越来越多的新建筑开始应用新型通风材料，主要体现在新型窗框及其开合装置等方面。在建筑设计中，加强新型通风材料的应用，可引导外部空气进入建筑内部，同时实现对空气流动速度的有效控制，还可以实现对外部空气过滤的作用，避免灰尘、冷凝水汽等进入室内，增强空气流动的人体舒适感，实现控制建筑能耗。

新型照明材料 建筑工程中照明系统是建筑能耗的主要方面之一，照明系统的正常运转需要大量的电能维持，应用新型照明节能材料是实现建筑工程节能降耗的关键。因此必须重视节能照明材料，加强其在建筑设计中的应用，采用先进的照明控制系统，运用高科技的节能光源，同时还须加强自然光在室内照明中的应用，尽量在满足建筑工程照明需求的同时，降低能源消耗。

2

Mokuaier　Jianzhu Shigongtu Sheji yu Biaoda

模块二
建筑施工图设计与表达

在建筑工程施工图设计阶段，建筑专业设计人员主要负责总平面专业以及建筑专业的施工图设计工作。本模块以《建筑工程设计文件编制深度规定》中总平面和建筑专业的施工图设计文件深度要求相关规定为标准，按照建筑施工图设计工作流程编写。

建筑总平面专业设计文件应包括图纸目录、设计说明、设计图纸、计算书。其中设计图纸包含：总平面图、竖向布置图、土石方图、管道综合图、绿化与建筑小品布置图以及详图。其中，总平面图和竖向设计图由建筑设计专业主导完成。当工程项目较简单时，两图内容可合并在总平面图中表达。

建筑专业设计文件应包括图纸目录、建筑施工图设计总说明、平面图、立面图、剖面图、详图及计算书。

本模块中所有图纸的表达深度均应符合国标《总图制图标准》GB/T 50103—2010、《房屋建筑制图统一标准》GB/T 50001—2017 以及住房和城乡建设部印发的《建筑工程设计文件编制深度规定（2016 年版）》的规定。

2.1 建筑施工图设计一般要求

二维码 2-1 建筑施工图设计一般要求课件

二维码 2-2 建筑施工图设计一般要求微课

概述：

建筑施工图设计是完成建筑工程方案设计及初步设计后的工作阶段。主要通过图纸，把设计者的意图和全部结果表达出来。作为施工的依据，是设计和施工工作的桥梁。它是编制施工图预算的需要，是安排材料、设备订货和标准设备定制的需要，是施工及安装的需要（二维码 2-1、二维码 2-2）。

建筑施工图设计包含总平面、建筑、结构、建筑电气、给水排水、供暖通风与空气调节、热能动力、预算等专业设计工作。

文件内容包括：①合同要求所涉及的所有专业的设计图纸以及图纸总封面；②合同要求的工程预算书；③各专业计算书。

案例展示（图 2-1）：

图纸总目录

图别	序号	图纸名称	图号	图幅	备注
建筑	0	图纸总目录			
	1	建筑设计说明　装修及构造表	建施01	A1	
	2	节能设计专篇　总平面图	建施02	A1	
	3	首层平面图	建施03	A1	
	4	二层平面图	建施04	A1	
	5	三层平面图	建施05	A1	
	6	四~五层平面图	建施06	A1	
	7	六层平面图	建施07	A1	
	8	屋顶平面图	建施08	A1	
	9	Ⓛ~Ⓐ 轴立面图	建施09	A1	
	10	①~⑯ 轴立面图	建施10	A1	
	11	Ⓐ~Ⓛ 轴立面图	建施11	A1	
	12	1-1剖面图 2-2剖面图	建施12	A1	
	13	楼梯一大样图	建施13	A1	
	14	楼梯二大样图	建施14	A1	
	15	墙身大样一　墙身大样二	建施15	A1	
	16	墙身大样图	建施16	A1	
	17	卫生间大样图	建施17	A1	
	18	门窗表及门窗大样	建施18	A1	
	19	门窗大样	建施19	A1	

图别	序号	图纸名称	图号	图幅	备注
结施	1	结构设计总说明(一)	结施01	A1	
	2	结构设计总说明(二)	结施02	A1	
	3	桩基础平面定位图	结施03	A1	
	4	基础梁配筋图	结施04	A1	
	5	基础~一层柱配筋图	结施05	A1	
	6	二层柱配筋图	结施06	A1	
	7	三~四层柱配筋图	结施07	A1	
	8	五层柱配筋图	结施08	A1	
	9	六层柱配筋图	结施09	A1	
	10	设备夹层结构平面图	结施10	A1	
	11	二层板配筋图	结施11	A1	
	12	二层梁配筋图	结施12	A1	
	13	三层板配筋图	结施13	A1	
	14	三层梁配筋图	结施14	A1	
	15	四~五层板配筋图	结施15	A1	
	16	四~五层梁配筋图	结施16	A1	
	17	六层板配筋图	结施17	A1	
	18	六层梁配筋图	结施18	A1	
	19	屋面板配筋图	结施19	A1	
	20	屋面梁配筋图	结施20	A1	
	21	屋顶构架配筋图	结施21	A1	

图别	序号	图纸名称	图号	图幅	备注
水施	1	设计施工说明	水施01	A1	
	2	首层给水排水平面图	水施02	A1	
	3	首层架空层给水排水平面图	水施03	A1	
	4	二层给水排水平面图	水施04	A1	
	5	三层给水排水平面图	水施05	A1	
	6	四~五层给水排水平面图	水施06	A1	
	7	六层给水排水平面图	水施07	A1	
	8	屋顶给水排水平面图	水施08	A1	
	9	给水系统原理图	水施09	A1	
	10	热水系统原理图	水施10	A1	
	11	消火栓系统原理图、雨水系统原理图	水施11	A1	
	12	污水系统原理图	水施12	A1	
	13	卫生间大样图	水施13	A1	

图别	序号	图纸名称	图号	图幅	备注
电施	1	设计说明材料表电气系统图一	电施01	A1	
	2	电气系统图二	电施02	A1	
	3	首层照明平面图	电施03	A1	
	4	二~六层照明平面图	电施04	A1	
	5	屋顶照明平面图	电施05	A1	
	6	首层弱电平面图	电施06	A1	
	7	二~六层弱电平面图	电施07	A1	
	8	基础接地平面图	电施08	A1	
	9	屋顶防雷平面图	电施09	A1	
	10	电气总平面图	电施10	A1	

图 2-1 某多层住宅楼建筑施工图总目录示意（扫描二维码 2-3 查看高清图片）

单项实训（表 2-1）：

二维码 2-3 某多层住宅楼建筑施工图总目录示意

建筑施工图汇编单项实训任务表　　**表 2-1**

实训目标	知识目标：掌握建筑方案、初步设计、施工图各阶段设计文件的基本内容。 能力目标：能独立完成建筑专业施工图图纸文件汇编；能依据图纸深度快速区分各阶段图纸；能正确绘制建筑施工图总封面、施工图目录及施工图图框。 思政映入：通过对建筑施工图内容的整体规划工作，培养学生建筑项目工作的整体观和独立思考、宏观规划工作任务的能力；通过建筑施工图总封面和目录编制工作，培养注重细节、专心细致的工作作风；通过施工图封面与图签的编制提高知识产权、建筑师责任与权益等相关法律认识

续表

实训方式	依据建筑施工图封面、目录、图签的编制步骤，将单项实训任务依次分解至各小节学练过程中。通过小节实训的方式，逐步完成本次单项实训，内容包括建筑施工图封面、目录及图签的表达	扫描二维码2-4下载实训项目某住宅楼全套建筑方案图（附件1：总平面图。附件2：建筑方案平面图、立面图、剖面图）
实训内容	根据提供的建筑施工图图纸，完成建筑专业施工图的目录编排及封面编制设计，要求符合《建筑工程设计文件编制深度规定（2016年版）》中4.1一般要求的规定	
成果要求	封面、目录及图签，按比例打印出图并提交电子版	
实训建议	按后续小节中实训进度逐步完成建筑施工图封面、目录及图签的设计。于每小节实训后提交电子版CAD文件，单项实训结束后按比例打印出图	
实训项目选题建议	建议选取与本模块教学案例规模相近的27m以下的多层住宅建筑，建筑立面风格简洁。需提供整套完整的建筑方案图电子版：含建筑外观效果图、总平面图、各层平面图、各立面图以及项目基本概况	

二维码2-4 某住宅楼全套建筑方案图

2.1.1 建筑施工图设计文件内容

学习目标：

1. 熟悉建筑工程施工图设计合同应包含的设计文件内容。

2. 掌握并能清晰罗列建筑专业施工图应包含的设计文件内容。

3. 了解建筑施工图专项设计应包含的设计文件内容。

案例展示（图2-2，扫描二维码2-5查看高清大图）：

二维码2-5 某多层住宅楼建筑专业施工图封面

学习内容：

1. 在施工图设计阶段，总平面专业设计文件应包括图纸目录、设计说明、总平面图、竖向布置图、土石方图、管道综合图、绿化及建筑小品布置图、详图、计算书等。

当工程设计内容简单时，竖向布置图可与总平面图合并；当路网复杂时，需增绘道路平面图；土石方图和管线综合图可根据设计需要确定是否出图；当绿化或景观环境另行委托设计时，可根据需要绘制绿化及建筑小品的示意性和控制性布置图。

其中，总平面图和竖向布置图常以建筑专业工程师作为设计主导。

2. 在施工图设计阶段，建筑专业设计文件应包括图纸目录、设计说明、设计图纸、计算书。其中设计图纸包括：平面图、立面图、剖面图以及详图。

当项目按绿色建筑要求建设时，相关的平面、立面、剖面图需包含采用的绿色建筑设计技术内容以及相关的构造详图。计算书应包括：建筑节能计算书以及根据工程性质和特点提出的视线、声学、安全疏散等方面的

XX高速公路管理处住宅区1号楼

--施工图--

建设单位：xxxxxxxxx
设计单位：xxxxxxxx
项目的设计编号：xxxxxxxx

院　　长：XX
总工程师：XXXX
注册建筑师：XX
注册结构工程师：XXX
项目负责人：XXX XX
建筑专业设计：XX
结构专业设计：XXX
给水排水专业设计：XX
电气专业设计：XXX
暖通专业设计：XX

2018年1月

图 2-2　某多层住宅楼建筑专业施工图封面（全套高清建筑专业施工图详见模块五）

计算依据和技术要求。

3. 建筑施工图还应包括专项设计的文件内容。如对于涉及建筑节能设计的项目，其设计说明应有建筑节能设计的专项内容；而涉及装配式建筑设计的项目，其设计说明及图纸应有装配式建筑专项设计内容。

二维码 2-6　某小型公共建筑项目施工图设计建筑专业图纸

课堂练习：

扫描二维码 2-6，查看某小型公共建筑项目施工图设计建筑专业图纸，在表 2-2 中列出缺绘的图纸名称。

建筑施工图文件内容缺项分析表　　　　表 2-2

分类	1	2	3	4	5	6	7	8
专项设计								
图纸内容								

小节实训：

1. 实训内容：扫描二维码 2-4，下载某住宅楼全套建筑方案图纸，完成建筑专业施工图图纸内容规划，并列出清单。

2. 实训目标：通过学习，能清晰罗列建筑施工图的设计文件内容。

3. 实训要求：应用计算机辅助设计软件制作建筑施工图工作计划以及设计文件内容清单。

2.1.2　总封面标识内容

学习目标：

理解并掌握建筑施工图封面绘制内容及要求。

案例展示（图 2–3）：

学习内容：

1. 项目名称：指某一建筑工程在项目前期所拟定的具体项目名称。在建筑施工图封面中，此内容占重要比例，需用较大字体以标题的形式注明。

2. 设计阶段：建筑工程设计文件共有方案设计、初步设计以及施工图设计三个阶段；此处要求清晰表达文件所属设计阶段，一般标注在项目名称后。

3. 建设单位名称：建设单位工商注册全称。

4. 设计单位名称：设计单位工商注册全称及其资质编号。

5. 项目设计编号：为方便设计院内部项目管理，单位自行编制的项目编号。

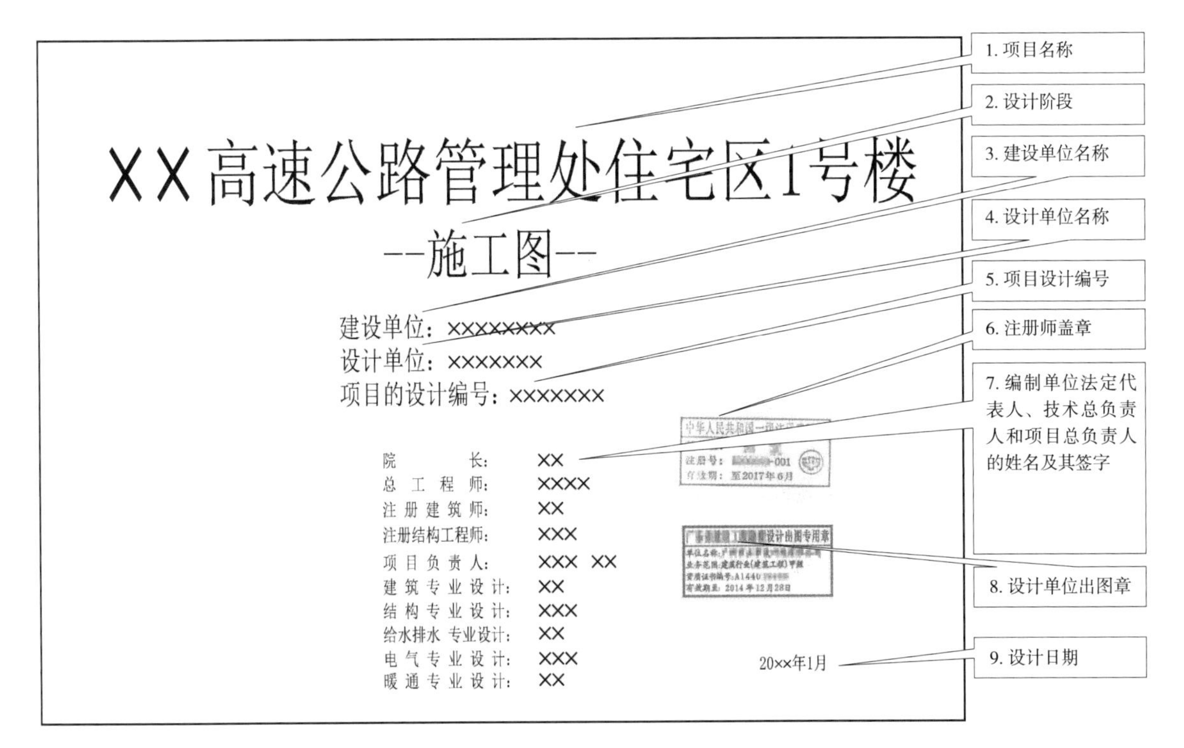

图 2–3　某多层住宅建筑施工图封面

6. 注册师盖章：本项目责任注册建筑师、注册结构师、注册设备师的注册印章。

7. 编制单位法定代表人、技术总负责人和项目总负责人的姓名及其签字，一般由打印字体和手写体签名组成。

8. 设计单位出图章：正式出图时，所有图纸须具有设计单位技术公章才被认定为有效文件。

9. 设计日期：即设计文件交付日期。

课堂练习：

南方某市甲置业有限公司委托乙建筑设计有限公司（建筑工程甲级设计证书号：18××××–SJ）完成“桂园小区 1 号住宅楼”的建筑施工图设计，设计单位安排注册建筑师黄某为项目负责人兼建筑专业负责人，注册结构师古某为结构专业负责人，吴某为给水、排水专业负责人，李某为电气专业负责人，张某为设计单位总工程师。根据以上项目信息应用计算机辅助设计软件编制本项目建筑施工图封面。

小节实训：

1. 实训内容：扫描二维码 2–4，下载某住宅楼全套建筑方案图纸，依据其工程项目的基本信息，完成该项目施工图封面的编制。

2. 实训目标：通过学习，能理解及正确编制建筑施工图总封面。

3. 实训要求：应用计算机辅助设计软件独立完成该项目施工图封面的编制。

2.1.3 图框、图签、图名及图纸比例

学习目标：

1. 了解标准图框应包含的内容与含义。
2. 学会正确绘制及应用图框。
3. 学会正确表达图名及图纸比例。

案例展示（图 2–4、图 2–5）：

学习内容：

1. 会签栏：为保障建筑施工图设计各专业之间的协同合作，项目组各专业工程师需相互校核图纸内容，并在会签栏处汇总签名。会签栏一般位于图框左上角，其表格形式如图 2–4 所示。

2. 图框：图框大小与出图图幅相对应。一套完整的施工图可根据各图纸内容选择不同大小的图幅。

3. 图签：建筑施工图中每张图纸都应有图签，可位于图纸底端、右侧或右下角。同一设计单位的图纸一般统一图签样式。图签内容包括设计单

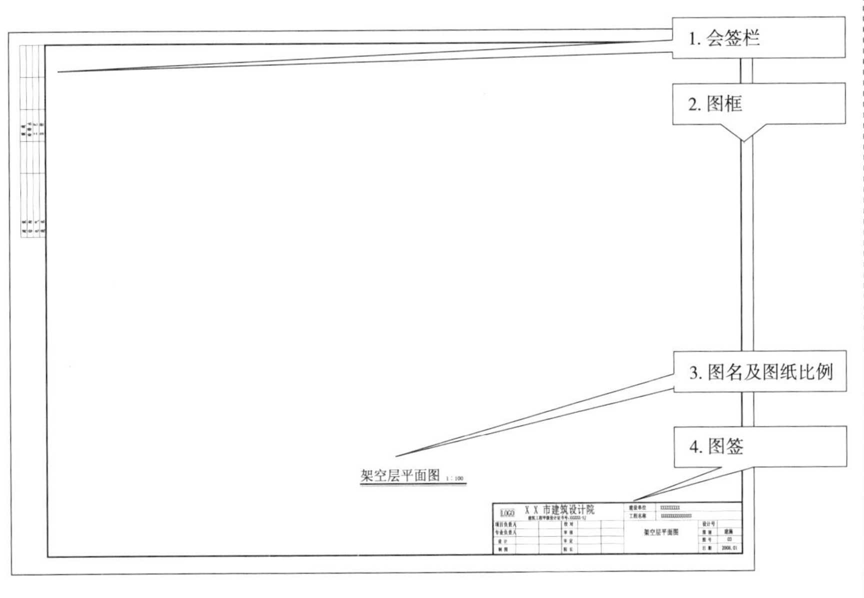

图 2-4　某高层住宅建筑立面图图框

建　筑			暖　通		
结　构			给水排水		
电　气			工　艺		
通　讯			自　控		

<table>
<tr><td colspan="5">LOGO　××市建筑设计院
建筑工程甲级设计证书号:XXXXXX-SJ</td><td>建设单位</td><td colspan="2">×××××××</td></tr>
<tr><td colspan="5"></td><td>工程名称</td><td colspan="2">××××××××××××</td></tr>
<tr><td>项目负责人</td><td></td><td></td><td>校 对</td><td></td><td rowspan="4">架空层平面图</td><td>设计号</td><td></td></tr>
<tr><td>专业负责人</td><td></td><td></td><td>审 核</td><td></td><td>图 别</td><td>建施</td></tr>
<tr><td>设 计</td><td></td><td></td><td>审 定</td><td></td><td>图 号</td><td>03</td></tr>
<tr><td>制 图</td><td></td><td></td><td>院 长</td><td></td><td>日 期</td><td>2008.01</td></tr>
</table>

图 2-5　会签栏与图签

位信息、建设单位名称、建设工程名称、图纸签名栏和图纸信息栏，其中设计单位信息包含名称、LOGO 标识、资质情况，图纸签名栏填写设计总负责人、制图、设计、校对、审核、审定人的姓名及其签字空格，图纸信息栏包含图纸的图名、图别、图号、比例、日期、序号等，如图 2-5 所示。

4. 图名及图纸比例：在各图下方标识出图纸名称以及出图比例。

课堂练习：

根据以下项目基本情况编制一套本项目建筑施工图的标准图框，内容包括：图框、图签、会签栏等。

南方某市甲置业有限公司委托乙建筑设计有限公司（建筑工程甲级设

计证书号：18××××-SJ）完成“桂园小区 1 号住宅楼”的建筑施工图设计，设计单位安排注册建筑师黄某为项目负责人兼建筑专业负责人负责图纸审核与审定，建筑设计与制图均由李某承担，王某负责建筑图纸的校对工作。

小节实训：

1. 实训内容：扫描二维码 2-4，下载某住宅楼全套建筑方案图纸，依据其工程项目的基本信息，编制一张本项目建筑平面施工图 1：100 的图框，内容包括：图框、图签、会签栏、图名、比例等。

2. 实训目标：通过学习，能掌握及正确编制建筑施工图图框、图签、图名比例等。

3. 实训要求：要求应用计算机辅助设计软件独立完成图框绘制。

2.1.4 图纸目录

学习目标：

1. 了解建筑施工图设计文件的组成，学会规划罗列项目的建筑专业图纸清单。

2. 掌握建筑施工图汇编顺序相关要求。

3. 掌握图纸目录表的组成，并能熟练制表。

案例展示（图 2-6）：

学习内容：

图纸总目录

图别	序号	图纸名称	图号	图幅	备注
建筑	0	图纸总目录			
	1	建筑设计说明　装修及构造表	建施01	A1	
	2	节能设计专篇　总平面图	建施02	A1	
	3	首层平面图	建施03	A1	
	4	二层平面图	建施04	A1	
	5	三层平面图	建施05	A1	
	6	四～五层平面图	建施06	A1	
	7	六层平面图	建施07	A1	
	8	屋顶平面图	建施08	A1	
	9	Ⓛ～Ⓐ 轴立面图	建施09	A1	
	10	①～⑭ 轴立面图	建施10	A1	
	11	Ⓐ～Ⓛ 轴立面图	建施11	A1	
	12	1-1剖面图2-2剖面图	建施12	A1	
	13	楼梯一大样图	建施13	A1	
	14	楼梯二大样图	建施14	A1	
	15	墙身大样一　墙身大样二	建施15	A1	
	16	墙身大样图	建施16	A1	
	17	卫生间大样图	建施17	A1	
	18	门窗表及门窗大样	建施18	A1	
	19	门窗大样	建施19	A1	

图别	序号	图纸名称	图号	图幅	备注
结施	1	结构设计总说明(一)	结施01	A1	
	2	结构设计总说明(二)	结施02	A1	
	3	桩基础平面定位图	结施03	A1	
	4	基础梁配筋图	结施04	A1	
	5	基础～一层柱配筋图	结施05	A1	
	6	二层柱配筋图	结施06	A1	
	7	三～四层柱配筋图	结施07	A1	
	8	五层柱配筋图	结施08	A1	
	9	六层柱配筋图	结施09	A1	
	10	设备夹层结构平面图	结施10	A1	
	11	二层板配筋图	结施11	A1	
	12	二层梁配筋图	结施12	A1	
	13	三层板配筋图	结施13	A1	
	14	三层梁配筋图	结施14	A1	
	15	四～五层板配筋图	结施15	A1	
	16	四～五层梁配筋图	结施16	A1	
	17	六层板配筋图	结施17	A1	
	18	六层梁配筋图	结施18	A1	
	19	屋面板配筋图	结施19	A1	
	20	屋面梁配筋图	结施20	A1	
	21	屋顶构架配筋图	结施21	A1	

图别	序号	图纸名称	图号	图幅	备注
水施	1	设计施工说明	水施01	A1	
	2	首层给水排水平面图	水施02	A1	
	3	首层架空层给水排水平面图	水施03	A1	
	4	二层给水排水平面图	水施04	A1	
	5	三层给水排水平面图	水施05	A1	
	6	四～五层给水排水平面图	水施06	A1	
	7	六层给水排水平面图	水施07	A1	
	8	屋顶给水排水平面图	水施08	A1	
	9	给水系统原理图	水施09	A1	
	10	热水系统原理图	水施10	A1	
	11	消火栓系统原理图、雨水系统原理图	水施11	A1	
	12	污水系统原理图	水施12	A1	
	13	卫生间大样图	水施13	A1	

图别	序号	图纸名称	图号	图幅	备注
电施	1	设计说明材料表电气系统图一	电施01	A1	
	2	电气系统图二	电施02	A1	
	3	首层照明平面图	电施03	A1	
	4	二～六层照明平面图	电施04	A1	
	5	屋顶照明平面图	电施05	A1	
	6	首层弱电平面图	电施06	A1	
	7	二～六层弱电平面图	电施07	A1	
	8	基础接地平面图	电施08	A1	
	9	屋顶防雷平面图	电施09	A1	
	10	电气总平面图	电施10	A1	

图 2-6　某多层住宅楼建筑施工图图纸总目录

1. 图纸总目录表：包括专业、序号、图号、图纸名称、图纸数量和图幅等内容，其目的在于方便图纸的归档、查阅及修改，图纸目录是施工图纸的明细和索引。

2. 图纸总目录编制顺序：按专业顺序：总平面、建筑、结构、建筑电气、给水排水、供暖通风与空气调节、热能动力、其他专项设计等。

3. 建筑施工图文件汇编顺序相关要求：

a. 先列绘制图纸，后列选用的标准图或重复利用图；

b. 目录顺序：建筑专业新绘施工图应按首页（建筑设计说明、工程做法、门窗表）、各类专篇、基本图（总平面图、平面图、立面图、剖面图）、详图（楼梯大样、局部构造大样、门窗详图等）和计算书依次排列。其中图纸部分排序规则如下：

总平面图纸排序：总平面图、竖向布置图、土石方图、管道综合图、绿化及建筑小品布置图、详图。

平面图纸排序规则：遵循由下层至上层的顺序。平面图示完全相同的楼层，可共用同一平面图，但平面图上需注明层数范围及各层的标高。根据工程性质及复杂程度，必要时可选择绘制局部放大平面图。

立面图纸排序规则：遵循由主要至次要的顺序。主次区分不明显时，可按南、北、东、西方位顺序排列。依据项目需求可绘制展开立面图及内庭局部立面图。

剖面图纸排序规则：遵循剖切符号的编号，由小至大的顺序排列。剖切符号编号时一般可按其重要性，由主要至次要逐一编号。

详图排序规则：一般先列放大平面图，如交通核心筒、厨卫大样图、单一空间大样图，再列构造详图，如门廊、墙身、门窗等详图，同类型详图集中排列。有时为方便读图，也将部分构造详图与其对应的平面、立面或剖面图布置在同一张图纸内。

4. 图号可由各设计院自行规定，可用“建施＋图纸序号”表示。

5. 图纸目录如有多页，应注明图纸的本页数及总页数，如“第 1 页，共 3 页”。

课堂练习：

扫描二维码 2-7 查看某小型公共建筑项目全套建筑施工图纸，在图 2-7 中完成图纸编序及目录编制，并将缺绘的图纸名称在目录中列出。

小节实训：

1. 实训内容：扫描二维码 2-4，下载某住宅楼全套建筑方案图纸，制作图纸清单，完成总目录初稿编制。

2. 实训目标：通过学习，能理解及正确编制施工图总目录。

3. 实训要求：要求独立应用计算机辅助设计软件完成总目录编制。

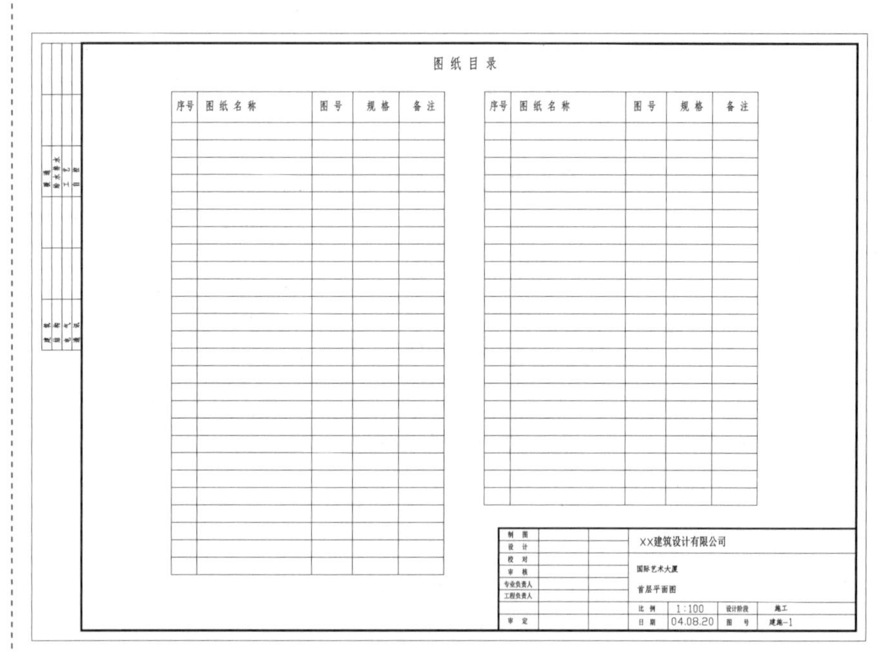

图 2-7　某小型公共建筑施工图图纸总目录（扫描二维码 2-7 下载全套施工图）

二维码 2-7　某小型公共建筑施工图图纸

2.2　总平面图

二维码 2-8　总平面图课件

二维码 2-9　总平面图微课

概述：

总平面图是表达建设工程总体布局的图样，是在建设地域上空向地面一定范围投影所形成的水平投影图。用正投影的原理表达出地形图和已有的建筑物、新建的建筑物以及将来拟建建筑物与道路、绿化等内容（二维码 2-8、二维码 2-9）。

本节按简单工程设计特征，合并竖向布置图与总平面图。按照总平面施工图绘制工作过程：场地现状、建筑、场地、标注、环境景观的设计与表达等分小节编写。

案例展示（图 2–8）：

单项实训（表 2–3）：

总平面图施工图深化设计单项实训任务表　　表 2–3

实训目标	知识目标：掌握建筑方案、初步设计、施工图各阶段总图专业设计文件的基本内容，熟练掌握建筑施工图中总平面图及竖向布置图的图纸深度要求。 能力目标：能独立完成建筑施工图中总平面布置图技术深化设计工作；能正确绘制总平面竖向布置图。 思政映入：通过对总平面图坐标、尺寸、标高标注等细部的表达，培养"精心操作、注重细节、一丝不苟、精益求精"的工匠精神和爱岗敬业的职业精神；通过对总平面图规划控制、消防、日照、通风、卫生间距等规范要点的分析，培养守规矩、讲原则和遵守国家法律法规的品质；通过对总平面建筑布局分析，树立节约土地的意识	
实训方式	依据总平面施工图设计步骤，将单项实训任务依次分解至各小节学练过程中。通过小节实训的方式，逐步完成本次单项实训，内容包括：总平面图及竖向布置图的设计与表达	扫描二维码 2-4 下载实训项目全套建筑方案图

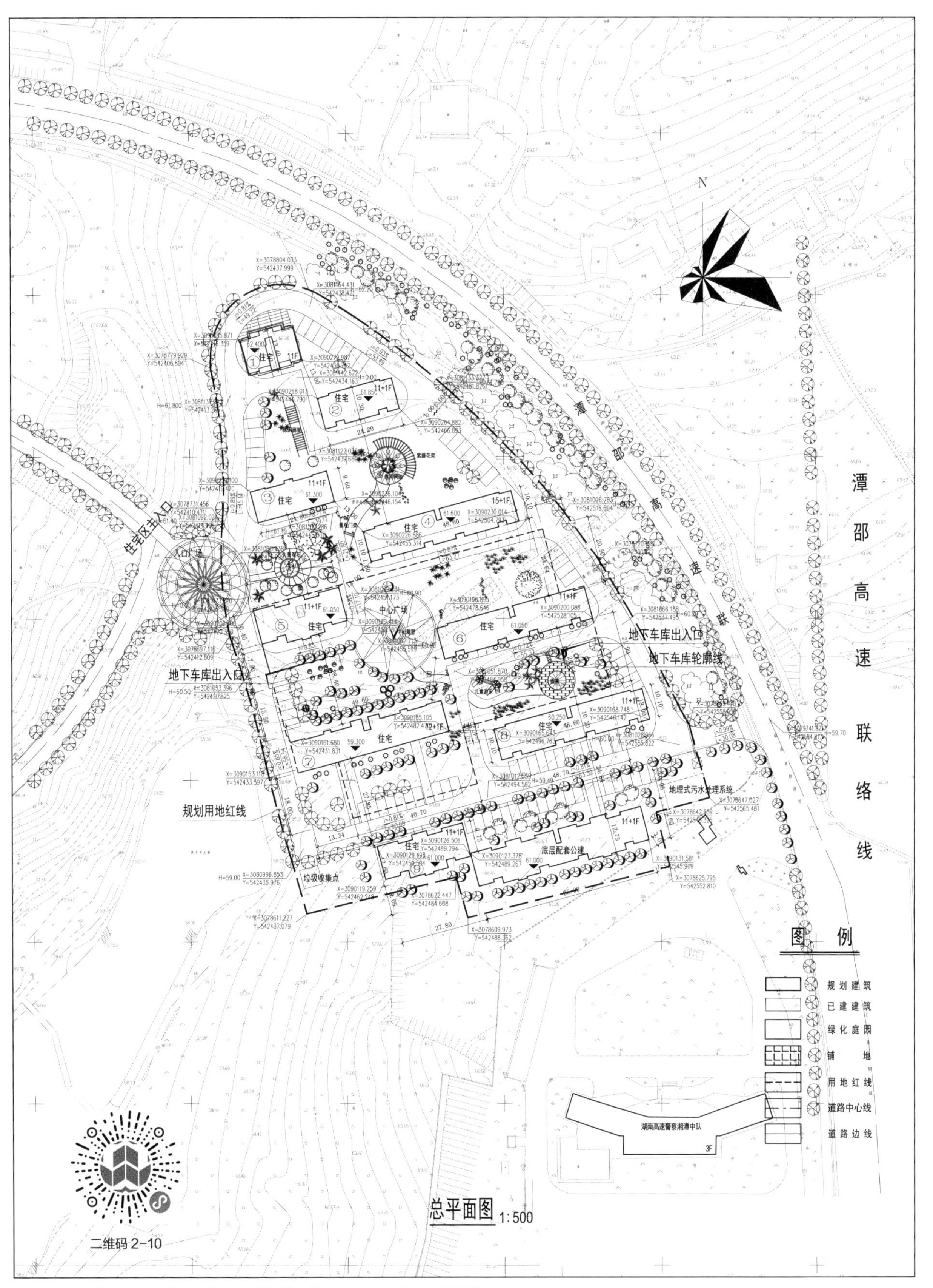

图 2-8 某多层住宅楼总平面施工图（扫描二维码 2-10 查看高清图片）

续表

<table>
<tr><td>实训内容</td><td>在总平面方案图 CAD 文件的基础上进行施工图设计，达到《建筑工程设计文件编制深度规定（2016 年版）》中 4.2 总平面设计深度要求</td><td rowspan="4">扫描二维码 2–4 下载实训项目全套建筑方案图</td></tr>
<tr><td>成果要求</td><td>完成总平面施工图，按比例设置线型、打印出图并提交电子版</td></tr>
<tr><td>实训建议</td><td>按后续小节实训进度逐步完成总平面图的施工图设计，每小节提交电子版，实训结束后按比例打印出图</td></tr>
<tr><td>实训项目
选题建议</td><td>建议选择与本模块案例规模相近的 27m 以下多层住宅建筑，建筑立面风格简洁。需提供方案图电子文件：含效果图、总平面图、各层平面图</td></tr>
</table>

2.2.1 识读现状地形图

学习目标：

1. 了解现状地形图应包含的内容。
2. 学会识读现状地形图、场地外道路、建筑物、构筑物等。
3. 掌握总平面施工图中现状部分的表达方法与要求。

案例展示（图 2–9）：

学习内容：

原始地形图是工程项目设计的依据之一。在总平面施工图中需保留其现有的地形地貌。为了不影响规划图示识图，一般将本内容置于所有图示最底层，以淡灰色线条淡显表达。其内容包括地形勘测图内的地形、地物及其标注。

1. 保留的地形和地物：地形表达多采用等高线法，可以从中读出等高曲线、标高、等高距和高差等信息来进行场地现状地形的分析。地物则包括自然形成和人工建造的地表面的固定性物体，如：道路、江河、树林、建筑物等。

2. 测量坐标网、坐标值：勘测地形图中，坐标系统用于确定地面点在该坐标系统中的平面位置及相对尺寸，通常以“十”字形标识描绘出方格网交接处来表达。

3. 用地红线及坐标值：用地红线是指各类建筑工程项目用地的使用权属范围边界线，以粗双点划线表达，并应在其关键节点上标注坐标值。

4. 周边道路及其主要定位坐标：总平面施工图需要绘制出与用地相邻或相连的周边道路各构成部分的投影线，并标注道路中心线及其定位坐标与标高。道路中心线线型应为细点划线。

5. 周边用地性质：为了更清晰表达场地区位信息，应标注场地周边用地的性质。

6. 周边绿化带：当场地周边有与用地相邻的绿化带时，应绘制其边缘投影线以及植物配置示意。

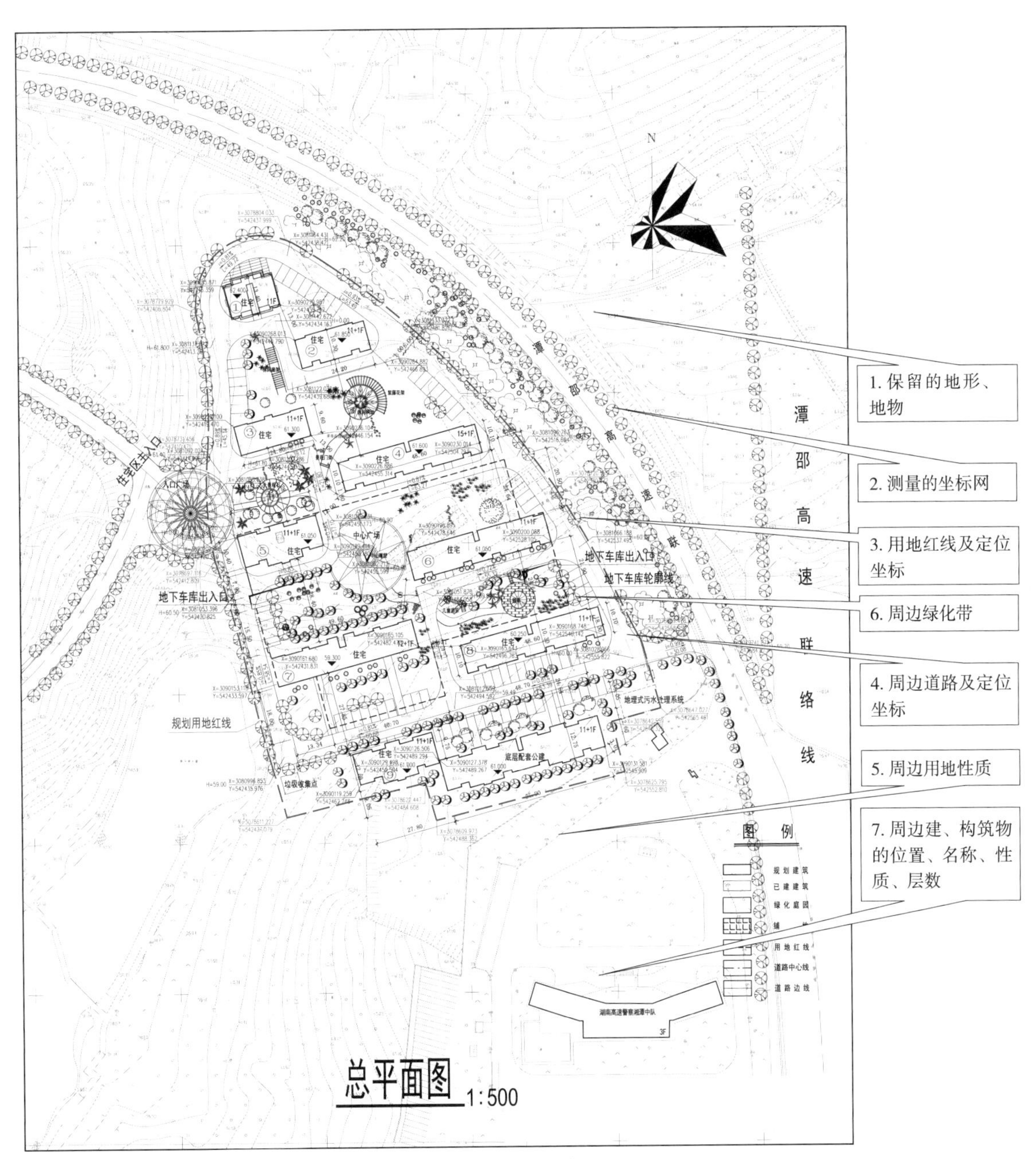

图 2-9　某多层住宅楼总平面施工图（扫描二维码 2-11 查看高清彩图）

7. 周边建、构筑物的位置、名称、性质、层数：用中粗线绘制出周边建筑的外轮廓线，并注明其名称、性质和层数。

8. 周边地下建筑物的位置、名称、性质、层数：用中粗虚线绘制出周边地下建筑物的外轮廓线，并注明名称、性质和层数。

二维码 2-11　某多层住宅楼总平面施工图

课堂练习：

扫描二维码 2-12 下载以下总平面图（图 2-10），以正确的线型描绘出用地红线以及建筑控制线，并应用计算机辅助设计软件中坐标标注功能，标注用地红线各关键节点的坐标值。

小节实训：

1. 实训内容：扫描二维码 2-4，下载本章首节单项实训中某住宅楼总平面方案图，完成该总平面图地形条件识图，并运用正确线型绘制出用地红线、建筑控制线。

2. 实训目标：通过学习，能理解及正确识读总平面图地形条件，并能正确表达总平面图用地红线及其坐标值、建筑控制线、道路红线、场地周边道路、建筑、绿化带、构筑物的描绘及其相关标注。

3. 实训要求：应用计算机辅助设计软件在总平面方案图基础上新建图层，独立完成。

二维码 2-12　某组团总平面图

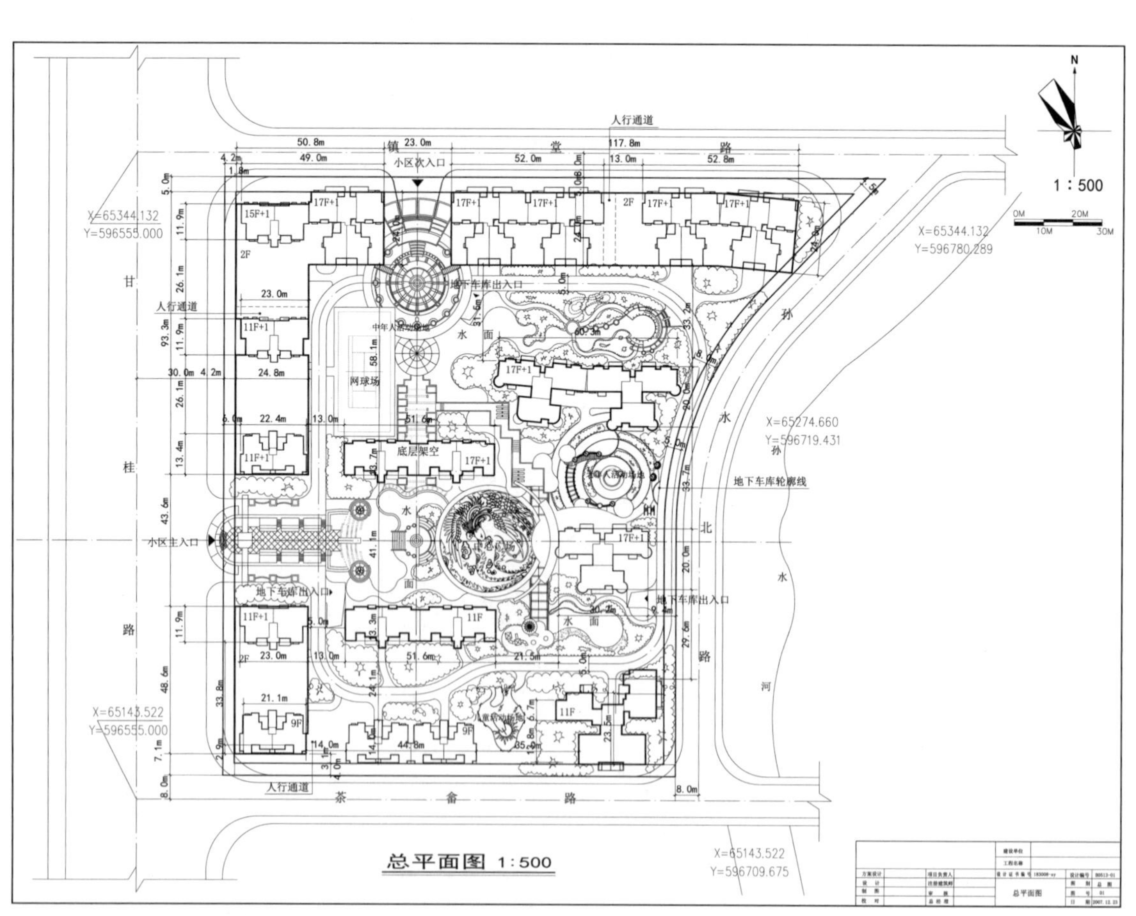

图 2-10　某组团总平面图（扫描二维码 2-12 下载 CAD 文件）

2.2.2　绘制场地内建、构筑物及其名称或编号、层数、定位

学习目标：

学会正确表达场地内规划与保留的建、构筑物。

案例展示（图 2-11）：

学习内容：

1. 场地内建、构筑物名称、层数：为了能更清晰地区别出建筑物与场地，在总平面图中，应以粗线描绘出场地内建筑物的外轮廓线。并在其屋面上注明建筑名称、性质和层数。还需以细线描绘出建筑物各层屋面的细节。

2. 场地内地下建筑物的名称和层数：场地内的地下建筑包括：人防工程、地下车库、油库、贮水池等隐蔽工程。虽然在场地上空不可见，但为

二维码 2-13　某多层住宅楼总平面施工图

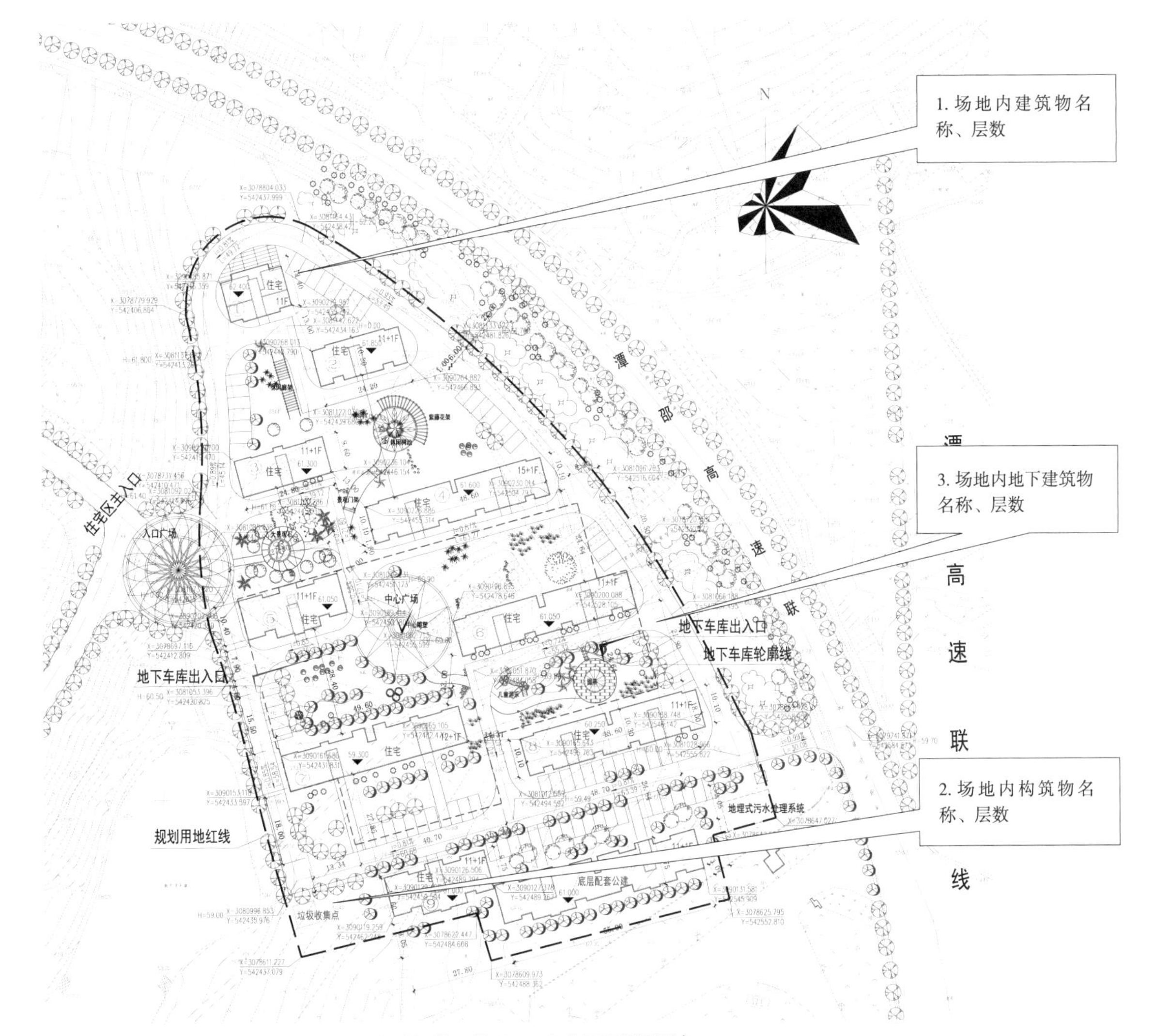

图 2-11　某多层住宅楼总平面施工图局部（扫描二维码 2-13 查看高清彩图）

清晰表达出地下建筑与场地的关系，在总平面图中仍需以粗虚线表达其外轮廓线，且需注明名称、性质和层数。

3. 建筑控制线及其定位：指建筑物的基底，按规划要求退后用地红线、道路红线、绿线、蓝线、紫线、黄线一定距离后，其建筑物位置所不能超过的界限。退让距离不但需满足各类控制管理规定的要求，还应按当地规划部门的相关规定执行，其线型以粗虚线表达，并应标注出后退尺寸。

课堂练习：

图 2-12 中表达总平面建筑物不正确的选项有哪些？并注明其错误处。

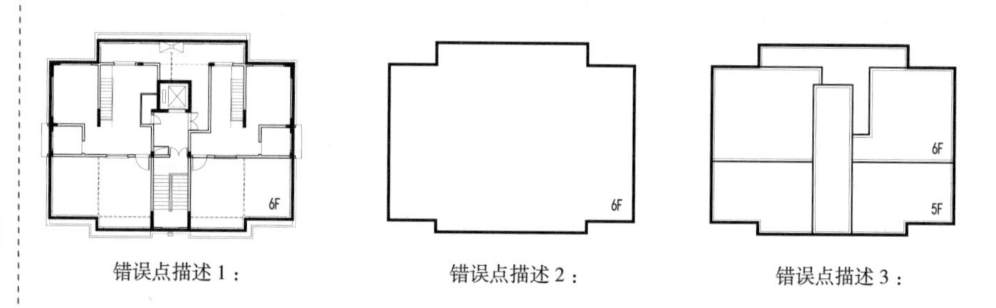

图 2-12　某住宅建筑屋顶平面图

小节实训：

1. 实训内容：在 2.2.1 小节实训成果的基础上，完成该总平面图场地内建筑物、构筑物及地下建筑的描绘，并深化屋面细节及其标注。

2. 实训目标：通过学习，能识读且正确表达场地内建筑物、构筑物及地下建筑。

3. 实训要求：应用计算机辅助设计软件，独立完成以下工作。

（1）在总平面方案图基础上新建图层，描绘出场地内建筑物、构筑物以及地下建筑，并修改其线型表达上的错误，完善其细节表达。

（2）根据总平面施工图深度要求完成场地内建筑物、构筑物以及地下建筑的坐标和文字标注。

2.2.3　绘制各类场地、道路以及围墙等设施

学习目标：

学会识读并正确表达场地内规划及保留的广场、停车场、运动场地、道路、围墙、无障碍设施、排水沟、挡土墙、护坡等设施。

案例展示（图 2-13）：

学习内容：

1. 铺地广场：广场是基地中用以疏散或公共活动的硬质铺地面。需以细线绘制出广场范围及其铺装样式。

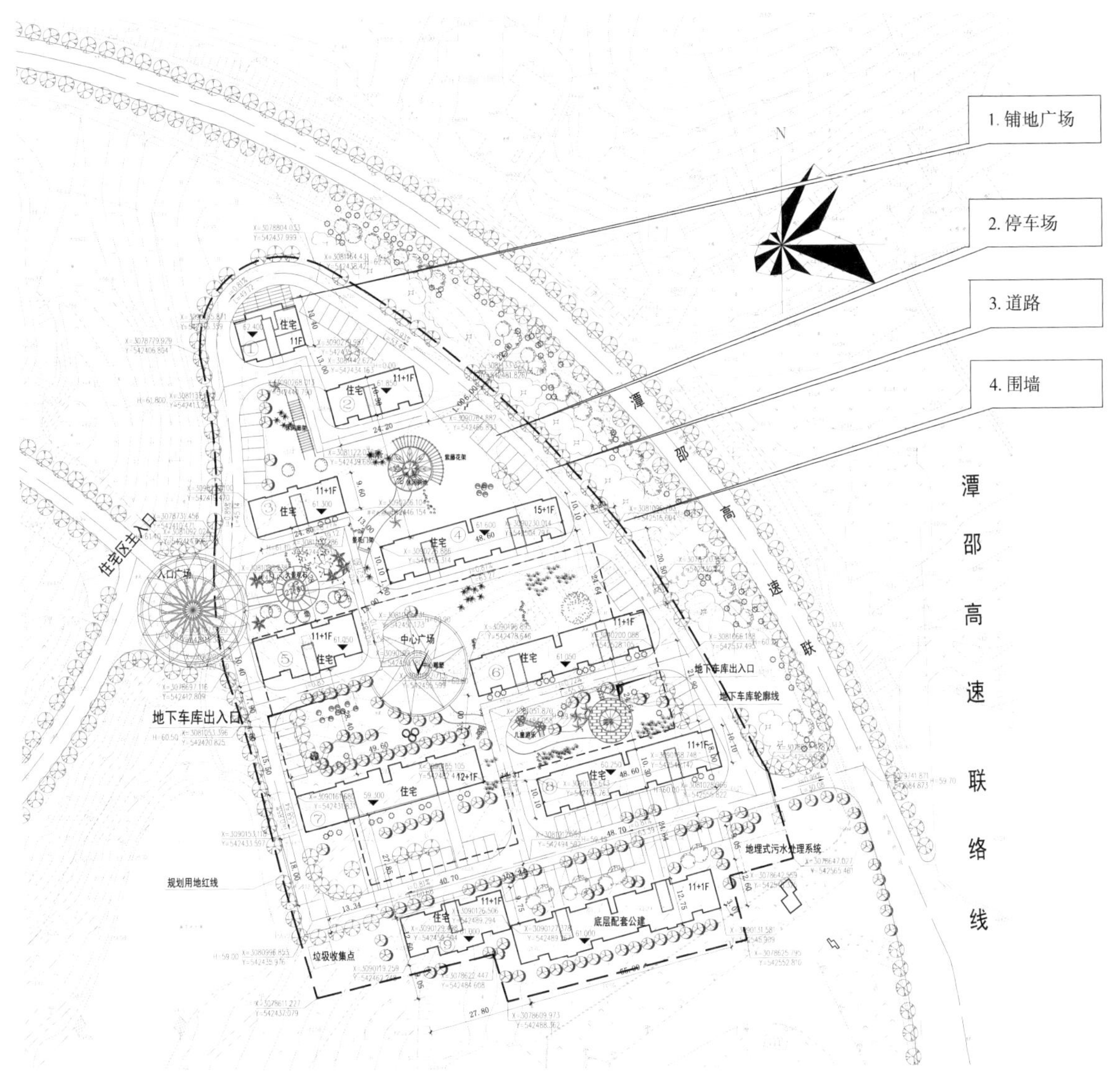

图 2-13　某多层住宅楼总平面施工图局部（扫描二维码 2-14 查看高清彩图）

2. 停车场：场地中地面停车场或停车位是供车辆地面停放的固定场所，应绘制出范围并示意其停车位分格线。当其为硬质铺地或生态停车位时，还需表达出铺装样式。

3. 道路：道路是场地内的重要组成部分，可分为车行道路和人行道路。其中车行道路应表达出道路边缘线与中心线。当人行道路采用铺装地面时，需表达出铺装样式。

4. 围墙：场地中围墙，需以双细线表达其所在位置，并索引构造做法。

二维码 2-14　某多层住宅楼总平面施工图

课堂练习：

在2.2.2课堂练习成果的基础上，应用计算机辅助设计软件在图中描绘出场地内广场、停车场、道路及围墙，并深化表达其细节。

小节实训：

1. 实训内容：在2.2.2小节实训成果的基础上，完成该总平面图基地内广场、停车场、道路及围墙的描绘与细节深化工作。

2. 实训目标：通过学习，能识读且正确表达基地内广场、停车场、道路及围墙。

3. 实训要求：要求应用计算机辅助设计软件，在总平面方案图基础上新建图层，独立完成基地内广场、停车场、道路及围墙的相关表达。

2.2.4 定位坐标、尺寸标注及文字标注

学习目标：

学会正确表达总平面图中的定位坐标、尺寸标注及文字标注。

案例展示（图2–14）：

学习内容：

1. 建筑物定位坐标：场地内规划与保留的建筑均需精准定位。一般需标注出建筑物的外轮廓阳角点的定位坐标，至少应标注对角线的两角坐标值。

2. 建筑物尺寸以及相互关系尺寸：在施工图中，为清晰地表达出建筑与周边建筑、道路等的距离是否符合消防间距、日照间距、卫生间距等规范要求，还需标注建筑物的自身尺寸及其与周边建筑、道路、构筑物的距离尺寸。

3. 道路宽度及转弯半径：场地内所有道路，均需标注宽度尺寸及转弯半径。

课堂练习：

在2.2.3课堂练习成果的基础上，应用计算机辅助设计软件在图中表达出建筑物、道路的尺寸及定位标注。

小节实训：

1. 实训内容：在2.2.3小节实训成果的基础上，完成该总平面图中所有建筑物、道路的定位尺寸标注和坐标标注。

2. 实训目标：通过学习，能识读且正确表达场地建筑、道路的定位标注。

3. 实训要求：应用计算机辅助设计软件，独立完成以下工作。

（1）在总平面方案图基础上新建图层并标注出场地内建筑物的坐标及尺寸标注。

（2）标注出道路宽度尺寸及转弯半径。

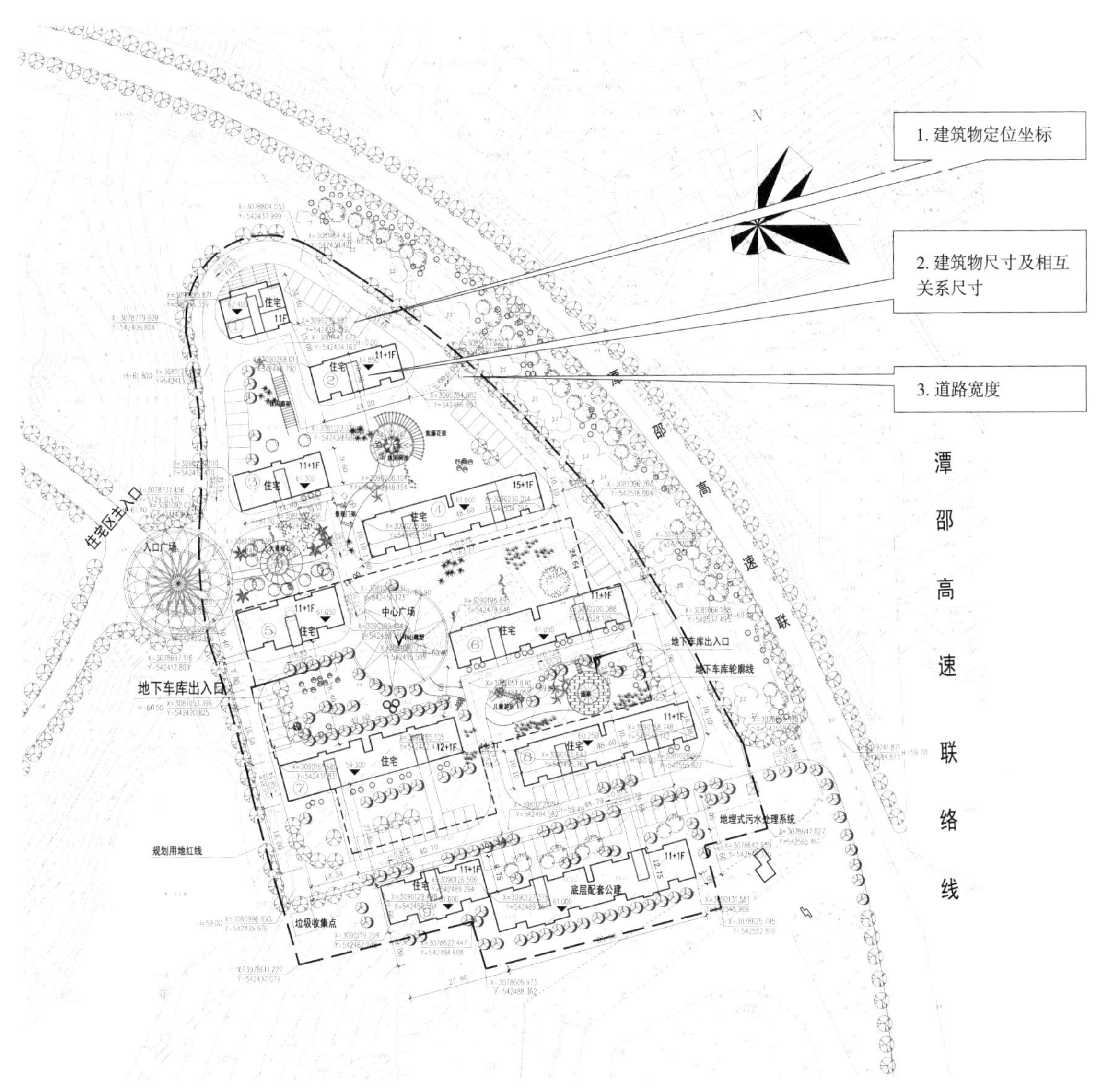

图 2-14 某多层住宅楼总平面施工图局部（扫描二维码 2-15 查看高清彩图）

2.2.5 高程、标高标注

学习目标：

1. 了解场地竖向设计的一般方法，掌握总平面图竖向设计的基本工作流程。

2. 学会识读及表达总平面图中竖向设计相关内容。

二维码 2-15 某多层住宅楼总平面施工图

案例展示（图 2-15）：

学习内容：

1. 场地竖向设计的基本原则：①满足建、构筑物的使用功能要求；②结合自然地形、减少土方量；③满足道路布局合理的技术要求；④解决场地

图 2-15　某多层住宅楼总平面图局部（扫描二维码 2-16 查看高清彩图）

二维码 2-16　某多层住宅楼总平面图

排水问题；⑤满足工程建设与使用的地质、水文等要求；⑥满足建筑基础埋深、工程管线敷设的要求。

2. 场地竖向设计的工作流程：①确定场地地面的竖向布置走势；②确定建、构筑物的高程；③拟定场地排水方案。

3. 建筑物、构筑物的室内外地面设计标高、地下建筑的顶板面标高及覆土高度限制标注：需在建筑物屋面上标注室内地面设计标高，周边场地上标注室外地面设计标高；地下建筑需标注出结构顶板标高以及场地覆土后的设计高度。

4. 场地设计标高：包括基地内所有广场、停车场、运动场地等硬质地面的设计标高，以及景观设计中，水景、地形、台地、院落的控制性标高。

5. 道路竖向设计标高：在道路中心线交接点位置标注：包括道路起点、变坡点、转折点和终点的定位坐标以及设计标高。在道路中心线中端，用箭头表达出道路纵坡向，并在箭头上下标注出纵坡度和纵坡距。

6. 其他构造竖向标高：挡土墙、护坡、坡道、排水沟：在中心线的顶部及底部标注主要设计标高，中心线中端标注坡度。

7. 场地坡向：用坡向箭头或等高线表示地面设计坡向，当对场地平整要求严格或地形起伏较大时，宜用设计等高线表示，地形复杂时应增加剖面表示设计地形。

课堂练习：

在 2.2.4 课堂练习成果的基础上，应用计算机辅助设计软件在图中表达出建、构筑物的室内外高程、场地设计标高与坡向以及道路设计标高与坡向坡度。

小节实训：

1. 实训内容：在 2.2.4 小节实训成果的基础上，完成该总平面图中建、构筑物的室内外高程、场地设计标高与坡向以及道路设计标高与坡向坡度的设计及标注。

2. 实训目标：通过学习，能合理设计且正确表达场地竖向设计内容。

3. 实训要求：应用计算机辅助设计软件，独立完成以下工作。

（1）在总平面方案图基础上新建图层并标注出建、构筑物室内外高程。

（2）标注出场地设计标高与坡向。

（3）标注出道路设计标高与坡向坡度。

2.2.6 其他

学习目标：

1. 学会在总平面图中表达绿植配景。

2. 学会编写总平面施工图设计说明。

3. 学会编制主要技术经济指标表。

4. 学会识读并绘制指北针或风玫瑰图。

5. 学会标注尺寸单位、图名、比例及补充图例等。

案例展示（图 2–16）：

学习内容：

1. 绿植配景：总平面图根据绿化布局需求，恰当地布置乔木、灌木及花卉。当绿化或景观环境另行委托设计时，可根据图面需求，只绘制绿化及建筑小品的示意性布置图。

2. 风玫瑰图或指北针：风玫瑰图是气象科学专业统计图表，用来统

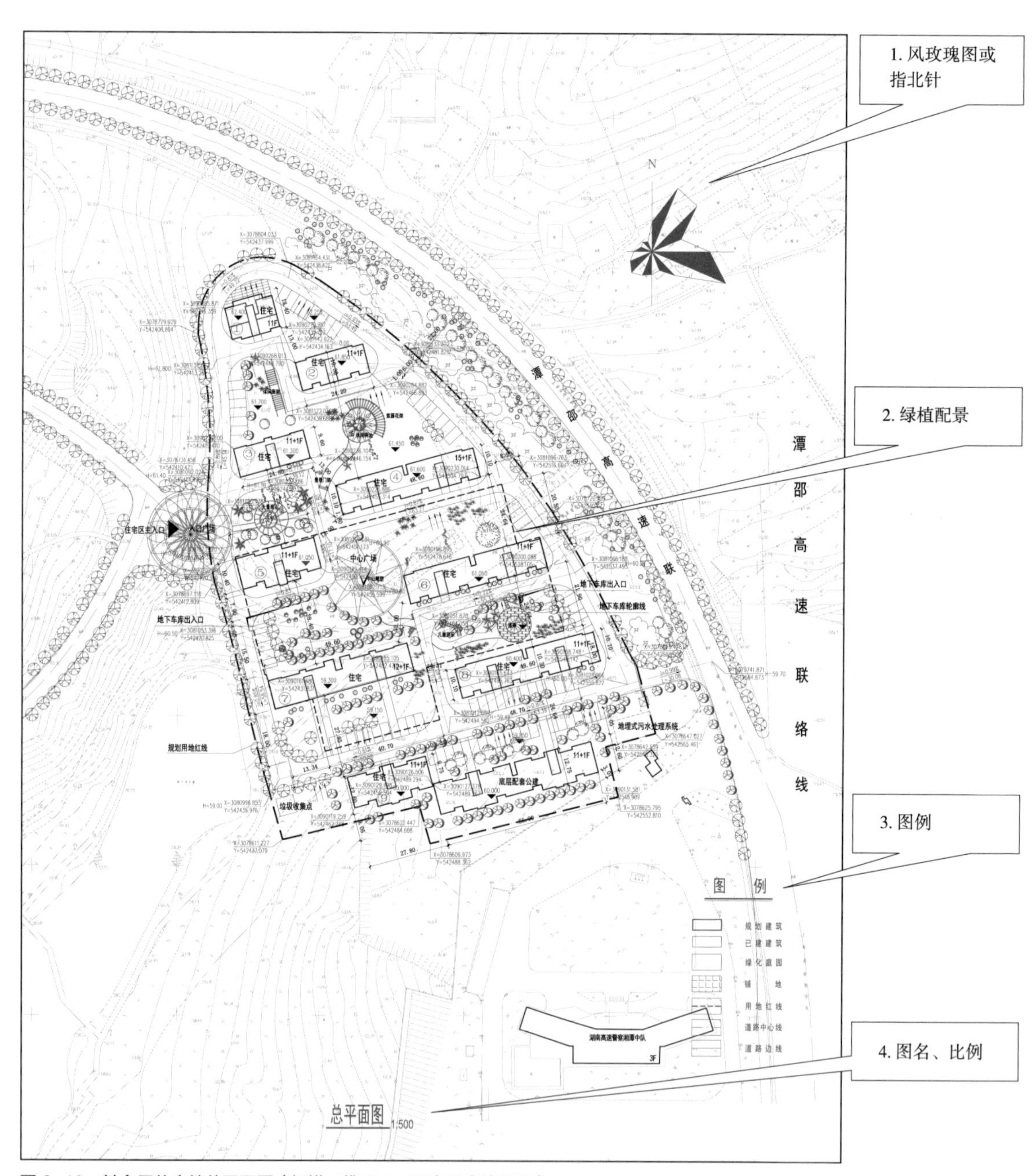

图 2-16　某多层住宅楼总平面图（扫描二维码 2-17 查看高清彩图）

二维码 2-17　某多层住宅楼总平面图

计某个地区一段时期内风向、风速发生的频率，又分为"风向玫瑰图"和"风速玫瑰图"。风玫瑰图表示风的来向，是指从外面吹向地区中心的方向。指北针有多种表达图例，可根据图面自行选择。注意指北针或风玫瑰图的方位需与建筑单体首层平面图中的指北针方向一致。

3. 总平面图设计说明：一般工程分别写在有关的图纸上，复杂工程也可单独编制。如重复利用某工程的施工图图纸及其说明时，应详细注明其编制单位、工程名称、设计编号和编制日期，说明地形图、初步设计批复文件等设计依据和基础资料。

4. 列出主要技术经济指标表：注意当工程项目有相应的规划设计规范时，技术经济指标的内容应按其执行（表 2–4）。

民用建筑主要技术经济指标表　　**表 2–4**

序号	名称	单位	数量	备注
1	总用地面积	hm^2		—
2	总建筑面积	m^2		地上、地下部分应分列，不同功能性质部分应分列
3	建筑基底总面积	hm^2		—
4	道路广场总面积	hm^2		含停车场面积
5	绿地总面积	hm^2		可加注公共绿地面积
6	容积率	—		2/1
7	建筑密度	%		3/1
8	绿地率	%		5/1
9	机动车停车泊位数	辆		室内、外应分列
10	非机动车停放数量	辆		—

5. 尺寸单位、图名、比例、补充图例：图例内应包含总平面图中各要素，如用地红线、建筑控制线、建筑、道路、停车场、构筑物、绿化、广场等。图名一般标注总平面图即可，其后应标注出图纸比例。

课堂练习：

在 2.2.5 课堂练习成果的基础上，应用计算机辅助设计软件在图中表达出场地内绿化布置示意。

小节实训：

1. 实训内容：在 2.2.5 小节实训成果的基础上，完成该总平面图中绿化配景示意、设计说明、主要技术经济指标表以及图名、图例等补充工作。

2. 实训目标：通过学习，能合理设计且正确表达场地竖向设计内容。

3. 实训要求：应用计算机辅助设计软件，独立完成以下工作。

（1）在总平面方案图基础上新建图层，完成绿化配景示意布置。

（2）编制总平面施工图设计说明。

（3）列出主要技术经济指标表。

（4）画出风玫瑰图、标注指北针。

（5）绘制图例。

（6）补充图名、比例。

二维码 2-18　平面图课件

二维码 2-19　平面图微课

2.3　平面图

概述：

平面图是建筑施工图的重要组成部分，它反映建筑物的功能布局及其平面的构成关系，反映建筑的平面形状、大小、地面、门窗的具体位置和占地面积等情况，是决定建筑立面及内部结构的关键环节。是新建建筑物施工及施工现场布置的重要依据，也是建筑给水排水、强电弱电、暖通设备等专业工程平面图和绘制管线综合图的依据（二维码2–18、二维码2–19）。

平面图通常包括首层平面图、中间各层平面图或标准层平面图、屋顶平面图及地下平面图等。

本章节按照民用建筑构造（墙柱、楼地面、垂直交通、屋顶、门窗、变形缝等）与平面图相关的设计内容，分类阐述其设计及表达的方法与要求。

案例展示（图 2–17）：

单项实训（表 2–5）：

2.3.1　承重墙、柱、围护结构等尺寸及其定位轴线和轴线编号

学习目标：

1. 学会正确绘制平面图中承重墙、柱、幕墙等图形。

2. 学会合理编制平面轴网，正确表达轴线、轴号。

3. 掌握平面图“三道尺寸”的基本内容及标注要求，学会清晰简明地表达尺寸标注。

案例展示（图 2–18）：

学习内容：

1. 横向轴线：水平方向的横向轴线编号采用阿拉伯数字，从左到右依次编号。

2. 纵向轴线：采用大写的拉丁字母自下而上依次编号。为避免数字与字母混淆，I、O、Z 三个字母不能作为轴线编号。如字母数量不够使用，可增加双字母或单字母加数字注脚，如 AA、BA……或 A1、B1……。

3. 附加轴线：对于非承重构件或次要构件可用附加轴号，两根轴线间

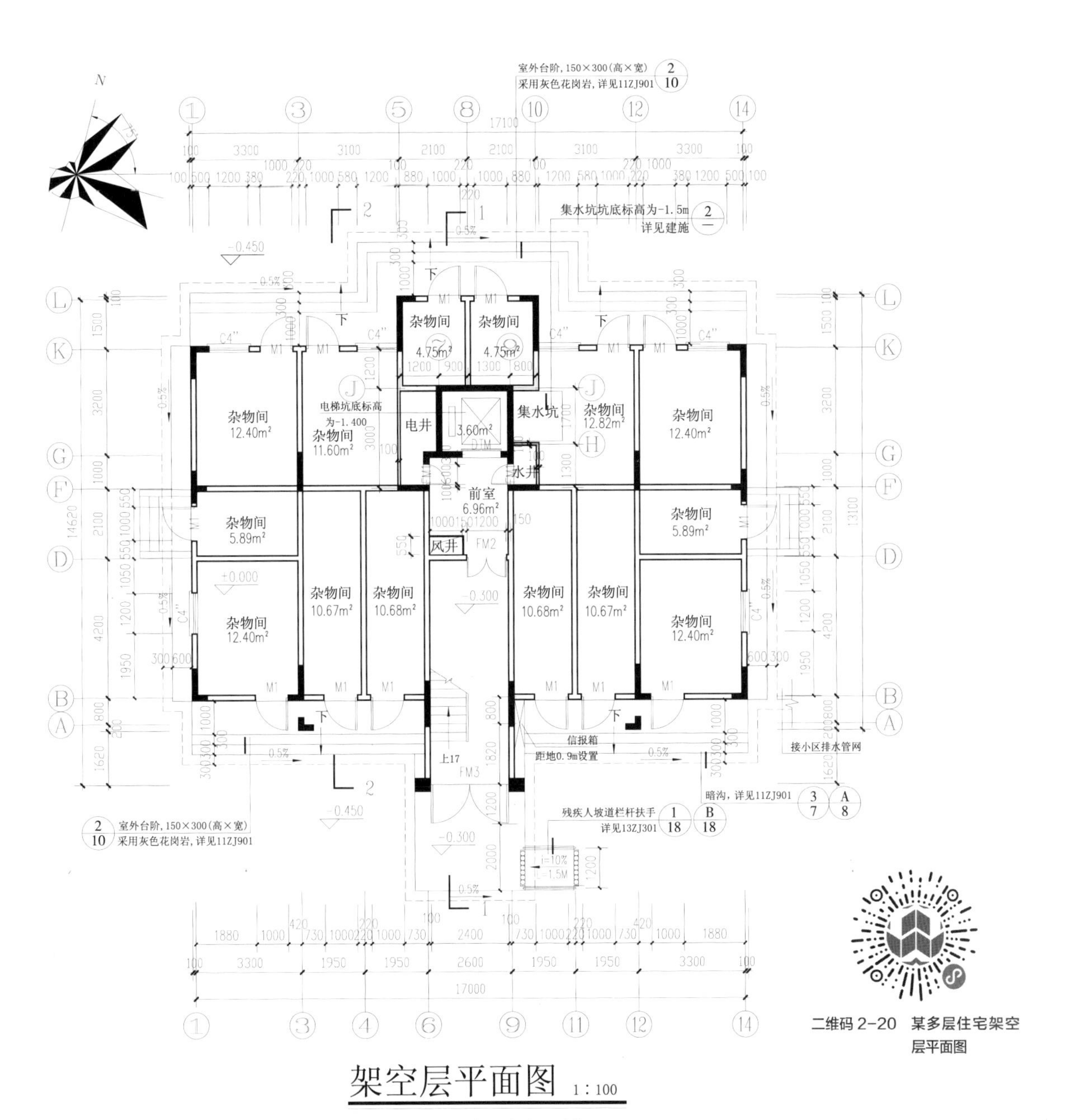

图 2-17　某多层住宅架空层平面图（扫描二维码 2-20 查看高清图片）

平面图施工图深化设计单项实训任务表　　表 2-5

实训目标	知识目标：熟练掌握建筑施工图中平面图的图纸深度要求。 能力目标：能区分建筑工程项目在方案、初步设计、施工图各阶段的平面图纸；能独立完成建筑平面图的施工图设计工作。 思政映入：通过对平面图图形与尺寸细化的过程，培养“精益求精”的工匠精神、爱岗敬业的职业精神和一丝不苟的严谨工作态度；通过对建筑平面开展技术深化设计的过程，注重构造设计，培养“提升人居环境质量”的建筑师责任感；通过对各层平面对应关系校对，提升系统思维、逻辑思维能力；通过项目驱动式教学，以成果为导向，培养学生总结经验、分析问题、解决问题的能力

续表

实训方式	依据建筑施工图平面图深化步骤，将单项实训任务依次分解至各小节学练过程中。通过小节实训的方式，逐步完成本次单项实训——建筑施工图平面图设计与表达	扫描二维码 2-4 下载实训项目全套建筑方案图
实训内容	在提供的建筑方案图 CAD 文件的基础上进行施工图设计，达到《建筑工程设计文件编制深度规定（2016 年版）》中 4.3.4 平面图深度要求	
成果要求	首层平面图、中间各层平面或标准层平面图、屋顶平面图，要求按比例打印出图并提交 CAD 电子版	
实训建议	按后续小节中实训进度逐步完成各层平面图的施工图设计，每小节提交电子版，单项实训结束后按比例打印出图	
实训项目选题建议	建议选择与本模块案例规模相近、立面简洁的 27m 以下多层住宅建筑。需提供整套完整的建筑方案图电子文件：含效果图、总平面图、各层平面图、各立面图、剖面图	

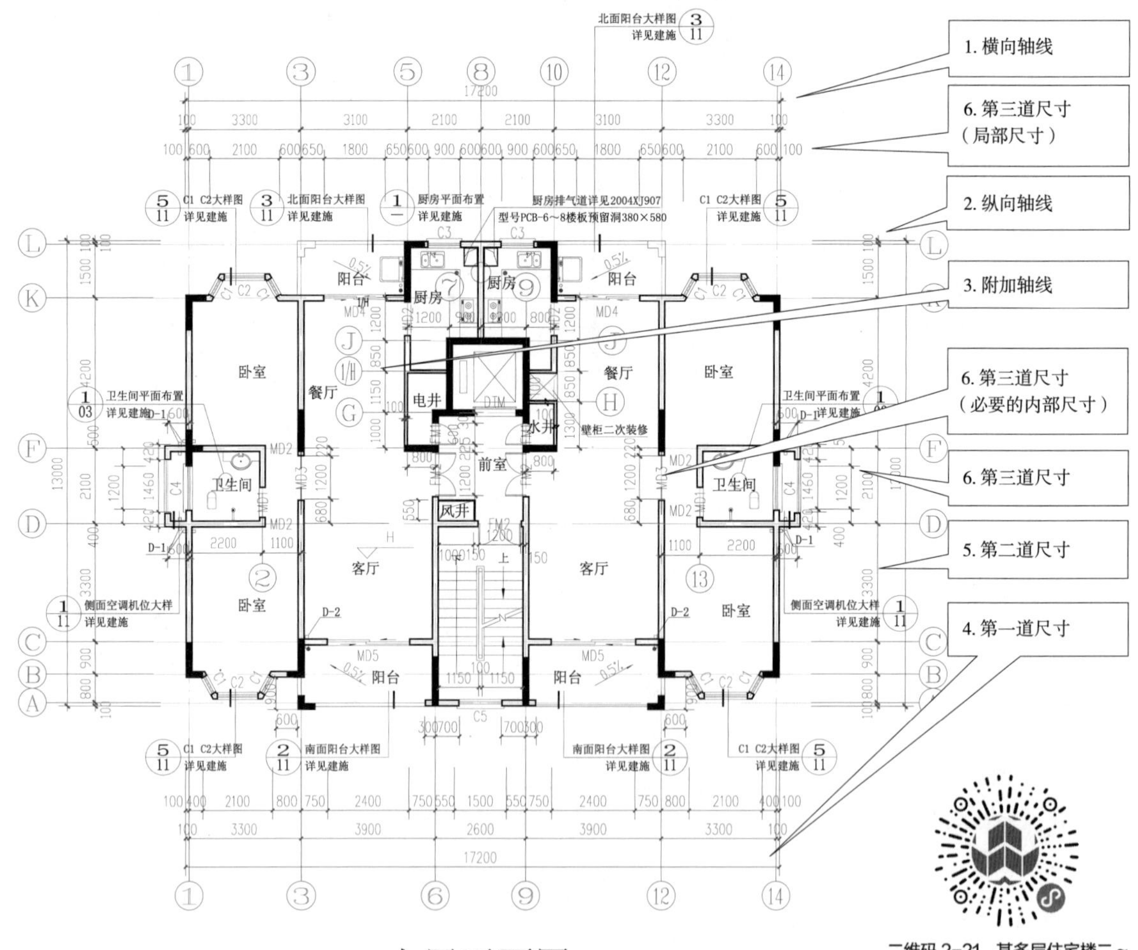

二~十层平面图 1 : 100

D-1：墙体留洞Φ80，离地2000
D-2：墙体留洞Φ80，离地200
H=4.980 7.780 10.580 13.380 16.180
18.980 21.780 24.580 27.380
卫生间、阳台地面标高为H-0.050
厨房、洗手间地面标高为H-0.030

二维码 2-21 某多层住宅楼二～十层平面图

图 2-18 某多层住宅楼二～十层平面图（扫描二维码 2-21 查看高清彩图）

的附加轴线，应以分母表示前一轴线的编号，分子表示附加轴线的编号，分子编号宜用阿拉伯数字顺序编写。

4. 第一道尺寸：为建筑物的总长和总宽，即外包尺寸。图 2-18 中总长尺寸为 17200mm，总宽尺寸为 13000mm。

5. 第二道尺寸：轴线间尺寸，表示房屋的开间和进深尺寸。图 2-18 中开间尺寸从左至右依次为 3300、3900、2600……，左进深尺寸从下到上依次为 800、900、3300……。

6. 第三道尺寸：为细部尺寸，主要标注门窗洞口、构件等细部尺寸以及必要的内部尺寸和某些局部尺寸。且需表达出墙身厚度，必要时，还需表达柱与壁柱截面尺寸及其与轴线关系尺寸。当围护结构为幕墙时，标明幕墙与主体结构的定位关系及平面凹凸变化的轮廓尺寸；玻璃幕墙部分标注立面分格间距的中心尺寸。

7. 标注的简化：如系对称平面，对称部分的内部尺寸可省略，对称轴部位用对称符号表示，但轴线、轴号不得省略；楼层平面除轴线间等主要尺寸及轴线编号外，与首层相同的尺寸可省略。

课堂练习：

在图 2-19 某多层住宅楼建筑平面施工图中，已完成柱网整理及轴网编制，但未进行轴号标注。请补充完善轴号标注。

小节实训：

1. 实训内容：扫描二维码 2-4 下载某住宅建筑方案平面图，完成其各层平面图定位轴线、轴线编号及相关尺寸标注。

2. 实训目标：通过学习，学会合理编制平面图轴线、轴号，能正确表达轴线、轴号及尺寸标注。

3. 实训要求：对项目各层平面图的开间、进深尺寸进行分析、整理，在不影响平面功能的基础上，允许对墙体位置进行微调。确定定位轴网、进行轴线编号，并按照要求标注三道尺寸以及其他细部尺寸。要求应用计算机辅助设计软件绘制、独立完成设计图。

2.3.2　楼地面设计内容、尺寸和做法索引

学习目标：

1. 学会正确表达地面预留孔洞和通气管道、管线竖井、烟囱、垃圾道等位置、尺寸和做法索引，以及墙体预留洞的位置、尺寸与标高或高度等。

2. 学会正确标注房间名称或编号及使用面积。

3. 学会表达主要建筑设备和固定家具。

4. 学会正确表达平面图中各标高标注。

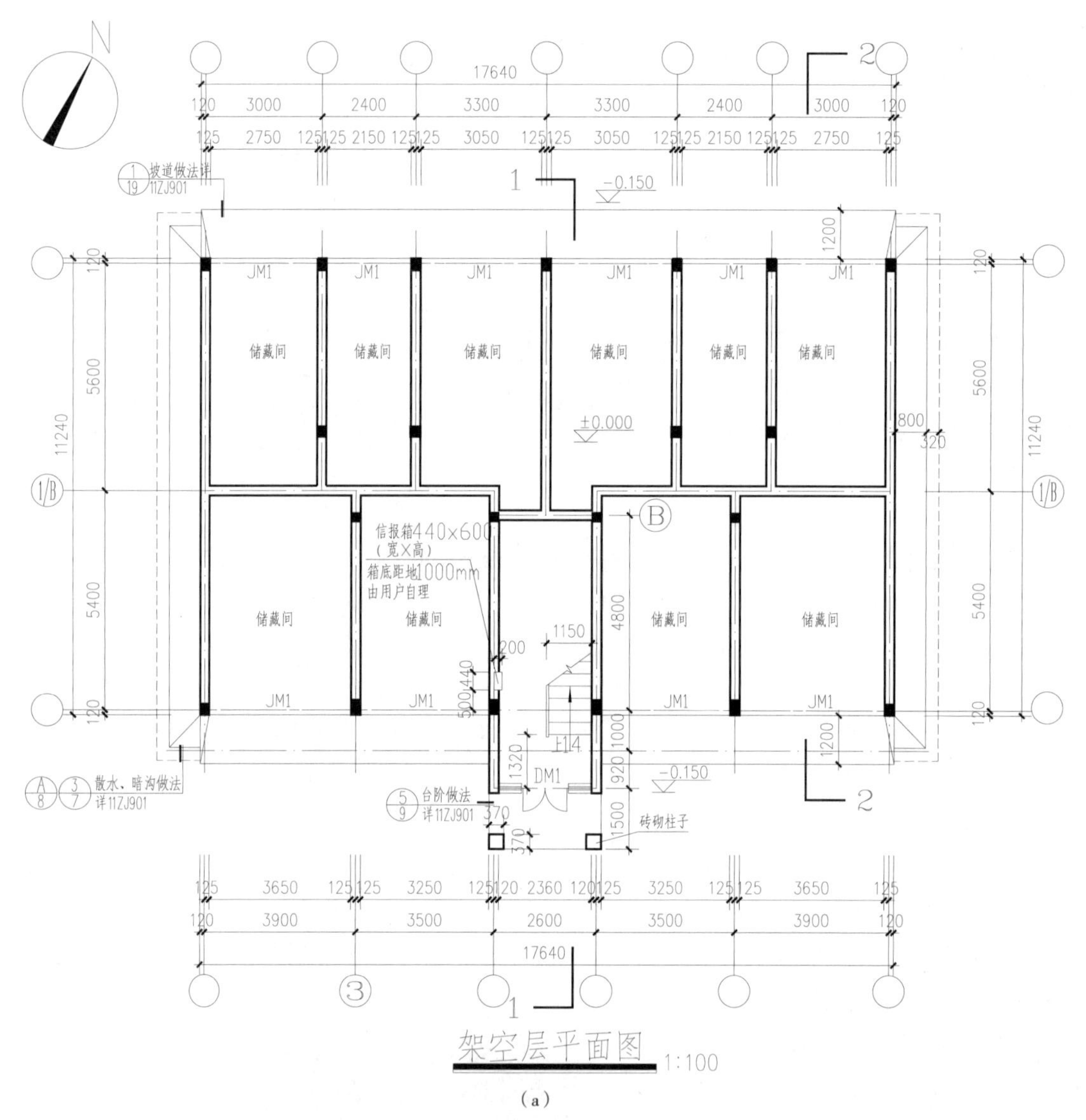

（a）

图 2-19　某多层住宅楼各层平面图（扫描二维码 2-22 查看高清图片）

二维码 2-22　某多层住宅楼各层平面图

案例展示（图 2-20）：

学习内容：

1. 注明房间名称、使用面积：依据各房间功能性质标注房间名称，当房间有使用人数限制时，应标注人数。居住建筑还需在房间名称下注明本房间墙体内表面围合的楼地面面积；带储藏功能的库房还需注明储存物品的火灾危险性类别。

2. 标注各楼层标高、室外地面标高、首层地面标高：在建筑出入口处，标注室内地坪标高及室外地坪标高，为便于识读建筑物室内外高差，两处

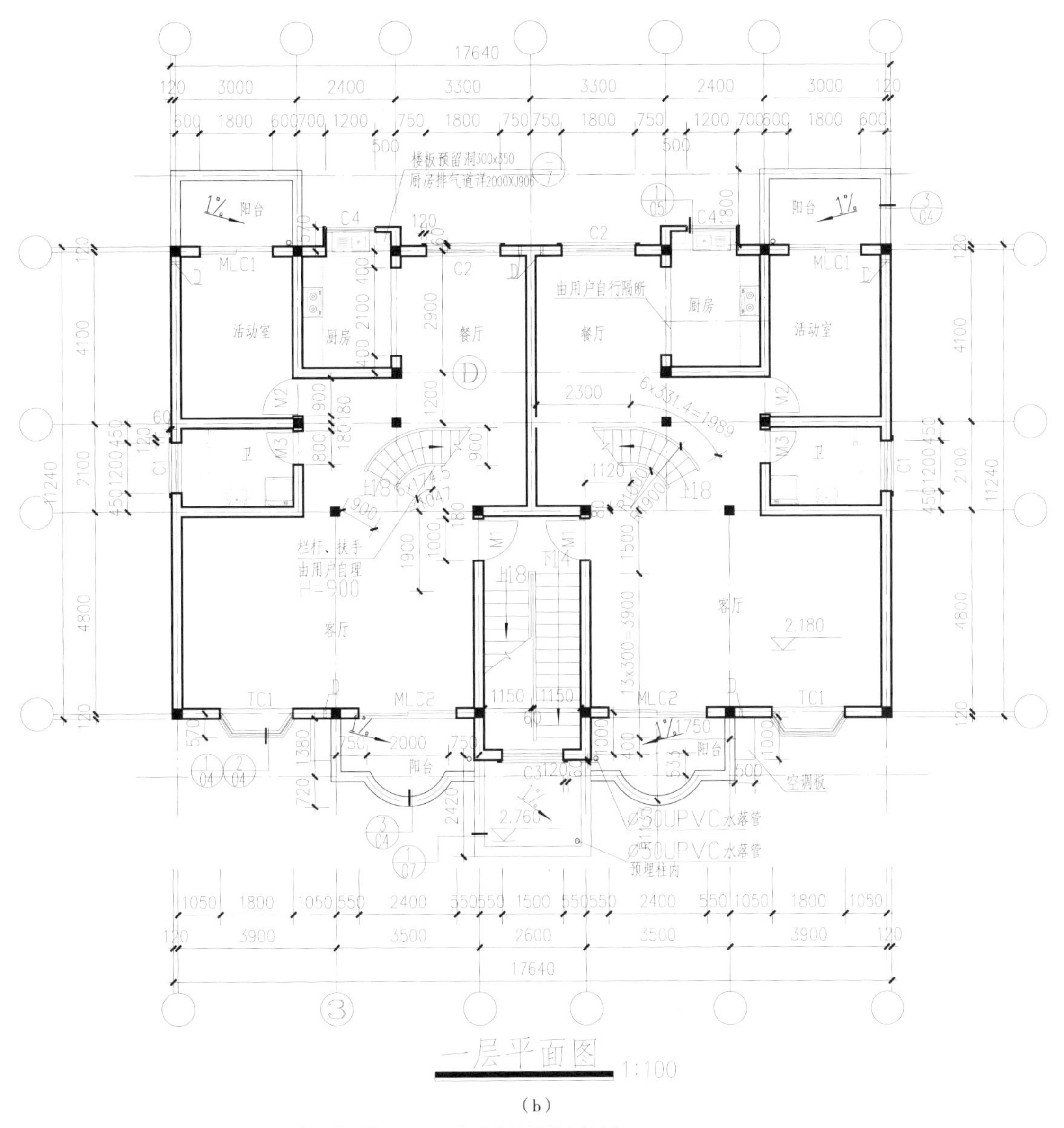

（b）

图 2-19　某多层住宅楼各层平面图（扫描二维码 2-22 查看高清图片）（续）

标高宜靠近；当房间与主体建筑不连通，单独设置出入口时，应另行标注室内标高；当室内有高差变化时，应分别标注室内标高；建筑物各楼层应分别标注楼层标高，当楼层内有高差时，应分别标注标高。

3. 厨房烟道位置、尺寸及做法索引：所有厨房均应设置排烟设施；为减少排烟管线长度，烟道宜在油烟机附近，并靠墙设置；完成选型、平面图样绘制后，再标注烟道自身尺寸、定位尺寸及索引做法。

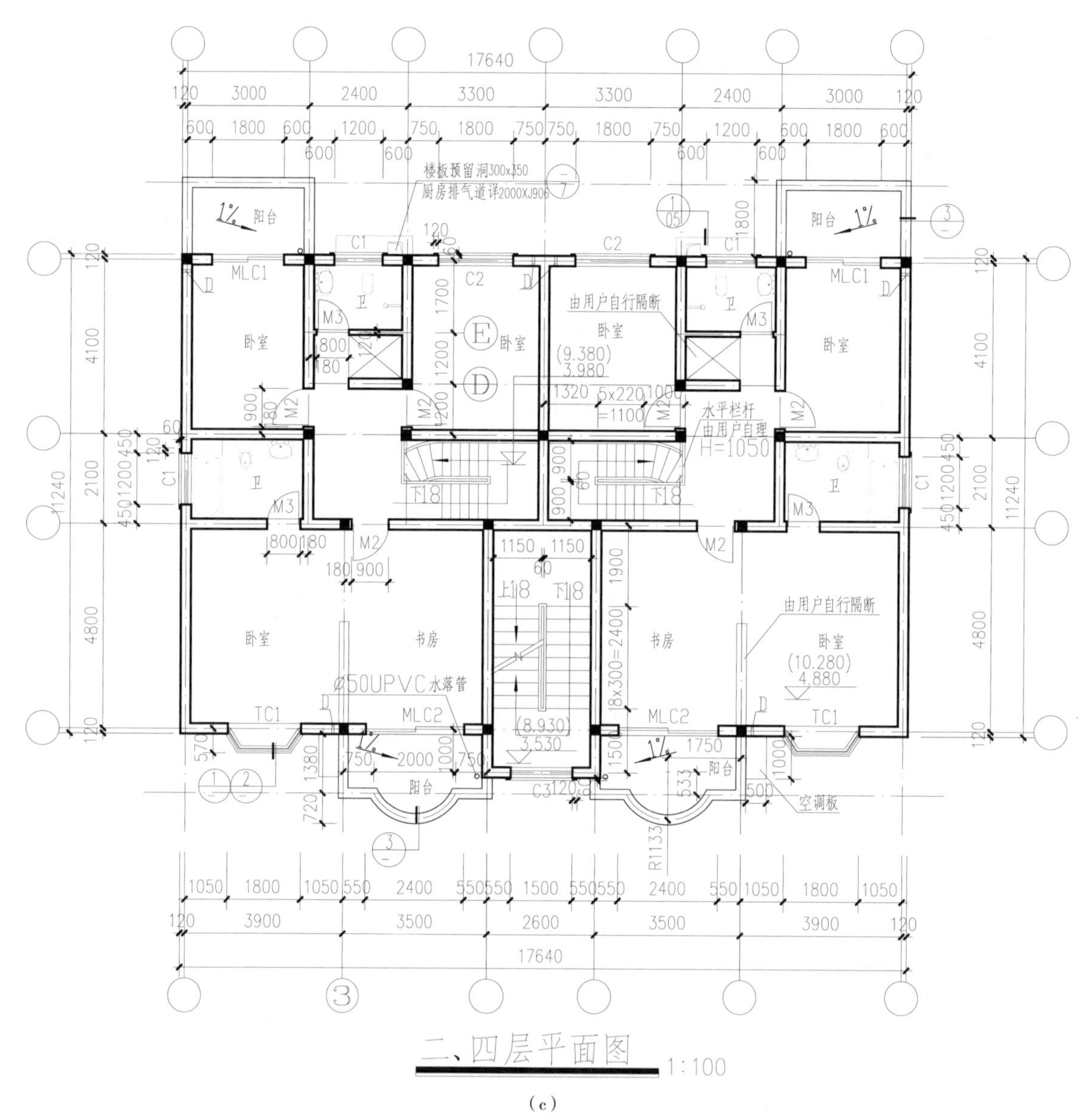

(c)

图 2-19 某多层住宅楼各层平面图（扫描二维码 2-22 查看高清图片）（续）

4. 客厅空调机孔洞位置及高度：根据客厅家具布置及空调室外机位，综合考虑室内外设备连接线路最短方案，确定空调管线孔洞的水平面位置，在距离墙角 200mm 处，以双虚线示意孔洞表达，并引注 D；在平面图图名附近注明：客厅柜式空调机套管 $\phi80$，管中心距楼地面高 200mm。

5. 卧室空调机孔洞位置及高度：根据卧室家具、空调室外机位确定空调管线孔洞穿墙的水平面位置，绘制孔洞，引注 D；并在平面图图名附近备注：卧室悬挂式空调机套管 $\phi80$，管中心距楼地面高 2000mm。

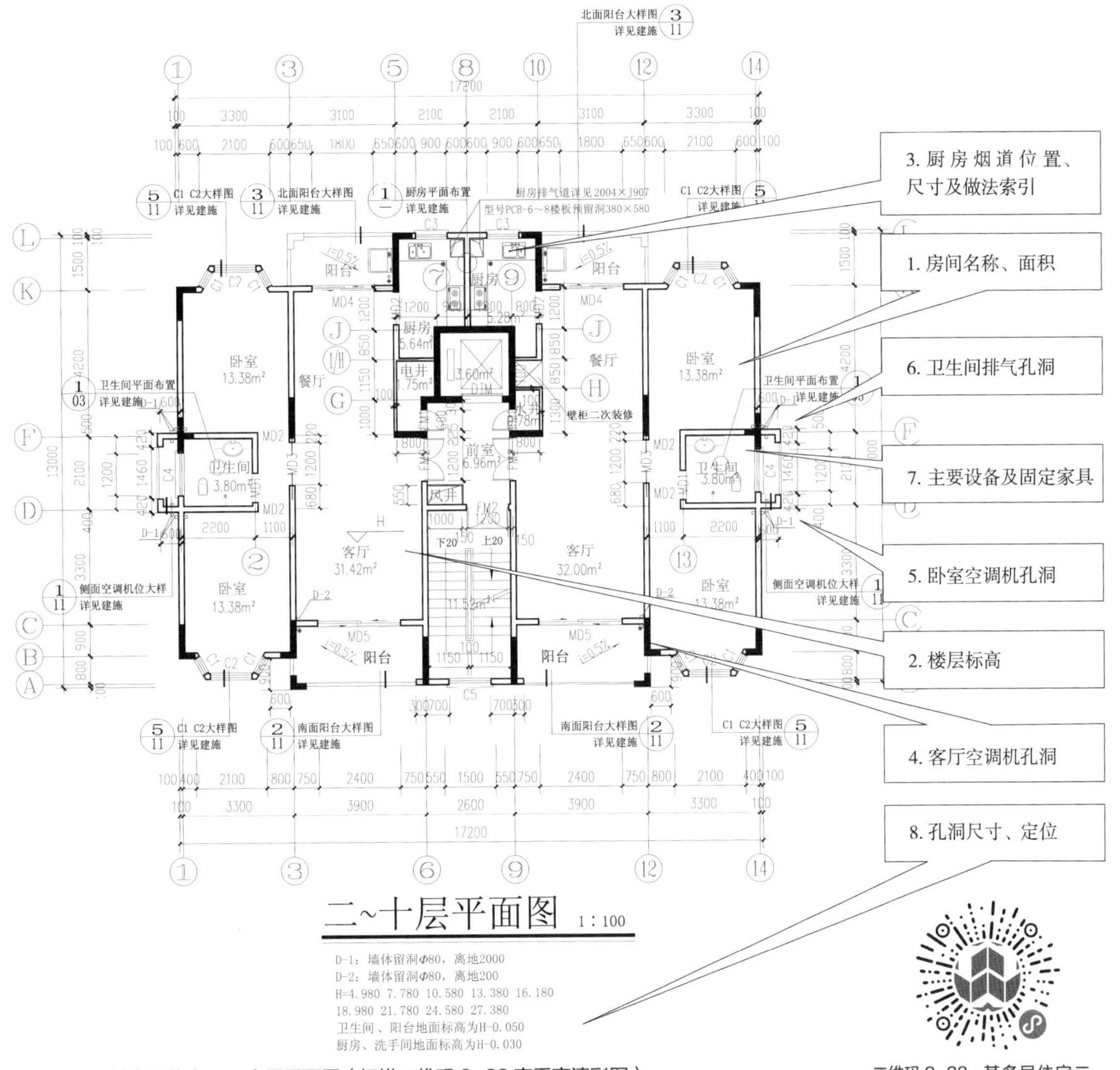

图 2-20 某多层住宅二～十层平面图（扫描二维码 2-23 查看高清彩图）

二维码 2-23 某多层住宅二～十层平面图

6. 厨房、卫生间排气孔洞位置及索引：在厨卫功能空间，临外墙面一侧，确定孔洞定位，并引注 D。

7. 主要建筑设备和固定家具的位置及相关做法索引，如卫生器具、雨水管、水池、台、橱、柜、隔断等。

课堂练习：

扫描二维码 2-24 下载 CAD 文件，应用计算机辅助设计软件在以下住宅建筑平面施工图中（图 2-21），完成房间使用面积计算与标注；根据房间功能以及空调板位置确定各类型孔洞布置方案，并标注名称与做法；标注管井尺寸及索引。

小节实训：

1. 实训内容：在 2.3.1 小节实训成果的基础上，完善各层平面图的房间名称、面积，管井、孔洞相关尺寸、索引与文字标注。

2. 实训目标：通过练习，能正确表达房间名称、面积标注，管井、孔洞相关尺寸、索引与文字标注。

3. 实训要求：

（1）应用计算机辅助设计软件完成房间使用面积计算与标注，并补充其各层平面图中房间名称。

（2）根据房间功能以及空调板位置确定各类型孔洞布置方案，并标注名称与做法。

（3）标注管井尺寸及索引。

二维码 2-24　某多层住宅三层平面图

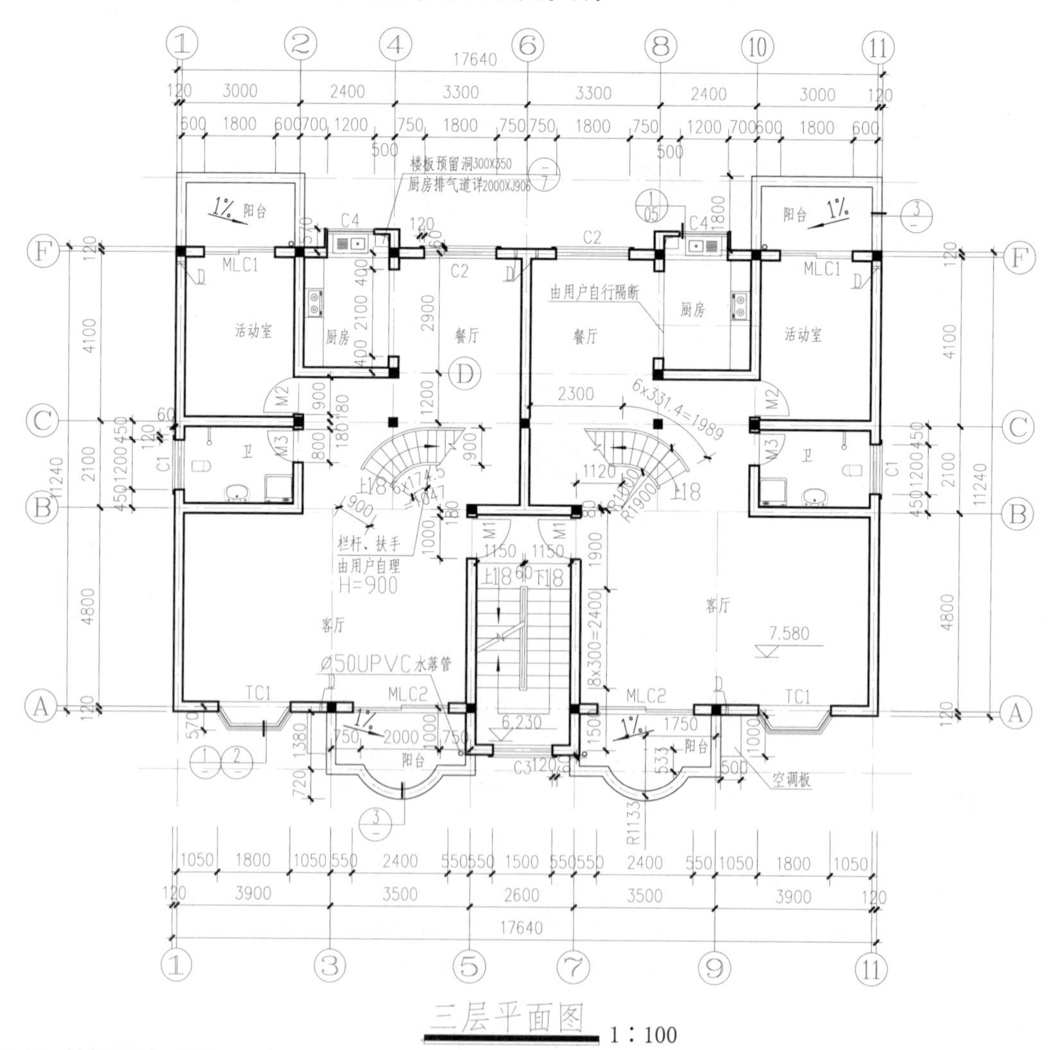

图 2-21　某多层住宅三层平面图（扫描二维码 2-24 下载 CAD 文件）

2.3.3 平面防火分区示意

学习目标：

1. 掌握防火分区示意图应表达的内容。

2. 正确表达各类型建筑防火分区示意图，掌握其图示绘制方法及设计要点。

二维码 2-25 某多层住宅平面图及防火分区示意图

案例展示（图 2-22）：

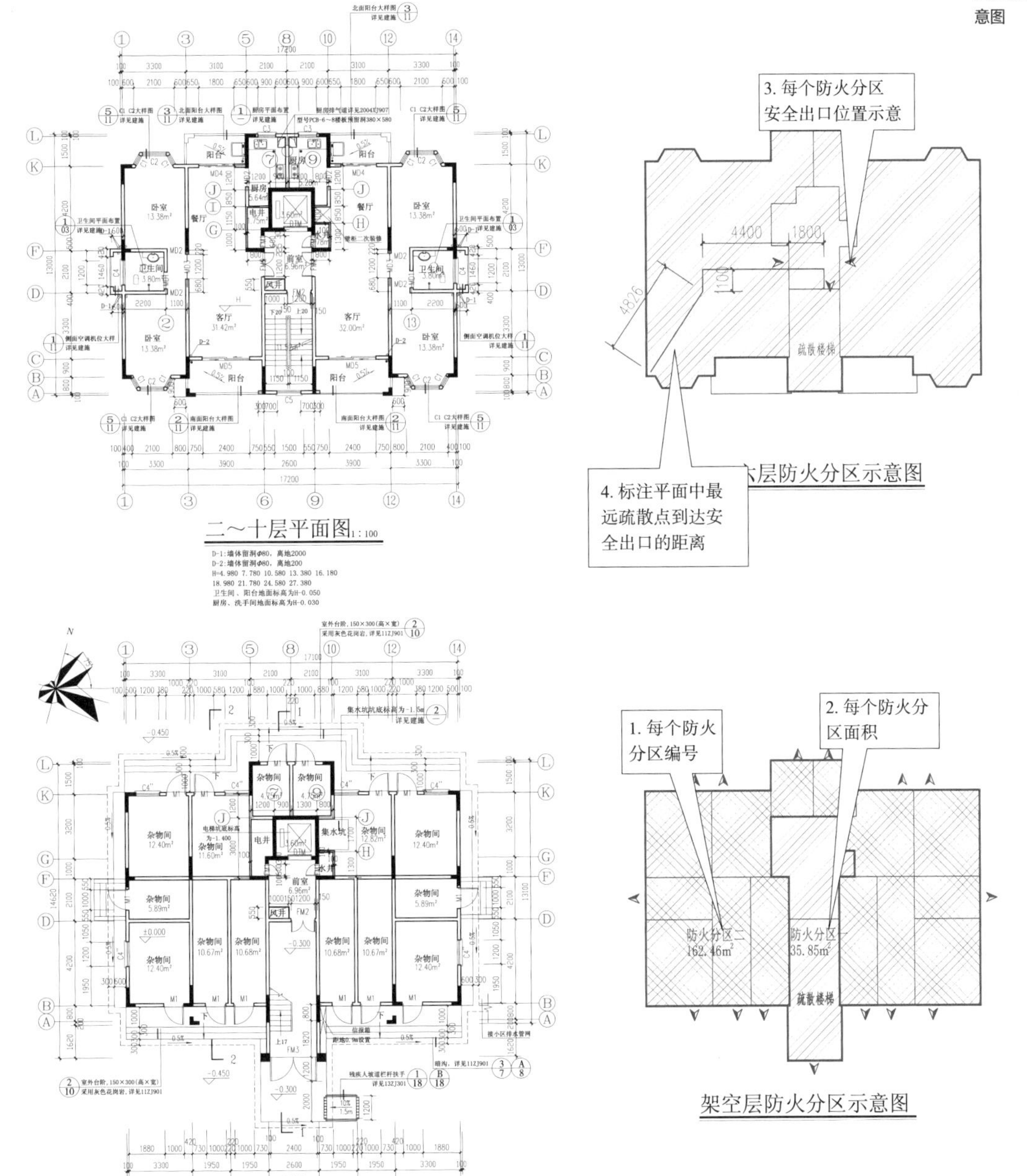

图 2-22 某多层住宅平面图及防火分区示意图（扫描二维码 2-25 查看高清彩图）

学习内容：

为更清晰地表达建筑防火设计的分区及疏散等各项措施，通常会在建筑平面图旁绘制本层的防火分区示意图。在施工图设计过程中，通过防火分区示意图的绘制，可以检验该建筑消防设计是否符合现行《建筑设计防火规范》的要求。其图示内容必须与消防专篇中的文字描述相符。

示意图图形比例不限，所有示意图统一比例为宜。其基本图样如图 2–22 所示，需清晰表达每层建筑面积、防火分区面积、防火分区分隔位置及安全出口位置示意，还需在图中标注出计算的疏散宽度以及最远疏散点到达安全出口的距离。

1. 每个防火分区分隔位置及范围：各防火分区的范围边界线一般以中粗实线表达，不同的防火分区内分别填充不同的图例以示区别。在其原平面图中勾勒轮廓及分隔界线时，需要重点检查其防火分隔构件是否符合规范要求。

2. 每个防火分区编号及面积：施工图中常以编号来命名和区别各防火分区，如防火分区一；标注防火分区面积时应注意：当某个防火分区未跨楼层时，此处仅标注本层本区的总面积，如本防火分区在本层被分割多处，应标本层本区的合计，当某个防火分区跨楼层时，需标注出本层本区的总面积以及本防火分区各层的面积之和。总之，要能更清晰地识读各防火分区的面积是否符合规范要求。

3. 每个防火分区安全出口位置示意：包括疏散楼梯及其他疏散出口的标示。其中疏散楼梯需以细线表达其平面范围，以箭头表达其出口所在位置及疏散方向。如图 2–22 所示，在首层平面图中各杂物间均单独设置出口，则每处都应绘制疏散箭头。标准层平面图中除示意出楼梯间的范围外还应以箭头标示出疏散门所在位置。

4. 标注平面中最远疏散点到达安全出口的距离：除标注疏散路线和距离尺寸外，对于疏散宽度有要求的建筑还应标注设计疏散宽度，并备注其所需疏散宽度计算过程。此项内容较复杂时宜单独出图。

5. 当整层仅为一个防火分区，可不注防火分区面积，或以示意图（简图）形式在各层平面中表示。

课堂练习：

本建筑为一栋学生公寓综合楼，首层主要为食堂功能、二至五层为居住功能。本建筑首层共两个防火分区，二至五层每层一个防火分区。请扫描二维码 2–26 下载 CAD 文件，应用计算机辅助设计软件为以下平面图（图 2–23）绘制防火分区示意图。

二维码 2–26　某学生公寓综合楼首层平面图

小节实训：

1. 实训内容：在 2.3.2 小节实训成果的基础上，完成各层平面的防火

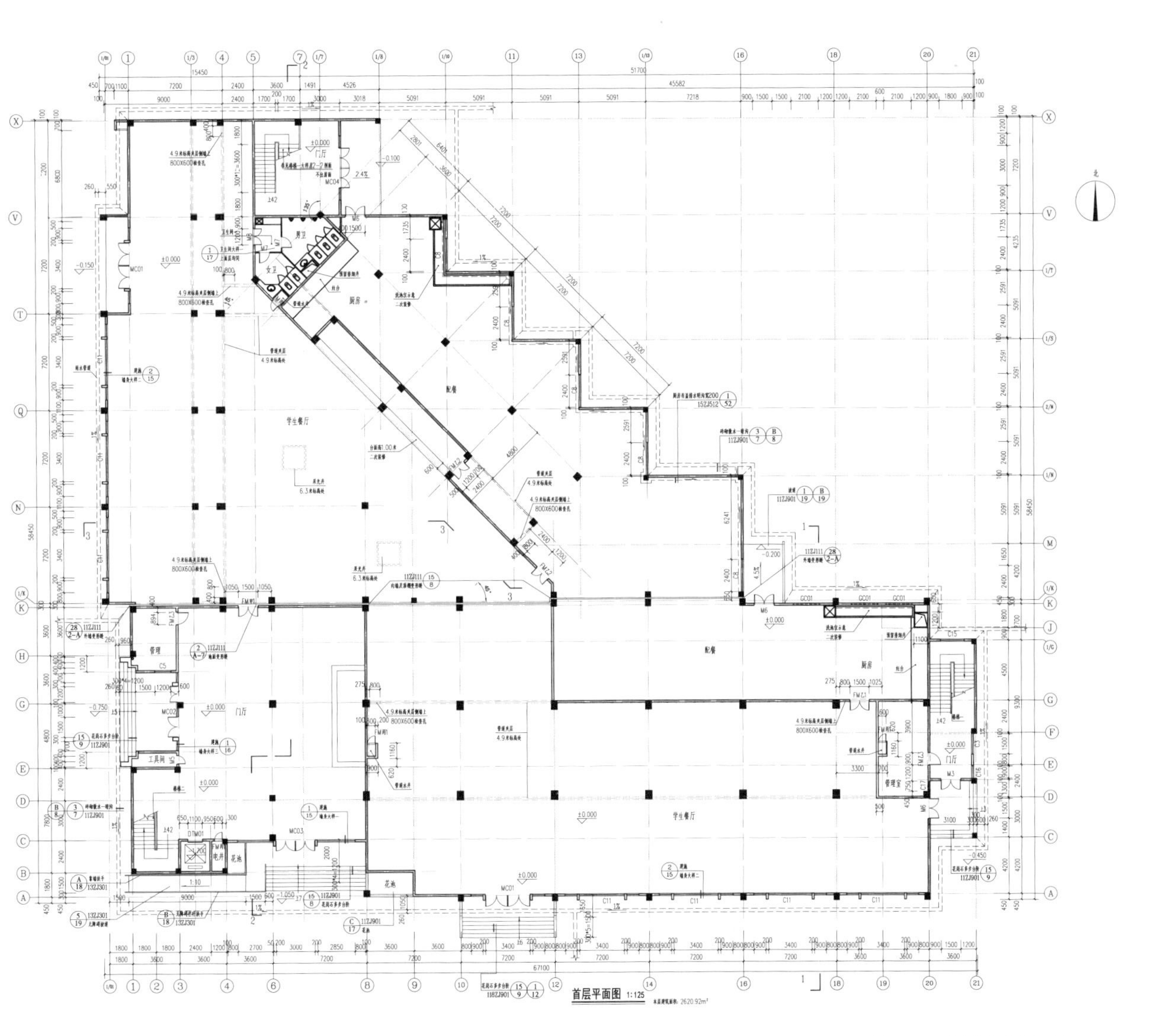

图 2-23　某学生公寓综合楼首层平面图（扫描二维码 2-26 下载 CAD 文件）

分区示意图绘制。

2. 实训目标：通过学习，能掌握防火分区的作用与内容，学会正确表达防火分区示意图。

3. 实训要求：按照要求应用计算机辅助设计软件绘制、独立完成各层平面的防火分区示意图绘制。

2.3.4　垂直交通设施设计图样及其尺寸与编号索引

学习目标：

1. 正确表达楼梯、爬梯、台阶、坡道及相关标注。

2. 正确表达电梯、自动扶梯、自动步道、传送带及其相关标注。

案例展示（图 2-24）：

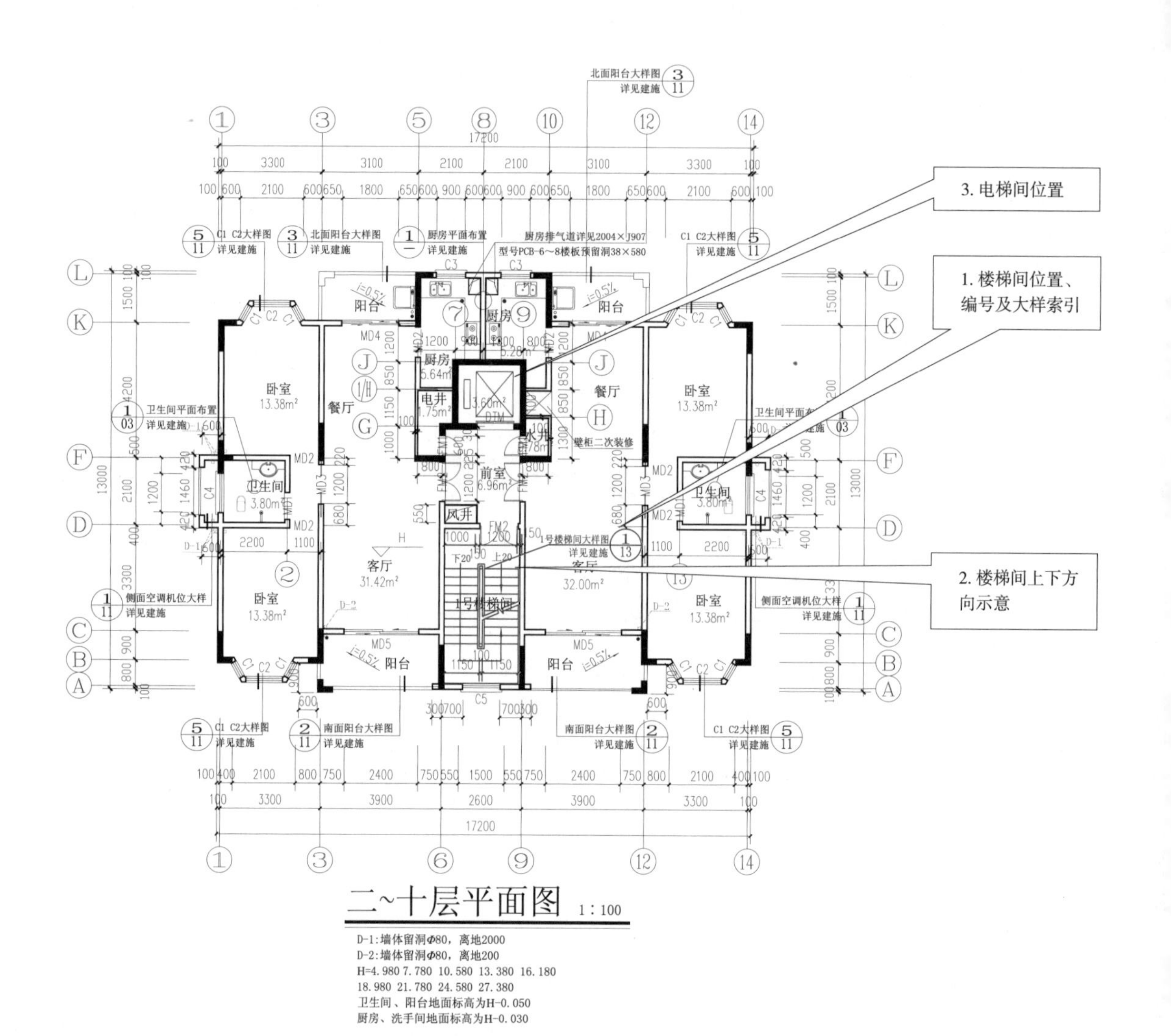

图 2-24　某多层住宅二～十层平面图（扫描二维码 2-27 查看高清彩图）

二维码 2-27　某多层住宅二～十层平面图

学习内容：

1. 楼梯间位置、编号及大样索引：所有楼梯间均应绘制大样图，且应在平面图中标注楼梯间定位尺寸、楼梯间编号、引注大样图索引。楼梯间编号一般采用梯间一、梯间二……的方式，当多个楼梯间的设计参数和构造均完全相同时，需编制不同梯间编号，但大样图可统一绘制。楼梯间具体设计方法及表达要求详见 2.6.3。

2. 楼梯间上下方向示意：平面图中楼梯间以箭头示意上下方向，上下文字标注在楼层平台处，箭头引线应随休息平台及梯段走向转折。箭头尾端标注的踏步数应为两楼层平面间所有梯段总踏步数量。

3. 电梯间位置、编号及大样索引：电梯间应标注定位尺寸、电梯编号及大样索引，一般电梯与楼梯间大样图合并绘制。

课堂练习：

根据以下信息：本项目建筑施工图中建施 10 为公共楼梯间 1 号楼梯大样图，包括平面、剖面大样；建施 12 中图 1 为户内楼梯 2 号楼梯间大样，包括平面、剖面图，在图 2–25 中，补充完整楼梯间位置、编号及索引标注。

小节实训：

1. 实训内容：在 2.3.3 小节实训成果的基础上，完成各层平面图中楼梯间、电梯间位置、编号及索引标注。

2. 实训目标：通过学习，能理解楼、电梯间的做法标注的目的并正确表达。

3. 实训要求：按照要求完成各层平面图中楼梯、电梯相关标注。

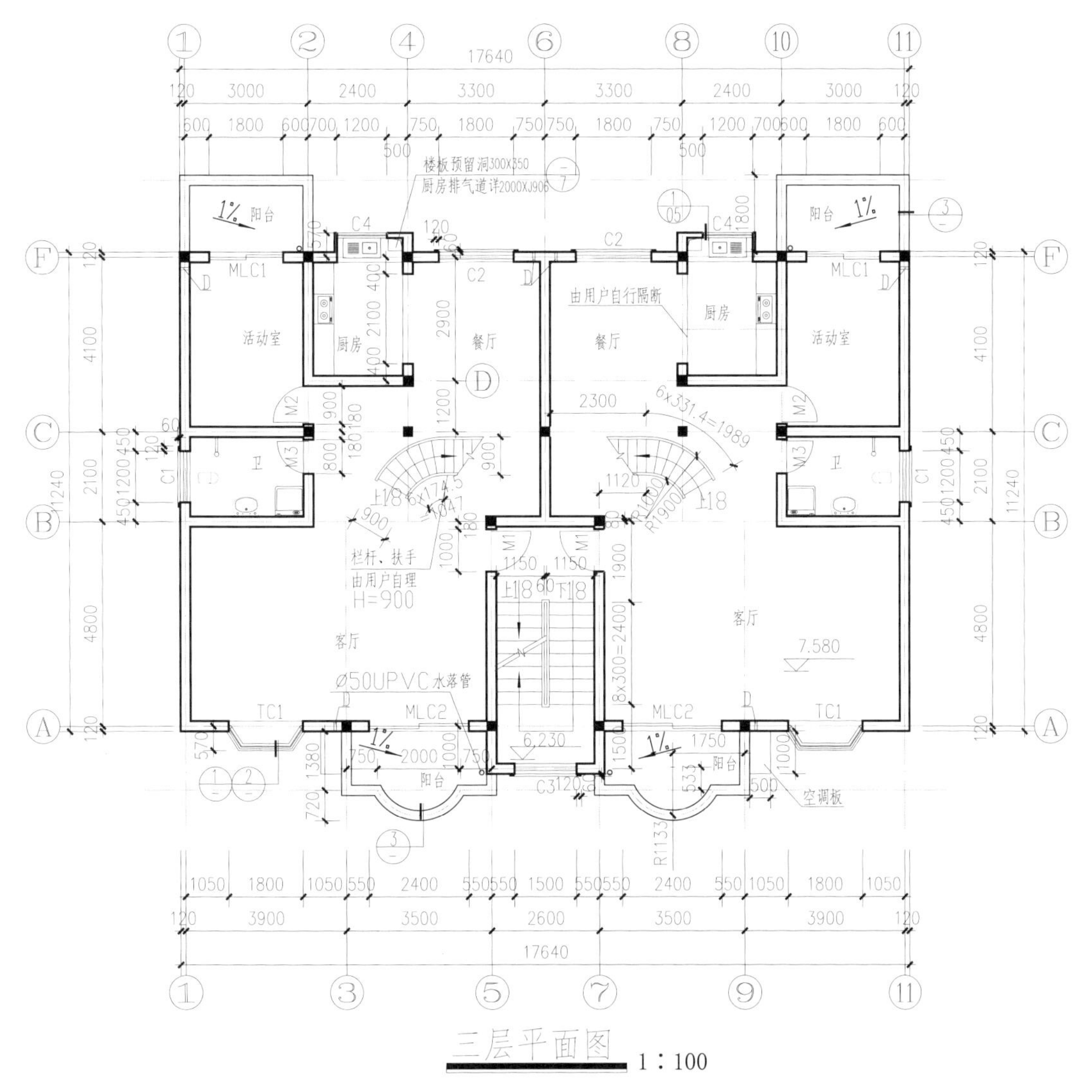

图 2–25　某多层住宅三层平面图

2.3.5　门窗设计内容及编号、尺寸标注

学习目标：

1. 学会在平面图中表达内外门窗位置及门窗编号。

2. 学会在平面图中表达内外门的开启方向。

3. 掌握门窗编号命名的一般规则。

案例展示（图 2–26）：

学习内容：

二维码 2-28　某多层住宅二～十层平面图

1. 门窗位置：所有门窗都应在平面中表达其门洞宽度及定位尺寸。为便于清晰识读，外墙面门窗可就近标注于第三道尺寸线中（详见 2.3.1），内墙面门窗则靠近门窗附近标注，注意各尺寸宜水平或垂直方向对齐，尽量集中，以增强图面整体感。

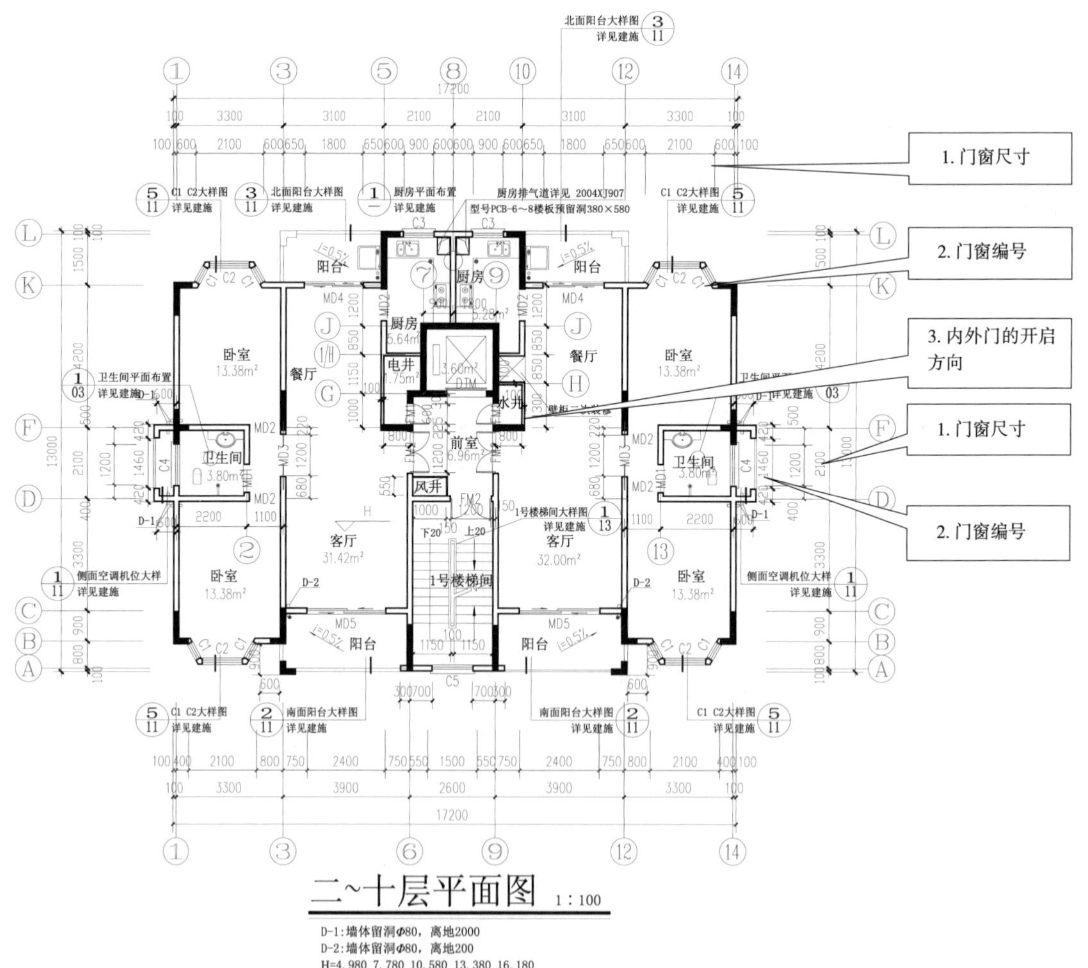

图 2–26　某多层住宅二～十层平面图（扫描二维码 2-28 查看高清彩图）

2. 门窗编号：所有门窗都应依据门窗大小及材料、样式分别编号并标注于平面图中。为不影响图面工整度，一般标注于窗的编号宜在窗之上或左侧，门则注于门洞处。门窗编号命名规则为：M 表示门，如 M1、M0921（宽度为 900，高度为 2100 的门）；FM 则一般表示防火门；C 一般代表窗，如 C1、C1515 等；为方便识读，可按平面由下至上的顺序进行门窗编号和统计。

3. 内外门的开启方向：平开门需依据设计要求表达其开启方向，如图 2–26 中的 FM2。

课堂练习：

扫描二维码 2–24 下载 CAD 文件，应用计算机辅助设计软件在住宅建筑平面施工图中（图 2–21），完成补充门窗名称标注、门窗尺寸标注以及门扇开启方向调整工作。

小节实训：

1. 实训内容：在 2.3.4 小节实训成果的基础上，完成各层平面图门窗编号及相关尺寸标注。

2. 实训目标：通过学习，能理解门窗编号及尺寸与定位尺寸的目的并正确表达。

3. 实训要求：按照要求完成各层平面图门窗编号及相关尺寸标注，要求应用计算机辅助设计软件绘制、独立完成设计图。

2.3.6 屋顶平面设计内容及标高、详图索引

学习目标：

1. 掌握屋顶平面设计的一般规则，学会设计方法。

2. 掌握屋顶平面图应表达的要素内容。

3. 掌握屋顶平面图中各要素的图形绘制及相关标注等表达要求。

案例展示（图 2–27）：

学习内容：

屋顶平面施工图深化设计包括屋面防水措施构造设计、排水组织设计、屋面出入口以及其他屋面构件设计。

1. 屋面变形缝标高及索引：当屋面板的构造层中包含刚性防水层做法时，需根据屋面构造样式，合理选型屋面分格缝，并结合平面轴线位置进行布置，其纵横缝间距不宜大于 6m。双细线表达横缝与纵缝，双线间距 20mm，标注定位尺寸并分别索引横缝与纵缝索引做法。

2. 屋面女儿墙标高及索引：根据女儿墙造型设计及泛水构造做法，标注标准图集选型或大样图索引。在屋面对应位置完成其平面投影图样绘制，

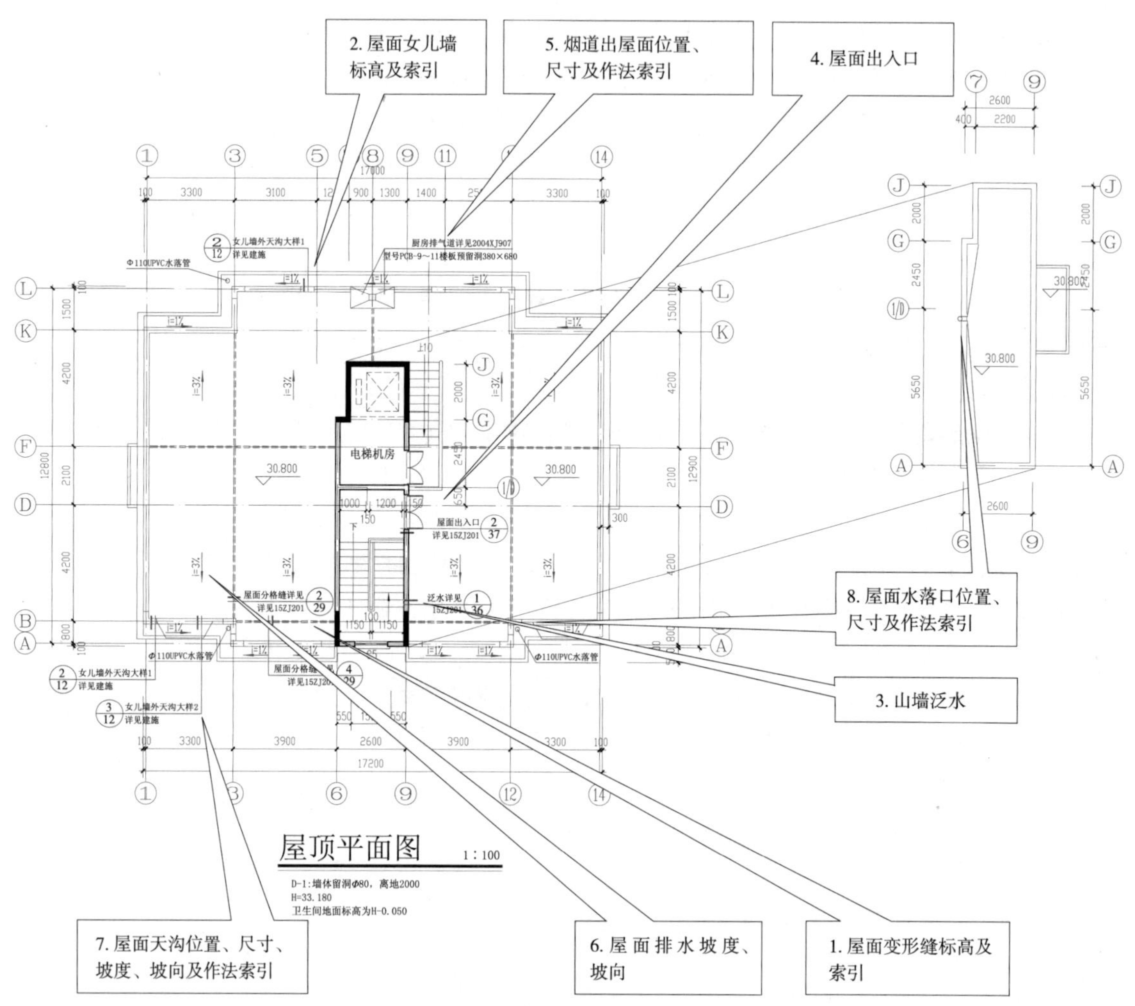

图 2-27　某多层住宅建筑屋顶平面图（扫描二维码 2-29 查看高清彩图）

二维码 2-29　某多层住宅建筑屋顶平面图

并标注相关尺寸及标高，如女儿墙有高差变化时，应分别标注标高。

3. 山墙泛水：根据屋面构造进行山墙泛水选型并标注索引。

4. 屋面出入口：楼梯间或其他房间墙体出屋面时，其门槛亦需作泛水处理。需对应其室内外结构板特点进行选型。当室内地面标高与屋面完成面标高有较大高差时，应选择带踏步的出入口做法，并在平面位置对应绘出踏步投影。

5. 烟道等管井出屋面位置、尺寸及做法索引：根据设计要求为所有管道进行做法选型，并标注其定量及定位尺寸与索引。

6. 屋面排水坡度、坡向：根据排水组织方案，用箭头引注屋面排水坡度，其坡向一般指向天沟或雨水口。屋面坡度宜选择 2% 或 3%，且流水线路不宜过长，屋面宽度较小时采用单坡排水，超过 12m 时宜采用双向排水，需在变坡处以单细线表达分水线。

7. 屋面天沟位置、尺寸、坡度、坡向及做法索引：标注屋面天沟定位尺寸、宽度及做法索引。用箭头引注沟内排水坡度，其坡向一般指向雨水口，变坡处以单细线表示分水线。檐沟、天沟一般净宽不应小于 300mm，沟内纵向坡度不应小于 1%，分水线处最小深度不应小于 100mm；沟底水落差不得超过 200mm；檐沟、天沟排水不得流经变形缝和防火墙。

在排水设计时，应首先确定其组织方案，再逐步完成设计与表达。如图 2–27 中采用的有组织外天沟外排水，首先应确定屋面板排水分区及坡向与坡度，再确定天沟中排水立管位置，组织天沟找坡。

8. 水落口位置、尺寸及做法索引：标注屋面水落口定位及大小尺寸，并索引其做法。有外檐天沟时，水落管间距不宜大于 24m，无外檐天沟或内排水时不宜大于 15m。

当为坡屋面时，需标注坡屋面檐口标高及索引：屋面檐口处标高及做法索引，有高差变化时，应分别标注。

课堂练习：

扫描二维码 2–30，对民用建筑屋顶平面进行内天沟外排水组织设计，按建筑施工图的制图标准，在图 2–28 屋顶平面图上用墨线绘制方式完成排水组织设计及图示表达。设计要求：①在屋顶平面图上做有组织排水；②沿 C 轴、G 轴设 300 宽女儿墙内天沟，分水线如图 2–28 所示；③雨水管位置 C 轴上设在 4、10 轴处，G 轴设在 4、10 轴处。

小节实训：

1. 实训内容：在 2.3.5 小节实训成果的基础上，完成屋顶平面排水组织及相关尺寸标注。

2. 实训目标：通过学习，能理解建筑施工图屋顶平面图绘制的目的并正确表达。

3. 实训要求：根据项目屋面进深尺寸、面积等特征设计排水组织方案，并按照规范要求完成屋顶平面图排水组织的表达，要求应用计算机辅助设计软件绘制、独立完成设计图。

2.3.7 变形缝设计图样及其位置、尺寸与做法索引

学习目标：

正确表达各层平面图中地坪、楼面、屋面、内外墙变形缝位置、尺寸及做法索引。

案例展示（图 2–29）：

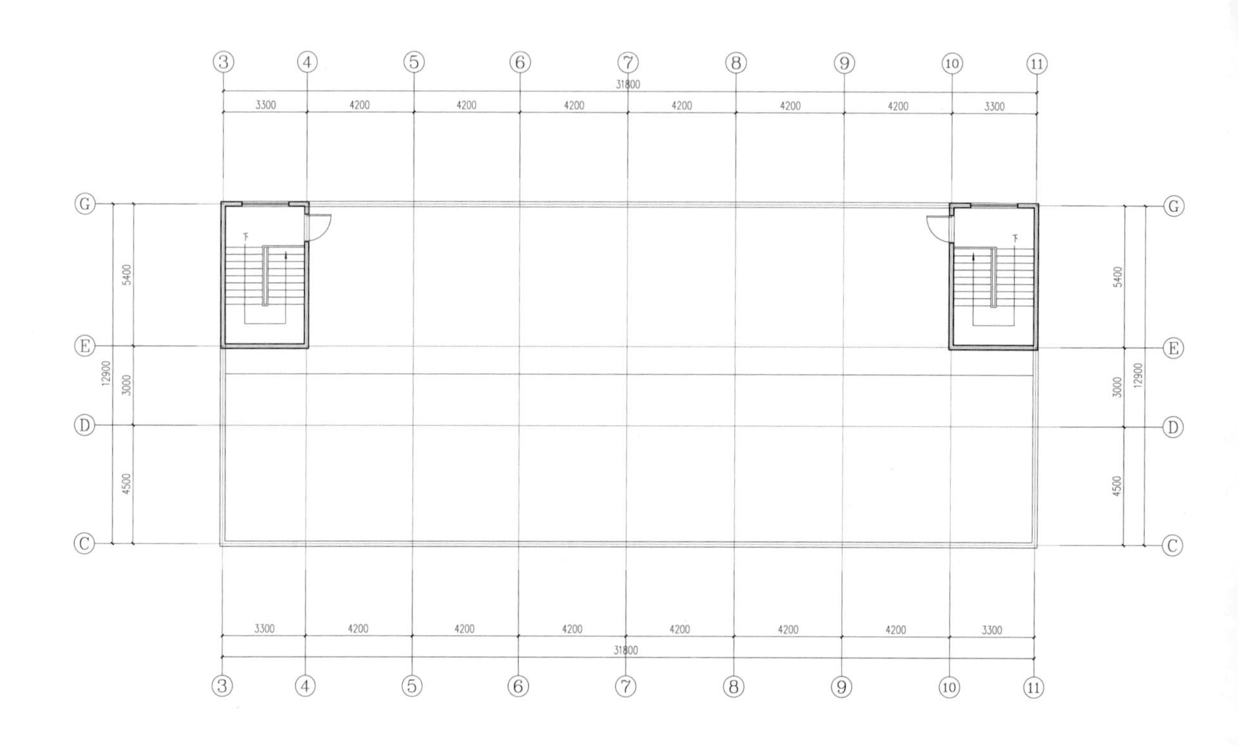

图 2-28 某办公楼建筑屋顶平面图（扫描二维码 2-30 下载 CAD 文件）

二维码 2-30 某办公楼建筑屋顶平面图

学习内容：

变形缝可分为沉降缝、抗震缝、温度伸缩缝三大类。在施工图设计时，应分析建筑物特征，因需对应设置变形缝。进行合理选型，并根据其构造要求，完成设计及表达。需注意沉降缝与抗震缝处所有构件均需断开。

1. 地坪连接处：如设置了沉降缝或抗震缝，在首层平面图中应绘制出变形缝的平面图样，如双柱、双墙以及缝的净宽，并标注出地坪变形缝的位置、尺寸及构造选型做法索引。

2. 外墙连接处：应依据墙面衔接方式选择合适的外墙变形缝，并在各层平面图中标注出外墙面变形缝的位置、尺寸及构造选型做法索引。

3. 屋顶连接处：在屋顶平面图绘制出屋面变形缝的平面图样，并相应标注其位置、尺寸及构造选型做法索引。

课堂练习：

扫描二维码 2-32 下载 CAD 原文件，为某综合楼建筑增设一道沉降缝。请完成其首层平面图与四层平面图的变形缝绘制及标注（图 2-30）。

小节实训：

该项目为小规模多层住宅，无须设置沉降缝，温度伸缩缝在 2.3.6 合并实训。

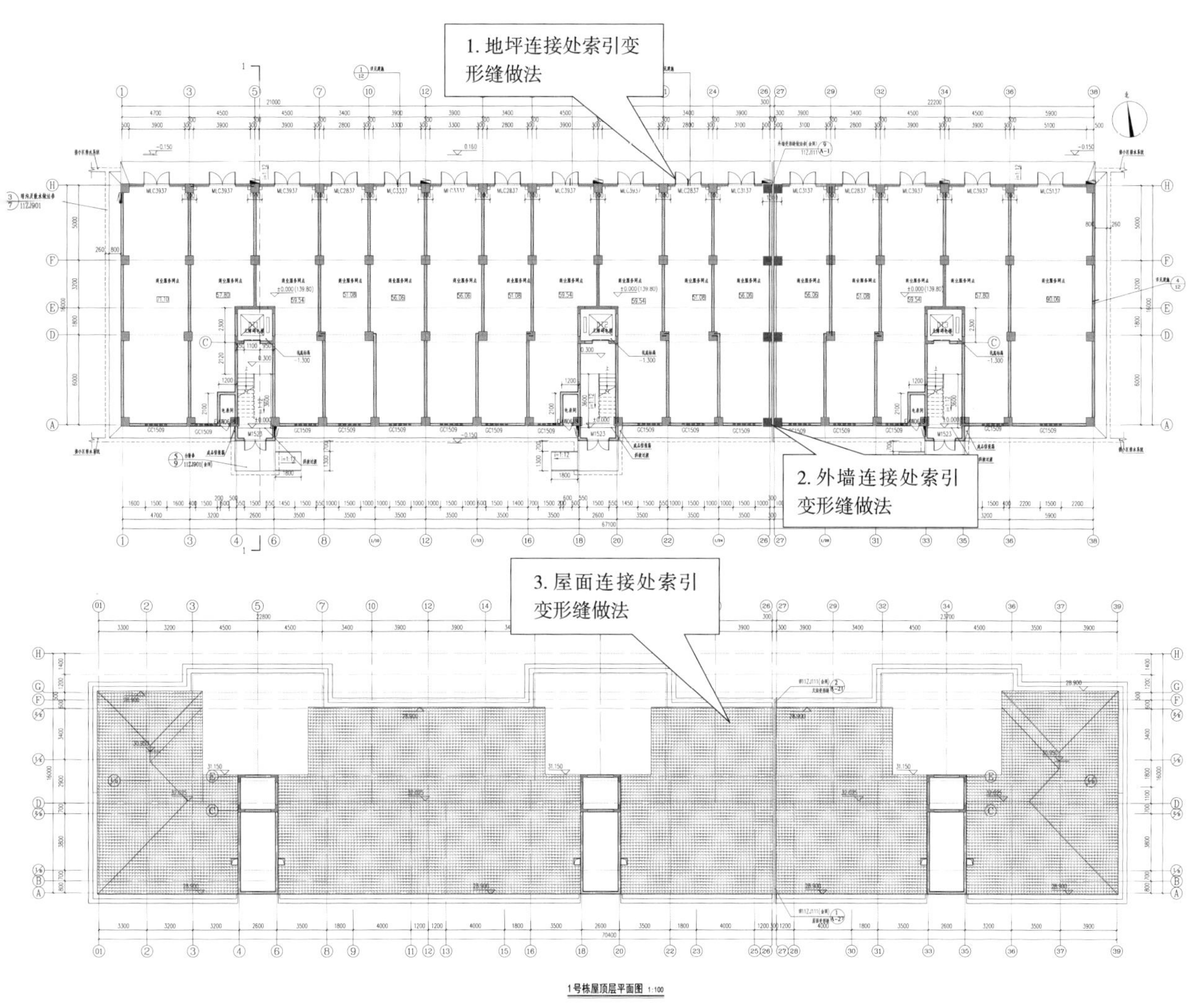

图 2-29　某多层住宅首层平面图、屋顶平面图（扫描二维码 2-31 查看高清彩图）

2.3.8　其他

学习目标：

1. 掌握首层平面标注剖切线位置、编号及指北针或风玫瑰表达方法。

2. 掌握检查与完善各平面图中节点详图或详图索引号标注的方法。

3. 正确表达图纸名称、比例。

4. 理解并能运用图纸省略表达。

案例展示（图 2-31）：

学习内容：

1. 剖切线位置及编号：在首层平面中，应在剖切位置标注各剖面图的剖切符号，需表示出剖切线、剖视方向以及剖面图编号。

二维码 2-31　某多层住宅首层平面图、屋顶平面图

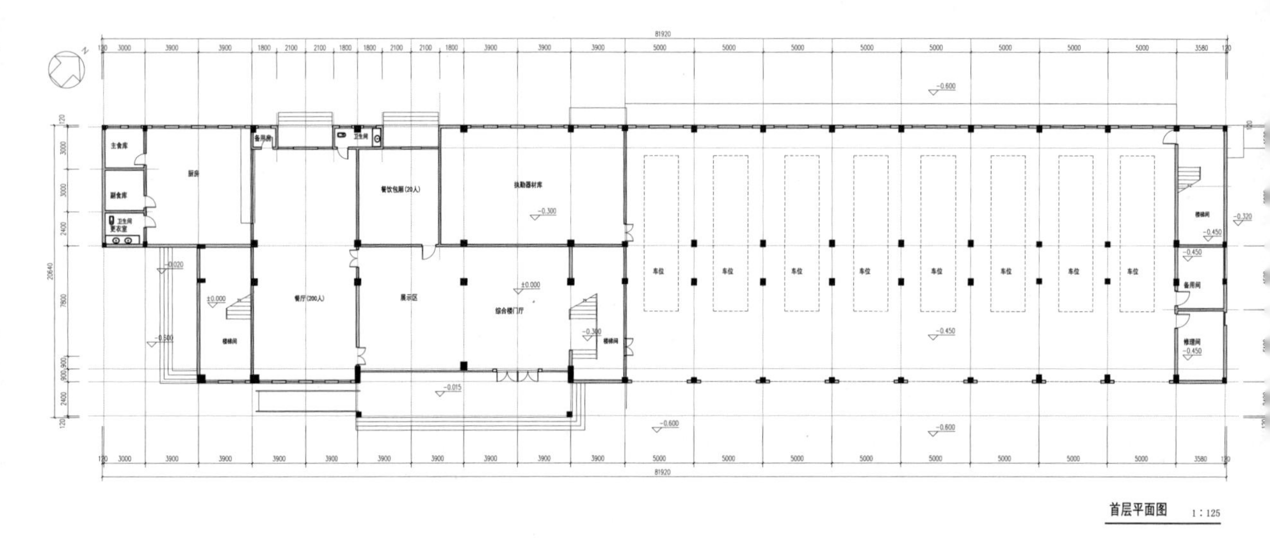

四层平面图 1：125

图 2-30　某综合楼建筑首层平面图及四层平面图（扫描二维码 2-32 下载 CAD 文件）

二维码 2-32　某综合楼建筑首层平面图及四层平面图

2. 指北针或风玫瑰图：在首层平面图中对应总平面图，根据建筑方位绘制出指北针或风玫瑰图。

3. 节点详图或标准图集选型索引：对各层平面图进行索引标注检查，所有标准做法选型及大样图均应在平面图中标注索引符号。为便于识图，在图纸布局空间允许的情况下，大样图可对应平面图就近绘制。

4. 散水、排水沟：对应散水与排水沟的做法选型，在首层平面图中设计出基本图形并标注尺寸与做法索引。其中排水沟一般选择需按 0.5% 找坡并根据周边排水系统情况组织排水出口。需考虑沟底最高处至沟面的高差宜不小于 200mm，排水沟单坡不能过长。

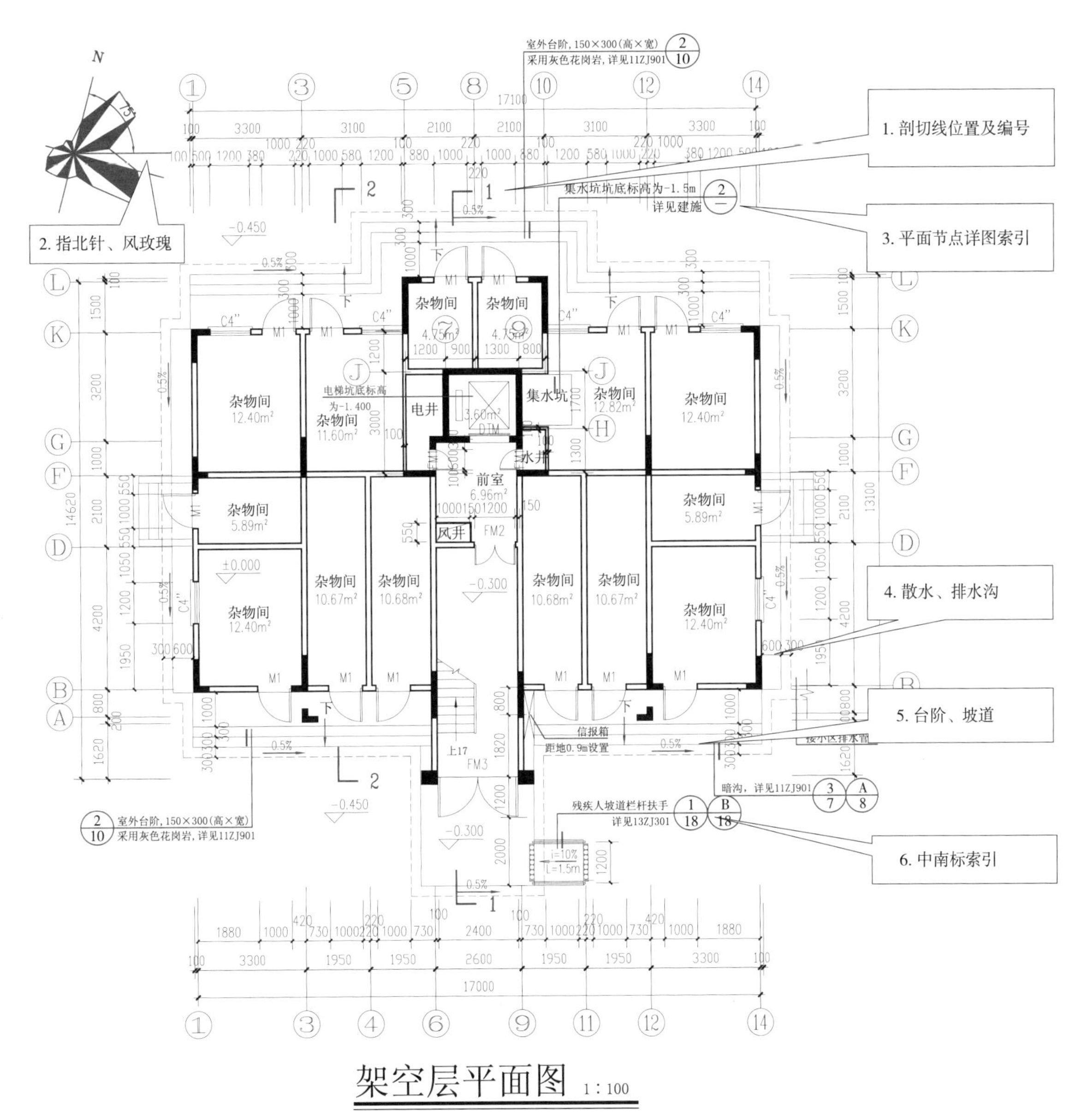

图 2-31　某多层住宅架空层平面图（扫描二维码 2-33 查看高清彩图）

5. 台阶、坡道：建筑各出入口根据需要设置台阶、坡道，其上部应对应设置雨篷。需在平面图中绘制出图形并标注尺寸索引做法。

6. 标注图纸名称及比例。

7. 建筑平面较长较大时，可分区绘制，但须在各分区平面图适当位置上绘出分区组合示意图，并在明显位置标示本分区部位编号。

8. 正确表达理解图纸的省略并能运用：如系对称平面，对称部分的内

二维码 2-33　某多层住宅层平面图

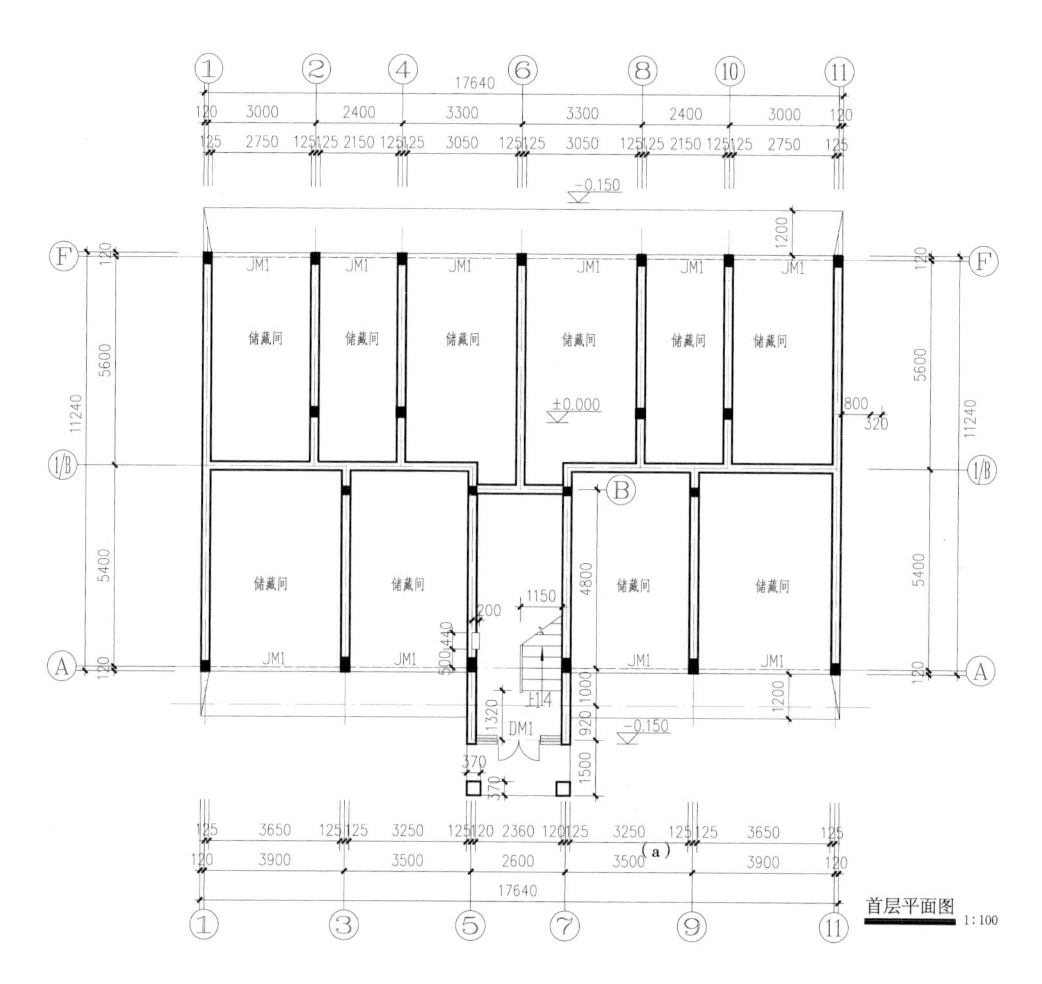

图2-32 某多层住宅首层平面图、1-1剖面图（扫描二维码2-34下载CAD文件）

部尺寸可省略，对称轴部位用对称符号表示，但轴线号不得省略；楼层平面除轴线间等主要尺寸及轴线编号外，与首层相同的尺寸可省略；楼层标准层可共用同一平面，但需注明层数范围及各层的标高。

课堂练习：

在图2-32中，用墨线对首层平面图完成以下绘制工作：对应1-1剖面图标注出剖切线位置、编号，绘制混凝土散水砖砌暗沟并标注尺寸，完善图纸名称、比例以及标准图集构造做法索引。

小节实训：

1. 实训内容：在2.3.7小节实训成果的基础上，完成首层平面图中散水、暗沟、台阶、坡道、指北针，以及所有平面图中标准图集施工图索引的深化表达。

2. 实训目标：通过学习，能理解及正确表达散水、暗沟、台阶坡道以及剖切符号、索引符号和图名、比例。

3. 实训要求：完成散水、暗沟及其排水组织；完成首层平面图中台阶、

二维码2-34 某多层住宅首层平面图、1-1剖面图

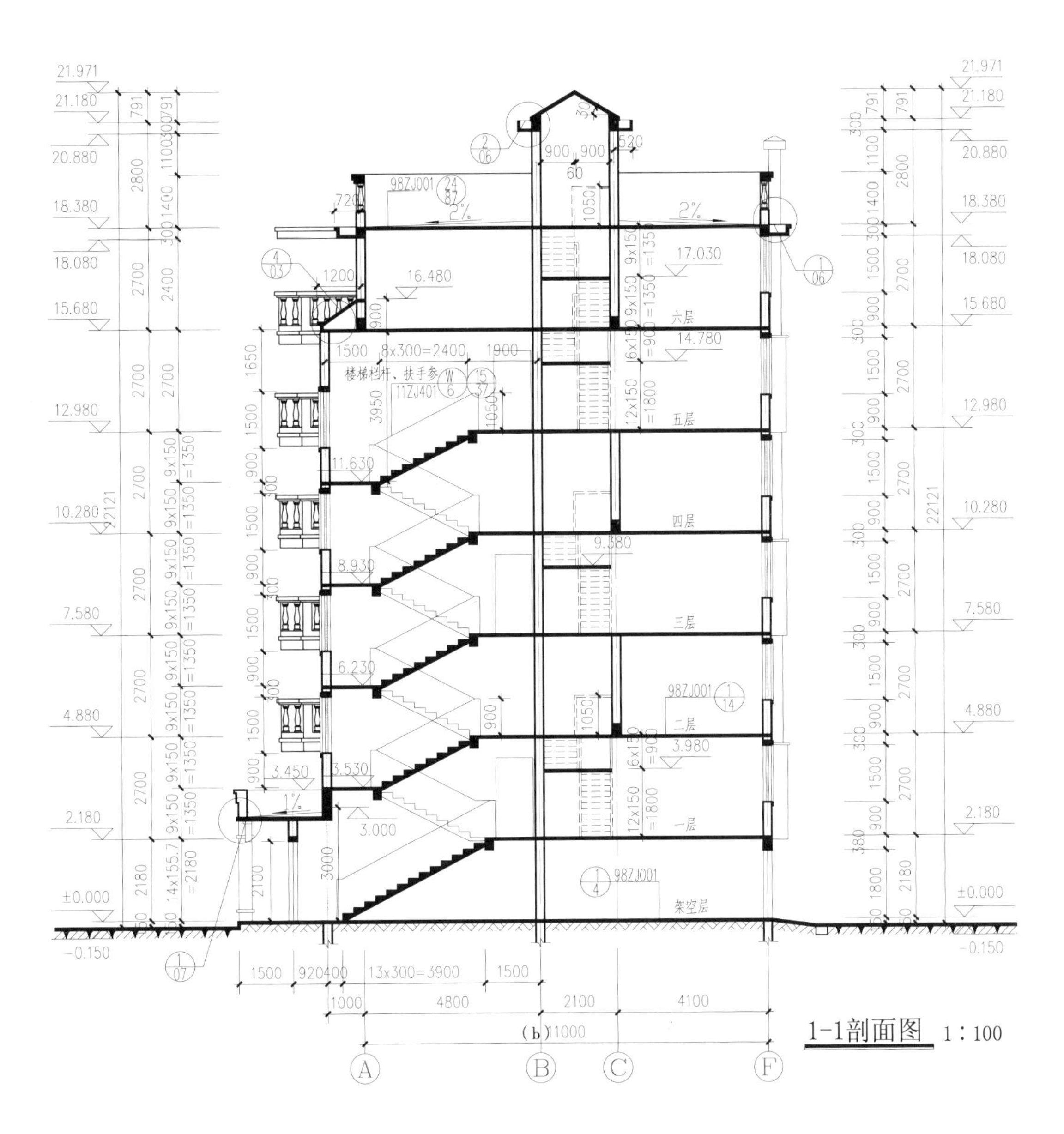

坡道、指北针、剖切符号的表达；按照要求完成所有平面图纸施工图深化表达。要求采用计算机辅助设计软件绘制、独立完成设计图。

图2-32 某多层住宅首层平面图、1-1剖面图（扫描二维码2-34下载CAD文件）(续)

2.4 立面图

概述：

建筑立面图为建筑外垂直面正投影可视部分，应包括投影方向可见的建筑外轮廓线和墙面线脚、构配件、墙面做法及必要的尺寸和标高等。建筑立面图是展示建筑物外貌特征及外墙面装饰的工程图样，是建筑施工中进行高度控制与外墙装修的技术依据（二维码 2–35、二维码 2–36）。

各种立面图应按正投影法绘制，一栋建筑物一般应绘出每一侧的立面图。但是，当各侧面较简单或有相同的立面时，可以画出主要的立面图。当建筑物有曲线或折线的侧面时，可将曲线或折线形的立面，绘成展开立面图，以使各部分反映实形。

内部院落的局部立面，可在相关剖面图上表示，如剖面图未能表示完全的，需单独绘出。

案例展示（图 2–33）：

单项实训（表 2–6）：

二维码 2–35　立面图课件

二维码 2–36　立面图微课

2.4.1　立面地坪、外墙、屋顶等外轮廓及轴线编号

学习目标：

1. 学会正确表达立面外轮廓投影线。
2. 学会正确表达立面图轴线编号。

案例展示（图 2–34）：

学习内容：

1. 建筑外轮廓线用粗实线表示，室外地坪线用 1.4 倍的加粗实线表示。建筑外轮廓线加粗主要为体现建筑物体量上的前后关系，应分层次加粗，采用 0.6 号粗线。

立面图施工图深化设计单项实训任务表　　　　**表 2–6**

<table>
<tr><td>实训目标</td><td colspan="2">知识目标：熟练掌握建筑施工图中立面图的图纸深度要求，掌握一般建筑外墙材料的选用规则与图面填充表达方式。
能力目标：能区分建筑工程项目在方案、初步设计、施工图各阶段的立面图纸；能独立完成建筑立面图的施工图设计工作；能配合团队或独立完成对应平面、剖面图等相关图示调整立面施工图的工作。
思政映入：培养“精益求精”的工匠精神和艰苦奋斗的职业精神；树立中国传统文化自信；培养传承传统民居文化与创新新技术、新材料、新工艺并济的设计意识；培养“提升大众审美环境”的建筑师使命感</td></tr>
<tr><td>实训方式</td><td>依据建筑施工图立面图深化步骤，将单项实训任务依次分解至各小节学练过程中。通过小节实训，逐步完成本次单项实训——建筑施工图立面图设计与表达</td><td rowspan="5">在 2.3 平面图单项实训成果的基础上完成</td></tr>
<tr><td>实训内容</td><td>对提供的建筑方案图立面图部分，在 CAD 图基础上进行施工图设计，达到《建筑工程设计文件编制深度规定（2016 年版）》4.3.5 立面图设计深度要求</td></tr>
<tr><td>成果要求</td><td>各立面图，按比例打印出图并提交电子版</td></tr>
<tr><td>实训建议</td><td>按后续小节中实训进度逐步完成各立面图的施工图设计，每小节提交电子文件，实训结束后按比例打印出图</td></tr>
<tr><td>实训项目选题建议</td><td>建议选择与本模块案例规模接近的 27m 以下多层住宅建筑，建筑立面风格简洁。提供整套完整的方案图电子版：含效果图、总平面图、各平面图、各立面图</td></tr>
</table>

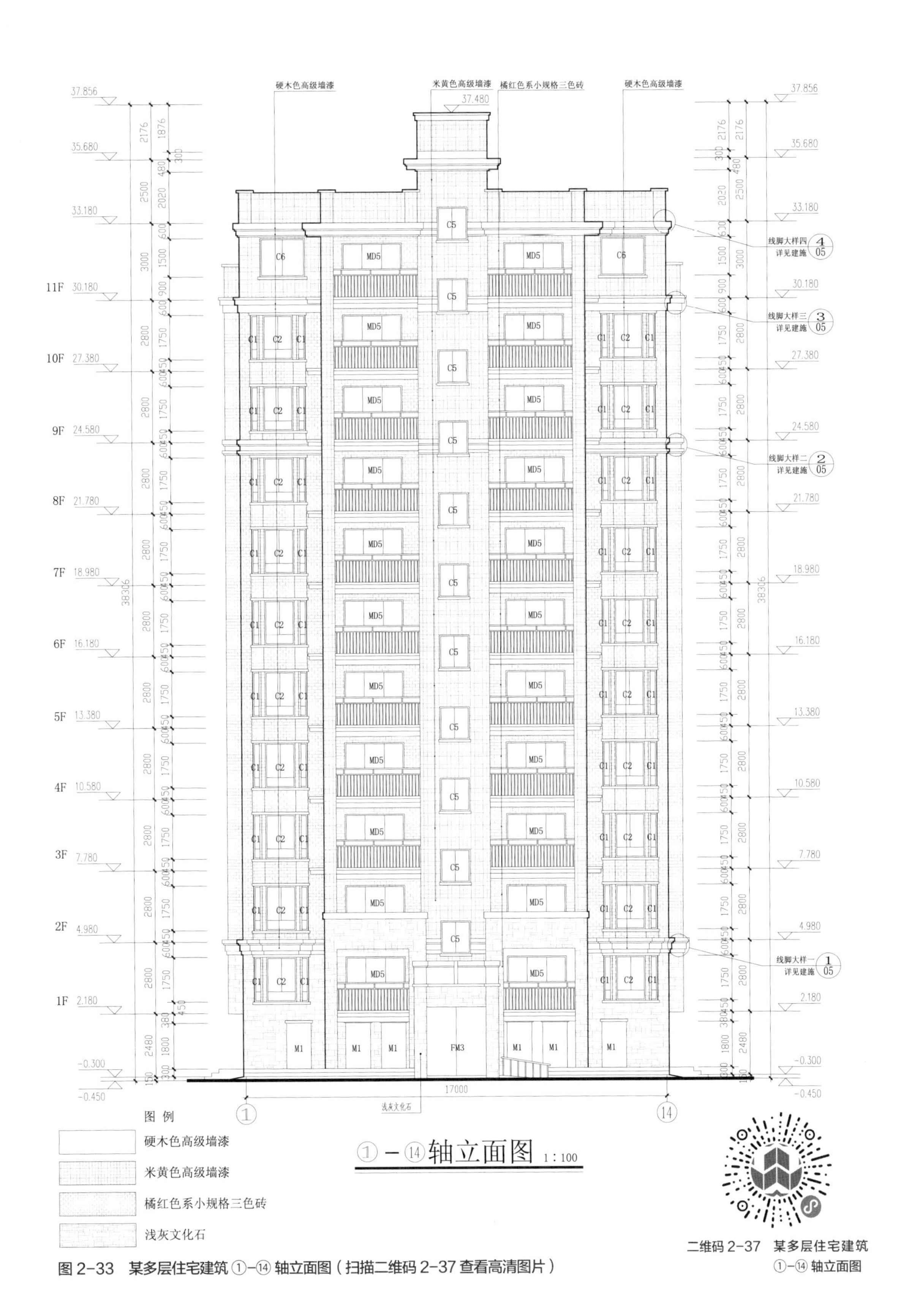

图 2-33　某多层住宅建筑 ①-⑭ 轴立面图（扫描二维码 2-37 查看高清图片）

二维码 2-37　某多层住宅建筑 ①-⑭ 轴立面图

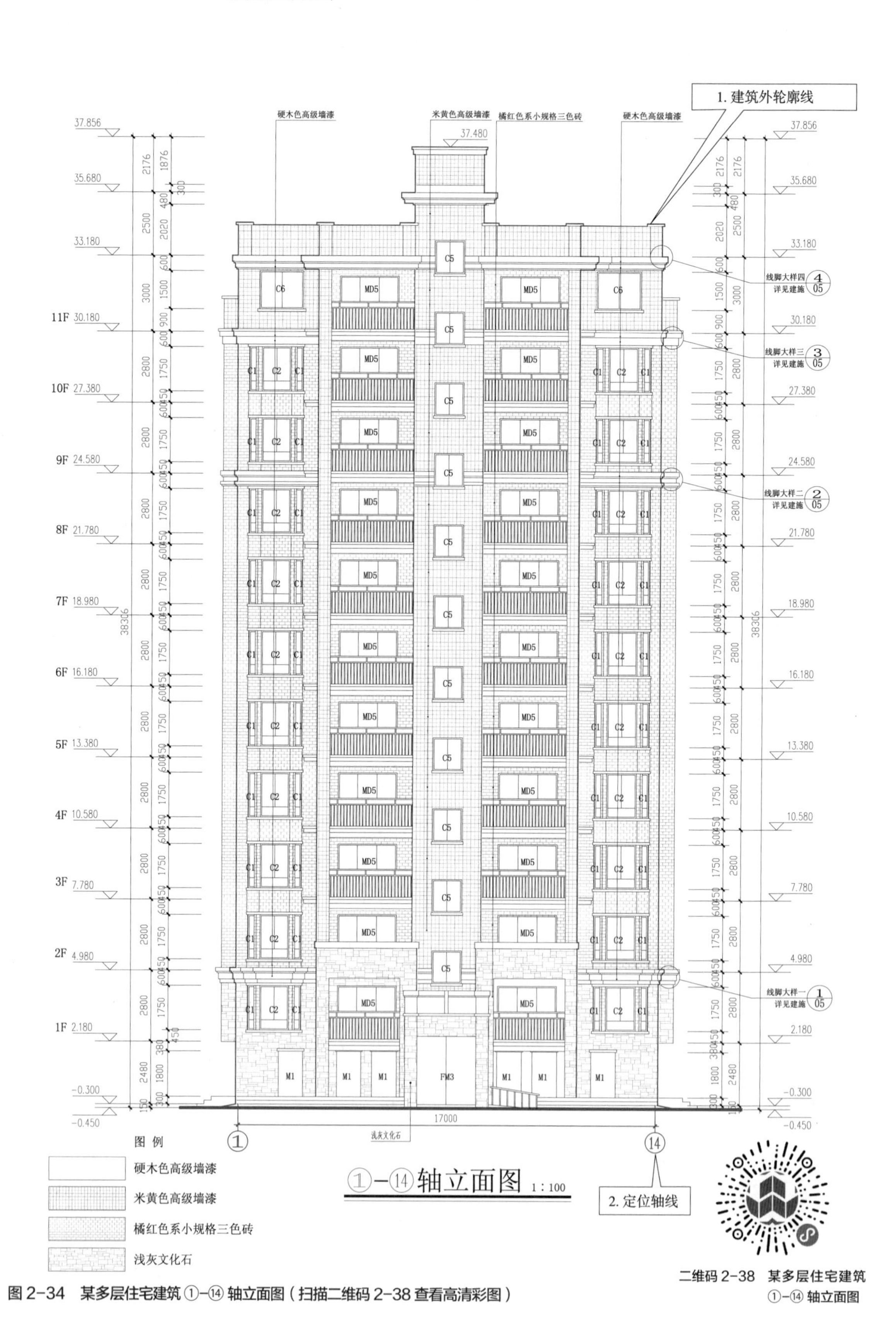

图 2-34 某多层住宅建筑 ①-⑭ 轴立面图（扫描二维码 2-38 查看高清彩图）

二维码 2-38 某多层住宅建筑 ①-⑭ 轴立面图

2. 定位轴线：建筑立面图中，一般只标出建筑两端外墙的定位轴线及编号，当建筑物体量有较大转折时，应加注转折或衔接处轴号。注意核对轴号与平面图中编号一致。

课堂练习：

对应平面图在以下立面图中标注出两端定位轴号（图 2-35），并根据平面图中建筑体量关系表达出建筑外轮廓线加粗线。

小节实训：

1. 实训内容：在 2.3 单项实训基础上，对应 2.3.8 中完成的建筑施工图平面图，标注各个立面图的定位轴号及相关总尺寸，并对应平面图、效果

二维码 2-39　某多层住宅建筑平面图、立面图

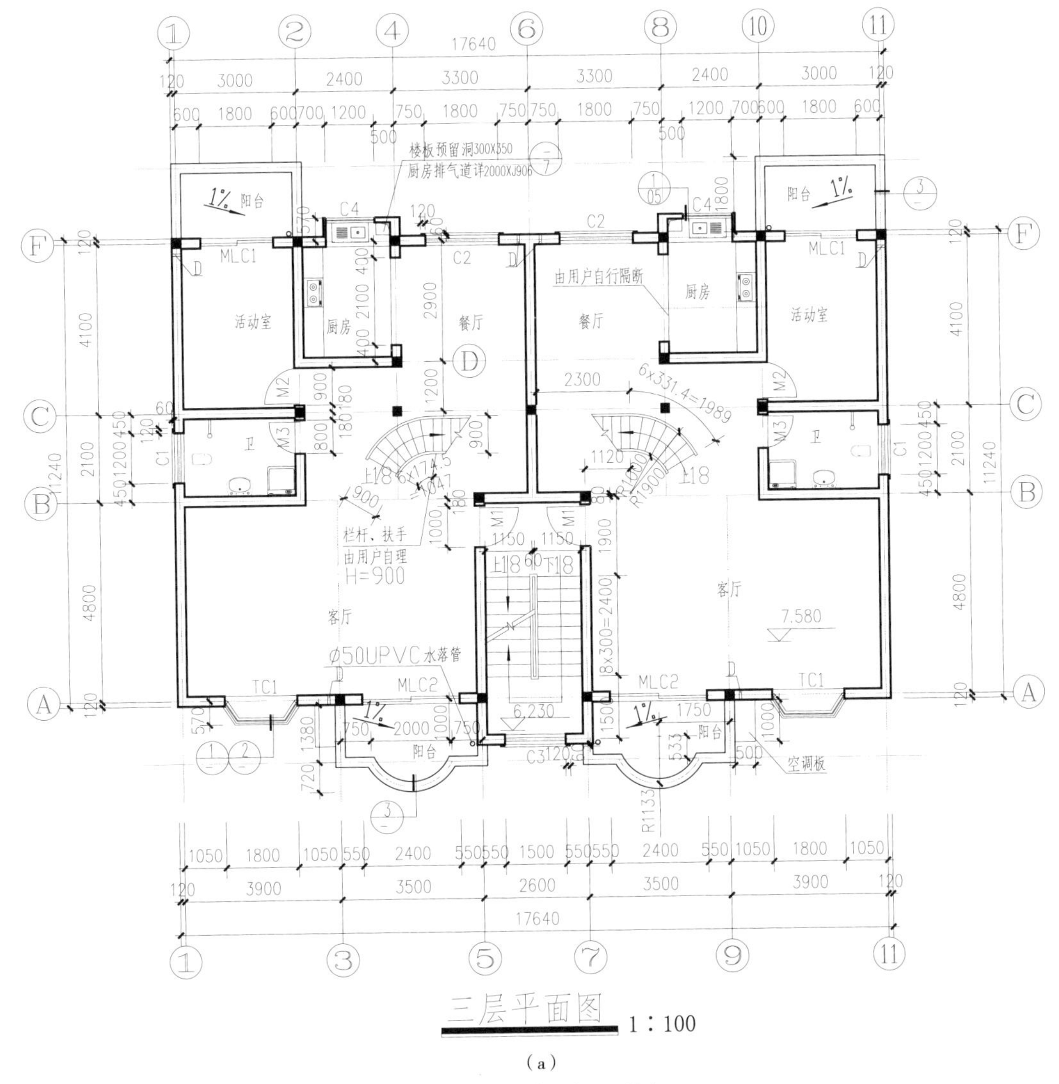

（a）

图 2-35　某多层住宅建筑平面图、立面图（扫描二维码 2-39 查看高清图片）

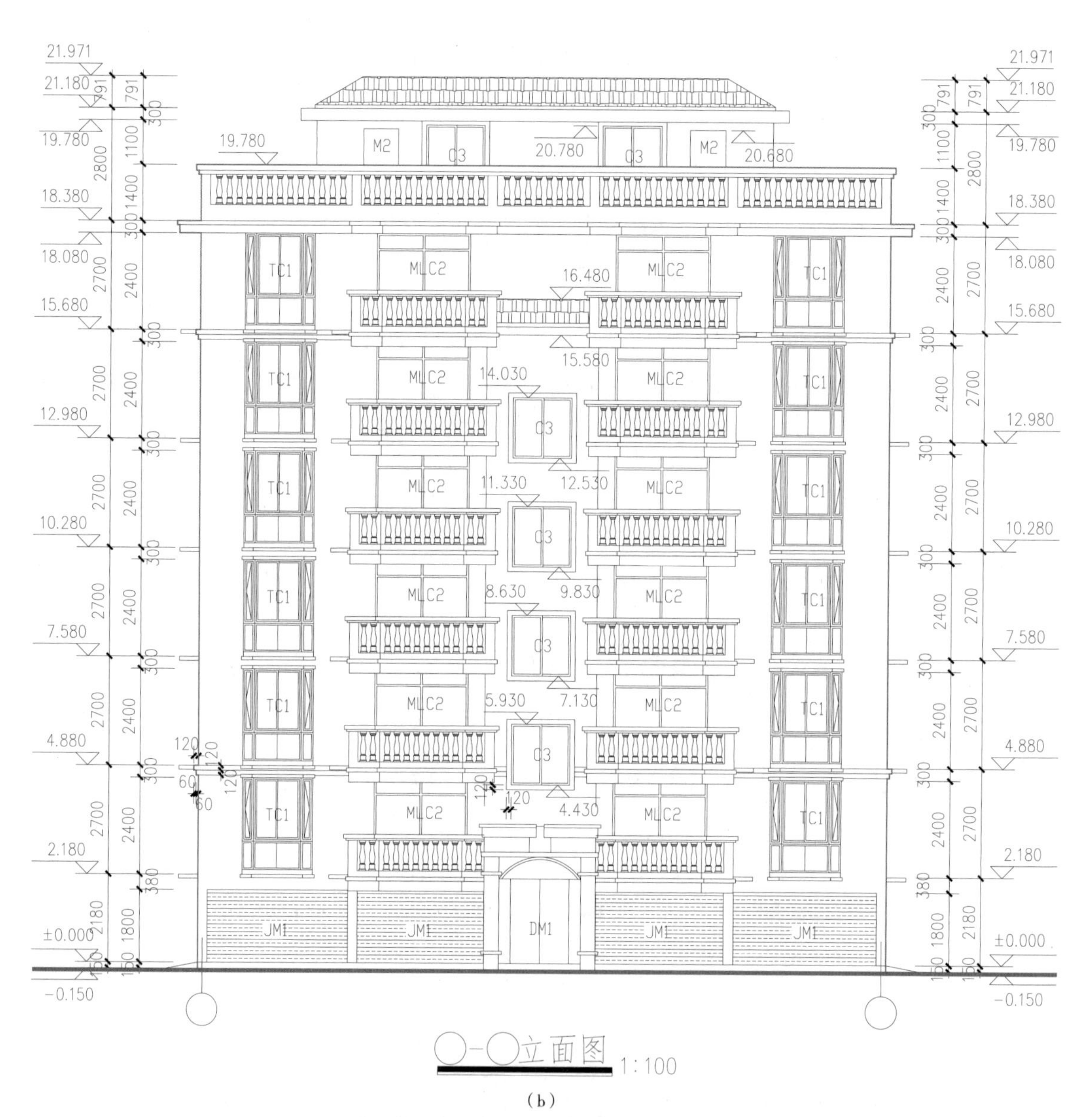

(b)

图 2-35 某多层住宅建筑平面图、立面图（扫描二维码 2-39 查看高清图片）（续）

图完成其建筑外轮廓线加粗线的绘制。

2. 实训目标：通过学习，能理解及正确表达轴线编号、尺寸标注及外轮廓加粗线。

3. 实训要求：应用计算机辅助设计软件独立完成以下绘制工作：

（1）对应平面图，标注轴号及总尺寸。

（2）对应平面图，绘制建筑外轮廓加粗线。

2.4.2　檐口、阳台、门窗洞口等主要结构和建筑构造部件位置

学习目标：

学会正确表达主要结构和建筑构造部件的基本图形。

案例展示（图 2-36~图 2-38）：

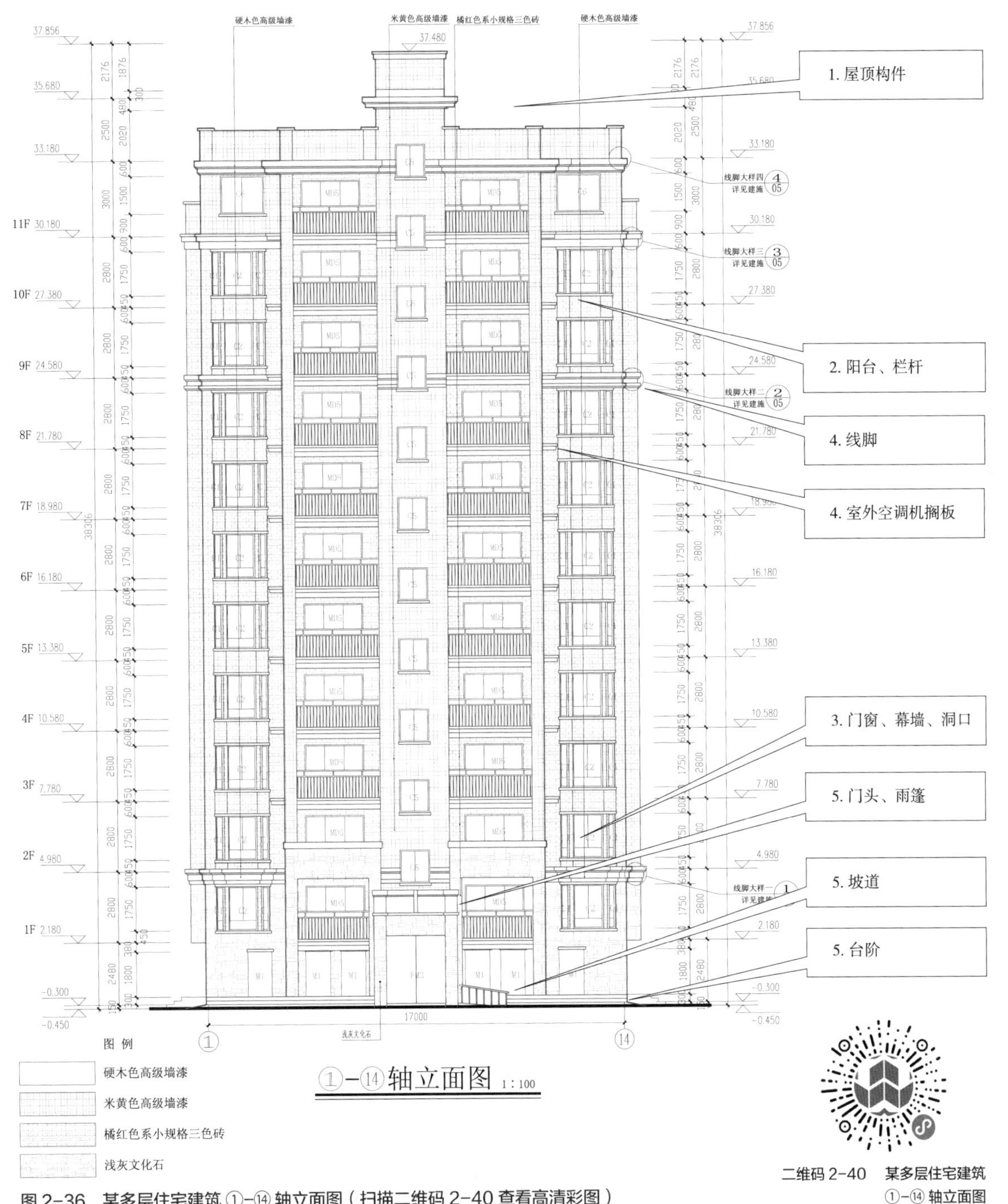

图 2-36　某多层住宅建筑 ①-⑭ 轴立面图（扫描二维码 2-40 查看高清彩图）

二维码 2-40　某多层住宅建筑 ①-⑭ 轴立面图

图 2-37　某多层住宅建筑 ①- ㊳轴立面图（扫描二维码 2-41 查看高清彩图）

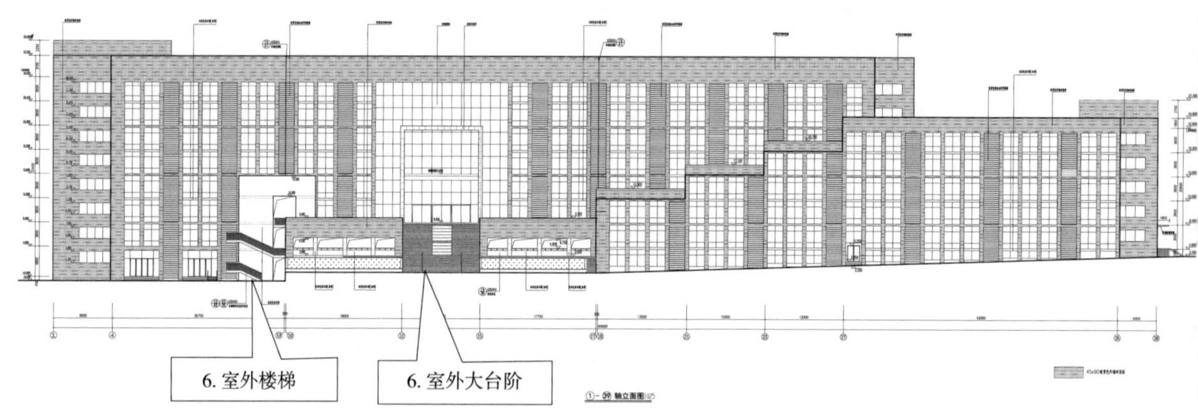

图 2-38　某教学楼建筑 ①- ㊴轴立面图（扫描二维码 2-42 查看高清彩图）

二维码 2-41　某多层住宅建筑 ①- ㊳轴立面图

二维码 2-42　某教学楼建筑 ①- ㊴轴立面图

学习内容：

1. 屋顶构件：指建筑各立面可见的女儿墙顶、檐口、烟囱等均应表达其投影线，并标注出关键节点标高或尺寸。

2. 阳台、栏杆：应表达建筑各立面可见的阳台、栏杆的投影线，并标注标高或高度定位尺寸。其尺寸线可位于立面两侧的第三道尺寸线上，在不影响立面识读时，也可将标高标注于建筑立面图上。此时，应注意核对立面栏杆高度与样式是否符合规范要求。在绘制时，镂空杆件后的构件可不表达。

3. 门窗、幕墙、洞口：应绘制各立面可见的门窗、幕墙、洞口及其

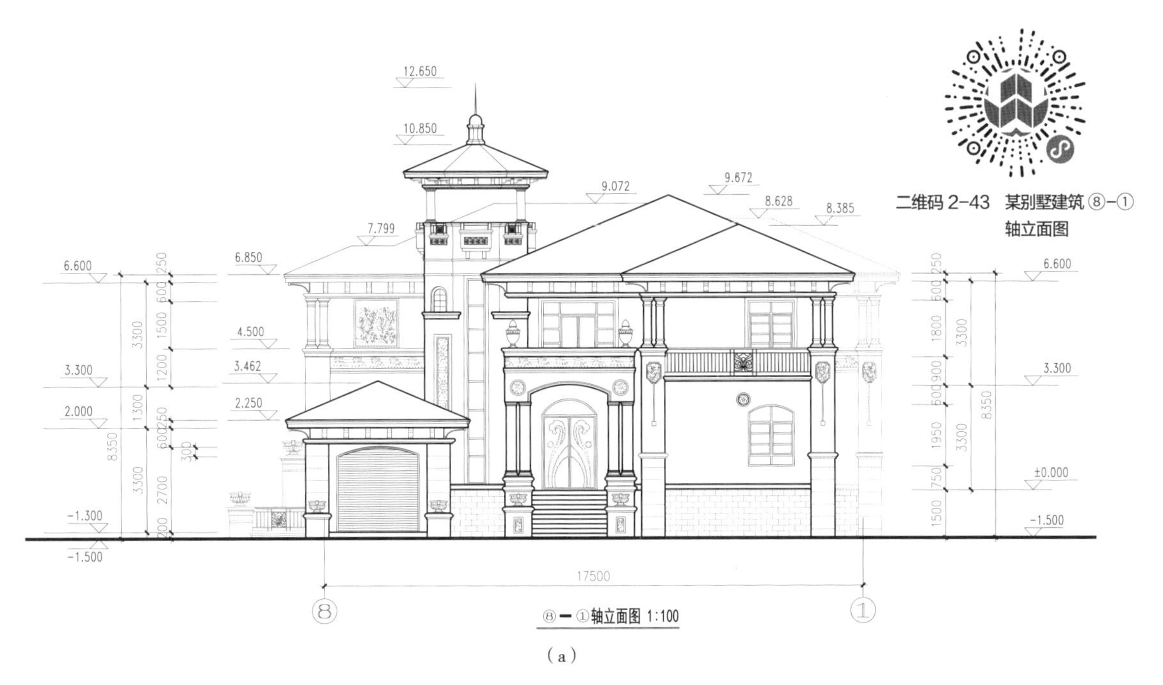

（a）

二维码 2-43　某别墅建筑⑧-①轴立面图

（b）

二维码 2-44　某别墅建筑外观效果图

图 2-39　某别墅建筑⑧-①轴立面图、外观效果图（扫描二维码 2-43 下载 CAD 文件，扫描二维码 2-44 查看高清彩图）

细节投影线，并标注洞口高度尺寸或标高。平面无法标注编号的门窗，可以在立面图中标注其门窗编号。此时，应核对各立面外窗的窗台高度尺寸。

4. 线脚、粉刷分格线、室外空调机搁板、外遮阳构件：应绘制出立面可见线脚、粉刷分格线、室外空调机搁板、外遮阳构件等室外立面构件的投影线，并标注相关尺寸，尤其是平面图中无法清晰表达的构件。平面无法索引做法的，可在立面图中索引节点大样或中南标选型。此时，应注意核对构件平、立面尺寸的对应。

5. 立面首层：在建筑立面的首层中应表达出建筑门头、雨篷、台阶、坡道、花台、勒脚投影线并标注标高、平面未表达的尺寸以及节点大样索引号。

6. 室外楼梯和垂直爬梯：当建筑物有室外楼梯和垂直爬梯时，均应绘制其立面投影线，并标注标高、尺寸、大样索引号。

课堂练习：

扫描二维码 2–43 下载 CAD 文件，对应以下别墅建筑效果图，完成其⑧－①轴立面图投影关系的核对与修改（图 2–39）。

小节实训：

1. 实训内容：在 2.4.1 小节实训成果的基础上，对应平面图和效果图完成各个立面图中主要结构和建筑构造部件表达以及相关尺寸标注。

2. 实训目标：通过学习，能理解建筑立面图中各主要结构和建筑构造部件投影线的目的并正确表达。

3. 实训要求：按照要求应用计算机辅助设计软件，独立完成该立面图主要结构和建筑构造部件表达并标注相关尺寸与标高。

2.4.3 建筑总高度、楼层层高和标高及关键控制标高标注

学习目标：

学会正确表达建筑立面图的标高及高度尺寸标注。

案例展示（图 2–40）：

学习内容：

1. 标高标注：在建筑立面图两侧尺寸线外标注一道主要节点标高，包括：室外地坪、各楼层楼面以及建筑体量各至高点部位标高。建筑标高符号需朝向立面图。为便于识读，当建筑层数较多时，可在楼层标高后注明层数。

2. 第一道尺寸：标注建筑总高度，其尺寸标注范围应符合现行《建筑设计防火规范》GB 50016 中建筑总高度计算方法的相关规定。一般应从建筑室外地坪为起点，顶点则需根据建筑类型确定位置；方便快速识读出建筑总高度。

3. 第二道尺寸：建筑各楼层层高尺寸、室内外高差尺寸以及出屋面构件尺寸标注。

4. 第三道尺寸：标注门窗、阳台、雨篷、线脚等细部构造尺寸，当其无法通过两侧尺寸标注清晰表达时，在不影响立面识读的情况下，可直接将尺寸或标高标注于立面图中。

5. 两侧未能标注清楚的尺寸与标高：在立面图中以尺寸或标高表达两侧未能清晰表达的门窗洞口、阳台及其他突出的构件高度定位。

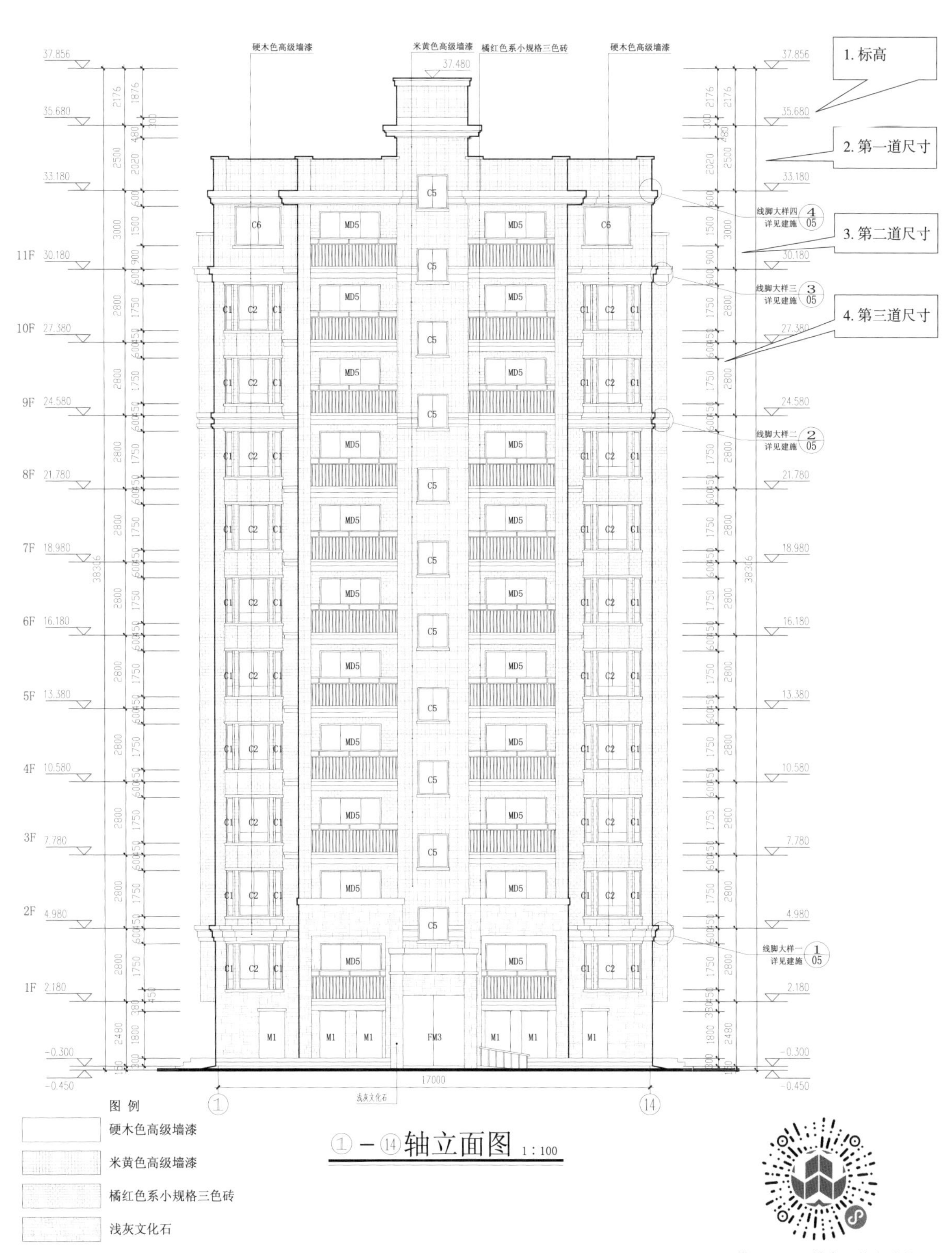

图 2-40　某多层住宅建筑 ①–⑭ 轴立面图（扫描二维码 2-45 查看高清彩图）

二维码 2-45　某多层住宅建筑 ①–⑭ 轴立面图

二维码 2-46　某多层住宅建筑Ⓐ－Ⓕ轴立面图

课堂练习：

扫描二维码 2-46 下载图 2-41 的 CAD 文件，根据图中图纸绘制尺寸，完成建筑立面图的尺寸标注。

小节实训：

1. 实训内容：在 2.4.2 小节实训成果的基础上，完成该立面图建筑总高度、楼层层高和标高及关键点标高及尺寸标注。

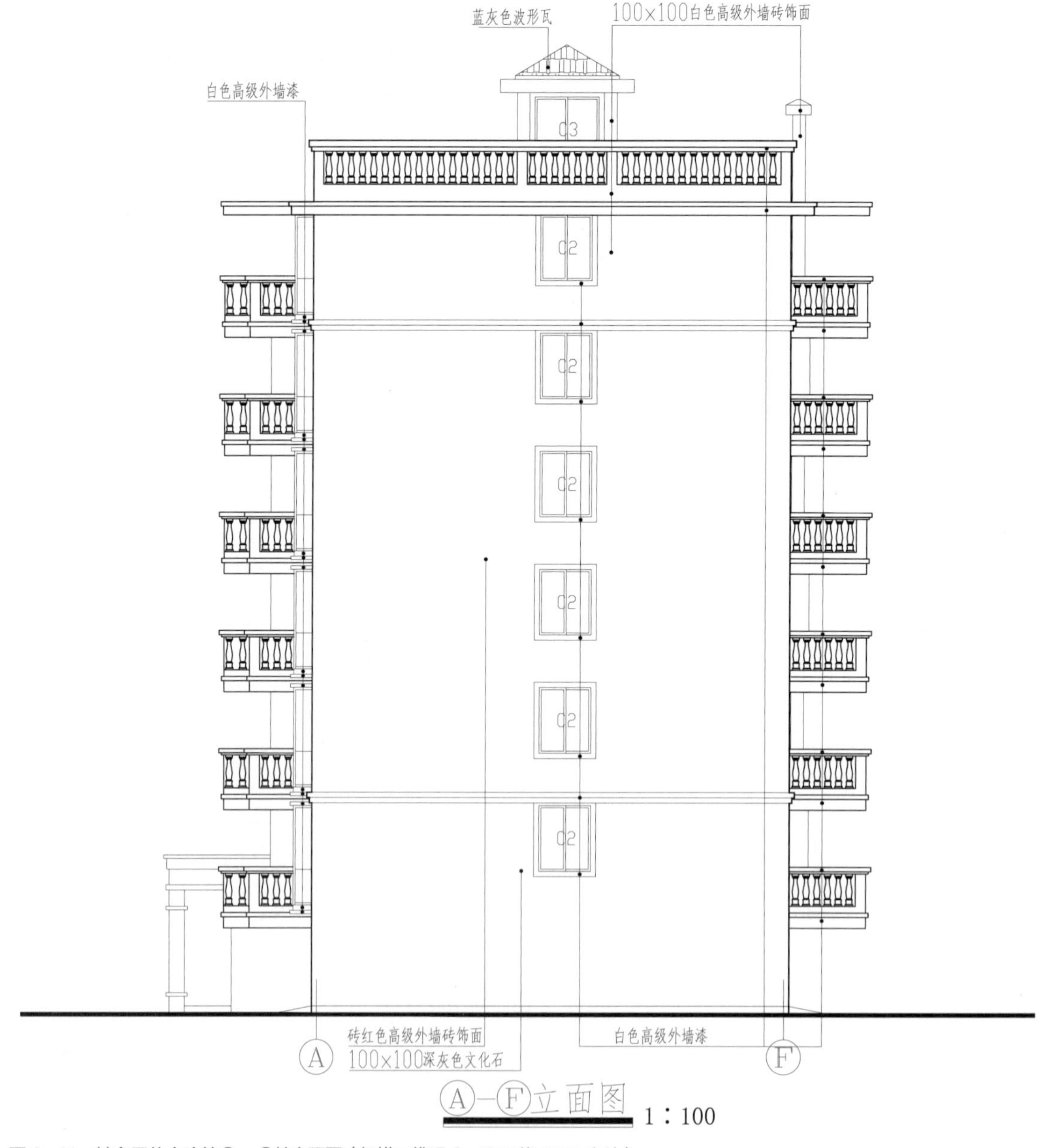

图 2-41　某多层住宅建筑Ⓐ－Ⓕ轴立面图（扫描二维码 2-46 下载 CAD 文件）

2. 实训目标：通过学习，能理解并正确表达建筑总高度、楼层层高、标高、关键点标高及尺寸标注。

3. 实训要求：应用计算机辅助设计软件对应建筑平面图，完成立面图的标注及尺寸标注。

（1）完成建筑各楼层以及关键节点的标注。

（2）完成建筑立面图三道尺寸线标注，包括建筑总高度、层高、细部尺寸。

2.4.4 各部分装饰用料、色彩名称或代号及节点构造详图索引

学习目标：

学会正确表达建筑立面各部分装饰用料与色彩。

案例展示（图 2–42）：

学习内容：

建筑立面装饰用料与色彩的表达分为文字引注、图例填充及做法索引三部分内容。

1. 材料索引：以文字索引，将建筑立面的不同类型、色彩材料分别引注区别。

2. 立面材料图例填充：根据立面外墙材料装贴，以图例填充的形式进行区别表达，当外墙材料选用涂料时，必须绘制涂料分格缝的做法。立面图侧绘制图例及材料名称。填充图例可根据其对应材料的相近形态选择，但不宜选用在制图中有特定含义的，如填黑、45° 斜线等图例。

3. 节点构造详图索引：在平面图、剖面图中无法清晰表达的构造详图索引可在立面图中引注。

课堂练习：

扫描二维码 2–43 下载 CAD 文件，并对应建筑效果图（图 2–39），完成材质索引、材质填充、图例绘制等建筑立面施工图的材质表达。

小节实训：

1. 实训内容：在 2.4.3 小节实训成果的基础上，完成该建筑立面施工图各部分装饰用料、色彩名称或代号及节点构造详图索引。

2. 实训目标：通过学习，能理解及正确表达各部分装饰用料、色彩名称或代号及节点构造详图索引。

3. 实训要求：应用计算机辅助设计软件，独立完成建筑立面施工图的材质表达，包括：立面材料文字引注、立面材料图案填充及图例编制、节点构造详图索引。

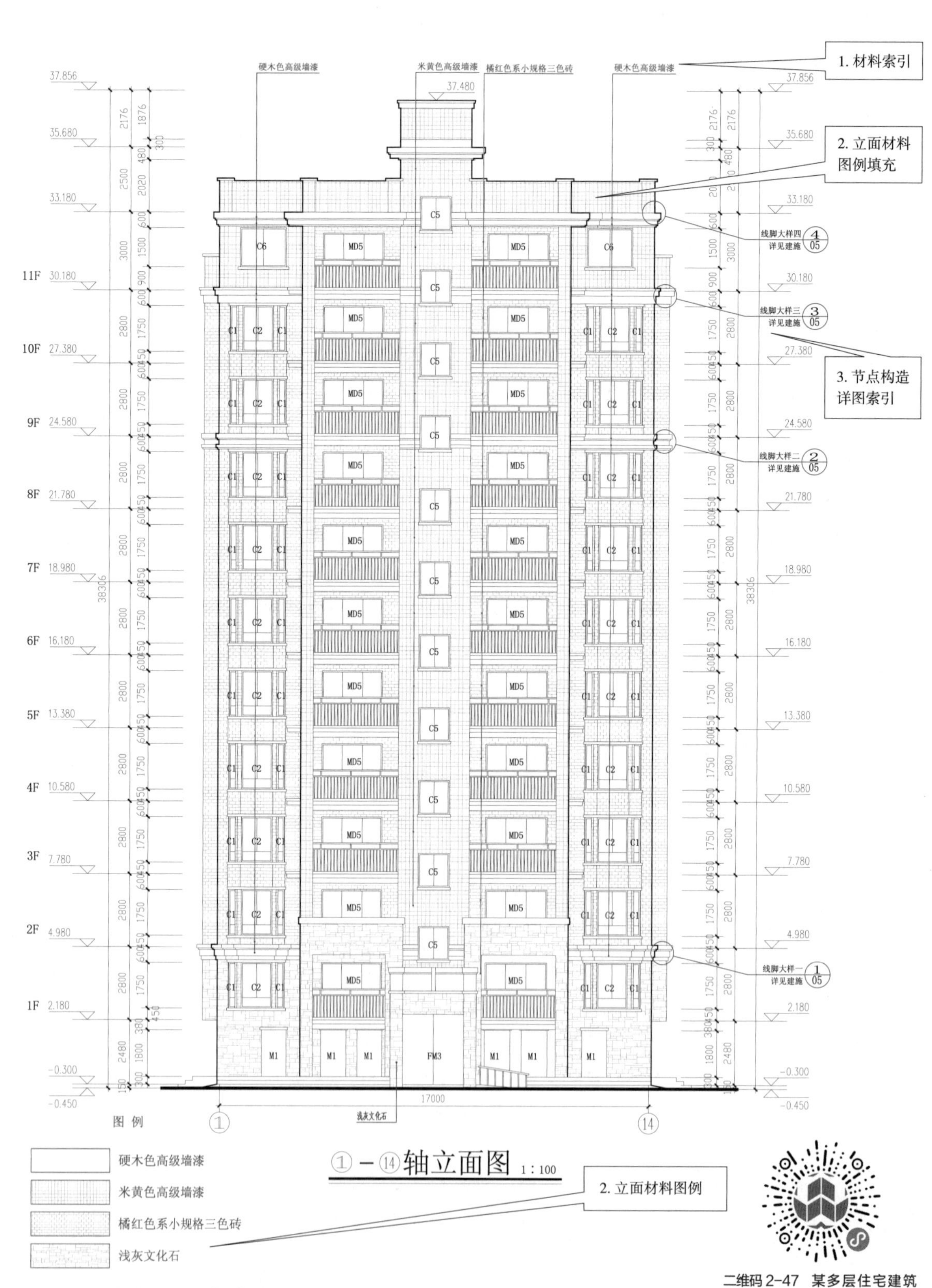

图 2-42　某多层住宅建筑 ①–⑭ 轴立面图（扫描二维码 2-47 查看高清彩图）

2.4.5　其他

学习目标：

1. 学会正确表达图纸名称、比例。

2. 理解建筑立面图绘图范围，并能正确整理出应绘制的立面图量。

二维码 2-48　某多层住宅建筑 ①-⑭ 轴立面图

案例展示（图 2-43）：

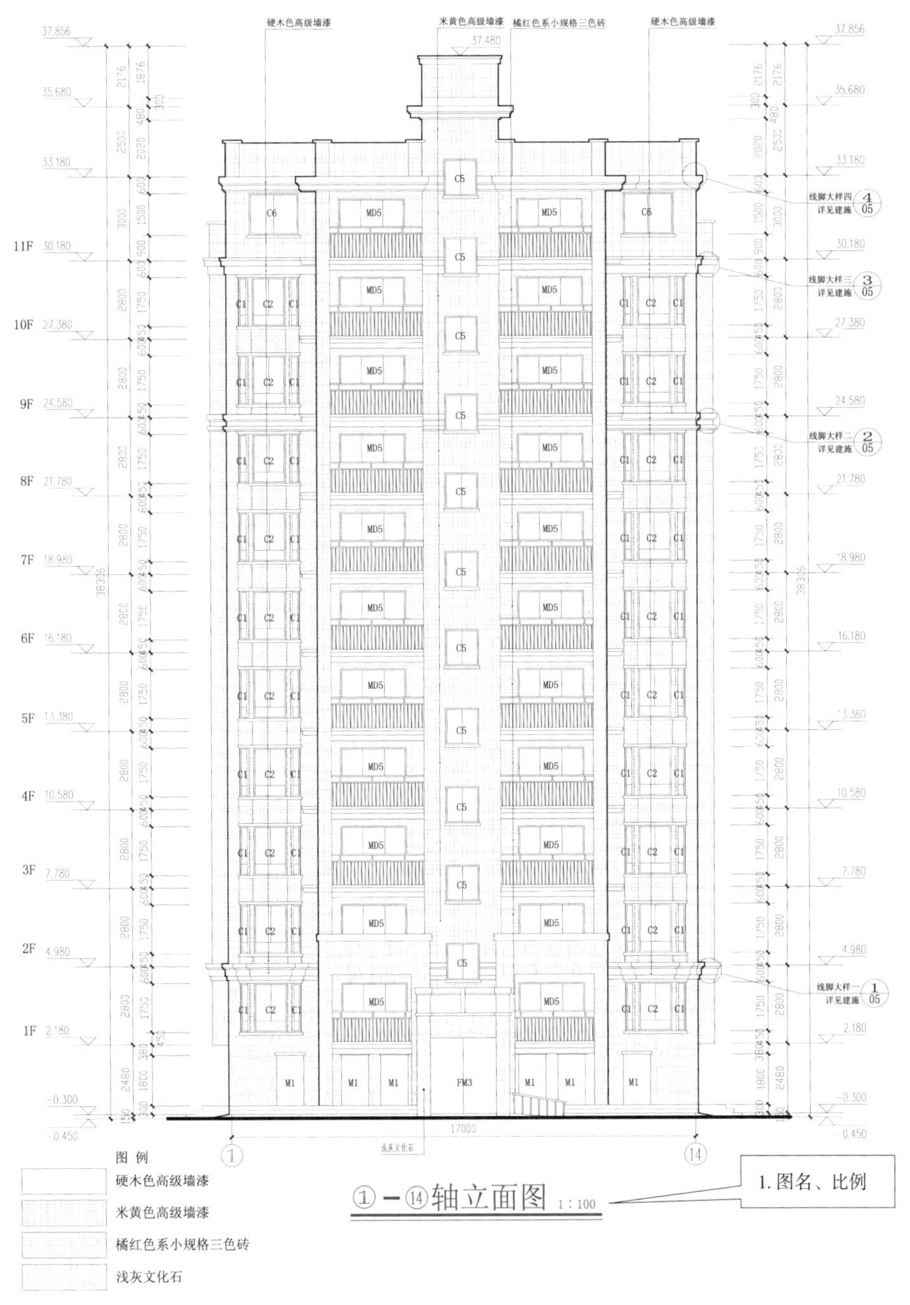

图 2-43　某多层住宅建筑 ①-⑭ 轴立面图（扫描二维码 2-48 查看高清彩图）

学习内容：

1. 图名、比例：建筑立面的命名，一般是根据该立面两端外墙的定位轴号组合编注的，如图 2–43 中 ①–⑭ 轴立面图。

2. 立面图绘制数量：各个方向的立面应绘齐全，但差异小、左右对称的立面可简略；内部院落或看不到的局部立面，可在相关剖面图上表示，若剖面图未能表示完全时，则需单独绘出。所以当建筑形体较复杂时，立面图数量有可能不止四个。

课堂练习：

为以下建筑立面施工图补充完整图名（图 2–44）。

小节实训：

1. 实训内容：在 2.4.4 小节实训成果的基础上，完成四个建筑立面施工图图名比例表达并完成所有立面施工图的整理校对工作。

2. 实训目标：通过学习，掌握立面图命名方式，能为各立面图正确命名。

3. 实训要求：独立应用计算机辅助设计软件，完成四个建筑立面施工图的图名、比例，并依据《建筑工程设计文件编制深度规定（2016 年版）》4.3.5 立面图设计深度要求完成整理校对工作。

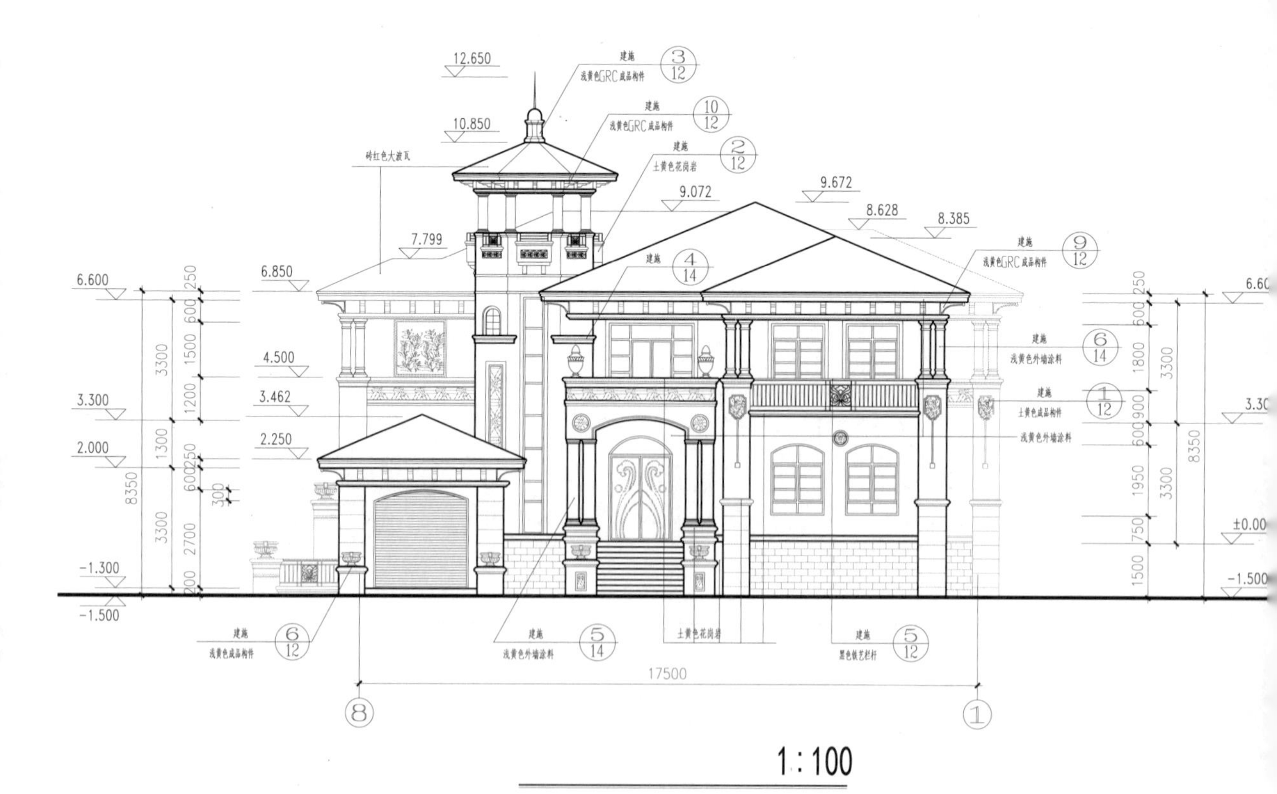

图 2–44　某建筑立面图

2.5　剖面图

二维码 2-49　剖面图课件

二维码 2-50　剖面图微课

概述：

建筑剖面图是运用一个或者多个假想的垂直剖切面垂直于建筑外墙轴线将房屋进行剖切后所得的投影图，它要用来表达房屋内部的结构和构造做法、建筑的层数、各个部位的联系、材料及高差等，是与建筑平面图、立面图互相配合的不可或缺的重要图样之一。建筑剖面图是根据建筑平面图、立面图所表达的内容基础上而绘制的，因此剖面图中各构配件的用材和尺度等应与平面图及立面图保持一致（二维码 2-49、二维码 2-50）。

本节根据民用建筑构造以及常用建筑剖面图图示内容分部学习建筑剖面图。

案例展示（图 2-45）：

单项实训（表 2-7）：

剖面图施工图深化设计单项实训任务表　　**表 2-7**

<table>
<tr><td>实训目标</td><td colspan="2">知识目标：掌握建筑施工图阶段建筑剖面图的表达内容和设计方法。
能力目标：能根据建筑平面图、立面图中的信息完成相对应的建筑剖面图的施工图设计与图纸绘制。
思政映入：在剖面图绘制过程中，借助 BIM 模型进行剖切分析，提高学生的空间思维能力；通过分析建筑平、立、剖面的对应关系，理清建筑构造与结构构件要素，体悟形式与内容辩证统一的关系；通过对剖面图细部节点的图形绘制与标注表达，进一步培养精益求精、一丝不苟的工匠精神</td></tr>
<tr><td>实训方式</td><td>依据建筑剖面图绘制步骤，将单项实训任务依次分解至各小节学练过程中。通过小节实训的方式，逐步完成本次单项实训</td><td rowspan="5">扫描二维码 2-4 下载实训项目全套建筑方案图</td></tr>
<tr><td>实训内容</td><td>对提供的建筑方案图剖面图部分，在 CAD 图基础上进行施工图设计，达到《建筑工程设计文件编制深度规定（2016 年版）》4.3.6 剖面图设计深度要求</td></tr>
<tr><td>成果要求</td><td>建筑 1-1 剖面图，按比例打印出图并提交电子版</td></tr>
<tr><td>实训建议</td><td>按后续小节中实训进度逐步完成各剖面图的施工图设计，每小节提交电子版，实训结束后按比例打印出图</td></tr>
<tr><td>实训项目选题建议</td><td>建议为与本模块案例规模接近的 27m 以下多层住宅建筑，建筑立面风格简洁。提供整套完整的方案图电子版：含效果图、总平面图、各平面图、各立面图</td></tr>
</table>

2.5.1　剖视位置选择及墙、柱、轴线和轴线编号

学习目标：

1. 正确掌握绘制建筑剖面图时，对于剖视位置的选择。

2. 正确掌握建筑剖面图墙、柱轴线与建筑平面图的对应关系。

案例展示（图 2-46、图 2-47）：

学习内容：

1. 剖视位置选择：建筑剖面图的剖视位置一般应选择在建筑物的内部

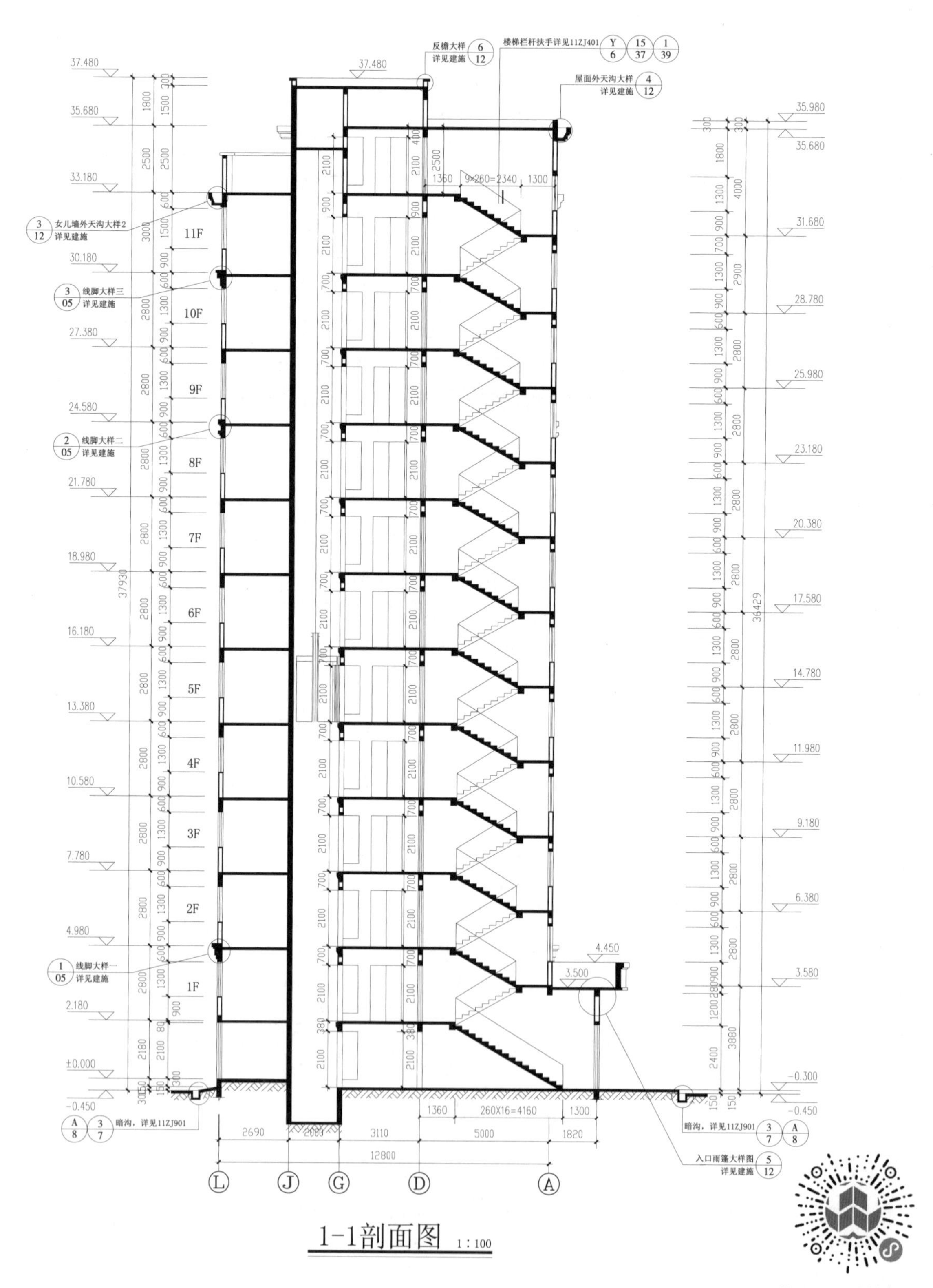

图 2-45　某小高层住宅 1-1 剖面图（扫描二维码 2-51 查看高清图片）

二维码 2-51　某小高层住宅 1-1 剖面图

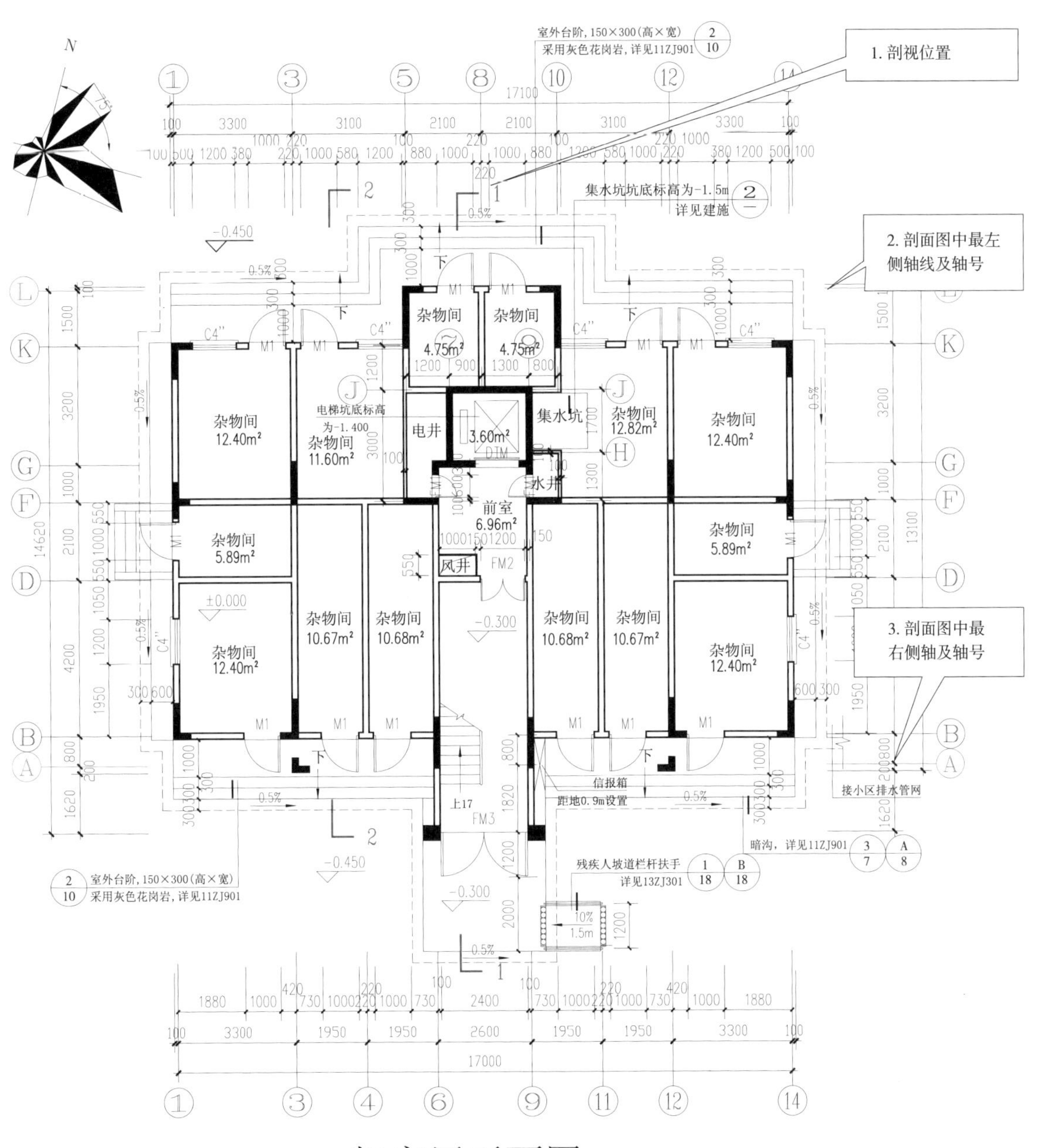

图 2-46　某小高层住宅架空层平面图（扫描二维码 2-52 查看高清彩图）

结构和构造比较复杂、能够清楚反映建筑内部各层次关系的位置，且一般平行于外墙的轴线进行剖切，一般以剖切符号的形式标注在建筑一层平面图或者架空层平面图上。剖切符号由剖切位置线、剖切方向线与剖切编号组成；剖切位置线为粗实线，长度为 6~10mm，剖切方向线为粗实线绘制，

二维码 2-52　某小高层住宅架空层平面图

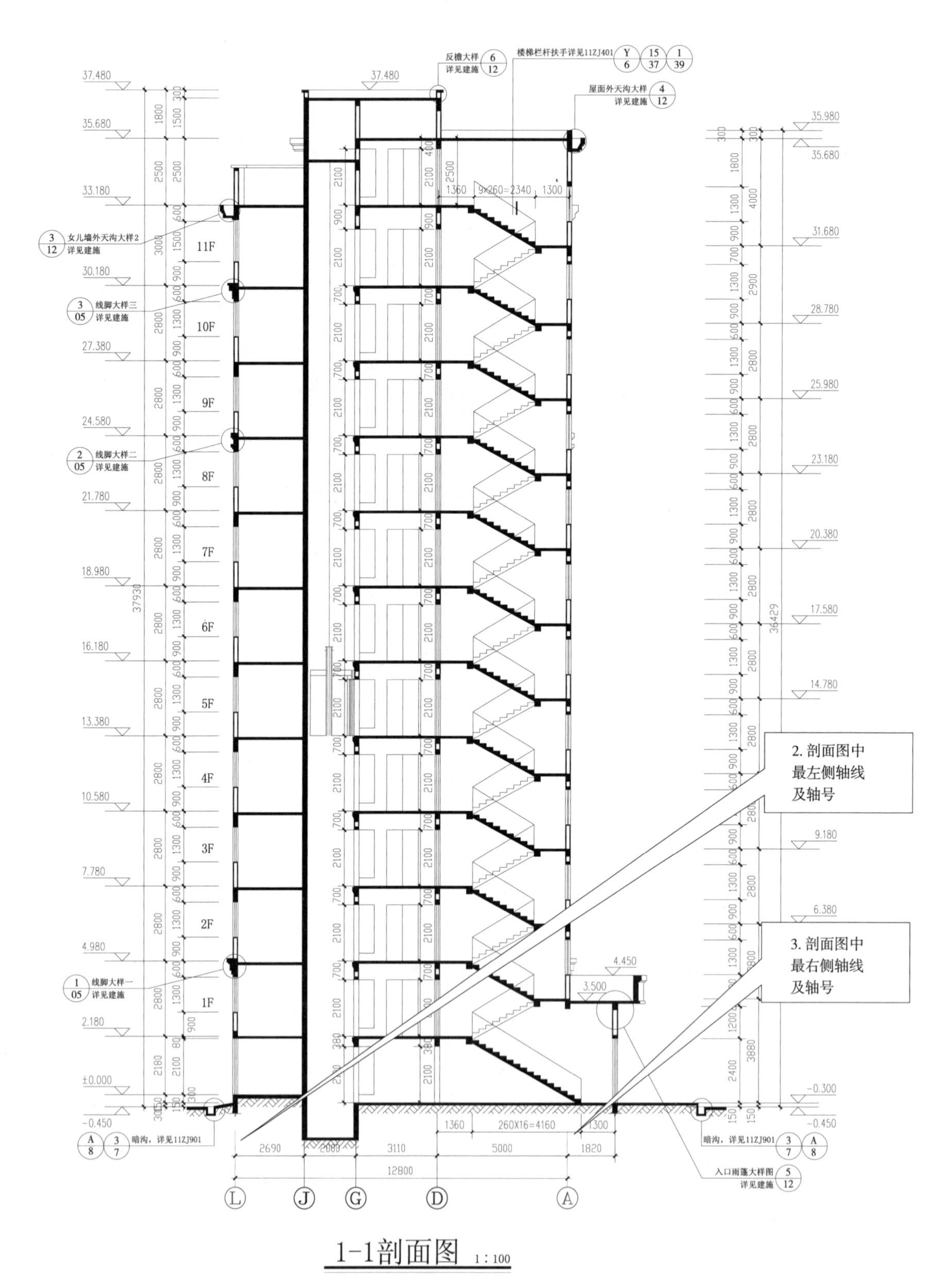

图 2-47　某小高层住宅 1-1 剖面图

长度为4~6mm，剖切位置线与剖切方向线呈90°垂直，并用阿拉伯数字注写剖切编号，需注意剖视剖切符号不应与其他图线相接触。本案例剖切位置选择在7、8号轴之间，剖切到该建筑的垂直交通。

2. 墙、柱轴线和轴线标号：建筑剖面图的信息应该与建筑平面图、立面图的表达相一致且相互对应；因此建筑剖面图中被剖切到墙、柱等构件应与平面图相对应。与建筑立面图轴线绘制不同，剖面图需绘制出剖切到所有主要结构的定位轴线，并宜标注出详细的轴线尺寸辅助设计。如图2-47剖面图中最左侧轴线轴号为L号轴，最右侧轴线轴号为A号轴。

课堂练习：

扫描二维码2-53下载某宿舍建筑施工图主要平面、立面图PDF文件，根据其中首层平面图剖切符号的信息，在图2-48中完成其2-2剖面图轴号的补充。

小节实训：

1. 实训内容：在2.4单项实训成果的基础上，在一层平面图上选定剖面图的剖视位置、绘制剖切符号，在剖面图上填写图名，并标注剖面图中墙、柱等主要结构定位轴线编号。

2. 实训目标：通过学习，能理解建筑剖面图剖视位置的选择以及剖面图中墙、柱轴线与平面图对应关系并正确表达。

3. 实训要求：

（1）应用计算机辅助设计软件绘制、独立完成设计图。

（2）根据给定某建筑方案图，在一层平面图上选定剖面图的剖视位置，绘制剖切符号，在剖面图上填写图名，并标注轴线编号。

2.5.2 墙体、楼地面、屋顶等剖面设计及做法索引

学习目标：

1. 正确表达剖面图中墙体包括门、窗、装饰线脚。
2. 正确表达楼地面的剖面设计。
3. 正确表达屋顶的剖面设计。

案例展示（图2-49）：

学习内容：

1. 墙体剖面设计：根据平面图与立面图，绘制出对应的剖面墙体，包括墙体上的门、窗，线脚、檐口天沟、散水明沟等建筑构配件，但部分建筑构件的详细做法，此处可不予表达。主要承重结构应进行材料填充，应注意剖切位置、可见位置所使用的绘图线型。但某些建筑体量规模较小，如别墅项目，剖面图有可能使用1：50的详图比例，此时的建筑剖面图

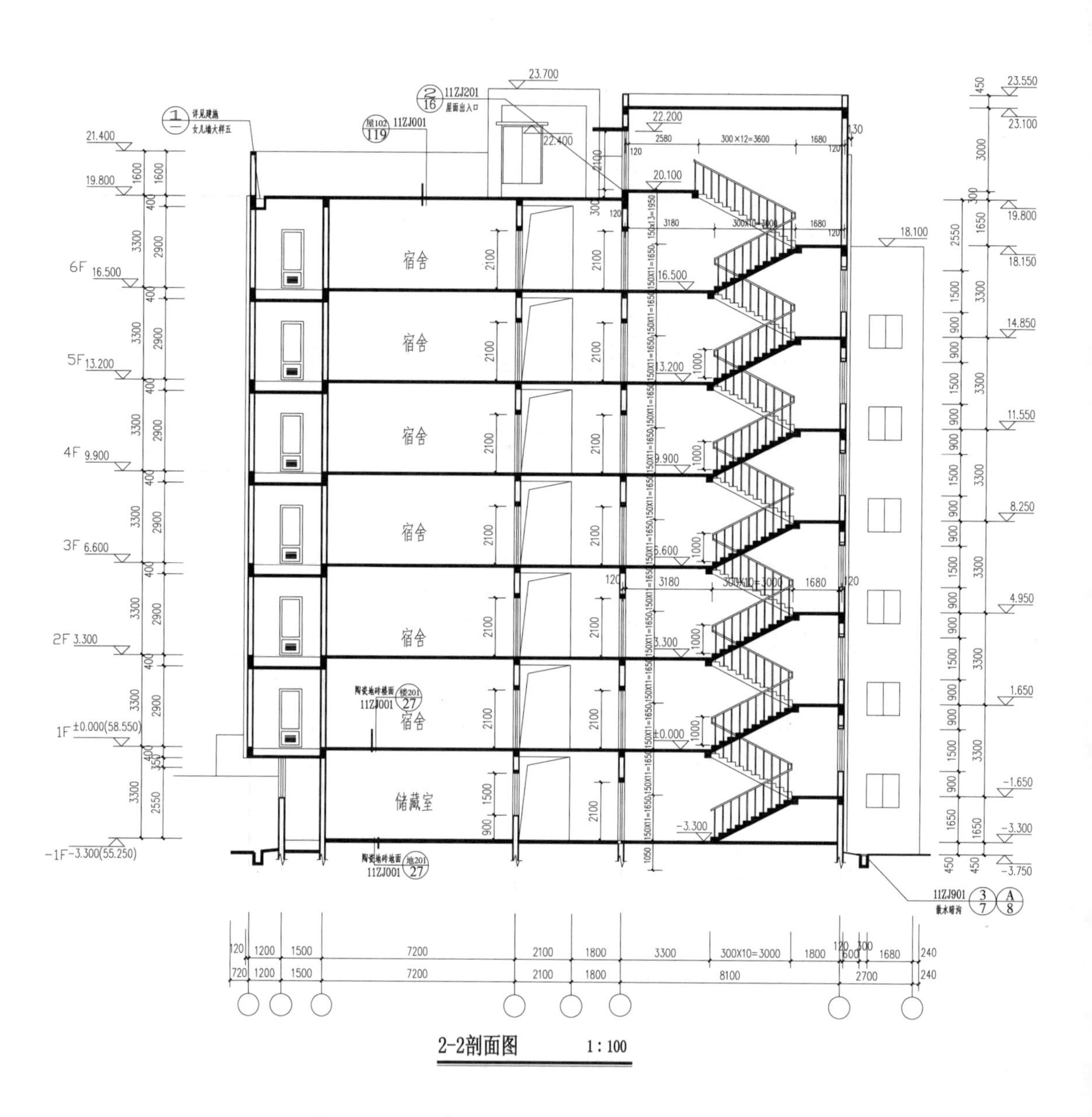

图 2-48 某宿舍建筑 2-2 剖面图（扫描二维码 2-53 下载 PDF 文件）

因达到详图深度，需表达清楚墙体主体结构与辅助材料等。

2. 楼地面剖面设计：逐层绘制表达建筑的地面楼面，当比例不小于 1 ： 100 时，应绘制出楼面线，比例小于 1 ： 100 时，应按照实际面层厚度，较厚可以绘出，否则可以不予绘制；也可使用做法标注辅助说明。设计时应严格对照平面图中标高不同处进行设计，重点是卫生间、阳台等需要结构降板的部位，读清结构面、完成面的标高，防止平面与剖面的楼地面设计细节不对应。

二维码 2-53 某宿舍建筑 2-2 剖面图

3. 屋顶剖面设计：绘制屋顶剖面，包括女儿墙，楼、电梯间屋顶，设备间屋顶等构配件，具体做法可采用图集索引或绘制详图的方式进行补充

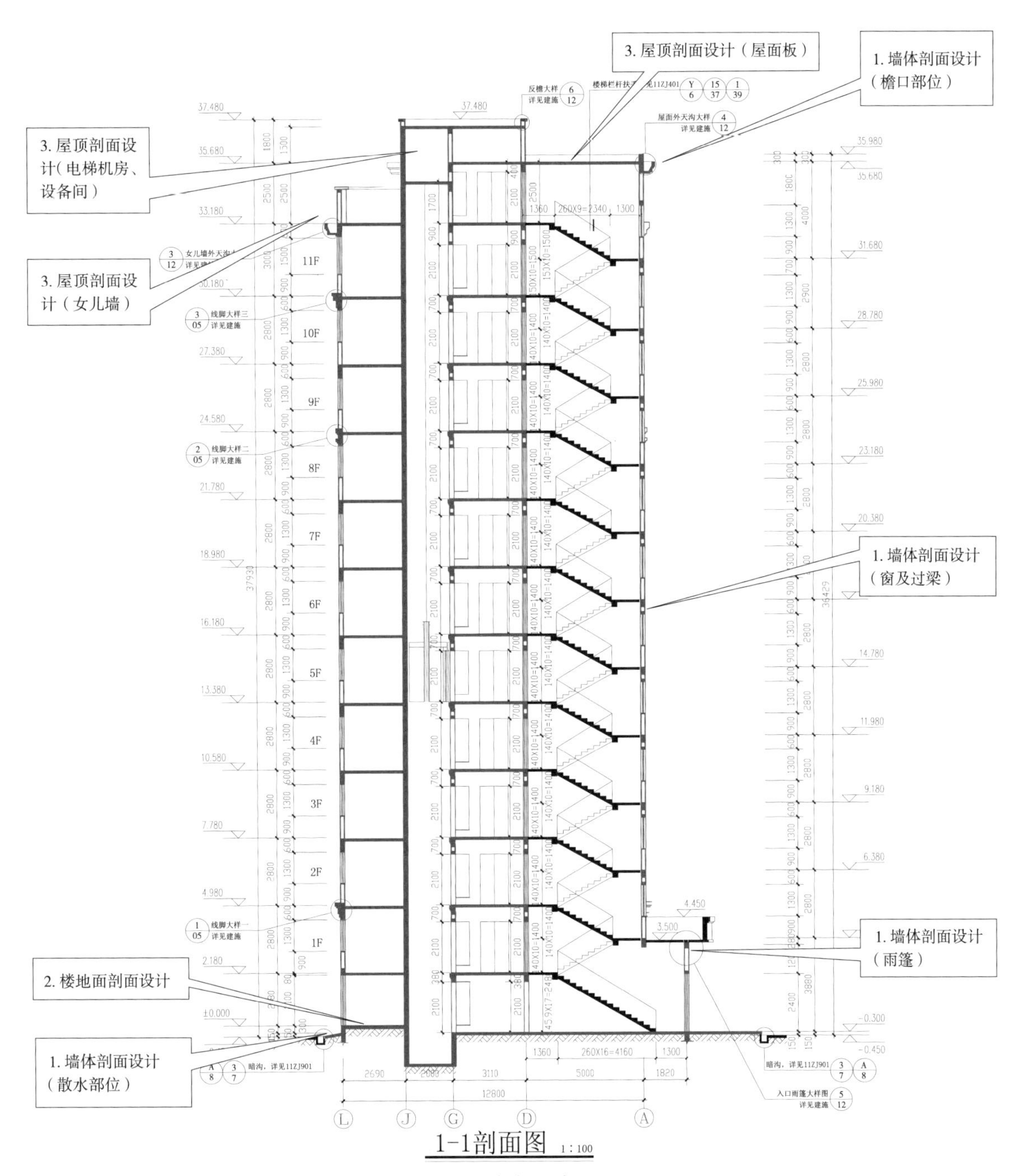

图 2-49　某小高层住宅 1-1 剖面图（扫描二维码 2-54 查看高清彩图）

表达。平屋顶的剖面设计主要关注屋面与突出屋面的楼、电梯间；设备用房等空间的关系；同时将平面中表达不清楚的细节（如屋面楼梯间雨篷）绘制清楚。而坡屋顶需要重点关注屋脊、檐口的标高、位置，同时处理好各个坡面的搭接关系。

二维码 2-54　某小高层住宅 1-1 剖面图

课堂练习：

扫描二维码 2-55 下载图 2-50 的 CAD 文件，完成 1-1 剖面图图例填充补绘和加粗表达。

小节实训：

1. 实训内容：在 2.5.1 小节实训成果的基础上，完成剖面图墙体、楼地面、屋顶的绘制。

2. 实训目标：通过学习，能理解剖面图中墙体、楼地面、屋顶等主要构件并正确表达。

3. 实训要求：

（1）应用计算机辅助设计软件绘制，独立完成设计图。

（2）根据 2.3、2.4 单项实训完成的平面图、立面图，完成剖面图墙体、楼地面、屋顶的绘制。

二维码 2-55　某工程 1-1 剖面图

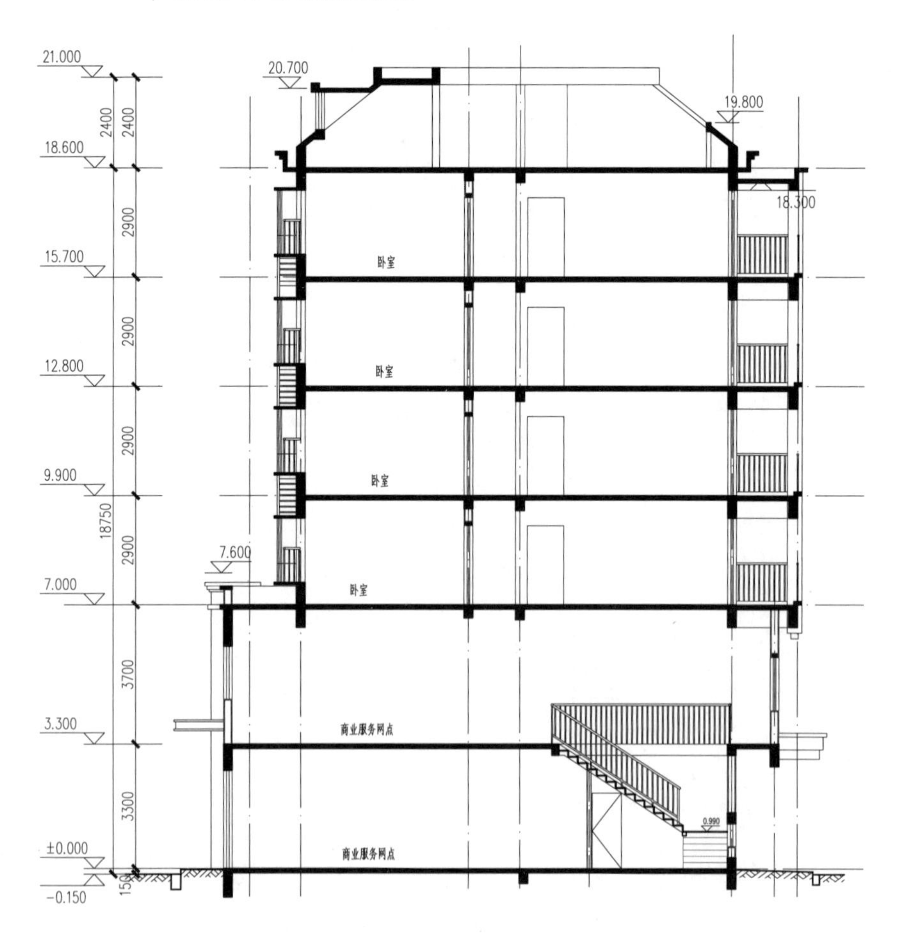

图 2-50　某工程 1-1 剖面图（扫描二维码 2-55 下载 CAD 文件）

2.5.3 垂直交通剖面设计

学习目标：

1. 正确表达楼梯剖面设计，包括踏步数量、尺寸、平台宽度、栏杆扶手等。

2. 正确表达电梯剖面设计，包括梯井尺寸、轿厢、机房等设备及墙体、楼板，需要注意设计规范。

案例展示（图 2-51）：

学习内容：

1. 楼梯剖面设计：剖面图的位置原则上应剖切到建筑的主要垂直交通，剖切到楼梯时，在剖面图中应表达楼梯的梯段长度、平台宽度、踏步数量、尺寸、栏杆扶手等构件。如图 2-51 中标准层楼梯的踏步数量为 20 级，每级台阶的高度为 140mm，宽度为 260mm（踏步设计应符合相关建筑设计规范），梯段长度为 2340mm，平台宽度分别为 1360mm、1300mm 等。剖面楼梯在设计过程中需要注意梯段改变或者踏步改变的楼层，如首层长短跑、局部三跑或者超高层中的避难层楼梯等。在平面设计时，无法在一个维度将建筑的整个立体交通形式设计得很完善，因此进行剖面图设计时，也需要反复对照平面图，对其楼梯的部分进行必要的完善与修改。此外，由于比例的原因，楼梯构件中的许多细部构件，如踏面做法，梯段梁、平台梁尺寸及做法，栏杆扶手做法等可采用详图索引或者图集索引的方式进行补充设计。

2. 电梯剖面设计：电梯间在剖面图中需表达电梯基本构造：井道、轿厢、机房。通常来说垂直电梯设计有相关专业的二次设计，因而建筑剖面图中主要表达电梯间尺寸及墙体、楼板等构造要求（具体防火设计详见模块三）。

课堂练习：

扫描二维码 2-57 下载 CAD 文件，根据平面图以及 1-1 剖面图中相关的尺寸信息，完成该剖面图楼梯部分的补绘（图 2-52）。

小节实训：

1. 实训内容：在 2.5.2 小节实训成果的基础上，完成剖面图垂直交通的绘制。

2. 实训目标：通过学习，能理解剖面图中垂直交通（包括楼梯、电梯）并正确表达。

3. 实训要求：

（1）应用计算机辅助设计软件绘制，独立完成设计图并正确表达。

（2）根据平面图、立面图，完成剖面图楼梯、电梯的绘制。

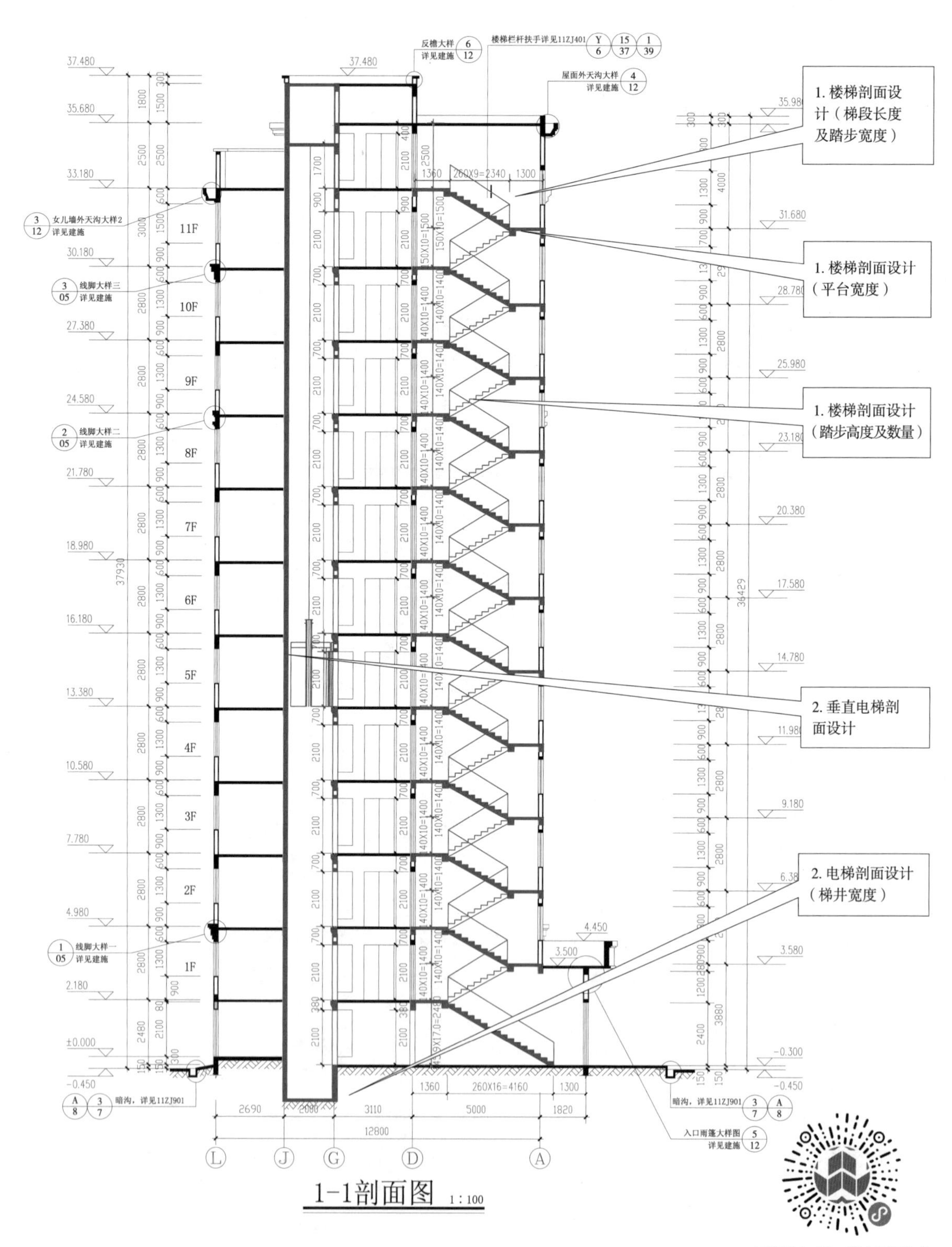

图 2-51　某小高层住宅 1-1 剖面图（扫描二维码 2-56 查看高清彩图）

二维码 2-56　某小高层住宅 1-1 剖面图

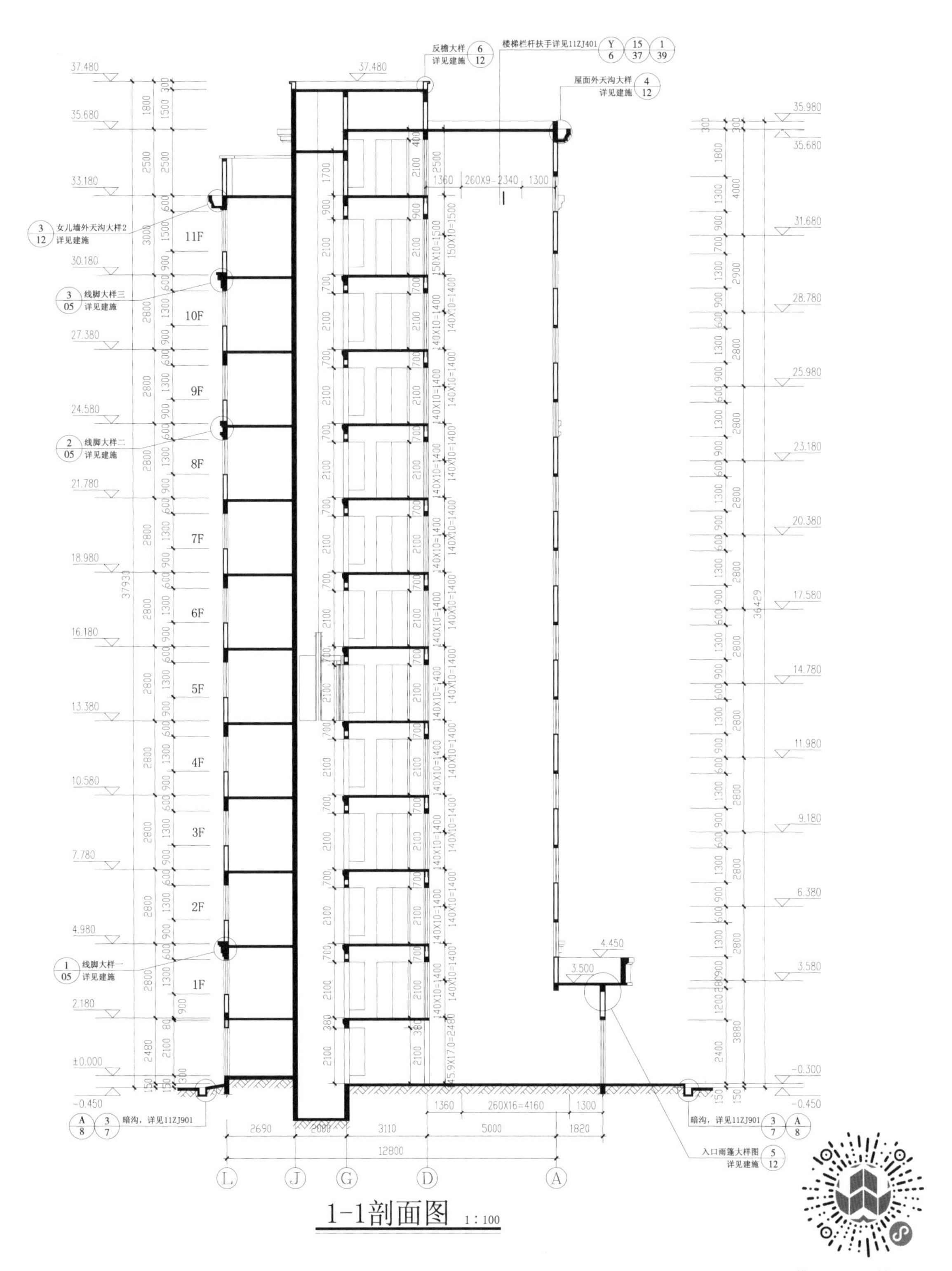

图 2-52　某工程 1-1 剖面图（扫描二维码 2-57 下载 CAD 文件）

二维码 2-57　某工程 1-1 剖面图

二维码 2-58　某小高层住宅 1-1 剖面图

2.5.4　檐口、暗沟、雨篷、栏杆扶手等剖切到或可见的主要结构和建筑构造部件及节点构造详图索引号

学习目标：

正确表达剖面图中檐口、暗沟、雨篷、栏杆扶手等剖切到或可见的主要结构和建筑构造部件以及详图索引。

案例展示（图 2-53）：

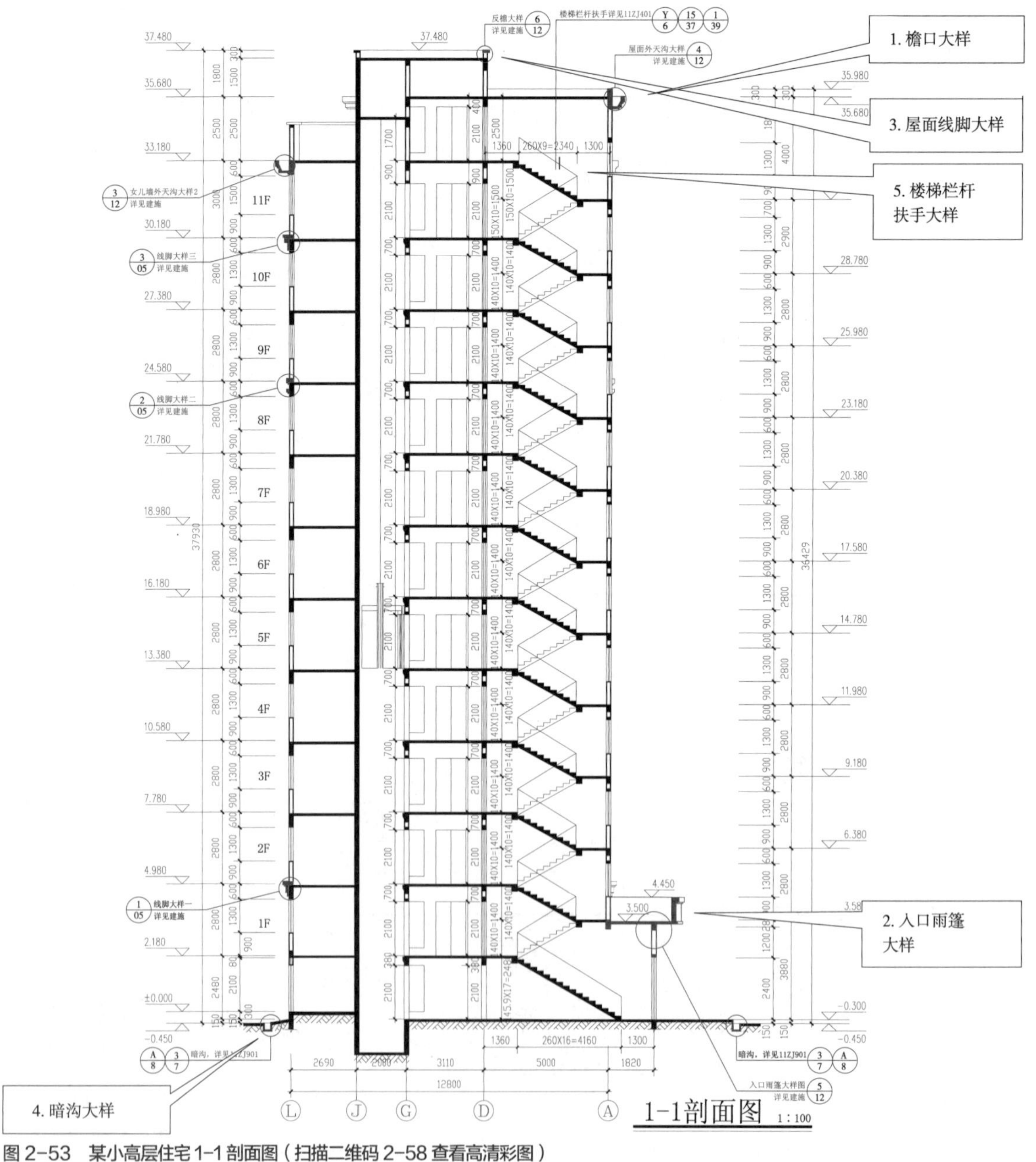

图 2-53　某小高层住宅 1-1 剖面图（扫描二维码 2-58 查看高清彩图）

学习内容：

1. 檐口：檐口的绘制与墙、楼板等主要构件绘制方法相同，立面图中主要表达檐口的标高、形式。檐口通常与天沟相连，因此剖面图中需要表达檐口的宽度、深度、标高等基本信息。详细做法采用详图索引，图 2–53 中女儿墙外天沟大样详见建施第 12 页 3 号详图，屋面外天沟大样详见建施第 12 页 4 号详图，反檐大样详见建施第 12 页 6 号详图。

2. 入口雨篷：入口雨篷的绘制与墙、楼板等主要构件绘制方法相同，常见的雨篷可以分为钢筋混凝土雨篷、钢结构悬挑雨篷、玻璃采光雨篷等；图 2–53 中入口雨篷为钢筋混凝土梁板式雨篷，详图详见建施第 12 页 5 号详图。

3. 屋面线脚：屋面线脚的绘制与墙、楼板等主要构件绘制方法相同，图 2–53 中屋面线脚详图详见建施第 5 页 1 号详图。

4. 暗沟：暗沟的绘制与墙、楼板等主要构件绘制方法相同，剖面图中只需正确表达暗沟的正确位置、宽度和深度等信息，具体做法可引注图集也可绘制详图。图 2–53 中暗沟详图详见图集 11ZJ901 第 7 页 3 号详图、第 8 页 A 号详图。

5. 楼梯栏杆扶手：楼梯栏杆扶手的绘制与墙、楼板等主要构件绘制方法相同，图中楼梯栏杆扶手详图详见图集 11ZJ401 第 39 页 1 号详图、第 37 页 15 号详图、第 6 页 Y 号详图。

课堂练习：

根据图 2–53 某小高层住宅 1–1 剖面图高清原图，完成下列内容。

1. 写出檐口大样索引符号含义。

2. 写出屋面线脚大样索引符号含义。

3. 写出入口雨篷大样索引符号含义。

小节实训：

1. 实训内容：在 2.5.3 小节实训成果的基础上，完成剖面图中索引符号标注。

2. 实训目标：通过学习，能理解剖面图中檐口、暗沟、雨篷、栏杆扶手等剖切到或可见的主要结构和建筑构造部件以及详图索引并正确表达。

3. 实训要求：

（1）应用计算机辅助设计软件绘制，独立完成设计图。

（2）根据建筑平面图、立面图，完成剖面图中索引符号标注。

2.5.5　承重墙、柱、围护结构等尺寸及其定位轴线和轴线编号

学习目标：

1. 正确表达剖面图三道尺寸，即高度总尺寸、每层层高尺寸、门窗洞

二维码 2-59　某小高层住宅 1-1 剖面图

口高度尺寸。

2. 正确表达剖面图标高标注，包括室内外高程、逐层标高、屋顶、檐口标高、楼梯间平台标高、门窗洞口上沿与下沿标高等。

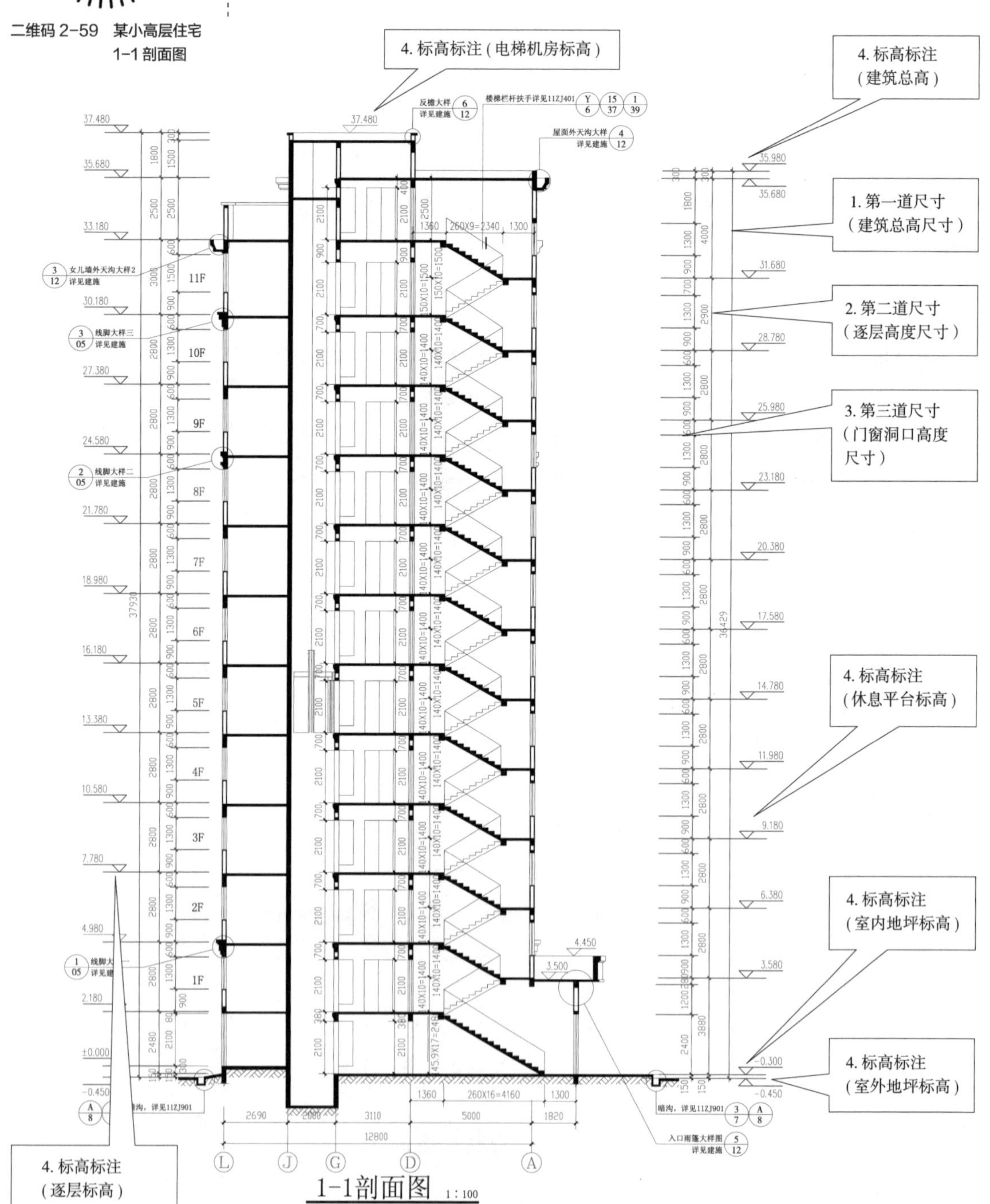

图 2-54　某小高层住宅 1-1 剖面图（扫描二维码 2-59 查看高清彩图）

案例展示（图 2-54）：

学习内容：

1. 第一道尺寸：是最外侧的尺寸，表达建筑高度的总尺寸。图 2-54 中尺寸数据为 37930mm。

2. 第二道尺寸：为建筑每一层的高度尺寸，图 2-54 中建筑由下至上逐层标高为架空层 2180mm、标准层 2800mm 等。

3. 第三道尺寸：为细部尺寸，主要标注剖面图中靠近两侧的外门窗洞口高度的尺寸信息，如图 2-54 中标准层窗台高度 900mm、窗洞高度 1300mm。

4. 标高标注：剖面图中的标高标注主要表达建筑总体高度、室内外地坪标高、逐层标高、楼梯间平台标高等，标高一般标注在第一道尺寸线的外侧，宜上下对齐、左右对应；但需注意楼梯间平台的标高与楼层标高的错位。

课堂练习：

扫描二维码 2-60 下载 CAD 文件，根据平面图以及 2-2 剖面图中相关的尺寸信息，完成该剖面图尺寸线的补绘（图 2-55）。

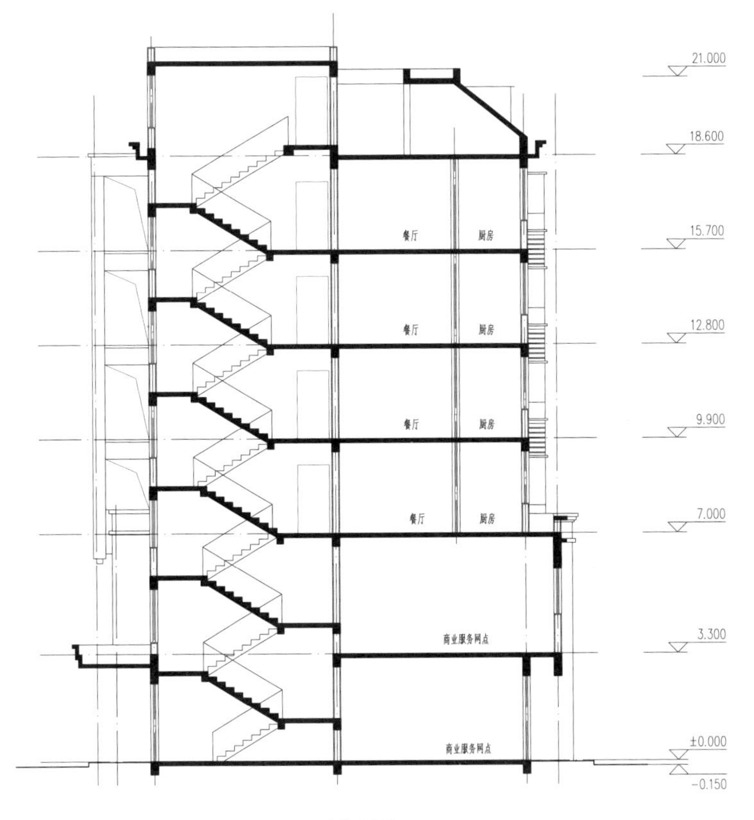

二维码 2-60　某工程 2-2 剖面图

图 2-55　某工程 2-2 剖面图（扫描二维码 2-60 下载 CAD 文件）

小节实训：

1. 实训内容：在 2.5.4 小节实训成果的基础上，根据剖面图的尺寸信息完成剖面图标高填写。

2. 实训目标：通过学习，能理解剖面图中三道尺寸线及标高标注并正确表达。

3. 实训要求：

（1）应用计算机辅助设计软件绘制，独立完成设计图。

（2）根据建筑平面图、立面图，完成剖面图中标高标注。

2.6 建筑详图

二维码 2-61 建筑详图课件

二维码 2-62 建筑详图微课

概述：

建筑详图是将房屋细部构造及构配件的形状、大小、材料做法等用较大的比例（1：1~1：50）按正投影法详细准确地表达出来的图样。详图下方应标注详图符号（或 ×× 剖面图、或 ×× 大样），与被索引（或被剖切）的图样上的索引符号（或剖切符号）相对应,且在详图符号（或 ×× 剖面图、或 ×× 大样）的右下侧注写比例。详图比例大，表达详尽清楚，尺寸标注齐全，文字说明详尽，是房屋细部施工、室内外装修、门窗立口、构配件制作和编制工程预算等的重要依据。一幢房屋施工图通常需表达外墙剖面详图、某些局部详图（如卫生间布置、厨房布置以及楼梯间详图等）和构配件详图（如门窗、阳台、壁柜等，这些构配件详图一般可以查找标准图集或采用通用详图，不必再画详图）等（二维码 2-61、二维码 2-62）。

案例展示（图 2–56）：

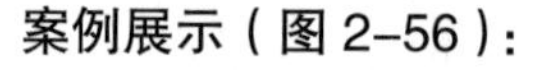

单项实训（表 2–8）：

2.6.1 内外墙、屋面等节点构造设计

学习目标：

1. 正确表达外墙与地面交接处的节点详图构造等。
2. 正确表达墙身楼层处的节点详图构造。
3. 正确表达墙身屋顶檐口（或女儿墙）处的节点详图构造。
4. 正确表达墙身详图的图名及比例相关内容。

案例展示（图 2–57）：

学习内容：

1. 墙身详图图名和比例：一般墙身详图比例采用 1：50、1：20 等，同时应注意外墙详图的剖切位置应与平面图所索引的位置、剖切方向等保持

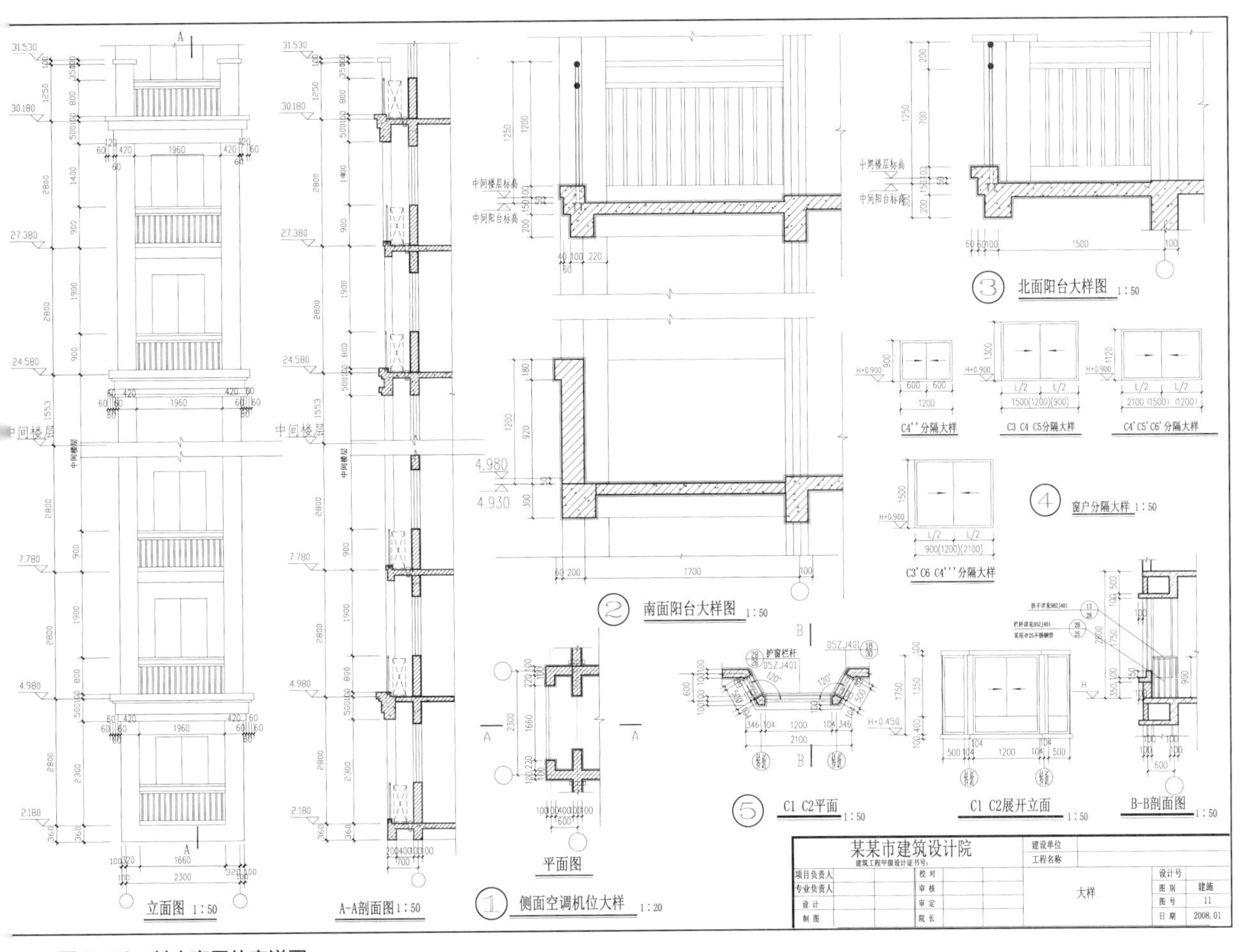

图 2-56　某小高层住宅详图

建筑施工图详图设计单项实训任务表　　　　表 2-8

<table>
<tr><td>实训目标</td><td colspan="2">知识目标：掌握建筑施工图阶段建筑详图的表达内容和设计方法。
能力目标：能根据建筑平面图、立面图、剖面图中的信息完成建筑各部分详图的施工图设计与图纸绘制。
思政映入：通过对基于建筑平面图、立面图、剖面图对应基础上的建筑详图绘制工作，体会建筑“整体”和“部分”的辩证关系，提升对详图绘制工作的严谨态度；加强详图中构造细节标准做法的引导与评价，培养注重细节、肯在细微处下功夫的工作态度</td></tr>
<tr><td>实训方式</td><td>依据建筑施工图封面、目录、图签的编制步骤，将单项实训任务依次分解至各小节学练过程中。通过小节实训的方式，逐步完成本次单项实训</td><td rowspan="5">扫描二维码 2-4 下载实训项目全套建筑方案图</td></tr>
<tr><td>实训内容</td><td>对提供的建筑方案图平面图部分，在 CAD 图基础上进行施工图设计，达到《建筑工程设计文件编制深度规定（2016 年版）》4.3.7 详图设计深度要求</td></tr>
<tr><td>成果要求</td><td>墙身详图，厨房、卫生间平面放大详图，楼梯详图，门、窗详图，按比例打印出图并提交电子版</td></tr>
<tr><td>实训建议</td><td>按后续小节中实训进度逐步完成各建筑详图的施工图设计，每小节提交电子版，实训结束后按比例打印出图</td></tr>
<tr><td>实训项目选题建议</td><td>建议选择与本模块案例规模接近的 27m 以下多层住宅建筑，建筑立面风格简洁。提供整套完整的方案图电子版：含效果图、总平面图、各平面图、各立面图</td></tr>
</table>

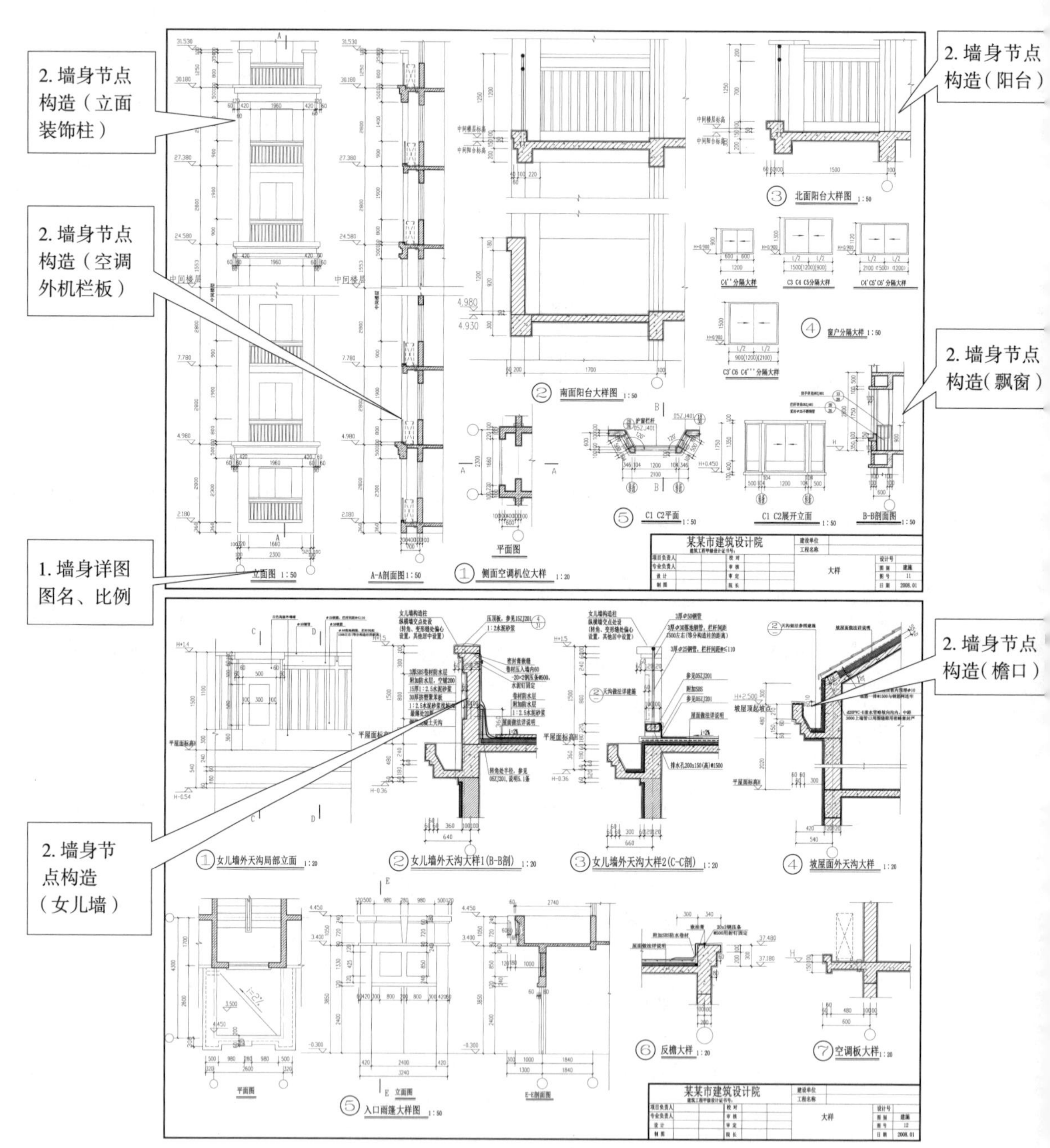

图 2-57　某小高层住宅详图示例（扫描二维码 2-63 查看高清图片）

二维码 2-63　某小高层住宅详图示例

一致，同时轴线也应与平面相对应。

2. 室内外地面节点构造：应该包括基础墙体厚度、室内外地面标高、散水、明沟或暗沟、台阶或坡道、墙身防潮层以及室内首层窗台等的做法，也可应用图集来表达。

3. 楼层处节点构造：此节点应表达下一层门窗上部过梁至本层窗台的位置，一般会包括门窗洞口过梁、遮阳板、楼板及标高、窗台、室内踢脚、阳台和顶棚等构造。

4. 檐口处节点构造：檐口构造主要表达的是顶层门窗洞口过梁至檐口或女儿墙上沿的位置，一般主要表达檐口、女儿墙泛水、排水方式、屋面天沟、雨水口、雨水管等构造，详细做法也可应用图集来表达。如图 2–57 中的女儿墙外天沟大样 1，对其详图设计有较为细致的展现。图中详细标注了女儿墙的高度、厚度和墙面装饰线脚凹凸的尺寸，详细标注了外天沟的高度、深度、线脚尺寸和具体做法层次，具体标注了屋面具体的构造层次、泛水做法。

课堂练习：

扫描二维码 2–64 打开完整 CAD 图纸，补充完成檐口详图的尺寸标注（图 2–58）。

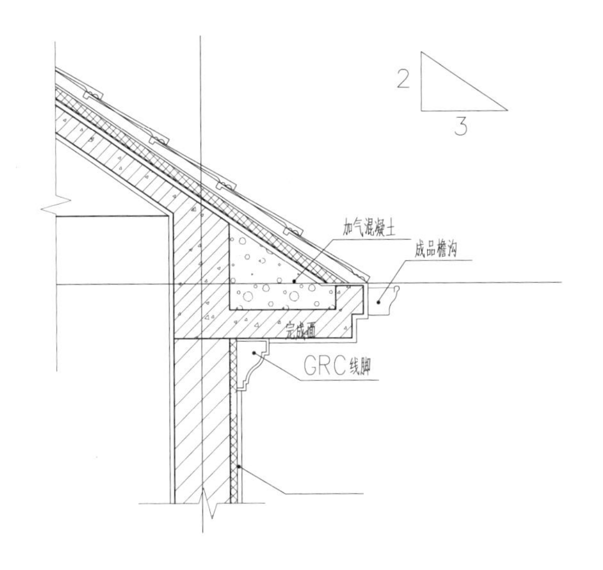

二维码 2–64　某工程檐口详图

图 2–58　某工程檐口详图（扫描二维码 2–64 下载 CAD 文件）

小节实训：

1. 实训内容：在 2.5 单项实训成果的基础上，完成该方案墙身大样图的绘制。

2. 实训目标：通过学习，能理解内外墙、屋面等节点构造设计的目的并正确表达。

3. 实训要求：

（1）应用计算机辅助设计软件绘制，独立完成设计图。

（2）根据平面图、立面图、剖面图，完成该方案需绘制墙身大样图的位置标注。

2.6.2 厨房、卫生间等局部平面放大及构造设计

学习目标：

1. 正确表达卫生间平面放大构造设计。

2. 正确表达厨房平面放大构造设计。

案例展示（图 2-59）：

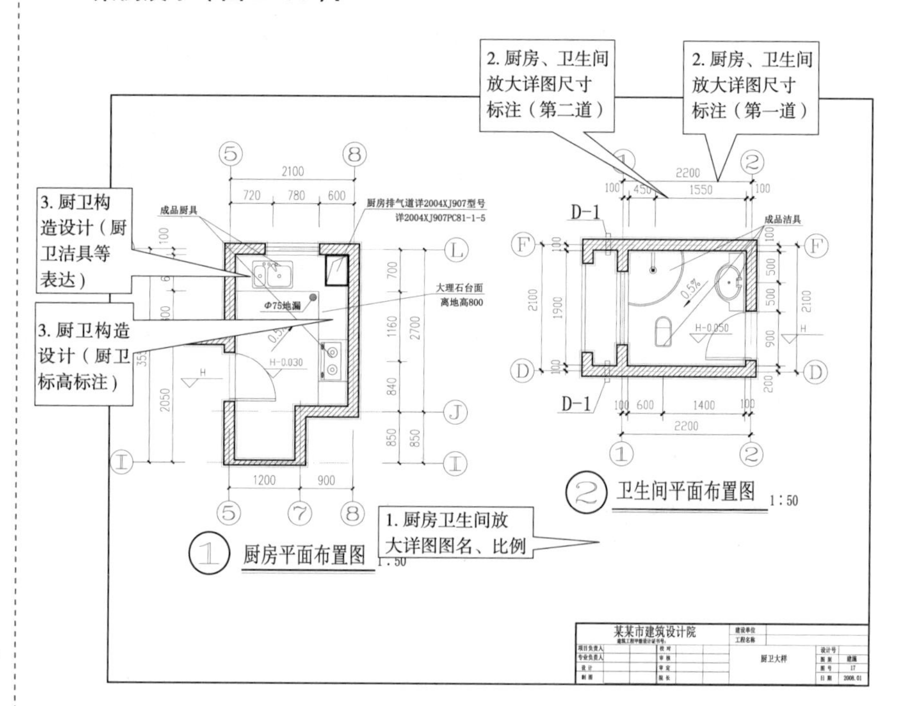

图 2-59 某小高层住宅厨卫详图

学习内容：

1. 厨卫放大详图图名和比例：一般墙身详图比例采用 1：50，图中轴线轴号、标高等内容应与平面图保持一致（同一平面形式在该项目中多次出现，仅需要绘制一次即可，此时标轴号、标高可采用代号的形式表达）。

2. 尺寸标注：厨卫平面放大详图的尺寸标注一般为两道。外侧第一道一般表达轴线间的尺寸，内侧一道尺寸线一般表达门窗及洁具定位尺寸，厨房、卫生间当中的灶台、烟道、大便器、小便器、厕位隔间尺寸、地漏位置等尺寸信息应表达完整，外侧尺寸标高不够时，可在图内进行尺寸标注补充。

3. 厨卫构造设计：厨房、卫生间的构造设计一般在设计说明当中有总体介绍，特殊情况时，可采用做法标注或者直接引用相关图集，厨房洁具、灶台的尺度设计、厕所的洁具配比、尺度设计、无障碍设计等，都有严格规范的规定。厨卫平面详图中需要注明标高，同时需要注明该标高与同层的楼层标高的关系，通常地面完成面一般比同层楼地面标高低 20~50mm。此外，厨卫设计中需设计好地面排水走向，特别是如果洗浴间、如厕隔间的地面

设计与卫生间地面标高不同时，需根据具体需求分开设计排水。

课堂练习：

扫描二维码 2-65 打开完整 CAD 图纸，补充完成卫生间详图的尺寸标注（图 2-60）。

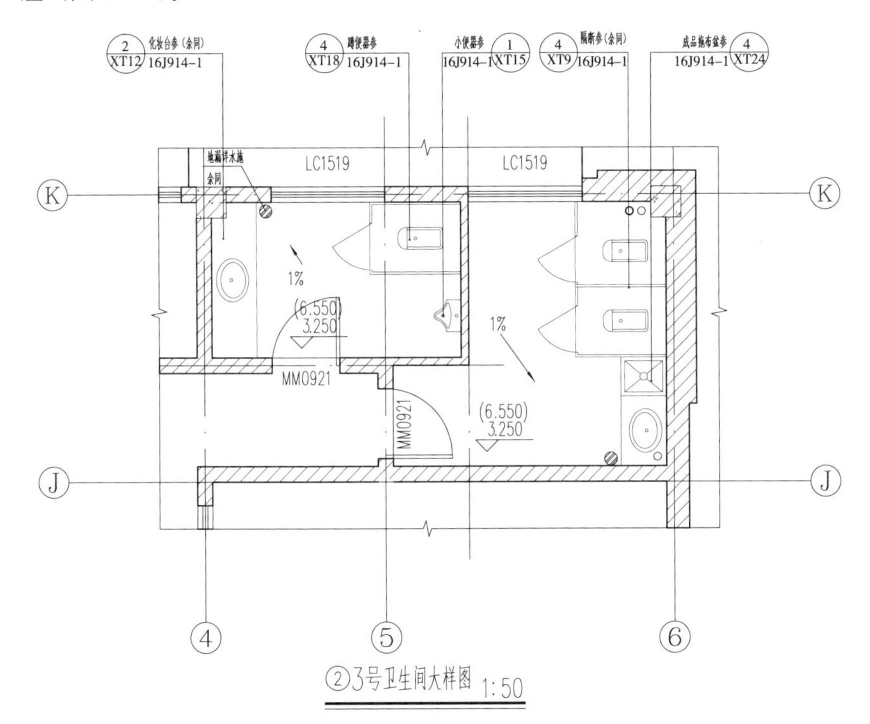

二维码 2-65 某工程卫生间详图

图 2-60 某工程卫生间详图（扫描二维码 2-65 下载 CAD 文件）

小节实训：

1. 实训内容：在 2.6.1 小节实训成果的基础上，完成厨房、卫生间放大详图的绘制。

2. 实训目标：通过学习，能理解厨房、卫生间放大详图构造设计的目的并正确表达。

3. 实训要求：

（1）应用计算机辅助设计软件绘制，独立完成设计图。

（2）根据平面图，完成厨房、卫生间放大详图的绘制，要求完成尺寸标注、做法引注等。

2.6.3 垂直交通放大及构造设计

学习目标：

1. 正确表达楼梯平面详图构造设计。
2. 正确表达楼梯剖面详图构造设计。
3. 正确表达楼梯踏步、栏杆、扶手等详图构造设计。

案例展示（图 2-61）：

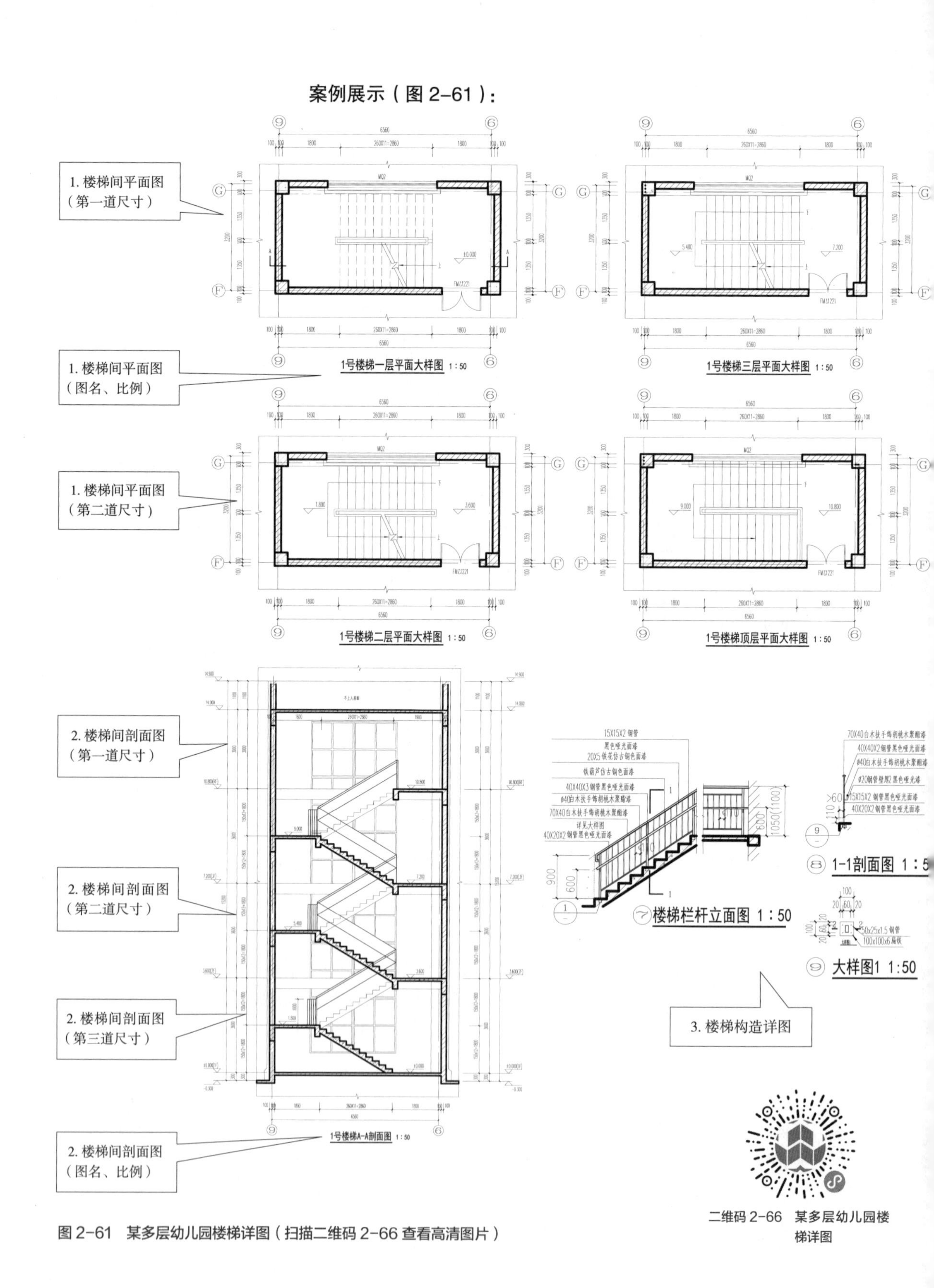

图 2-61 某多层幼儿园楼梯详图（扫描二维码 2-66 查看高清图片）

学习内容：

垂直交通大样一般以楼梯大样图为主，而楼梯大样图主要表达分为楼梯平面图、楼梯剖面图以及踏步、栏杆、扶手详图。

1. 楼梯平面图：楼梯平面图分层绘制、标注图名，同时比例一般为1：50，中间相同的楼梯平面可省略只绘制一个，通常为两道尺寸线，外侧尺寸线主要表达轴线间的尺寸，表达楼梯间的开间、进深，内侧尺寸主要表达楼梯平面梯段长度、宽度、踏步宽度、数量以及平台的长度和宽度，同时应标注标高。楼梯设计中需紧密联系规范展开，熟悉常用建筑类型的标注与规范对于楼梯设计的相关要求是施工图楼梯详图设计所必需的素养。如常见的单股人流为550m（+0~150mm），楼梯应不少于两股人流并排行进；中间平台的净宽不应小于梯段净宽。楼梯的2倍踏步高度（h）与宽度（b）之合应为600~620mm。常见的设计踏步高度为150~175mm；踏步宽度为260~300mm。

2. 楼梯剖面图：楼梯剖面图的图名、比例、轴线等信息应该与楼梯平面图相同，楼梯剖面图一般为三道尺寸标注，最外侧一道为楼梯整体高度，第二道尺寸为每层高度，最内侧应标注出每段梯段的总高、踏步高度及数量，同时应表达梯段梁、平台梁、楼梯间门窗剖面等信息，但细致做法需另外绘制详图或者引用图集。

3. 楼梯踏步、栏杆、扶手详图：此详图一般是作为楼梯局部构造设计的补充，因此表达应比楼梯平面、剖面更为详尽，比例一般采用1：20、1：10、1：5等，设计中常用的楼梯扶手设计高度有900、1000、1050mm等，在500~600mm高度可能会设置第二道幼儿专用扶手。

课堂练习：

扫描二维码2-67打开完整CAD图纸，根据楼梯详图已有信息，完成楼梯详图的补绘（图2-62）。

小节实训：

1. 实训内容：在2.6.2小节实训成果的基础上，完成楼梯平面图、楼梯剖面图的补充绘制。

2. 实训目标：通过学习，能理解垂直交通放大及构造设计的目的并正确表达。

3. 实训要求：

（1）应用计算机辅助设计软件绘制，独立完成设计图。

（2）根据平面图，完成楼梯平面图、楼梯剖面图的补充绘制，要求完成楼梯设计、尺寸标注、做法引注等。

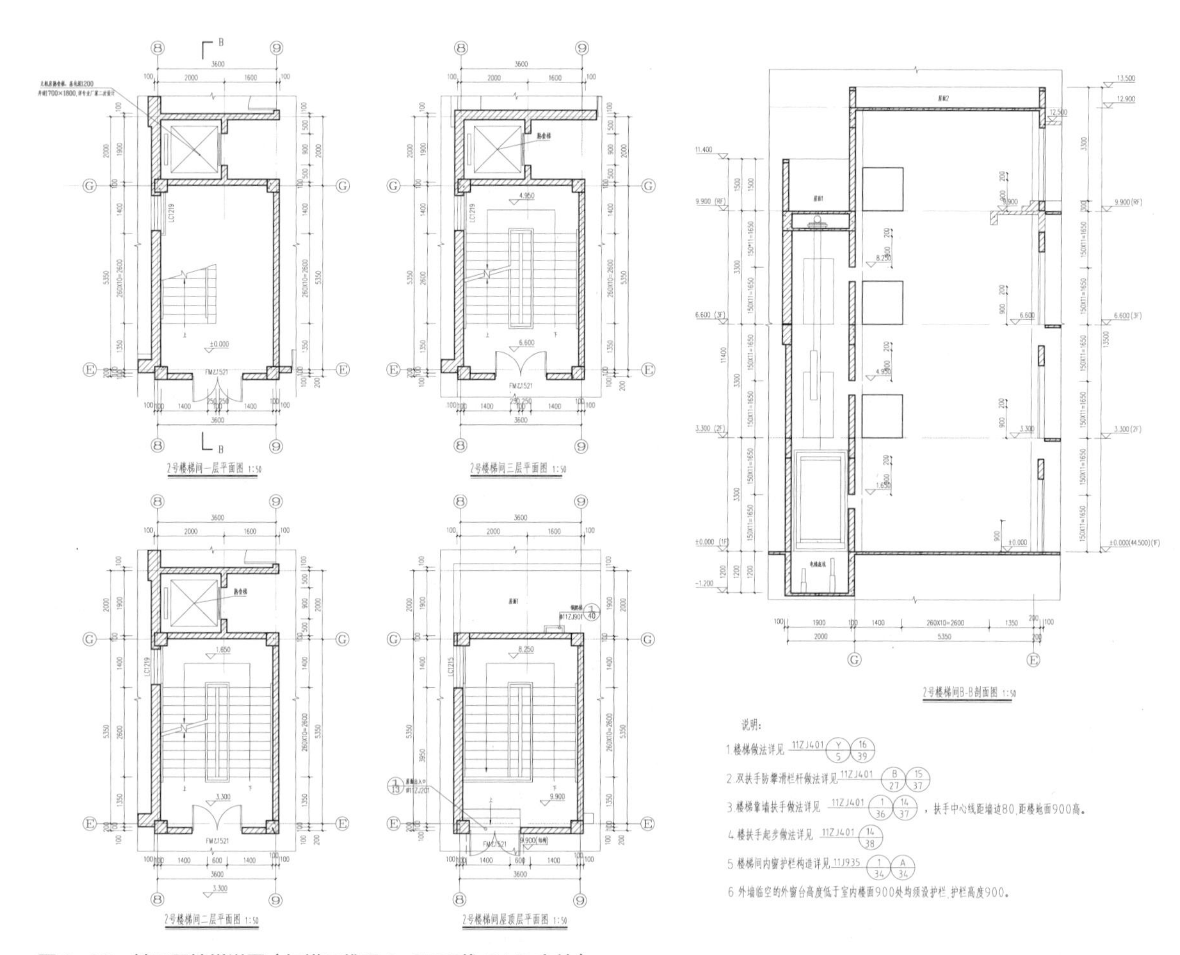

图 2-62　某工程楼梯详图（扫描二维码 2-67 下载 CAD 文件）

二维码 2-67　某工程楼梯详图

2.6.4　室内外装饰方面构造详图

学习目标：

正确表达建筑外墙柱头、山花、线脚等装饰性部分构造设计。

案例展示（图 2-63）：

学习内容：

外墙装饰详图：当有较为复杂的装饰花柱、线脚时，仅靠墙身剖面图无法完全表达清楚，需要单独绘制装饰线脚详图，包括柱头、线脚或者山花的立面图以及平面、剖面的做法详图，比例一般来说为 1：50、1：20 等，尺寸标注以标注清楚装饰凹凸部分的细致尺寸即可，如有圆弧形线脚，需要标注清楚圆心、半径，线脚的定位使用轴线定位，轴号应保持与建筑平面图、立面图等图纸相一致。

课堂练习：

扫描二维码 2-69 打开完整 CAD 图纸，根据详图已有信息，完成该外墙装饰详图的设计与补充绘制（图 2-64）。

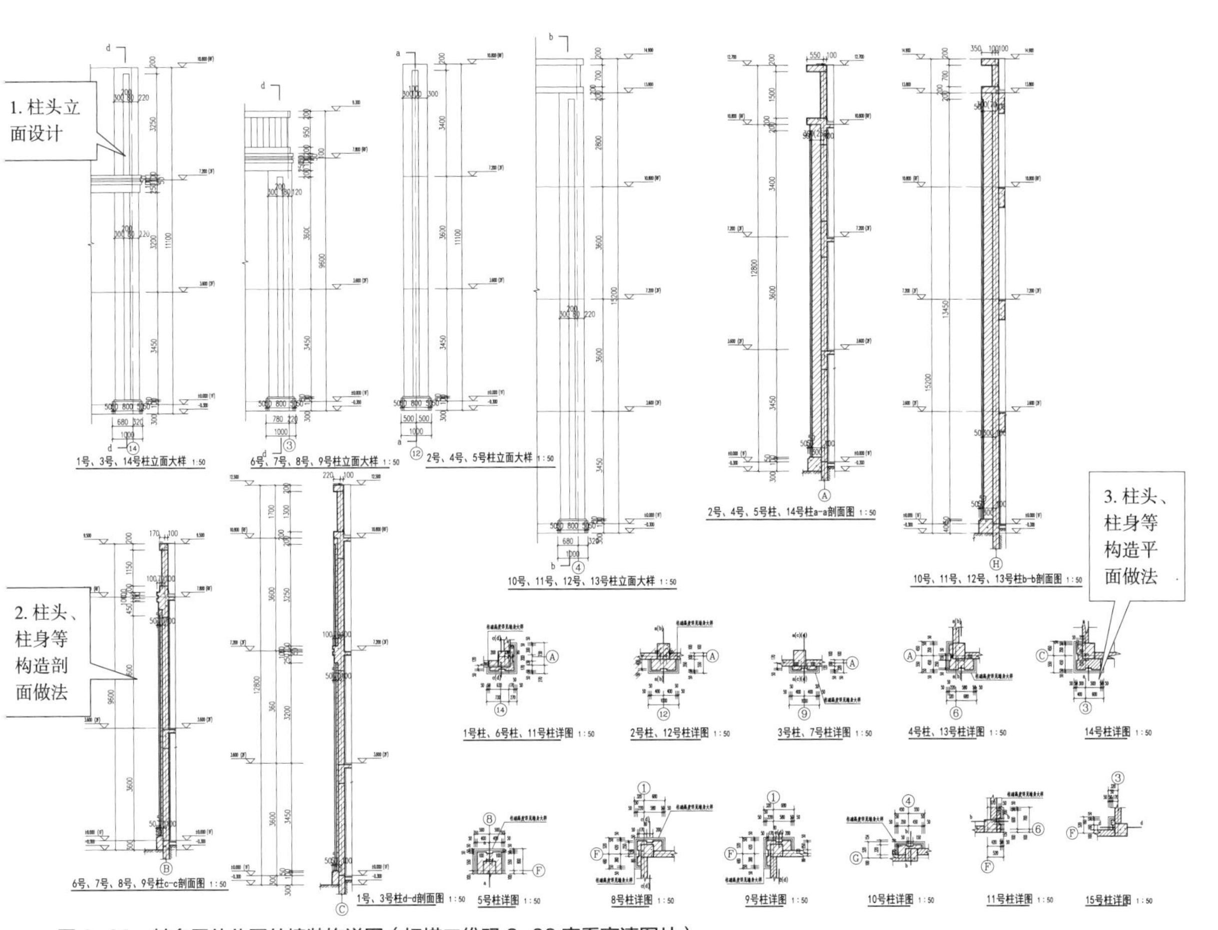

图 2-63　某多层幼儿园外墙装饰详图（扫描二维码 2-68 查看高清图片）

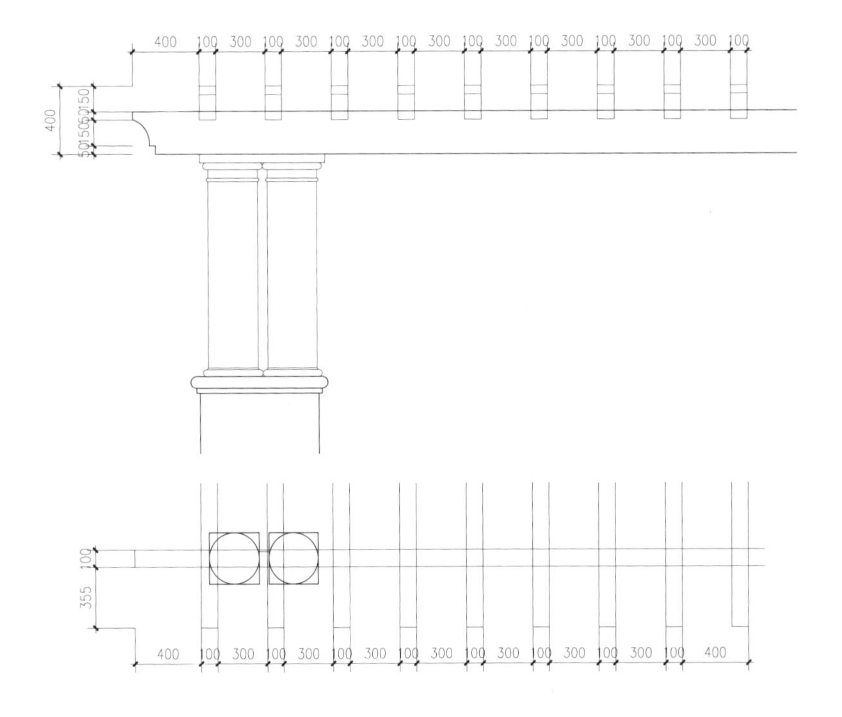

二维码 2-68　某多层幼儿园外墙装饰详图

二维码 2-69　某工程外墙装饰详图

图 2-64　某工程外墙装饰详图（扫描二维码 2-69 下载 CAD 文件）

小节实训：

1. 实训内容：在 2.6.3 小节实训成果的基础上，完成外墙装饰详图的绘制。

2. 实训目标：通过学习，理解室内外装饰方面构造详图目的并正确表达。

3. 实训要求：

（1）应用计算机辅助设计软件绘制，独立完成设计图。

（2）根据平面图、剖面图，完成外墙装饰的详图绘制，要求完成柱头设计、尺寸标注、做法等。

2.6.5 门、窗、幕墙立面设计详图

学习目标：

1. 正确表达建筑门、窗立面详图构造设计。

2. 正确表达门窗表的设计，并掌握构造要求、图集引用、选型等设计相关内容。

3. 正确表达建筑玻璃幕墙详图的构造设计。

二维码 2-70　某多层幼儿园外墙装饰详图示例

案例展示（图 2-65）：

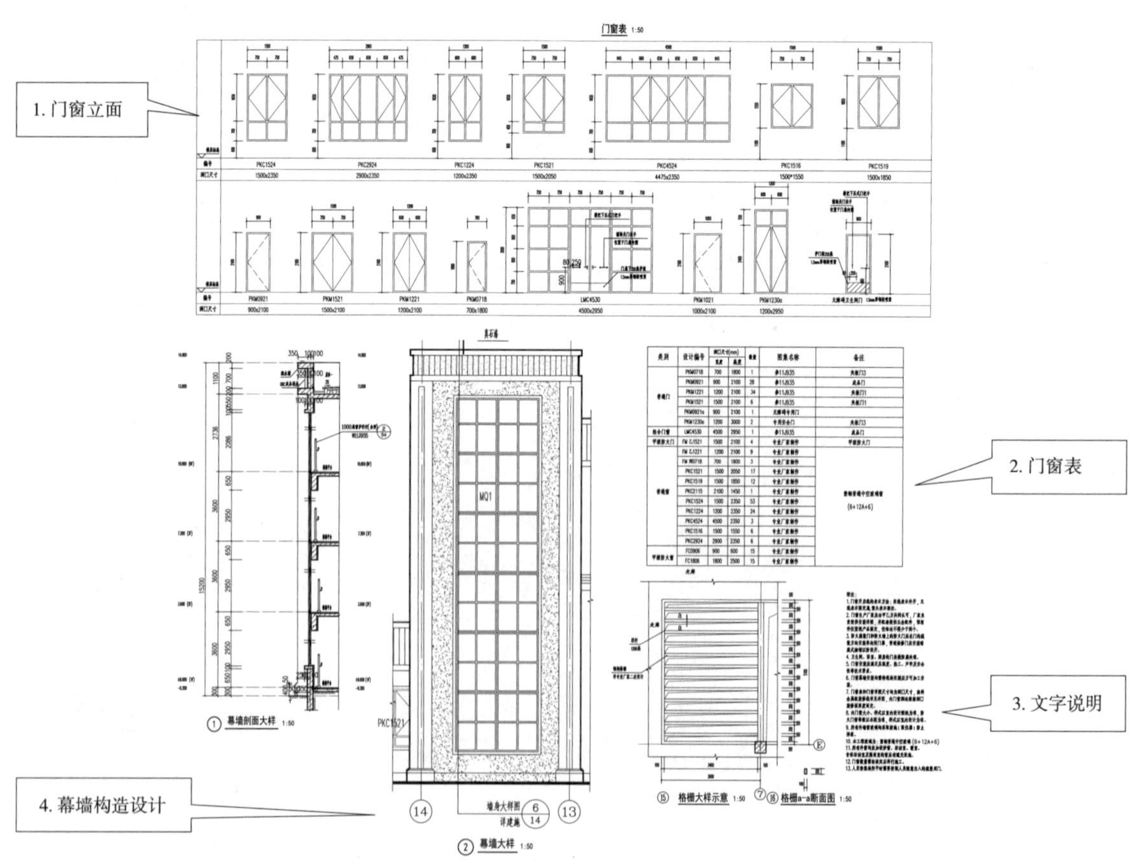

图 2-65　某多层幼儿园外墙装饰详图示例（扫描二维码 2-70 查看高清图片）

学习内容：

门窗详图一般由门窗的立面、门窗表格、五金表、文字说明备注等组成。

1. 门窗立面：门窗详图应绘制从外向内看门窗立面，图中应标明门窗洞口尺寸、分格尺寸、距地面距离等，同时应该标注门的开启线，虚线为向内开，实线为向外开。

2. 门窗表及说明：门窗表一般绘制在设计说明当中，在工程实践中也常常绘制在门窗详图处，对门窗的各项信息以表格的形式进行文字说明，包括门窗的用材、选型和参照图集等信息。

3. 文字说明：比较特殊的做法及要求，一般来说如五金配件的处理方法、安全门、防火门、疏散门的构造措施、安装应注意的问题，有必要时都需要以文字的形式，备注在图中。

4. 幕墙：玻璃幕墙一般由专业的幕墙公司进行二次幕墙设计，但当幕墙构造较为简单时，也可绘制出幕墙的立面分格及剖面，来对幕墙的构造设计进行表达。

课堂练习：

扫描二维码 2-71 打开完整 CAD 图纸，参考 LC2819 详图信息与立面样式，完成 LC3119 窗详图设计与绘制（图 2-66）。

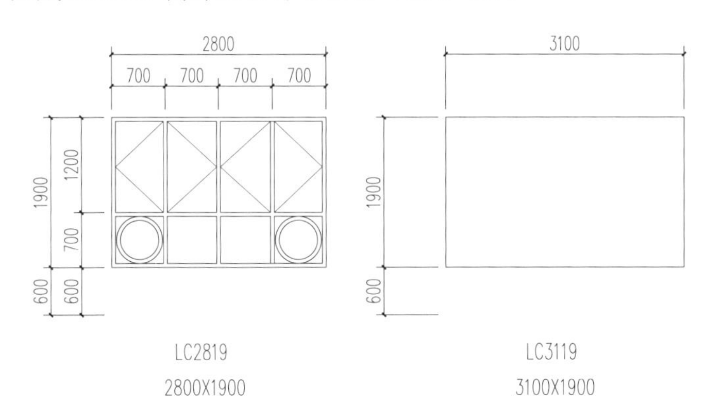

二维码 2-71 某工程窗详图

图 2-66 某工程窗详图（扫描二维码 2-71 下载 CAD 文件）

小节实训：

1. 实训内容：在 2.6.4 小节实训成果的基础上，完成指定门、窗的详图绘制。

2. 实训目标：通过学习，能理解门、窗、幕墙立面详图设计的目的并正确表达。

3. 实训要求：

（1）应用计算机辅助设计软件绘制，独立完成设计图。

（2）根据平面图、立面图，完成指定门、窗的详图绘制，要求完成该门或窗的立面分格、尺寸标注、做法及选型等。

二维码 2-72　建筑设计总说明课件

二维码 2-73　建筑设计总说明微课

二维码 2-74　某小高层住宅施工图设计说明

2.7　建筑设计总说明

概述：

建筑设计总说明是运用文字及表格将一个项目所具备的基本形式在图纸前进行基本介绍与概述，是为了了解该项目的构造做法、构造数量等信息，对该项目有一个大致的了解。通常在施工图纸上无法用图线、符号等精准表达或者清晰表达的内容，如技术标准、施工要求，通用做法时由说明进行文字描述（二维码 2-72、二维码 2-73）。

本章节主要包括项目概况、依据性文件、设计标高、用料及装修说明、专项说明、门窗表等信息。

案例展示（图 2-67）：　　　　**单项实训（表 2-9）：**

2.7.1　工程概况

学习目标：

正确表达设计说明中项目概况相关内容，包括该项目建设单位、工程名称、建筑登记、基本技术指标等内容。

建筑设计总说明

一、工程概况

建设单位：××高速公路管理处

工程名称：××高速公路管理处住宅区1号楼

设计等级：二级

耐火等级：二级

建筑合理使用年限：50年

建筑层数：11+1层

建筑面积：2389m²

建筑高度：36.130m

二、设计依据

1. 甲方签字认可的设计方案
2. 湘潭市规划局批准的用地红线图和建筑红线图
3. 《××高速公路管理处住宅区初步设计》文本
4. 湘潭市建设局关于“××高速公路管理处住宅区初步设计”的批复
5. 湘潭市勘测设计院提供的地质勘测报告
6. 湘潭市勘测设计院2006年测绘的地形图
7. 《建筑设计防火规范（2018年版）》GB 50016—2014
8. 《住宅建筑规范》GB 50386—2005
9. 《住宅设计规范》GB 50096—2011
10. 《民用建筑设计统一标准》GB 50352—2019
11. 《夏热冬冷地区居住建筑节能设计标准》JGJ 134—2010
12. 《无障碍设计规范》GB 50763—2012

三、总平面图说明

1. 本工程建筑定位采取坐标定位方式，定位点为轴线交点详见总平面图。
2. 图中所示建筑各角点均为建筑物外墙角点，总图所注尺寸及标高均以米为单位。
3. 总图中所注±0.000标高相当于黄海绝对标高64.130m。
4. 因本次只进行建筑物的施工图设计，故室外的园林、绿化等本图仅做示意，将来应委托专业园林设计单位另行设计。

四、建筑单体图纸一般说明

1. 本工程由我院承担建筑、结构、给水排水、建筑电气等专业施工图设计，其他配套工程如：园林绿化设计等工程由建设方委托其他专业单位设计，不在本设计范围内，但施工过程中应注意密切配合，设备孔洞须预留到位。
2. 图中门窗洞口除注明外均距墙边为120mm，所有门及门洞两边（除管道井的防火门外）均加设190×190构造柱，具体详见《门窗表》。
3. 图中所注尺寸均以毫米为单位，所注标高均以米为单位。
4. 本工程所选用标准图集为《中南地区通用建筑标准设计》。
5. 本工程楼梯栏杆高度不应小于900mm，水平段超过500mm的不应低于1050mm，室内横向栏杆也不应低于1050mm，室外不应低于1100mm，且达到受力要求。
6. 室内消火栓留洞750mm×1050mm，底距地900mm，布置详水施，距相应墙边或洞口边300mm。
7. 本工程所选卫生器具、装饰材料等均应按设计要求选购，如有困难，改换产品应看样订货并应经设计方认可。
8. 油漆：明露金属构件采用红丹打底，面层调和漆颜色为黑色。所有木门窗均刷清漆一底二度。

五、建筑构造说明

（一）墙体

1. 本工程地上墙体材料：外墙、梯间为200厚黏土烧结多孔砖，内隔墙均为190厚到顶的加气混凝土空心砌块。
2. 卫生间内墙面找平层采用加厚1：2防水砂浆粉刷，所有卫生间边梁均应卷边高150开门处断开。
3. 墙身防潮层在室内地面下60处做20厚1：2水泥砂浆掺5%的防水剂，墙上预留洞应参照有关图纸做好预留。
4. 所有内墙均满铺钢丝网一遍，空眼9mm×9mm，所有井道内侧应粉15厚1：2水泥砂浆随抹，随光。
5. 预埋在梁、柱、墙内的管件、预埋件和孔洞均应在浇捣混凝土和砌筑时就位，切勿遗漏。

（二）楼地面

1. 楼地面面层做法考虑到住户要进行二次装修，均找平层表面拉毛。
2. 所有管道井在全部管道安装完毕后应在每层楼板处用不低于楼板耐火极限的混凝土板做防火分格。
3. 卫生间楼地面均比同层楼地面低15mm，并找0.5%的坡坡向地漏处，其他洗手间的楼地面标高比同层楼面低0.03m，卫生间低0.05m，所有洗手间、卫生间找坡坡向0.5%的坡坡向地漏处。
4. 楼地面面层两种不同材料的交接缝，除注明外，一般应在门扇位置下部，厚度不同时，在找平层厚度上适当在找平层厚度上适当调整，使面层保持一致。

（三）屋面

1. 混凝土平屋面，为建筑找坡，屋面防水等级为Ⅱ级，采用刚性防水和高聚物改性沥青卷材防水相结合的方式做法详节能设计说明。
2. 屋面为Ⅱ级防水，具体做法详节能设计说明。
3. 雨水管屋面部分采用 110UPVC排水管，雨水斗及配件选用配套成品，参照15ZJ201。

（四）室内外装修

1. 室内装修：详见室内装修表。
2. 室外装修详见节能部分说明。

六、消防设计

（一）设计依据：《建筑设计防火规范（2018年版）》GB 50016—2014

（二）总平面布置：该建筑与四周建筑物的最小距离大于13m，满足消防要求。建筑北面和南面设置了4m的消防通道，转弯半径为12m，满足消防要求。

（三）本工程为高层住宅楼，建筑高度为35.68m，属二类高层建筑，耐火等级为二级。

（四）安全疏散

1. 设计了一台消防电梯，速度1.6m/S。
2. 单元设一个疏散楼梯间，每个疏散楼梯直接通向屋顶，在架空层设置一个直通室外的出入口。
3. 防火构造设计：

防火墙及梯间墙均采用200厚钢筋混凝土墙和200厚黏土空心砖，前室的门采甲级防火门，对不同功能的井道分别设置检修门（采用丙级防火门），管道井每一层在楼板处用相当于楼板耐火极限的不燃烧体作防火分隔，与房间及走道相连接的孔洞，其间隙采用不燃烧材料。

七、电梯工程

1. 本工程设客梯两台，消防电梯一台，根据甲方提供的资料，电梯采用ELENESSA—11—CO型无房电梯载重量为1000kg，速度为1.6m/s。
2. 本工程中的电梯所注尺寸、预埋构件、洞口位置均只作参考，具体数据以厂家提供图纸为准。

八、节能设计

（一）门窗做法：采用铝合金普通中空玻璃窗，玻璃厚度为6+6（空气间层）+6，要求其气密性不低于《建筑幕墙、门窗通用技术条件》GB/T 31433—2015规定的4级，平均传热系数为3.6。

（二）外墙做法：采用胶粉聚苯颗粒保温浆料外保温系统具体做法详02J121—1（B17—B25）。

外墙敷设四角镀锌钢丝网后，须做拉拔实验，待实验通过后，用胶粘剂粘贴面砖。

高级外墙砖节能做法：

- 8厚高级小规格条型砖（面积≤10000mm²）
- 胶粘剂粘贴
- 5厚聚合物抗裂砂浆（敷设四角镀锌钢丝网一层）
- 30厚聚苯颗粒保温浆料分层抹面
- 10厚界面剂砂浆
- 15厚1：3水泥砂浆找平
- 200厚烧结黏土多孔砖

（三）平屋面做法：

- 40厚C30UEA补偿收缩混凝土防水层，表面压光
- 混凝土内配ϕ4钢筋双向中距150
- 点粘一层350号石油沥青油毡
- 40厚挤塑聚苯乙烯泡沫塑料板
- 4厚SBS卷材防水层
- 刷基层处理剂一遍
- 20厚1：2.5水泥砂浆找平层
- 20厚（最薄处）1：8水泥珍珠岩找2%坡
- 钢筋混凝土屋面板，表面清扫干净

九、无障碍设计

室内外高差，设置残疾人坡道。

十、其他

1. 各专业要求预留洞口，详见各专业图纸。
2. 本说明未尽事宜，均按国家有关施工及验收规范执行。
3. 本施工图内容未经设计单位及相关建筑师、工程师签字盖章同意，其他任何单位及个人不得对图纸内容进行修改，否则对所改动的内容应承担相关的法律责任。
4. 本施工图应经政府有关施工图审查机构审查批准后方可用于施工。

室内装修表

名称	地面	楼面	内墙	踢脚	顶棚
楼梯间、前室	15ZJ001 地101 水泥砂浆地面，压光	15ZJ001 楼101 水泥砂浆地面，不压光	15ZJ001 内墙1 石灰砂浆墙面	15ZJ001 踢4 水泥砂浆踢脚	15ZJ001 顶1 石灰砂浆顶棚
洗手间、卫生间		15ZJ001 楼101 水泥砂浆地面，不压光	15ZJ001 内墙16 面砖墙面		15ZJ001 顶3 水泥砂浆顶棚
厨房		15ZJ001 楼101 水泥砂浆地面，不压光	15ZJ001 内墙16 面砖墙面		15ZJ001 顶3 水泥砂浆顶棚
卧室		15ZJ001 楼101 水泥砂浆地面，不压光	15ZJ001 内墙1 石灰砂浆墙面	15ZJ001 踢4 水泥砂浆踢脚	15ZJ001 顶1 石灰砂浆顶棚

注：根据建设方要求，本次设计仅做粗粉刷，精装修根据业主意见均进行二次设计。

门窗表

类别	编号	洞口尺寸 宽度（mm）	洞口尺寸 高度（mm）	备注	类别	编号	洞口尺寸 宽度（mm）	洞口尺寸 高度（mm）	备注
窗	C1	500	1750	采用铝合金普通中空白色玻璃，90系列白色铝合金框料，玻璃厚度为6+6（空气层）+6，要求气密性不低于《建筑幕墙、门窗通用技术条件》GB/T 31433—2015规定的4级。	门	M1	1000	2100	
	C2	1200	1750		门洞	MD1	800	2100	门洞
	C3	900	1300			MD2	900	2100	门洞
	C4	1200	1300			MD3	1200	2100	门洞
	C5	1500	1300			MD4	1800	2200	门洞
	C6	2100	1500			MD5	2400	2200	门洞
	C4'	1200	1120		防火门	FM1	600	2100	丙级防火门（离地300mm高）
	C5'	1500	1120			FM2	1200	2100	乙级防火（防盗）门
	C6'	2100	1120			FM3	2400	2400	乙级防火门
	C4''	1200	900						
	C4'''	1200	1500						
	C3'	900	1500						

注：窗台长度超过3600均须设构造柱，做法详见11ZJ411“说明”第(6)条。凡是窗台高度低于900mm的窗户均须设护窗栏杆，做法详见11ZJ401。窗户均采用铝合金普通中空白色玻璃，门窗数量须核实无误后方可下料。

						建设单位	XX高速公路管理处		
						工程名称	XX高速公路管理处住宅区1号楼		
项目负责人			校对			建筑设计说明 室内装修表 门窗表		设计号	
专业负责人			审核					图别	建施
设计			审定					图号	01
制图			院长					日期	2008.01

图 2-67　某小高层住宅施工图设计说明（扫描二维码 2-74 查看高清图片）

建筑施工图建筑设计总说明编制单项实训任务表　　　　**表 2–9**

<table>
<tr><td>实训目标</td><td colspan="2">知识目标：掌握建筑施工图阶段建筑设计总说明的表达内容和设计方法。
能力目标：能根据建筑平面图、立面图、剖面图中的信息及相关建筑设计规范与标准的要求，完成建筑施工图设计中建筑设计总说明的编制。
思政映入：通过建筑施工图总说明案例的分析和编制实训建筑施工图总说明，查阅相关规范条文，提升遵纪守法意识，培养严格执行行业法律法规的工作态度；在建筑施工图中各部位建筑材料的选用时，通过案例讲解等方式引导学生合理应用新材料、新技术，培养认真、务实、创新的科学态度</td></tr>
<tr><td>实训方式</td><td>依据建筑施工图封面、目录、图签的编制步骤，将单项实训任务依次分解至各小节学练过程中。通过小节实训的方式，逐步完成本次单项实训</td><td rowspan="5">扫描二维码 2–4 下载实训项目全套建筑方案图</td></tr>
<tr><td>实训内容</td><td>对提供的建筑方案图平面图部分，在 CAD 图基础上进行施工图设计，达到《建筑工程设计文件编制深度规定（2016 年版）》4.3.3 建筑施工图设计说明深度要求</td></tr>
<tr><td>成果要求</td><td>一套内容完整的建筑施工图设计说明，按比例打印出图并提交电子版</td></tr>
<tr><td>实训建议</td><td>按后续小节中实训进度逐步完成各设计说明的施工图设计，每小节提交电子版，实训结束后按比例打印出图</td></tr>
<tr><td>实训项目选题建议</td><td>建议为与本模块案例规模接近的 27m 以下多层住宅建筑，建筑立面风格简洁。提供整套完整的方案图电子版：含效果图、总平面图、各平面图、各立面图</td></tr>
</table>

案例展示（图 2–68）：

学习内容：

1. 建设单位及工程名称：工程概况中需要明确写出该项目的名称及建设单位，从图 2–68 中可知该项目建设单位为 ×× 高速公路管理处，工程

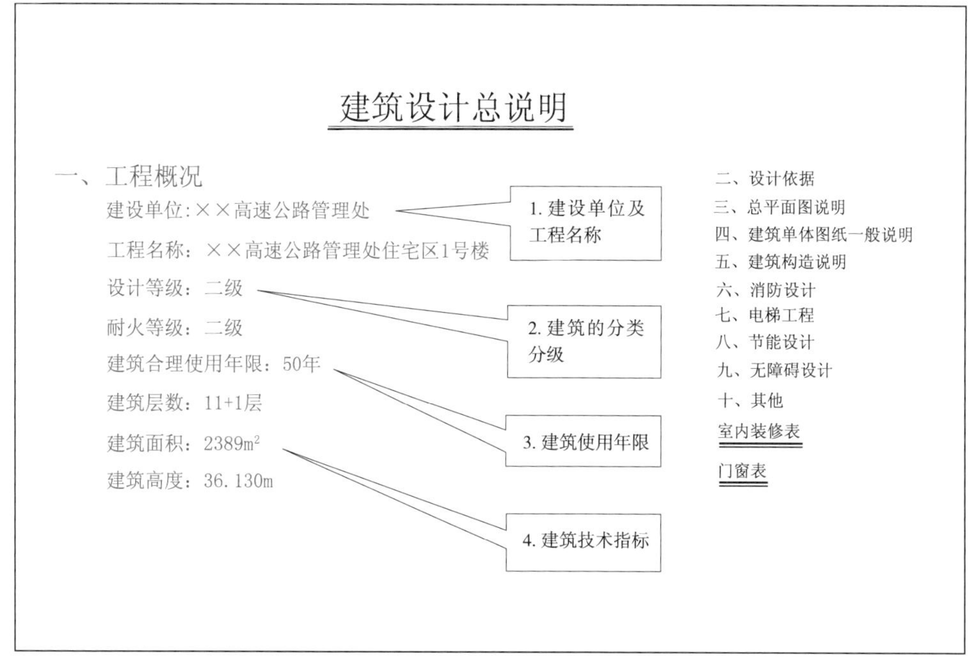

图 2–68　某小高层住宅设计说明——工程概况

名称为 ×× 高速公路管理处住宅区 1 号楼。

2. 建筑的分类、分级：工程概况中需明确写出拟建项目的分类、分级；该建筑设计等级为二级，耐火等级为二级。

3. 建筑使用年限：工程概况中需明确写出该项目的建筑使用年限，图 2-68 中该项目设计使用年限为 50 年。

4. 建筑技术指标：工程概况中应该写出基本的技术指标，图 2-68 中该项目建筑层数为 11+1 层，建筑面积 2389m^2，建筑高度 36.130m。

课堂练习：

扫描二维码 2-75 打开完整幼儿园建筑施工图总说明 PDF 文件，填写如下信息：

二维码 2-75　幼儿园建筑施工图总说明

工程名称：__________，建筑类别：__________。

设计使用年限：__________，抗震设防烈度：__________。

建筑结构形式：__________，建筑层数：__________。

小节实训：

1. 实训内容：给定某项目施工图，完成该项目设计说明中工程概况部分的填写。

2. 实训目标：通过学习，能理解设计说明中项目概况相关内容的目的并正确表达。

3. 实训要求：

（1）应用计算机辅助设计软件绘制，独立完成设计图。

（2）根据某项目施工图，完成该项目设计说明中工程概况部分的填写。

2.7.2　依据性文件名称和文号

学习目标：

正确表达设计说明中依据性文件名称和文号相关内容，包括该项目甲方意见、相关部门审核批复、设计规范、图集等。

案例展示（图 2-69）：

学习内容：

1. 甲方认可的方案：甲方认可的项目方案及初步设计方案是设计的首要依据，在施工图阶段如业主需要改变使用功能，必须经过设计单位及相关部门进行设计更改。

2. 相关部门的审核批复：依据项目的所在地域、性质、实际相关部门等信息，需要有各个相关部门出具的设计批复作为设计依据，如消防、环保、市政、规划局等部门。

3. 设计规范、图集：图 2-69 中项目为住宅项目因此设计规范主要有《民

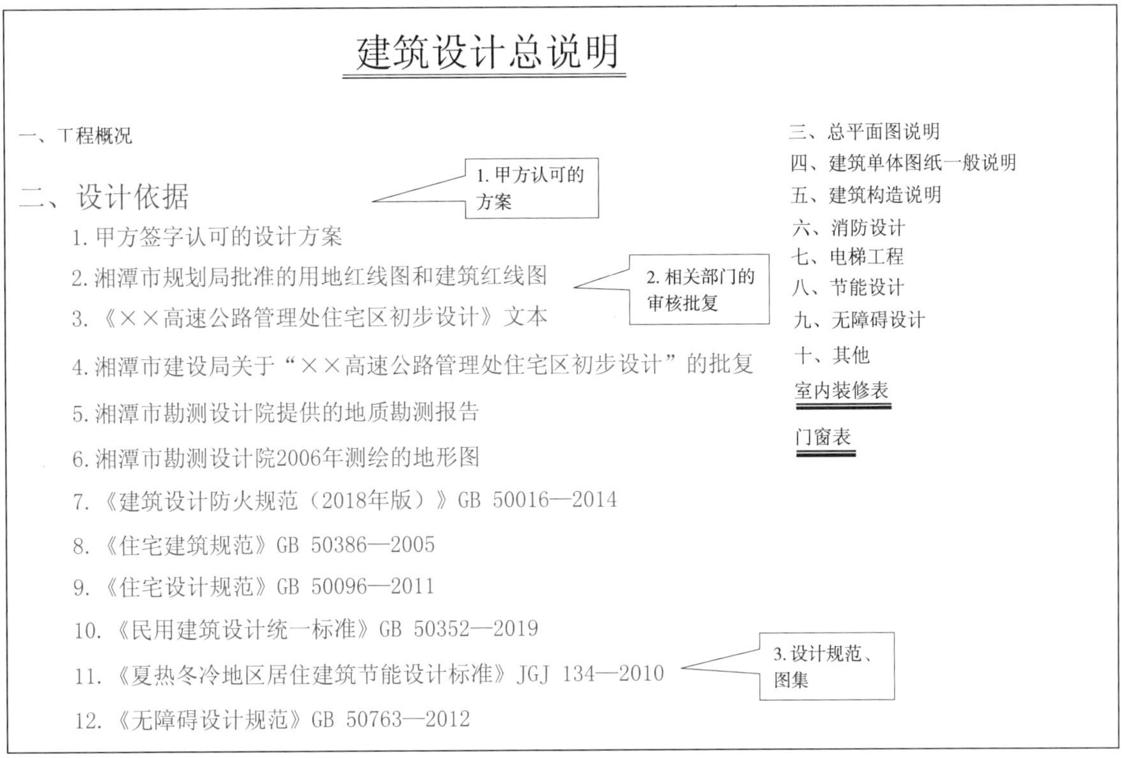

建筑设计总说明

一、工程概况

二、设计依据

1.甲方签字认可的设计方案

2.湘潭市规划局批准的用地红线图和建筑红线图

3.《××高速公路管理处住宅区初步设计》文本

4.湘潭市建设局关于“××高速公路管理处住宅区初步设计”的批复

5.湘潭市勘测设计院提供的地质勘测报告

6.湘潭市勘测设计院2006年测绘的地形图

7.《建筑设计防火规范（2018年版）》GB 50016—2014

8.《住宅建筑规范》GB 50386—2005

9.《住宅设计规范》GB 50096—2011

10.《民用建筑设计统一标准》GB 50352—2019

11.《夏热冬冷地区居住建筑节能设计标准》JGJ 134—2010

12.《无障碍设计规范》GB 50763—2012

1.甲方认可的方案

2.相关部门的审核批复

3.设计规范、图集

三、总平面图说明

四、建筑单体图纸一般说明

五、建筑构造说明

六、消防设计

七、电梯工程

八、节能设计

九、无障碍设计

十、其他

室内装修表

门窗表

图2-69　某小高层住宅设计说明——依据性文件名称和文号

用建筑设计统一标准》GB 50352—2019、《建筑设计防火规范（2018年版）》GB 50016—2014、《住宅建筑规范》GB 50368—2005等，而项目地点位于湘潭，所依据的规范和图集有《夏热冬冷地区居住建筑节能设计标准》JGJ 134—2010等。

课堂练习：

扫描二维码2-75（2.7.1课堂练习处）打开完整幼儿园建筑施工图总说明PDF文件，填写如下信息：

填写图中六条主要设计依据：

1.____。

2.____。

3.____。

4.____。

5.____。

6.____。

小节实训：

1.实训内容：给定某项目施工图，完成该项目设计说明中设计依据部分的填写。

2. 实训目标：通过学习，能理解设计说明中依据性文件名称和文号相关内容的目的并正确表达。

3. 实训要求：

（1）应用计算机辅助设计软件绘制，独立完成设计图。

（2）根据某项目施工图，完成该项目设计说明中设计依据部分的填写。

2.7.3 总平面、设计标高及单位

学习目标：

正确表达设计说明中总平面、设计标高及单位相关内容。

案例展示（图 2-70）：

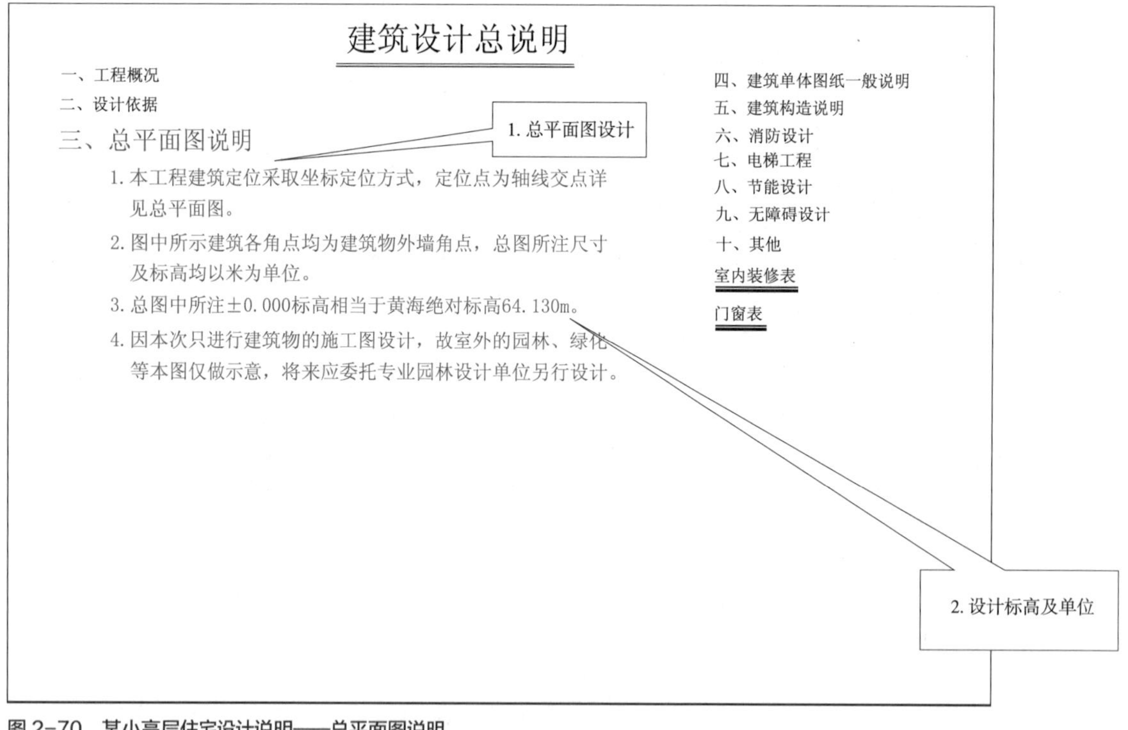

建筑设计总说明

一、工程概况

二、设计依据

三、总平面图说明

1. 本工程建筑定位采取坐标定位方式，定位点为轴线交点详见总平面图。
2. 图中所示建筑各角点均为建筑物外墙角点，总图所注尺寸及标高均以米为单位。
3. 总图中所注±0.000标高相当于黄海绝对标高64.130m。
4. 因本次只进行建筑物的施工图设计，故室外的园林、绿化等本图仅做示意，将来应委托专业园林设计单位另行设计。

四、建筑单体图纸一般说明

五、建筑构造说明

六、消防设计

七、电梯工程

八、节能设计

九、无障碍设计

十、其他

室内装修表

门窗表

图 2-70　某小高层住宅设计说明——总平面图说明

学习内容：

1. 总平面图设计：设计说明中一般交代总平面设计的定位方式等总图信息。

2. 设计标高及单位：标注出该项目相对标高零点的绝对高程，以及该项目尺寸标注所采用的单位。图 2-70 中相对标高零点的绝对标高为黄海绝对高程 64.130m。

课堂练习：

查《建筑设计防火规范（2018年版）》GB 50016—2014完成以下填空：

1. 多层民用建筑（防火等级一、二级）与多层民用建筑（防火等级一、二级）的防火间距为____m。

2. 多层民用建筑（防火等级一、二级）与高层民用建筑的防火间距为____m。

3. 高层民用建筑与高层民用建筑的防火间距为____m。

小节实训：

1. 实训内容：给定某项目施工图，完成该项目设计说明中总平面、设计标高及单位部分的填写。

2. 实训目标：通过学习，能理解设计说明中总平面、设计标高及单位相关内容的目的并正确表达。

3. 实训要求：

（1）应用计算机辅助设计软件绘制，独立完成设计图。

（2）根据某项目施工图，完成该项目设计说明中总平面、设计标高及单位部分的填写。

2.7.4 建筑构造一般说明

学习目标：

1. 正确表达设计说明中建筑构造墙体部分相关内容。
2. 正确表达设计说明中建筑构造楼地面部分相关内容。
3. 正确表达设计说明中建筑构造屋面部分相关内容。
4. 正确表达设计说明中建筑构造消防设计及安全疏散部分相关内容。

案例展示（图2–71）：

学习内容：

1. 建筑构造墙体部分：墙体一般需标明各个部位墙体所用的材料及做法，如图2–71中该项目外墙、梯间的墙体材料为200厚黏土烧结多孔砖，内隔墙均为190厚到顶的加气混凝土空心砌块，卫生间内墙面找平层采用加厚1：2防水砂浆粉刷，墙身防潮层在室内地面下60处做20厚1：2水泥砂浆掺5%的防水剂等相关信息，以及墙体施工时普遍需要注意的信息，如预埋在梁、柱、墙内的管件、预埋件和孔洞均应在浇捣混凝土和砌筑时就位，切勿遗漏。

2. 建筑构造楼地面部分：楼地面主要需写明逐层做法，包括厨卫等部位的构造措施，如楼地面面层做法考虑到住户要进行二次装修，均找平层表面拉毛，卫生间楼地面均比同层楼地面低15mm，并找0.5%的坡向地漏处等。

建筑设计总说明

一、工程概况

二、设计依据

三、总平面图说明

四、建筑单体图纸一般说明

1. 本工程由我院承担建筑、结构、给水排水、建筑电气等专业施工图设计，其他配套工程如:园林绿化设计等工程由建设方委托其他专业单位设计，不在本设计范围内，但施工过程中应注意密切配合。设备孔洞须预留到位。

2. 图中门窗洞口除注明外均距墙边为120mm,所有门及门洞两边(除管道井的防火门外)均加设190×190构造柱，具体详见《门窗表》。

3. 图中所注尺寸均以毫米为单位，所注标高均以米为单位。

4. 本工程所选用标准图集为《中南地区通用建筑标准设计》。

5. 本工程楼梯栏杆高度不应小于900mm，水平段超过500mm的不应低于1050mm。室内横向栏杆也不应低于1050mm，室外不应低于1100mm，且达到受力要求。

6. 室内消火栓留洞750mm×1050mm，底距地900mm，布置详水施，距相应墙边或洞口边300mm。

7. 本工程所选卫生器具、装饰材料等均应按设计要求选购，如有困难，改换产品应看样订货并应经设计方认可。

8. 油漆:明露金属构件采用红丹打底,面层调和漆颜色为黑色。所有木门窗均刷清漆一底二度。

1. 墙体部分

五、建筑构造说明

(一)墙体

1. 本工程地上墙体材料：外墙.梯间为200厚黏土烧结多孔砖，内隔墙均为190厚到顶的加气混凝土空心砌块。
2. 卫生间内墙面找平层采用加厚1：2防水砂浆粉刷，所有卫生间边梁均应卷边高150开门处断开。
3. 墙身防潮层在室内地面下60处做20厚1：2水泥砂浆掺5%的防水剂。墙上预留洞应参照有关图纸做好预留。
4. 所有内墙均满铺钢丝网一遍，空眼9mm×9mm。所有井道内侧应粉15厚1：2水泥砂浆随抹，随光。
5. 预埋在梁、柱、墙内的管件、预埋件和孔洞均应在浇捣混凝土和砌筑时就位，切勿遗漏。

(二)楼地面

1. 楼地面面层做法考虑到住户要进行二次装修,均找平层表面拉毛。
2. 所有管道井在全部管道安装完毕后应在每层楼板处用不低于楼板耐火极限的混凝土板做防火分格。
3. 卫生间楼地面均比同层楼地面低15mm，并找0.5%的坡坡向地漏处。其他洗手间的楼地面标高比同层楼面低0.03m、卫生间低0.05m，所有洗手间、卫生间找坡坡向0.5%的坡坡向地漏处。
4. 楼地面面层两种不同材料的交接缝，除注明外，一般应在门扇位置下部。厚度不同时， 在找平层厚度上适当在找平层厚度上适当调整，使面层保持一致。

2. 楼地面部分

(三)屋面

1. 混凝土平屋面,为建筑找坡，屋面防水等级为Ⅱ级，采用刚性防水和高聚物改性沥青卷材防水相结合的方式，做法详节能设计说明。
2. 屋面为Ⅱ级防水，具体做法详节能设计说明。
3. 雨水管屋面部分采用 110UPVC排水管，雨水斗及配件选用配套成品，参照15ZJ201 $\frac{4}{34}$ $\frac{8}{34}$ $\frac{1}{35}$。

(四)室内外装修

1. 室内装修:详见室内装修表。
2. 室外装修详见节能部分说明。

3. 屋面部分

六、消防设计

七、电梯工程

八、节能设计

九、无障碍设计

室内装修表

门窗表

图 2-71　某小高层住宅设计说明——建筑构造一般说明（扫描二维码 2-76 查看高清彩图）

二维码 2-76　某小高层居住层设计说明——建筑构造一般说明

3. 建筑构造屋面部分：屋面部分主要注明屋面的防水等级、防水做法以及排水相关构件所使用的材料。

课堂练习：

扫描二维码 2-75（2.7.1 课堂练习处）打开完整幼儿园建筑施工图总说明 PDF 文件，填写如下信息：

外墙主要采用：__________，墙身防潮层做法：　　__________。

散水做法：　　__________，防水卷材接缝应采用：__________。

小节实训：

1. 实训内容：给定某项目施工图，完成该项目设计说明中建筑构造一般说明部分的填写。

2. 实训目标：通过学习，能理解设计说明中建筑构造一般说明相关内容的目的并正确表达。

3. 实训要求：

（1）应用计算机辅助设计软件绘制，独立完成设计图。

（2）根据某项目施工图，完成该项目设计说明中建筑构造一般说明部分的填写。

2.7.5　专项说明

二维码 2-77　某小高层住宅设计说明——专项说明

学习目标：

1. 正确表达设计说明中电梯工程相关内容。
2. 正确表达设计说明中节能设计说明相关内容。
3. 正确表达设计说明中无障碍设计及其他相关内容。
4. 正确表达设计说明中建筑构造消防设计及安全疏散部分相关内容。

案例展示（图 2-72）：

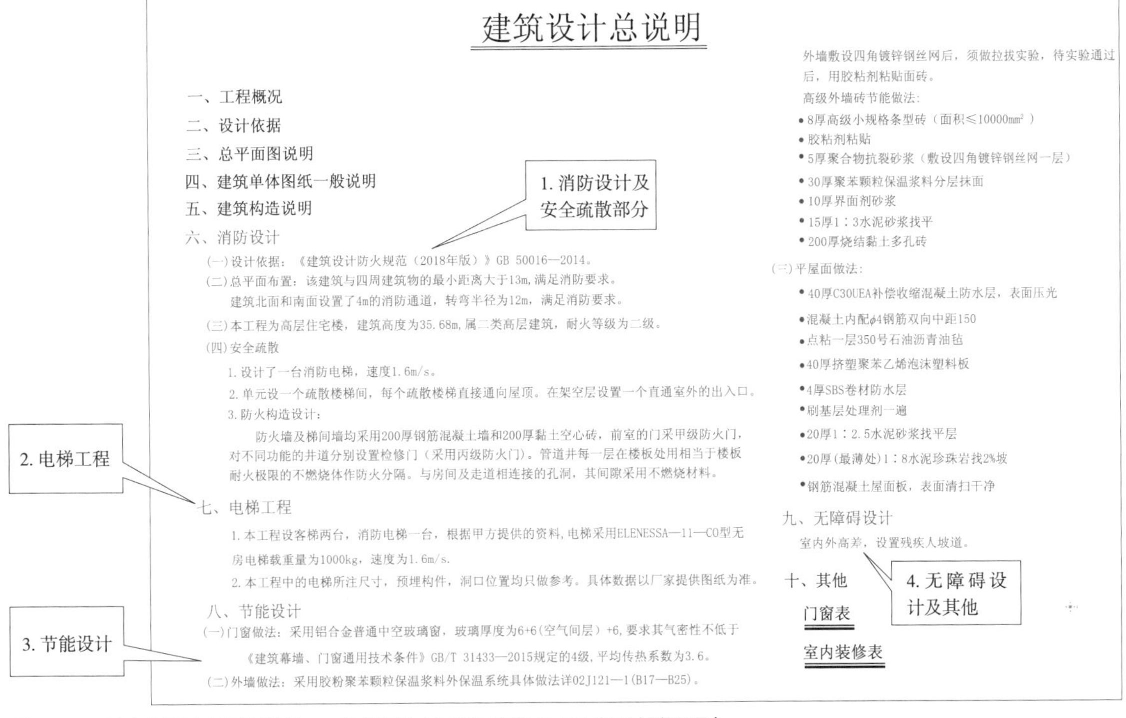

建筑设计总说明

一、工程概况
二、设计依据
三、总平面图说明
四、建筑单体图纸一般说明
五、建筑构造说明
六、消防设计
（一）设计依据：《建筑设计防火规范（2018年版）》GB 50016—2014。
（二）总平面布置：该建筑与四周建筑物的最小距离大于13m，满足消防要求。
建筑北面和南面设置了4m的消防通道，转弯半径为12m，满足消防要求。
（三）本工程为高层住宅楼，建筑高度为35.68m，属二类高层建筑，耐火等级为二级。
（四）安全疏散
1. 设计了一台消防电梯，速度1.6m/s。
2. 单元设一个疏散楼梯间，每个疏散楼梯直接通向屋顶。在架空层设置一个直通室外的出入口。
3. 防火构造设计：
防火墙及梯间墙均采用200厚钢筋混凝土墙和200厚黏土空心砖，前室的门采甲级防火门，对不同功能的井道分别设置检修门（采用丙级防火门）。管道井每一层在楼板处用相当于楼板耐火极限的不燃烧体作防火分隔。与房间及走道相连接的孔洞，其间隙采用不燃烧材料。
七、电梯工程
1. 本工程设客梯两台，消防电梯一台，根据甲方提供的资料，电梯采用ELENESSA—11—CO型无房电梯载重量为1000kg，速度为1.6m/s。
2. 本工程中的电梯所注尺寸，预埋构件，洞口位置均只做参考。具体数据以厂家提供图纸为准。
八、节能设计
（一）门窗做法：采用铝合金普通中空玻璃窗，玻璃厚度为6+6（空气间层）+6，要求其气密性不低于《建筑幕墙、门窗通用技术条件》GB/T 31433—2015规定的4级，平均传热系数为3.6。
（二）外墙做法：采用胶粉聚苯颗粒保温浆料外保温系统具体做法详02J121—1（B17—B25）。
外墙敷设四角镀锌钢丝网后，须做拉拔实验，待实验通过后，用胶粘剂粘贴面砖。
高级外墙砖节能做法：
• 8厚高级小规格条型砖（面积≤10000mm²）
• 胶粘剂粘贴
• 5厚聚合物抗裂砂浆（敷设四角镀锌钢丝网一层）
• 30厚聚苯颗粒保温浆料分层抹面
• 10厚界面剂砂浆
• 15厚1：3水泥砂浆找平
• 200厚烧结黏土多孔砖
（三）平屋面做法：
• 40厚C30UEA补偿收缩混凝土防水层，表面压光
• 混凝土内配ϕ4钢筋双向中距150
• 点粘一层350号石油沥青油毡
• 40厚挤塑聚苯乙烯泡沫塑料板
• 4厚SBS卷材防水层
• 刷基层处理剂一遍
• 20厚1：2.5水泥砂浆找平层
• 20厚（最薄处）1：8水泥珍珠岩找2%坡
• 钢筋混凝土屋面板，表面清扫干净
九、无障碍设计
室内外高差，设置残疾人坡道。
十、其他
门窗表
室内装修表

图 2-72　某小高层住宅设计说明——专项说明（扫描二维码 2-77 查看高清彩图）

学习内容：

1. 建筑构造消防设计及安全疏散：该部分主要说明建筑的消防设计的要求及构造做法，图 2-72 项目中与四周建筑物的最小距离大于 13m，建筑北面和南面设置了 4m 的消防通道，转弯半径为 12m，设计了一台消防电梯，速度 1.6m/s，单元设一个疏散楼梯间，每个疏散楼梯直接通向屋顶。在架空层设置一个直通室外的出入口，防火墙及梯间墙均采用 200 厚钢筋混凝土墙和 200 厚黏土空心砖，前室的门采用甲级防火门等。

2. 电梯工程：设计说明中一般需注明电梯的数量、型号、构造要求等信息。

3. 节能设计：节能设计通常需有专门的节能设计专篇，设计说明中的节能设计一般是将建筑中有隔热、通风、保温功能要求的构造部位进行构造要求的概述；比如门窗的构造要求，如图 2-72 项目采用铝合金普通中空玻璃窗，玻璃厚度为 6+6（空气间层）+6，要求其气密性不低于《建筑幕墙、门窗通用技术条件》GB/T 31433—2015 规定的 4 级，平均传热系数为 3.6，外墙保温做法、屋面保温做法等。

4. 无障碍设计及其他：设计说明中应对该建筑采用无障碍设计的部分进行构造要求介绍，如无障碍坡道、电梯、卫生间等，而一些其他的设计要求，如各个专业的配套图纸说明、设计更改及施工注意事项等要求，如需必要，也应当在设计说明中体现。

课堂练习：

扫描二维码 2-75（2.7.1 课堂练习处）打开完整幼儿园建筑施工图总说明 PDF 文件，填写如下信息：

本工程分______个防火分区，________为防火分区一，________为防火分区二。

防火墙采用________，耐火极限＞____h；楼梯、电梯间及前室采用________厚轻骨料混凝土多孔砖或加气混凝土砌块，耐火极限＞____h。

涉及无障碍坡道两侧设置两层扶手，上层高度为____m，下层高度为____m，扶手截面直径为____mm。

小节实训：

1. 实训内容：给定某项目施工图，完成该项目设计说明中专项说明部分的填写。

2. 实训目标：通过学习，能理解设计说明中专项说明相关内容的目的并正确表达。

3. 实训要求：

（1）应用计算机辅助设计软件绘制，独立完成设计图。

（2）根据某项目施工图，完成该项目设计说明中专项说明部分的填写。

2.7.6 其他需说明的问题

学习目标：

正确表达设计说明中需要说明的相关内容，如装修做法表（即图 2-73 中室内装修表）等。

案例展示（图 2-73）：

建筑设计总说明

一、工程概况
二、设计依据
三、总平面图说明
四、建筑单体图纸一般说明
五、建筑构造说明
六、消防设计
七、电梯工程
八、节能设计
九、无障碍设计

十、其他

其他需说明的问题

1. 各专业要求预留洞口，详见各专业图纸。
2. 本说明未尽事宜，均按国家有关施工及验收规范执行。
3. 本施工图内容未经设计单位及相关建筑师、工程师签字盖章同意，其他任何单位及个人不得对图纸内容进行修改，否则对所改动的内容应承担相关的法律责任。
4. 本施工图应经政府有关施工图审查机构审查批准后方可用于施工。

门窗表

室内装修表

名称	地面	楼面	内墙	踢脚	顶棚
楼梯间，前室	15ZJ001 地101 水泥砂浆地面，压光	15ZJ001 楼101 水泥砂浆地面，不压光	15ZJ001 内墙1 石灰砂浆墙面	15ZJ001 踢4 水泥砂浆踢脚	15ZJ001 顶1 石灰砂浆顶棚
洗手间，卫生间	/	15ZJ001 楼101 水泥砂浆地面，不压光	15ZJ001 内墙16 面砖墙面	/	15ZJ001 顶3 水泥砂浆顶棚
厨房	/	15ZJ001 楼101 水泥砂浆地面，不压光	15ZJ001 内墙16 面砖墙面	/	15ZJ001 顶3 水泥砂浆顶棚
卧室	/	15ZJ001 楼101 水泥砂浆地面，不压光	15ZJ001 内墙1 石灰砂浆墙面	15ZJ001 踢4 水泥砂浆踢脚	15ZJ001 顶1 石灰砂浆顶棚

注：根据建设方要求，本次设计仅做粗粉刷，精装修根据业主意见均进行二次设计。

图 2-73　某小高层住宅设计说明——其他需说明的问题

学习内容：

装修做法表：装修做法表也是建筑用料说明的一部分，用以补充建筑各个构造说明的用料，通常有室外装修做法表与室内装修做法表两个部分，室外主要表达外墙面、防潮防水、勒脚、散水、台阶构造、坡道等，而室内装修部分通常说明内墙面、踢脚、卫生间、厨房地面、顶棚等的基本装修而较为复杂或高级的装修做法，一般委托专业室内装修公司进行二次装修设计。

装修做法表的设计，通常是把本项目中的主要空间，以空间的类型分为几项大类，把每一类的空间以地面、楼面、内墙、踢脚、顶棚等类别分列于表格中。常见的空间分类一般为主要功能空间（如办公类建筑的办公室；公寓住宅建筑的客厅、卧室；教学楼建筑的教室等）、主要交通空间（门厅、走廊、楼梯间等）、厨房、卫生间等四个大类。如图 2-73 所示：

该项目主要功能空间为卧室，卧室不处于首层，因此没有地面构造，楼面采用 15ZJ001 图集中楼 101 的做法；内墙采用 15ZJ001 图集中内墙 1

的做法；踢脚线采用 15ZJ001 图集中踢 4 做法；顶棚采用 15ZJ001 图集中顶 1 做法。

该项目主要交通空间（楼梯间、前室）专修做法与卧室基本相同，地面部分采用 15ZJ001 图集中地 101 的做法。

该项目的卫生间与厨房的做法相同，楼面采用 15ZJ001 图集中楼 101 的做法；内墙采用 15ZJ001 图集中内墙 16 的做法；顶棚采用 15ZJ001 图集中顶 3 做法。

课堂练习：

根据装修做法表中部分描述，使用 CAD 完成首层地面 2 的详图绘制，其构造层由上至下为：装修面层预留 30mm；1.5mm 厚聚合物水泥基防水涂膜、泛水高 300mm，向门外伸 300mm；20mm 厚 1 ： 3 水泥砂浆找平，向地漏找坡 1%；1 ： 8 水泥陶粒混凝土；1.5mm 厚 JS–II 型防水涂料，四周上返高出建筑完成面 200mm，向门外伸 100mm；20mm 1 ： 2.5 水泥砂浆找平；钢筋混凝土楼板楼面原浆压光，四周墙体根部浇筑高出卫生间完成面 200mm，高同墙厚的混凝土反坎。

小节实训：

1. 实训内容：给定某项目施工图，完成该项目设计说明中图纸目录部分的填写。

2. 实训目标：通过学习，能理解设计说明中图纸目录相关内容的目的并正确表达。

3. 实训要求：

（1）应用计算机辅助设计软件绘制，独立完成设计图。

（2）根据某项目施工图，完成该项目设计说明中图纸目录部分的填写。

2.7.7 门窗表

学习目标：

正确表达设计说明中门窗表的相关内容。

案例展示（图 2–74）：

学习内容：

门窗表：设计说明中的门窗表主要是对该建筑项目中所有不同类型的门窗列成表格，用于指导施工并且作为工程预算的依据，一般来说门窗表需要列出门、窗的类型、编号及对应洞口尺寸等信息，细致的做法可以绘制出门窗详图，也可以引用相关图中的内容；有特殊要求时，应该在备注中叙述清楚；如对于标准图集的尺寸或构造改动，玻璃的颜色，门框、窗框的颜色，玻璃的抗风压、防火、气密、水密、保温、隔热性能等。

建筑设计总说明

一、工程概况
二、设计依据
三、总平面图说明
四、建筑单体图纸一般说明
五、建筑构造说明
六、消防设计
七、电梯工程
八、节能设计
九、无障碍设计
十、其他
室内装修表

门窗表

门窗表

类别	编号	洞口尺寸		备注	类别	编号	洞口尺寸		备注
		宽度(mm)	高度(mm)				宽度(mm)	高度(mm)	
窗	C1	500	1750	采用铝合金普通中空白色玻璃，90系列白色铝合金框料，玻璃厚度为6+6（空气层）+6，要求气密性不低于《建筑幕墙、门窗通用技术条件》GB/T 31433—2015规定的4级。	门	M1	1000	2100	
	C2	1200	1750		门洞	MD1	800	2100	门洞
	C3	900	1300			MD2	900	2100	门洞
	C4	1200	1300			MD3	1200	2100	门洞
	C5	1500	1300			MD4	1800	2200	门洞
	C6	2100	1500			MD5	2400	2200	门洞
	C4'	1200	1120		防火门	FM1	600	2100	丙级防火门(离地300mm高)
	C5'	1500	1120			FM2	1200	2100	乙级防火(防盗)门
	C6'	2100	1120			FM3	2400	2400	乙级防火门
	C4''	1200	900						
	C4'''	1200	1500						
	C3'	900	1500						

注：窗台长度超过3600均须设构造柱，做法详见11ZJ411“说明”第5.7条。凡是窗台高度低于900mm的窗户均须设护窗栏杆，做法详见11ZJ401(5/36)(8/37)。窗户均采用铝合金普通中空白色玻璃，门窗数量须核实无误后方可下料。

图 2–74　某小高层住宅设计说明——门窗表

如图 2–74 所示，该项目中窗户有 12 种，均采用白色铝合金中空玻璃窗，铝合金采用国标 90 系列，玻璃厚度为 6mm+6mm（空气层）+6mm。该项目中门有 9 种，其中防火门 3 种。

二维码 2–78　某工程门窗表

课堂练习：

扫描二维码 2–78 打开某工程门窗表图纸 PDF 文件，填写如下信息：

本工程中数量最多的门的编号为________，洞口尺寸为________。

本工程中数量最多的窗的编号为________，洞口尺寸为________。

小节实训：

1. 实训内容：给定某项目施工图，完成该项目设计说明中门窗表部分的填写。

2. 实训目标：通过学习，能理解设计说明中门窗表相关内容的目的并正确表达。

3. 实训要求：

（1）应用计算机辅助设计软件绘制，独立完成设计图。

（2）根据某项目施工图，完成该项目设计说明中门窗表部分的填写。

3

Mokuaisan　Jianzhu Shigongtu Sheji Zhuanpian

模块三
建筑施工图设计专篇

根据现行《建筑工程设计文件深度编制规定》要求，建筑施工图除模块二中的总平面图、平面图、立面图、剖面图、大样图、详图、设计总说明外，还包括建筑施工图设计专篇，如施工图中常见的消防设计专篇、节能设计专篇。当项目按绿色建筑要求建设时，应有绿色建筑设计说明专篇；当项目按装配式建筑要求建设时，应有装配式建筑设计说明专篇。根据项目实际情况，有其他需要说明的问题，有针对地添加如人防设计专篇、质量通病防治设计专篇等。

在建筑工程设计中建筑专业设计人员一般起统筹协调作用，当专篇说明内容中除建筑专业外还涉及其他专业的内容时，由建筑专业设计人员收集其他专业的内容统一整理排版，本书中仅展示学习专篇中建筑专业部分的内容。

二维码 3-1　建筑消防设计专篇课件

二维码 3-2　建筑消防设计专篇微课

二维码 3-3　某住宅建筑施工图设计消防设计专篇

3.1　建筑消防设计专篇

概述：

新建、扩建、改建建筑工程施工图设计应编写建筑消防设计专篇，建筑消防设计专篇是概括说明建筑工程设计符合现行的相关防火设计规范、消防法规等规定，涉及建筑、结构、给水排水、电气、暖通、装修等六大专业，其中建筑专业消防设计说明应包括设计依据及工程概况、建筑分类及耐火等级、总平面布局及消防道路、平面布局及防火分区、安全疏散设计及消防电梯、疏散人数和疏散宽度计算、建筑构造及内部装修防火设计、消防救援窗设置等内容。其他专业包括室内外消火栓系统、自动喷水灭火系统、火灾自动报警系统、防排烟系统等内容（二维码 3-1、二维码 3-2）。

案例展示（图 3-1）：

单项实训（表 3-1）：

消 防 设 计 专 篇

一、设计依据

1.建设单位委托设计合同文件。
2.建设单位提供的设计要求、用地红线图、认可的方案及建设主管部门的初步设计批复。
3.建设单位提供的有关市政资料。
4.建筑和有关工种提供的作业图及设计资料。
5.家现行的各项设计条文、规范：
《建筑设计防火规范》GB 50016－2014
《民用建筑设计统一标准》GB 50352－2019
《住宅设计规范》GB 50096－2011
《消防给水及消火栓系统技术规范》GB 50974－2014
《火灾自动报警系统设计规范》GB 50116－2013
中南地区通用建筑标准设计图集。
国家现行的其他各项有关设计规范。

二、工程概况

1.项目名称：XX小区一期2号楼
2.项目地址：XX省XX市
3.建筑面积（占地面积及总建筑面积）、建筑层数、建筑总高度。
3.1 建筑占地面积：475.62m²　3.3 消防建筑层数：27层
3.2 总建筑面积：11607.49m²　3.4 建筑总高度：81.30m
4.建筑面积工程等级、建筑功能、设计使用年限、防水等级、耐火等级。
4.1 建筑工程等级：一类建筑　4.2 建筑功能：住宅
4.3 设计使用年限：五十年　4.4 屋面防水等级：Ⅰ级
4.5 耐火等级：一级
5.结构形式：剪力墙结构
6.本工程6度抗震设防

三、总平面布局

1.防火间距：
1号与2号、3号主楼防火间距均大于13.0m，满足《建筑设计防火规范（2018年版）》GB 50016-2014中表5.2.2高层与多层防火间距9m、高层与高层防火间距13m的规范要求。
2.消防车道：
2.1 建筑周围设有消防车道，道路转弯半径大于12.0m，坡度均小于8%。临路均设有消防扑救面，满足消防规范的要求。
2.2 消防车道的净宽度和净空高度均不小于4.0m。供消防车停留的空地，其坡度不大于3%。
2.3.消防车道与本工程之间，不应设置妨碍登高消防车操作的树木、架空管线；消防车道上空4.0m以下范围内不应有障碍物。
2.4.在穿过建筑物或进入建筑物内院的消防车道两侧，不应设置影响消防车通行或人员安全疏散的设施。

四、建筑平面布置

1.防火分区的划分：
本工程为27层一类高层住宅，其耐火等级为一级，每层每单元为一防火分区，防火分区面积为425.42m²，防火分区面积均满足规范要求。
2.安全疏散：
本工程为27层一类高层住宅，每层每单元设有一座防烟楼梯间、一部乘客电梯和一部消防电梯兼无障碍电梯，楼梯通向屋顶，安全疏散均满足规范要求。

五、防火构造设计

1.水平及上下相邻套房之间，以及与楼梯间窗口之间的防火分隔均满足规范要求。
2.玻璃幕墙与每层楼板、隔墙处的缝隙，应采用不燃烧材料严密堵实；且在每层楼板外沿处设置耐火极限不低于1.0小时的不燃烧实体，高度不应低于1.2m。
3.隔墙应砌至梁板底部，不应留有缝隙。住宅分户墙和单元之间的墙应砌至屋面板底部。
4.电缆井、管道井应在每层楼板处采用不低于楼板耐火极限的不燃烧体或防火封堵材料封堵。
5.管道井、电缆井与房间、走道等相连通的孔洞，其空隙应采用不燃烧材料填塞密实。
6.管道（包括风管、水管、电气桥架等）穿过隔墙、楼板时，其周围的缝隙应用不燃烧材料填塞密实。
7.本工程的内部装修，应严格遵守现行国家标准《建筑内部装修设计防火规范》GB 50222－2017的有关规定。

六、结构消防设计说明

本工程按二级耐火等级进行设计，所有柱、梁、板及墙体材料均满足《建筑设计防火规范》GB 50016－2014的规定：
1.钢筋混凝土柱、剪力墙为非燃烧体，耐火极限大于3.0小时。
2.钢筋混凝土梁采用非预应力钢筋，保护层厚度2.5cm，为非燃烧体，耐火极限为2.00小时。
3.楼板：钢筋混凝土现浇板，板厚度10~12cm，保护层厚度1.5cm，为非燃烧体，耐火极限大于1.50小时。
4.墙体：除图中注明外，所有外墙体为200厚烧结多孔砖，内墙体为混凝土空心小砌块，厚度详平面图。为非燃烧体，其耐火极限大于2.00小时。

七、给水排水消防设计说明

1.消火栓给水系统：
1.1 小区消防综合考虑，共用消防泵，消防水池。室外消防用水量为15L/s，室内消防用水量按最大的消防用水量20L/s设计，室外消防采用低压制，市政直供，水压为0.35MPa，室外消防详总平面图。
1.2 地下室消防水泵房设有效容积260m³的消防水池。消火栓加压泵二台，一用一备，该泵运行情况应显示于消防中心和水泵房的控制盘上。消火栓加压泵可由压力开关自动/手动控制。消火栓按钮的动作信号应作为报警信号及启动消火栓泵的联动触发信号，由消防联动控制器联动控制消火栓泵的启动，消火栓起泵按钮的位置显示，消防控制室能显示消火栓加压泵的电源状况。
1.3 消火栓系统静压不超过1.0MPa，系统竖向不分区。
1.4 2号楼屋顶设置18m³消防水箱。
1.5 消火栓系统加压环管设置在地下室顶板梁底。立管于屋顶成环布置，以达到双向供水。
1.6 消火栓系统在室外设地上式消防水泵结合器（SQS1100-A）（3套）与地下室消火栓加压给水管网相连（见地下室给水排水平面图及给水排水总平面图）。
2.其他灭火系统：
2.1 住宅楼梯间按A类火灾轻危险级进行设计，于明显位置设两具2kg装的手提式干粉磷酸铵盐灭火器，电梯机房按A类火灾中危险级进行设计，于明显位置设两具4kg装的手提式干粉磷酸铵盐灭火器。

八、电气消防设计说明

1.本建筑为一类高层。
2.负荷分级及容量：
一级负荷：电梯、应急照明等消防负荷。
三级负荷：住宅照明负荷。
3.供电电源：
3.1 本工程由市政提供两路10kV高压电源。
3.2 本工程应急电源为一台300kW柴油发电机，设置于地下室配电房，满足本工程一级负荷供电要求。
4.应急照明
4.1 疏散照明：在门厅、梯间、前室、安全出口等处设置疏散照明；疏散走道的地面最低水平照度不应低于1.0 lx；楼梯间内地面最低水平照度不低于5.0 lx。供电时间不小于0.5小时。
4.2 备用照明：在电梯机房、等场所设置备用照明；照度为正常照明照度。供电时间不小于3小时。
4.3 用于应急照明的光源采用能快速点燃的光源，照明灯具均应达到消防灯具的要求。应急照明平时采用就地控制，火灾时由消防控制室自动控制强制点亮全部应急照明灯。
4.4 应急照明采用双电源供电，支路采用NH-3×2.5 mm²导线穿SC15管敷设。
5.火灾自动报警与消防联动控制系统
本工程为一类高层，住宅楼火灾自动报警系统的保护对象为A类。小区统一设置集中火灾自动报警系统，消防控制室设置在1号楼，在每个单元一层入口处设置火灾重复显示盘。

XXXX建筑设计院	建设单位		图名	消防设计专篇	审定		项目负责		项目编号	
	工程名称	XXX小区三期2号楼			审核		设计		图号	
					校对		比例		日期	

图 3-1　某住宅建筑施工图设计消防设计专篇（扫描二维码 3-3 查看高清图片）

建筑消防设计专篇单项实训任务表 表 3–1

<table>
<tr><td>实训目标</td><td colspan="2">知识目标：理解消防设计规范要点，掌握消防设计专篇中包含的内容及深度要求。
能力目标：能依据项目特点对照消防设计规范正确编写消防设计专篇。
思政映入：通过建筑消防设计专篇的案例讲解，提升工作责任感，增强以人为本的消防安全意识，提高职业素养；完成建筑消防设计专篇编制实训任务时，需要查阅消防、防火相关规范条文，通过如实严谨地说明项目的建筑间距、消防车道及扑救场地、防火分区及安全疏散、防火构造等消防内容，培养严格执行行业法律法规的工作态度，增强规范、法律意识</td></tr>
<tr><td>实训方式</td><td>将单项实训任务依次分解至各小节学练过程中。通过小节实训的方式，逐步完成本次单项实训</td><td rowspan="6">扫描二维码 3–4 下载某住宅建筑全套建筑施工图 CAD 文件</td></tr>
<tr><td>实训内容</td><td>根据本书模块一、模块二实训设计绘制的建筑施工图总平面图、平立剖面图、大样图及详图等或根据提供的建筑施工图图纸，完成建筑专业施工图的消防设计专篇编写</td></tr>
<tr><td>成果要求</td><td>消防设计专篇打印纸质文件并提交电子版</td></tr>
<tr><td>实训建议</td><td>按后续小节中小节实训进度逐步完成消防设计的设计依据及工程概况、总平面布局、建筑平面布置、构造防火设计四项内容，每小节提交电子版，实训结束后打印出图</td></tr>
<tr><td>实训项目选题建议</td><td>建议以本书模块一、模块二单项实训成果施工图为本模块案例编制消防设计专篇</td></tr>
</table>

3.1.1 设计依据及工程概况

二维码 3–4 某住宅建筑全套建筑施工图

学习目标：

1. 依据工程特点，正确选用消防设计相关技术规范，如建筑设计防火规范等。

2. 依据消防设计的需要，正确描述工程主要技术经济指标及项目特征等。包括总建筑面积、设计规模和等级、设计使用年限、建筑层数及建筑高度、建筑防火分类和耐火等级、主要结构类型，以及其他反映建筑规模的主要技术经济指标，如住宅的套型和套数（包括套型总建筑面积等）、旅馆的客房间数和床位数、医院的床位数、车库的停车泊位数等。

案例展示（图 3–2）：

学习内容：

1. 依据方案、资料：说明是依据甲方确定的设计方案进行施工图设计，列举与工程项目相关的设计资料，如政务批复、市政资料等。

2. 依据规范、规定：消防设计说明中应根据工程项目的性质、规模、地区列举设计中所依据的现行行业设计规范及国家或地方相关规定。如案例中列举了《建筑设计防火规范（2018 年版）》GB 50016—2014、《火灾自动报警系统设计规范》GB 50116—2013 等 5 个规范及地区标准图集。

3. 工程基本信息：含工程名称、建设地点等信息。

4. 经济技术指标：包括总用地面积、总建筑面积、建筑高度、建筑层数、建筑层高、建筑密度、容积率、车位数等工程指标，注意指标应与设计图纸吻合。

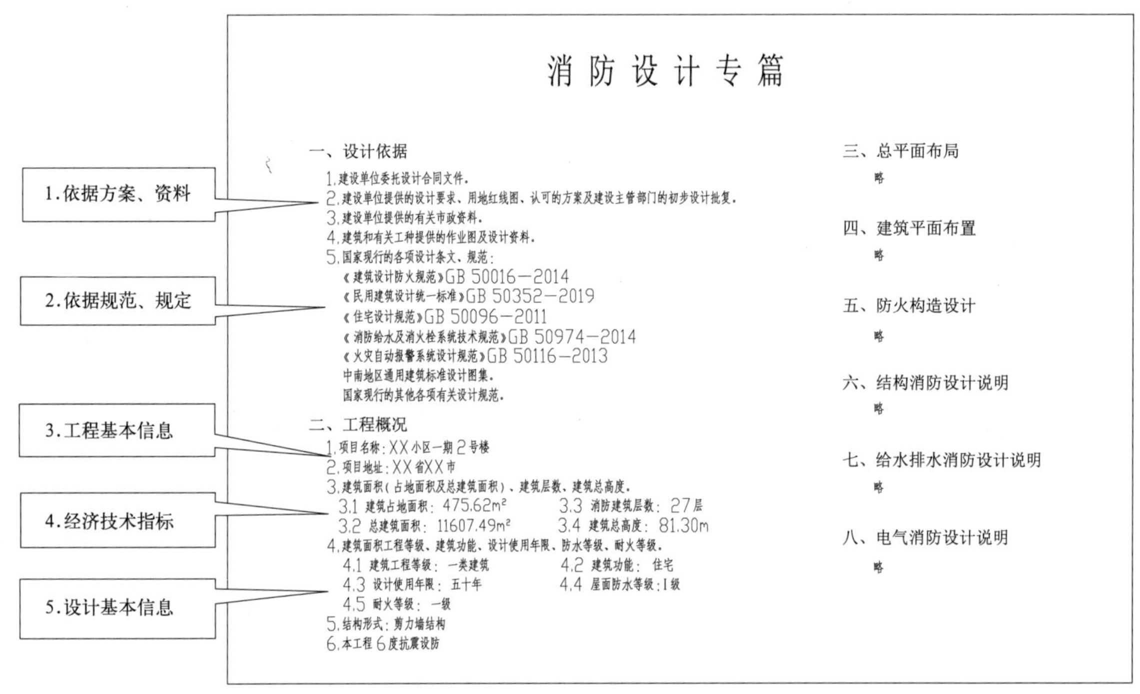

图 3-2 某住宅建筑施工图设计消防设计专篇节选（设计依据及工程概况）

建筑面积计算应符合《建筑工程建筑面积计算规范》GB/T 50353—2013，建筑高度、建筑层数计算方法详见《建筑设计防火规范（2018 年版）》GB 50016—2014 附录 A。

5. 设计基本信息：含①描述建筑使用功能、设计的结构形式；②根据建筑使用性质及总建筑面积、建筑高度等指标确定建筑分类、设计使用年限、耐火等级；③描述屋面防水等级、抗震设防烈度等信息。

建筑分类：根据《建筑设计防火规范（2018 年版）》GB 50016—2014，民用建筑的分类应符合表 3-2 的规定。

建筑耐火等级：根据《建筑设计防火规范（2018 年版）》GB 50016—2014，民用建筑的耐火等级根据其建筑高度、使用功能、重要性和火灾扑救难度等确定，可分为一、二、三、四级，地下或半地下建筑（室）和一类高层建筑的耐火等级不应低于一级；单、多层重要公共建筑和二类高层建筑的耐火等级不应低于二级；除木结构建筑外，老年人照料设施的耐火等级不应低于三级。

设计使用年限：设计使用年限设计规定的结构或结构构件不需进行大修即可按其预定目的使用的时期。根据《民用建筑设计统一标准》GB 50352—2019，民用建筑的设计使用年限应符合表 3-3 的规定。

民用建筑的分类　　**表 3–2**

名称	高层民用建筑		单、多层民用建筑
	一类	二类	
住宅建筑	建筑高度大于 54m 的住宅建筑（包括设置商业服务网点的住宅建筑）	建筑高度大于 27m，但不大于 54m 的住宅建筑（包括设置商业服务网点的住宅建筑）	建筑高度不大于 27m 的住宅建筑（包括设置商业服务网点的住宅建筑）
公共建筑	1. 建筑高度大于 50m 的公共建筑； 2. 建筑高度 24m 以上部分任一层建筑面积大于 1000m^2 的商店、展览、电信、邮政、财贸金融建筑和其他多种功能组合的建筑； 3. 医疗建筑、重要公共建筑、独立建造的老年人照料设施； 4. 省级及以上的广播电视和防灾指挥调度建筑、网局级和省级电力调度建筑； 5. 藏书超过 100 万册的图书馆、书库	除一类高层公共建筑外的其他高层公共建筑	建筑高度大于 24m 的单层公共建筑； 建筑高度不大于 24m 的其他公共建筑

注：1. 表中未列入的建筑，其类别应根据本表类比确定。
2. 除本规范另有规定外，宿舍，公寓等非住宅类居住建筑的防灾要求，应符合本规范有关公共建筑的规定。
3. 除本规范另有规定外，裙房的防灾要求应符合本规范有关高层民用建筑的规定。

设计使用年限分类　　**表 3–3**

类别	设计使用年限（年）	示例
1	5	临时性建筑
2	25	易于替换结构构件的建筑
3	50	普通建筑和构筑物
4	100	纪念性建筑和特别重要的建筑

成果深度：

完整列举工程设计中所依据的规范资料，根据工程项目使用功能、规模、设计图纸正确说明工程概况的内容。

课堂练习：

已知某高层住宅建筑施工图设计，该建筑是一梯两户、两个单元拼接的板式高层住宅，建筑层数：17 层，层高 2.9m，室内外高差 0.45m，请填写以下该项目的工程概况。

建筑总高度：________，建筑工程等级：________

建筑耐火等级：________，设计使用年限：________。

小节实训：

1. 实训内容：用本书模块一、模块二实训过程中设计绘制的施工图，完成该建筑施工图消防设计专篇中设计依据及工程概况的编写。

2. 实训目标：通过学习，能掌握相关知识点并正确表达施工图消防设计专篇中工程概况及设计依据编写。

3. 实训要求：

(1) 独立完成。

(2) 认真回顾熟悉设计绘制的施工图，运用所学建筑消防设计、建筑经济技术指标计算规则等知识及建筑防火设计规范，完成消防设计专篇中设计依据及工程概况内容，可参考案例展示的格式和内容。

3.1.2 总平面布局

学习目标：

依据消防设计的需要，结合项目特点对照建筑防火设计规范正确描述建筑总平面建筑四周其他建筑物的基本情况及消防车道、消防登高场地设置情况等。包括四周建筑的功能、层数、与拟建建筑的防火间距，消防车道净度、净高、距拟建建筑的距离等具体数据，以及消防登高场地位置、尺寸、距拟建建筑的距离等具体数据。

案例展示（图 3-3）：

学习内容：

1. 拟建建筑四周基本情况：描述拟建建筑各楼栋之间及与周围建筑间距符合防火规范要求，若不满足要求时应说明采取了何种措施并达到了建筑防火规范要求。

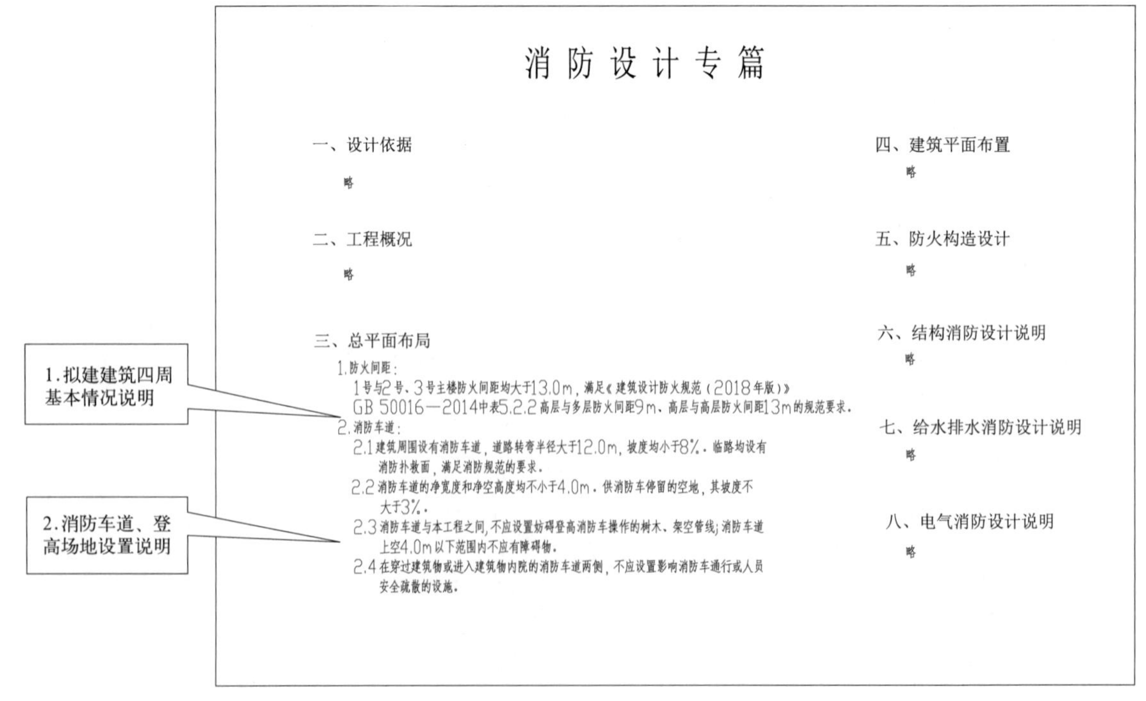

图 3-3 某住宅建筑施工图设计消防设计专篇节选（总平面布局）

防火间距：根据《建筑设计防火规范（2018年版）》GB 50016—2014第5.2.2条，民用建筑之间的防火间距不应小于表3-4中的规定。

民用建筑之间的防火间距（m） **表3-4**

建筑类别		高层民用建筑	裙房和其他民用建筑		
		一、二级	一、二级	三级	四级
高层民用建筑	一、二级	13	9	11	14
裙房和其他民用建筑	一、二级	9	6	7	9
	三级	11	7	8	10
	四级	14	9	10	12

2. 消防车道设置情况：描述拟建建筑场地内消防车道、回车场的设计符合防火规范要求，包括消防车道位置、宽度、转弯半径、坡度等及尽端消防车道回车场的设置。

消防车道：应满足《建筑设计防火规范（2018年版）》GB 50016—2014中第7.1条，如高层民用建筑，超过3000个座位的体育馆，超过2000个座位的会堂，占地面积大于3000m^{2}的商店建筑、展览建筑等单、多层公共建筑应设置环形消防车道，确有困难时，可沿建筑的两个长边设置消防车道。尽头式消防车道应设置回车道或回车场，同时消防车道的净宽度和净空高度均不应小于4.0m，消防车道的坡度不宜大于8%。

3. 消防救援场地和入口设置情况：如拟建建筑为高层建筑，应描述建筑底边布置消防登高救援场地及救援入口设置情况符合防火规范要求，包括救援场地设计位置、大小、承载力、坡度等和救援入口设置等内容。

救援场地和入口：应满足《建筑设计防火规范（2018年版）》GB 50016—2014中第7.2条，如高层建筑应至少沿一个长边或周边长度的1/4且不小于一个长边长度的底边连续布置消防车登高操作场地，该范围内的裙房进深不应大于4m。场地的长度和宽度分别不应小于15m和10m。对于建筑高度大于50m的建筑，场地的长度和宽度分别不应小于20m和10m。

4. 如设计中有消防控制室，需描述消防控制室位置及出入口设置等。

5. 需注意说明中所描述的尺寸数据应与总平面图中的标注尺寸一致，消防车道、救援场地和入口、消防控制室等设置情况应与设计图纸中一致。

课堂练习：

查阅《建筑设计防火规范（2018年版）》GB 50016—2014完成以下填空：

1. 当建筑物沿街道部分的长度大于____m或总长度大于____m时，应设置穿过建筑物的消防车道。确有困难时，应设置环形消防车道。

2. 尽头式消防车道应设置回车道或回车场，回车场的面积不应小于____m×____m；对于高层建筑，不宜小于____m×____m。

3. 场地应与消防车道连通，场地靠建筑外墙一侧的边缘距离建筑外墙不宜小于____m，且不应大于____m，场地的坡度不宜大于____m。

4. 供消防救援人员进入的窗口的净高度和净宽度均不应小于____m，下沿距室内地面不宜大于____m，间距不宜大于____m 且每个防火分区不应少于____个。

小节实训：

1. 实训内容：用前面模块一、模块二实训过程中设计绘制的施工图，完成该建筑施工图消防设计专篇中总平面布局的编写。

2. 实训目标：通过学习，能掌握相关知识点并正确表达施工图消防设计专篇中总平面布局的编写。

3. 实训要求：

（1）独立完成。

（2）熟悉设计绘制的施工图，根据总平面图，运用建筑消防设计等知识及建筑防火设计规范，完成消防设计专篇中总平面布局内容，可参考案例展示的格式和内容。

（3）如在编写消防专篇时发现设计中有不符合规划要求的内容应及时对设计进行修正。

3.1.3 建筑平面布置

学习目标：

正确描述建筑各部分使用功能，依据消防设计的需要，能分别不同性质、不同规模、不同高度等建筑概况，根据防火设计规范，完成防火分区设计的描述及建筑安全疏散的描述。包括防火分区的设计数量，设计原则，安全出口数量、宽度、疏散距离等符合防火规范要求。

案例展示（图 3-4）：

学习内容：

1. 建筑防火分区设计描述：描述建筑各部分使用功能，是否设有自动喷水灭火系统或其他自动灭火系统，根据不同性质、不同规模、不同高度等建筑概况，列出防火分区的总数量，根据防火分区示意图描述各防火分区范围、面积及分区原则。并依据防火设计规范说明防火分区及每个分区的安全出口数量等符合防火规范要求（表 3-5）。

防火分区应符合《建筑设计防火规范（2018 年版）》GB 50016—2014 中第 5.3 条的要求，不同耐火等级建筑的允许建筑高度或层数、防火分区

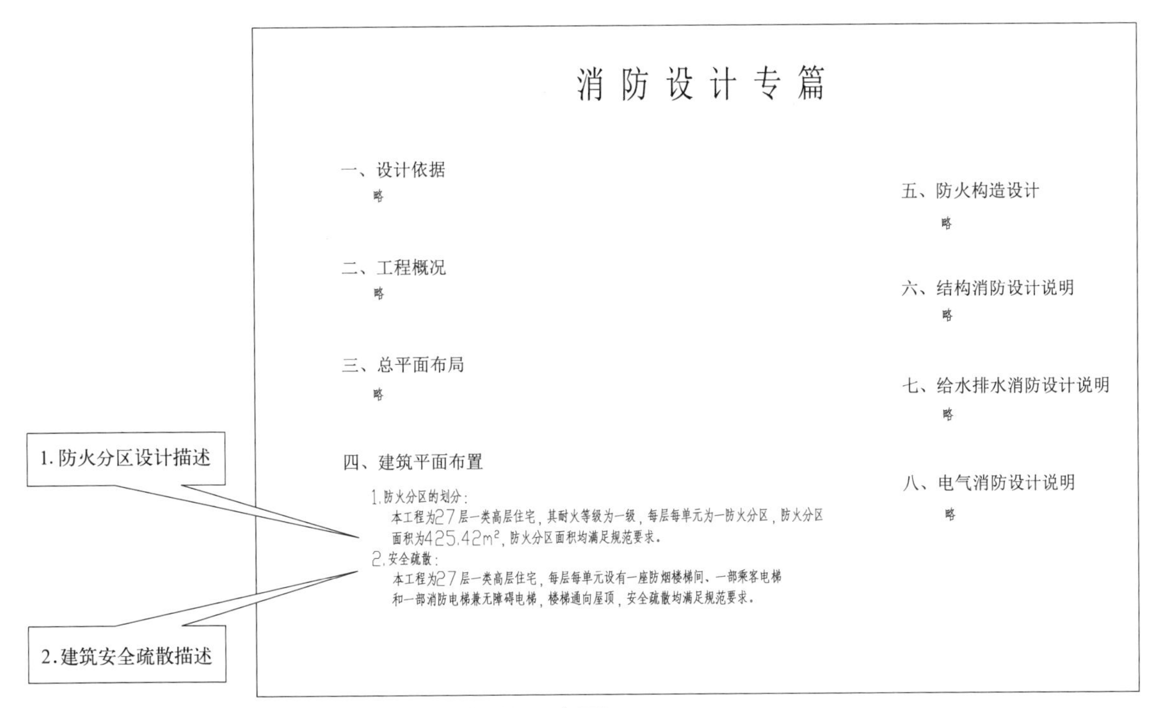

图 3-4　某住宅建筑施工图设计消防设计专篇节选（建筑平面布置）

不同耐火等级建筑的允许建筑高度或层数、防火分区最大允许建筑面积　　**表 3-5**

名称	耐火等级	允许建筑高度或层数	防火分区的最大允许建筑面积（m^2）	备注
高层民用建筑	一、二级	按本模块 3.1.1 中表 3-2 确定	1500	对于体育馆、剧场的观众厅，防火分区的最大允许建筑面积可适当增加
单、多层民用建筑	一、二级	按本模块 3.1.1 中表 3-2 确定	2500	
	三级	5 层	1200	—
	四级	2 层	600	—
地下或半地下建筑（室）	一级	—	500	设备用房的防火分区最大允许建筑面积不应大于 1000m^2

最大允许建筑面积一般情况应符合表 3-5 的规定。

2. 建筑安全疏散设计描述：描述建筑中各楼屋的人数计算公式及结果、疏散楼梯的数量、位置、有效疏散宽度等符合防火规范要求；描述建筑中走道宽度、安全出口宽度、安全疏散距离等符合防火规范要求（表 3-6）。

建筑安全疏散应满足《建筑设计防火规范（2018 年版）》GB 50016—2014 中第 5.5 条的要求，如 5.5.2 点，建筑内的安全出口和疏散门应分散布置，且建筑内每个防火分区或一个防火分区的每个楼层、每个住宅单元每层相邻两个安全出口以及每个房间相邻两个疏散门最近边缘之间的水平距离不应小于 5m。

直通疏散走道的房间疏散门至最近安全出口的直线距离（m） **表 3–6**

名称			位于两个安全出口之间的疏散门			位于袋形走道两侧或尽端的疏散门		
			一、二级	三级	四级	一、二级	三级	四级
托儿所、幼儿园 老年人照料设施			25	20	15	20	15	10
歌舞娱乐放映游艺场所			25	20	15	9	—	—
医疗建筑	单、多层		35	30	25	20	15	10
	高层	病房部分	24	—	—	12	—	—
		其他部分	30	—	—	15	—	—
教学建筑	单、多层		35	30	25	22	20	10
	高层		30	—	—	15	—	—
高层旅馆、展览建筑			30	—	—	15	—	—
其他建筑	单、多层		40	35	25	22	20	15
	高层		40	—	—	20	—	—

注：1. 建筑内开向敞开式外廊的房间疏散门至最近安全出口的直线距离可按本表的规定增加 5m。
2. 直通疏散走道的房间疏散门至最近敞开楼梯间的直线距离，当房间位于两个楼梯之间时，应按本表的规定减少 5m；当房间位于袋形走道两侧或尽端时，应按本表的规定减少 2m。
3. 建筑物内全部设置自动喷水灭火系统时，其安全疏散距离可按本表的规定增加 25%。

一般情况，公共建筑房间内任一点至房间直通疏散走道的疏散门的直线距离，不应大于表 3–6 规定的袋形走道两侧或尽端的疏散门至最近安全出口的直线距离。

3. 大型复杂的建筑施工图设计应描述楼梯间及前室的设置形式、大小。

4. 设有电梯的建筑中应说明电梯及消防电梯的数量、设置部位、载重、速度、动力及其他相关配置形式，是否符合规范要求（简要列举依据和理由）。

5. 建筑平面布置根据不同工程性质、规模所编写的内容会不同，总体要求是描述清楚设计符合防火规范中防火分区和安全疏散要求，必要时可列举规范中的条文来说明。

课堂练习：

查阅《建筑设计防火规范（2018 年版）》GB 50016—2014 完成以下填空：

1. 某建筑地下一层、地上五层、二级耐火等级的多层办公楼，建筑内未设置自动灭火系统时地上防火分区最大允许建筑面积____m^2，地下防火分区最大允许建筑面积____m^2。

2. 某十五层公寓建筑高度 46.5m，裙房两层高度 7.8m，裙房与建筑主体之间未设置防火墙，公寓疏散楼梯采用________楼梯，裙房疏散楼梯采用________楼梯。

小节实训：

1. 实训内容：用前面模块一、模块二实训过程中设计绘制的施工图，完成该建筑施工图消防设计专篇中建筑平面布置的编写。

2. 实训目标：通过学习，能掌握相关知识点并正确表达施工图消防设计专篇中建筑平面布置的编写。

3. 实训要求：

（1）独立完成。

（2）认真回顾熟悉设计绘制的施工图，根据建筑平面图，运用建筑消防设计等知识及建筑防火设计规范，完成消防设计专篇中建筑平面布置内容，主要包含防火分区及安全疏散两项内容，可参考案例展示的格式和内容。

（3）如在编写消防专篇时发现设计中有不符合规范要求的内容应及时对设计进行修正。

3.1.4 建筑构造防火设计

学习目标：

依据消防设计的需要，正确描述设计中防火墙的设置情况，建筑构件和管道井等特殊部位的防火构造做法，并简要说明依据的现行建筑设计防火规范。

正确描述设计中防火门、防火窗和防火卷帘形式、开启方向、耐火极限等是否符合规范要求（简要列举依据和理由）。

案例展示（图 3–5）：

学习内容：

1. 防火墙的设置情况：描述施工图设计中防火墙的设置部位、耐火等级等情况，并说明是否符合防火规范要求。

防火墙设置应满足《建筑设计防火规范（2018 年版）》GB 50016—2014 中第 6.1 条，如第 6.1.3 和 6.1.4 点：紧靠防火墙两侧的门、窗、洞口之间最近边缘的水平距离不应小于 2.0m（图 3–6）；内转角两侧墙上的门、窗、洞口之间最近边缘的水平距离不应小于 4.0m（图 3–7）；采取设置乙级防火窗等防止火灾水平蔓延的措施时，该距离不限。

如第 6.1.5 点：防火墙上不应开设门、窗、洞口，确需开设时，应设置不可开启或火灾时能自动关闭的甲级防火门、窗。

2. 建筑构件、管道井防火设置：描述施工图设计中各种管道井的设置形式，是否采取封堵措施；幕墙防火构造如何，防火挑檐位置、尺寸等是否符合规范要求。

建筑构件、管道井防火设计应满足《建筑设计防火规范（2018 年版）》

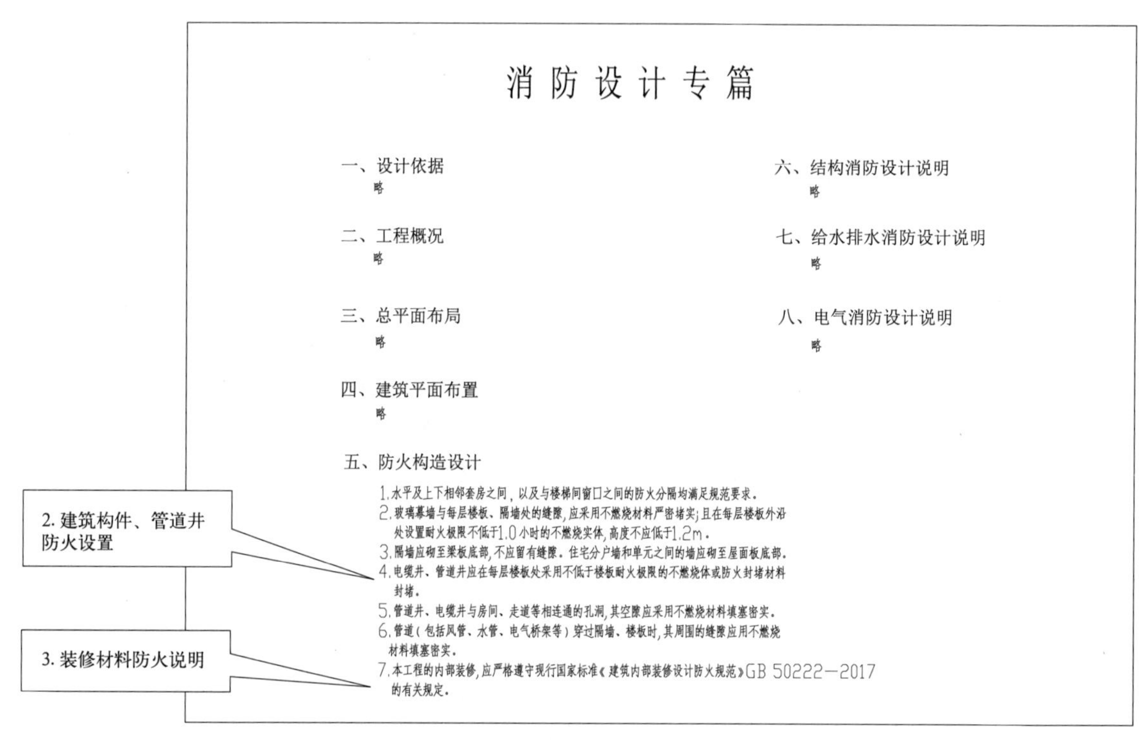

消防设计专篇

一、设计依据

略

二、工程概况

略

三、总平面布局

略

四、建筑平面布置

略

五、防火构造设计

1.水平及上下相邻套房之间，以及与楼梯间窗口之间的防火分隔均满足规范要求。

2.玻璃幕墙与每层楼板、隔墙处的缝隙，应采用不燃烧材料严密堵实；且在每层楼板外沿处设置耐火极限不低于1.0小时的不燃烧实体，高度不应低于1.2m。

3.隔墙应砌至梁板底部，不应留有缝隙。住宅分户墙和单元之间的墙应砌至屋面板底部。

4.电缆井、管道井应在每层楼板处采用不低于楼板耐火极限的不燃烧体或防火封堵材料封堵。

5.管道井、电缆井与房间、走道等相连通的孔洞，其空隙应采用不燃烧材料填塞密实。

6.管道（包括风管、水管、电气桥架等）穿过隔墙、楼板时，其周围的缝隙应用不燃烧材料填塞密实。

7.本工程的内部装修，应严格遵守现行国家标准《建筑内部装修设计防火规范》GB 50222—2017的有关规定。

六、结构消防设计说明

略

七、给水排水消防设计说明

略

八、电气消防设计说明

略

图 3-5　某住宅建筑施工图设计消防设计专篇节选（防火构造设计）

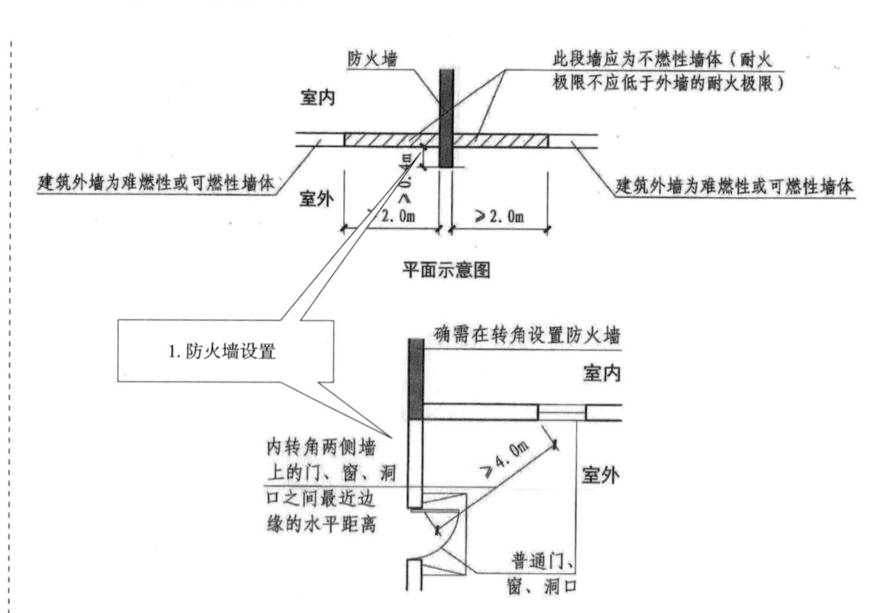

图 3-6　紧靠防火墙两侧的门、窗、洞口之间最近边缘的水平距离图示

图 3-7　内转角两侧墙上的门、窗、洞口之间最近边缘的水平距离图示

GB 50016—2014 中第 6.2 条，如第 6.2.5 点：建筑外墙上、下层开口之间应设置高度不小于 1.2m 的实体墙或挑出宽度不小于 1.0m、长度不小于开口宽度的防火挑檐；当室内设置自动喷水灭火系统时，上、下层开口之间的实体墙高度不应小于 0.8m，如图 3-8 所示。

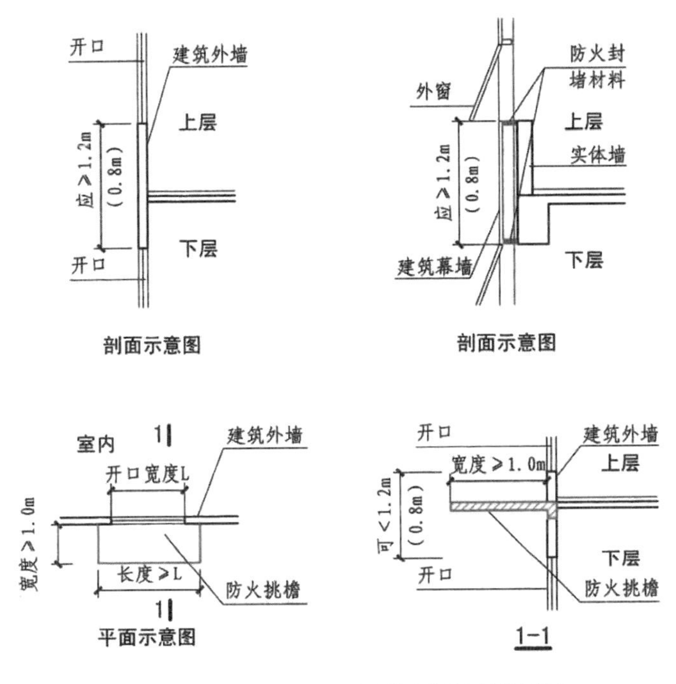

[注释]
1. 当室内设置自动喷水灭火系统时，上、下层开口之间的墙体高度执行括号内数字。
2. 如下部外窗的上沿以上为上一层的梁时，该梁高度可计入上、下层开口间的墙体高度。
3. 实体墙、防火挑檐的耐火极限和燃烧性能，均不应低于相应耐火等级建筑外墙的要求。

图 3-8　建筑外墙上、下层防火构造图示

住宅建筑外墙上相邻户开口之间的墙体宽度不应小于 1.0m；小于 1.0m 时，应在开口之间设置突出外墙不小于 0.6m 的隔板。

3. 装修材料防火说明：强调说明装修材料要符合内部装修设计的规范要求。

课堂练习：

查阅《建筑设计防火规范（2018 年版）》GB　50016—2014 完成以下填空：

1. 某建筑两个防火分区间的防火墙不凸出墙的外表面，紧靠防火墙两侧的门、窗、洞口之间最近边缘的水平距离不应小于______m；当采取______防火窗时，水平距离不限。

2. 通风、空气调节机房和变配电室开向建筑内的门应采用______级防火门，消防控制室和其他设备房开向建筑内的门应采用______级防火门。

3. 电缆井、管道井、排烟道、排气道、垃圾道等竖向井道，应分别独立设置。井壁的耐火极限不应低于______h，井壁上的检查门应采用______级防火门。

小节实训：

1. 实训内容：用前面模块一、模块二实训过程中设计绘制的施工图，完成该建筑施工图消防设计专篇中建筑平面布置的编写。

2. 实训目标：通过学习，能掌握相关知识点并正确表达施工图消防设计专篇中建筑平面布置的编写。

3. 实训要求：

（1）独立完成。

（2）熟悉设计绘制的施工图，根据建筑平面图、大样图、详图，运用建筑消防设计等知识及建筑防火设计规范，完成消防设计专篇中建筑构造防火设计内容，主要包含防火墙设置、建筑构建管道井防火设置、装修材料防火要求三项内容，可参考案例展示的格式和内容。

（3）如在编写消防专篇时发现设计中有不符合规范要求的内容应及时对设计进行修正。

3.2 建筑节能设计专篇

概述：

随着我国建筑工程建设速度和规模的加快和扩大，用于建筑的建造能耗和建筑使用能耗剧烈增长。而我国能源紧缺，为了持续发展，只有从节约能耗找出路。为了提高建筑节能设计、审查、备案、认定的质量，国家和各地区均发布了一系列标准和规定。

所有民用建筑施工图都必须编制节能设计文件。节能设计文件由设计过程文件和施工指导文件两部分构成。节能设计过程文件包括节能设计报告书和节能设计审查备案表。节能设计施工指导文件主要是建筑施工图中的节能设计专篇。各类节能设计文件应相互统一，相关内容和数据应完全一致。各类节能设计文件均应报送施工图审查机构审查，审查合格的文件才能正式使用（二维码 3–5、二维码 3–6）。

案例展示（图 3–9）：

单项实训（表 3–7）：

二维码 3–5　建筑节能设计专篇课件

二维码 3–6　建筑节能设计专篇微课

3.2.1 工程概况及设计依据

学习目标：

1. 依据节能设计的需要，正确描述工程项目区位、特征及技术经济指标等。包括项目名称、建设工程所在城市及其城市所在的气候分区、建筑类型、建筑体型、建筑朝向、结构形式、建筑层数及建筑高度、建筑物节能计算面积等内容。

2. 依据工程特点，正确选用相关技术规范。如《建筑气候区划标准》《民用建筑热工设计规范》《公共建筑节能设计标准》，所在气候区居住建筑节

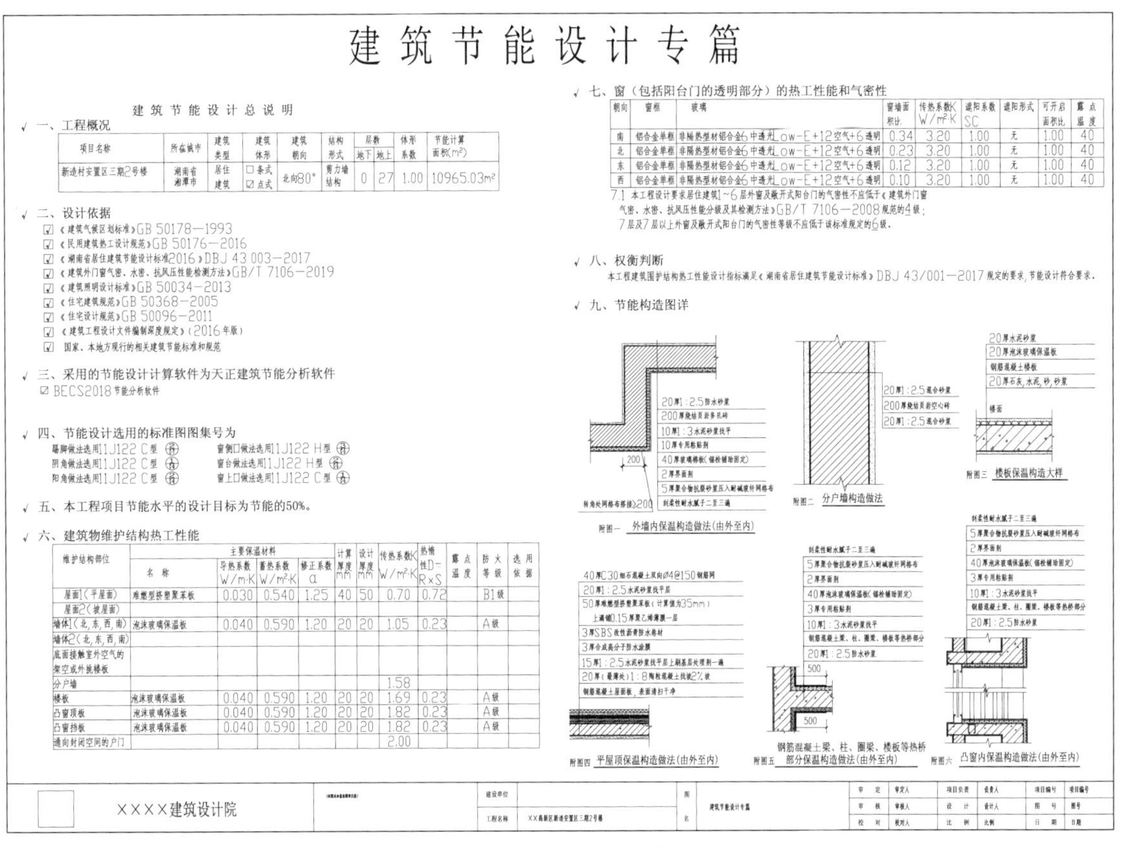

建筑节能设计专篇

建筑节能设计总说明

√ 一、工程概况

项目名称	所在城市	建筑类型	建筑体形	建筑朝向	结构形式	层数 地下	层数 地上	体形系数	节能计算面积(m^2)
新造村安置区三期2号楼	湖南省湘潭市	居住建筑	□条式 ☑点式	北向80°	剪力墙结构	0	27	1.00	10965.03m^2

√ 二、设计依据

☑《建筑气候区划标准》GB 50178—1993
☑《民用建筑热工设计规范》GB 50176—2016
☑《湖南省居住建筑节能设计标准2016》DBJ 43 003—2017
☑《建筑外门窗气密、水密、抗风压性能检测方法》GB/T 7106—2019
☑《建筑照明设计标准》GB 50034—2013
☑《住宅建筑规范》GB 50368—2005
☑《住宅设计规范》GB 50096—2011
☑《建筑工程设计文件编制深度规定》(2016年版)
☑ 国家、本地方现行的相关建筑节能标准和规范

√ 三、采用的节能设计计算软件为天正建筑节能分析软件

☑ BECS2018节能分析软件

√ 四、节能设计选用的标准图图集号为

踢脚做法选用11J122 C型　　窗侧口做法选用11J122 H型
阴角做法选用11J122 C型　　窗台做法选用11J122 H型
阳角做法选用11J122 C型　　窗上口做法选用11J122 C型

√ 五、本工程项目节能水平的设计目标为节能的50%。

√ 六、建筑物维护结构热工性能

维护结构部位	主要保温材料 名称	导热系数 W/m·K	蓄热系数 W/m²·K	修正系数 α	计算厚度 mm	设计厚度 mm	传热系数K W/m²·K	热惰性D=R×S	露点温度	防火等级	选用依据
屋面1(平屋面)	难燃型挤塑聚苯板	0.030	0.540	1.25	40	50	0.70	0.72		B1级	
屋面2(坡屋面)											
墙体1(北,东,西,南)	泡沫玻璃保温板	0.040	0.590	1.20	20	20	1.05	0.23		A级	
墙体2(北,东,西,南)											
底面接触室外空气的架空或外挑楼板											
分户墙							1.58				
楼板	泡沫玻璃保温板	0.040	0.590	1.20	20	20	1.69	0.23		A级	
凸窗顶板	泡沫玻璃保温板	0.040	0.590	1.20	20	20	1.82	0.23		A级	
凸窗挡板	泡沫玻璃保温板	0.040	0.590	1.20	20	20	1.82	0.23		A级	
通向封闭空间的户门							2.00				

√ 七、窗(包括阳台门的透明部分)的热工性能和气密性

朝向	窗框	玻璃	窗墙面积比	传热系数K W/m²·K	遮阳系数SC	遮阳形式	可开启面积比	露点温度
南	铝合金单框	非隔热型材铝合金6中透光Low-E+12空气+6透明	0.34	3.20	1.00	无	1.00	40
北	铝合金单框	非隔热型材铝合金6中透光Low-E+12空气+6透明	0.23	3.20	1.00	无	1.00	40
东	铝合金单框	非隔热型材铝合金6中透光Low-E+12空气+6透明	0.12	3.20	1.00	无	1.00	40
西	铝合金单框	非隔热型材铝合金6中透光Low-E+12空气+6透明	0.10	3.20	1.00	无	1.00	40

7.1 本工程设计要求居住建筑1~6层外窗及敞开式阳台门的气密性不应低于《建筑外门窗气密、水密、抗风压性能分级及其检测方法》GB/T 7106—2008规范的4级；7层及7层以上外窗及敞开式阳台门的气密性等级不应低于该标准规定的6级。

√ 八、权衡判断

本工程建筑围护结构热工性能设计指标满足《湖南省居住建筑节能设计标准》DBJ 43/001—2017规定的要求，节能设计符合要求。

√ 九、节能构造图详

图 3-9　某住宅建筑施工图设计节能设计专篇（扫描二维码 3-7 查看高清图片）

建筑节能设计专篇单项实训任务表　　表 3-7

<table>
<tr><td>实训目标</td><td colspan="2">知识目标：掌握建筑节能设计专篇及建筑节能构造做法的表达。
能力目标：能独立完成对建筑施工图和节能设计报告书的识读理解，编制建筑节能设计专篇。
思政映入：通过建筑节能设计专篇的案例讲解，增强建筑节能意识，增强节约能源、节约资源意识，树立生态文明理念，提高职业素养。完成建筑节能设计专篇编制实训任务时，需要查阅项目的节能计算书及当地节能相关的规范标准，通过列举说明项目围护结构的保温性能及参数设计、节能节点构造详图的设计，提升工作责任感，增强严谨的工作意识，培养严格执行行业法律法规的工作态度</td></tr>
<tr><td>实训方式</td><td>将单项实训任务依次分解至各小节学练过程中。通过小节实训的方式，逐步完成本次单项实训</td><td rowspan="6">扫描二维码 3-4 下载某住宅建筑全套施工图，扫描二维码 3-8 下载节能设计报告书</td></tr>
<tr><td>实训内容</td><td>对提供的建筑施工图和节能计算书，完成建筑节能设计专篇，达到《建筑工程设计文件编制深度规定（2016 年版）》节能说明部分深度要求</td></tr>
<tr><td>成果要求</td><td>建筑节能设计专篇，按比例打印出图并提交电子版</td></tr>
<tr><td>实训建议</td><td>按后续小节中实训进度逐步完成建筑节能设计专篇，每小节提交电子版，实训结束后按比例打印出图</td></tr>
<tr><td>实训项目选题建议</td><td>建议为与本模块案例接近的住宅建筑。提供整套完整的建筑施工图及节能设计报告书电子版</td></tr>
</table>

二维码 3-7　某住宅建筑施工图设计节能设计专篇

二维码 3-8　节能设计报告书

能设计标准，所在省、市、地区民用建筑节能设计标准，各专业相关的规范、相关产品标准等。

案例展示（图 3–10）：

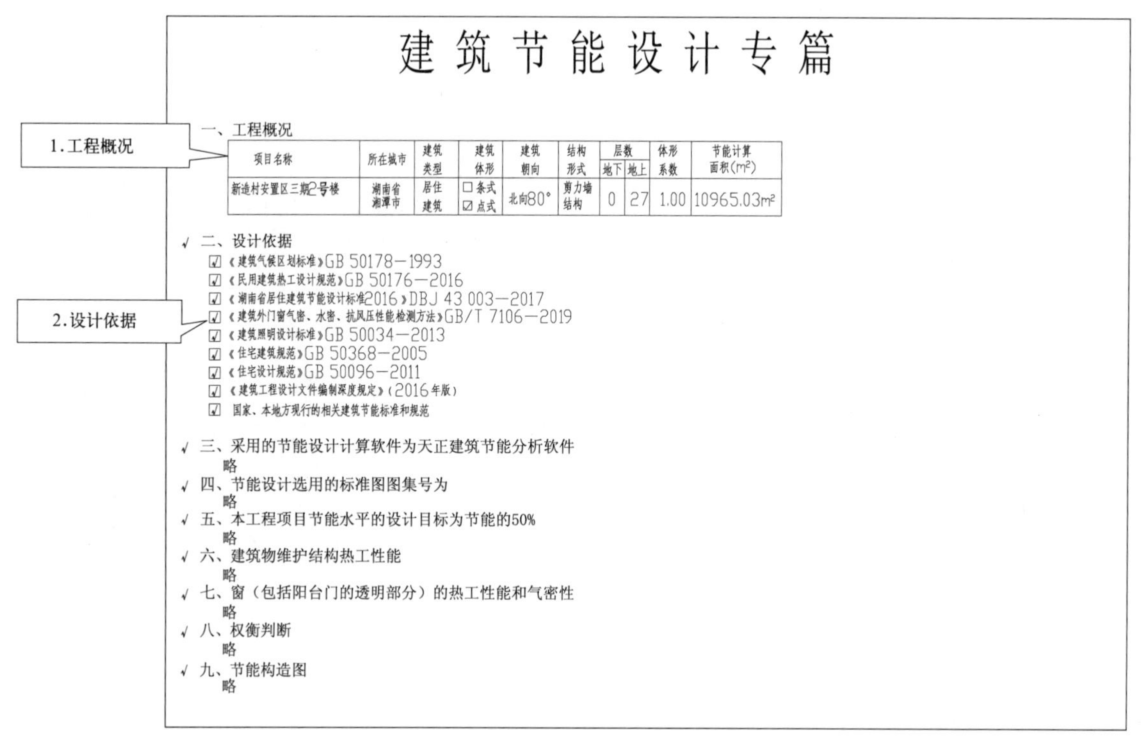

建 筑 节 能 设 计 专 篇

一、工程概况

项目名称	所在城市	建筑类型	建筑体形	建筑朝向	结构形式	层数		体形系数	节能计算面积(m^2)
						地下	地上		
新造村安置区三期2号楼	湖南省湘潭市	居住建筑	□条式 ☑点式	北向80°	剪力墙结构	0	27	1.00	10965.03m^2

√ 二、设计依据

☑《建筑气候区划标准》GB 50178—1993
☑《民用建筑热工设计规范》GB 50176—2016
☑《湖南省居住建筑节能设计标准2016》DBJ 43 003—2017
☑《建筑外门窗气密、水密、抗风压性能检测方法》GB/T 7106—2019
☑《建筑照明设计标准》GB 50034—2013
☑《住宅建筑规范》GB 50368—2005
☑《住宅设计规范》GB 50096—2011
☑《建筑工程设计文件编制深度规定》（2016 年版）
☑ 国家、本地方现行的相关建筑节能标准和规范

√ 三、采用的节能设计计算软件为天正建筑节能分析软件
略
√ 四、节能设计选用的标准图图集号为
略
√ 五、本工程项目节能水平的设计目标为节能的50%
略
√ 六、建筑物维护结构热工性能
略
√ 七、窗（包括阳台门的透明部分）的热工性能和气密性
略
√ 八、权衡判断
略
√ 九、节能构造图
略

图 3–10　某住宅建筑节能设计专篇节选（工程概况及设计依据）

学习内容：

1. 建筑热工设计分区

我国《民用建筑热工设计规范》GB 50176—2016 从建筑热工设计的角度，把我国划分为五个气候分区，即严寒地区、寒冷地区、夏热冬冷地区、夏热冬暖地区、温和地区。

2. 不同热工分区下的建筑节能设计原理

严寒地区——满足冬季保温要求，一般不考虑夏季隔热；

寒冷地区——满足冬季保温要求，兼顾夏季防热；

夏热冬冷地区——满足夏季防热要求，兼顾冬季保温；

夏热冬暖地区——充分满足夏季防热要求，一般不考虑冬季保温；

温和地区——部分地区注意冬季保温，一般不考虑夏季防热。

3. 建筑节能设计依据

A.《建筑气候区划标准》GB 50178—1993

B.《民用建筑热工设计规范》GB 50176—2016

C.《公共建筑节能设计标准》GB 20189—2015

D. 所在气候区居住建筑节能设计标准

E. 所在省、市、地区民用建筑节能设计标准

F.《全国民用建筑工程设计技术措施节能专篇》建筑、结构、给水排水、暖通空调、动力、电气等各分册

G.《建筑照明设计标准》GB 50034—2013

H.《建筑工程设计文件编制深度规定（2016 年版）》

I. 各专业相关的规范、相关产品标准

4. 建筑物节能计算面积

建筑面积：应按各层外墙外包线围成面积的总和计算。

建筑体积：应按建筑物外表面和底层地面围成的体积计算。

建筑物外表面积：应按墙面面积、屋顶面积和下表面直接接触室外空气的楼板面积的总和计算。

5. 建筑体型系数

建筑物与室外大气直接接触的外表面积与其所包围的体积的比值，外表面积中不包括地面和不采暖楼梯间内墙的面积。从降低建筑能耗的角度来说，体型系数越小越好。

成果深度：

达到住房和城乡建设部印发的《建筑工程设计文件编制深度规定（2016 年版）》4.3.3 设计深度要求。

课堂练习：

1. 从建筑热工设计的角度，把我国划分为五个气候分区，分别是__________、__________、__________、__________和__________。

2. 名词解释：建筑体型系数。

小节实训：

1. 实训内容：扫描二维码 3-4、二维码 3-8，下载本章首节单项实训中给定的某住宅建筑施工图及节能设计报告书，完成住宅施工图节能设计专篇中有关工程概况及设计依据的编写。

2. 实训目标：通过学习，能掌握相关知识点并正确表达施工图节能设计专篇中工程概况及设计依据编写。

3. 实训要求：

（1）独立完成。

（2）能正确地描述工程概况，计算相关数据。

（3）能正确地选择相关设计规范标准。

3.2.2 围护结构的保温做法及参数设计

学习目标：

1. 依据节能设计的需要，施工图中应明确围护结构的构造做法，包括屋面、墙体（含非透明幕墙）、楼板、接触室外空气的架空或挑空楼板，采暖空调地下室的外墙、地面或非采暖空调地下室与采暖空调空间间隔的墙体、顶板，其他与节能有关的墙体、楼板等。

构造做法应包括主要构造图、关键保温材料的主要性能指标要求和厚度要求。如果引用做法标准图，应标明图集号、图号。

2. 施工图设计中应明确外窗、透明幕墙、屋面透明部分等部位的构造做法。构造做法应包括主要构造图，型材和玻璃（或其他透明材料）的品种和主要性能指标要求，中空层厚度、气密性、传热系数、遮阳系数、可开启面积比等。如引用标准图，应标明图集号、图号。

案例展示（图 3–11）：

学习内容：

1. 节能计算软件

应明确计算软件的名称，常用的节能计算软件有天正建筑节能分析软件、PKPM 建筑节能分析软件、清华斯维尔建筑节能分析软件等。

2. 参照建筑

参照建筑是一栋符合节能标准要求的假想建筑。作为围护结构热工性能综合判断时，与设计建筑相对应的，计算全年采暖和空气调节能耗的比较对象。

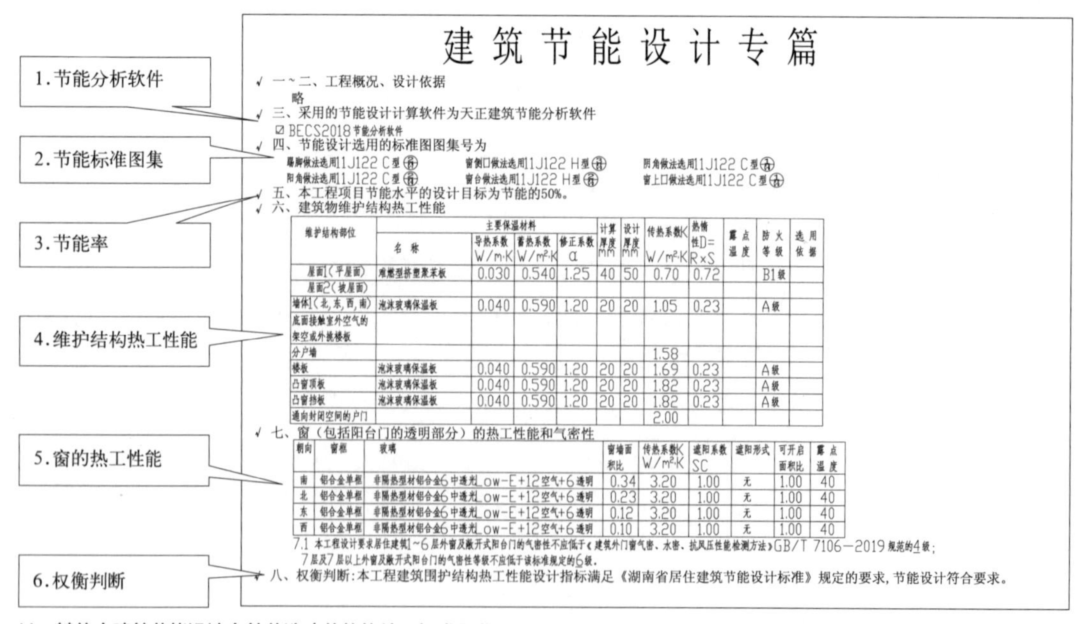

建筑节能设计专篇

√ 一～二、工程概况、设计依据

略

√ 三、采用的节能设计计算软件为天正建筑节能分析软件

☑ BECS2018 节能分析软件

√ 四、节能设计选用的标准图图集号为

踢脚做法选用11J122 C型　窗侧口做法选用11J122 H型　阴角做法选用11J122 C型

阳角做法选用11J122 C型　窗台做法选用11J122 H型　窗上口做法选用11J122 C型

√ 五、本工程项目节能水平的设计目标为节能的50%。

√ 六、建筑物维护结构热工性能

维护结构部位	主要保温材料				计算厚度 mm	设计厚度 mm	传热系数K W/m²·K	热惰性D=R×S	露点温度	防火等级	选用依据
	名称	导热系数 W/m·K	蓄热系数 W/m²·K	修正系数 α							
屋面1（平屋面）	难燃型挤塑聚苯板	0.030	0.540	1.25	40	50	0.70	0.72		B1级	
屋面2（坡屋面）											
墙体1（北，东，西，南）	泡沫玻璃保温板	0.040	0.590	1.20	20	20	1.05	0.23		A级	
底面接触室外空气的架空或外挑楼板											
分户墙							1.58				
楼板	泡沫玻璃保温板	0.040	0.590	1.20	20	20	1.69	0.23		A级	
凸窗顶板	泡沫玻璃保温板	0.040	0.590	1.20	20	20	1.82	0.23		A级	
凸窗挡板	泡沫玻璃保温板	0.040	0.590	1.20	20	20	1.82	0.23		A级	
通向封闭空间的户门							2.00				

√ 七、窗（包括阳台门的透明部分）的热工性能和气密性

朝向	窗框	玻璃	窗墙面积比	传热系数K W/m²·K	遮阳系数 SC	遮阳形式	可开启面积比	露点温度
南	铝合金单框	非隔热型材铝合金6中透光Low-E+12空气+6透明	0.34	3.20	1.00	无	1.00	40
北	铝合金单框	非隔热型材铝合金6中透光Low-E+12空气+6透明	0.23	3.20	1.00	无	1.00	40
东	铝合金单框	非隔热型材铝合金6中透光Low-E+12空气+6透明	0.12	3.20	1.00	无	1.00	40
西	铝合金单框	非隔热型材铝合金6中透光Low-E+12空气+6透明	0.10	3.20	1.00	无	1.00	40

7.1 本工程设计要求居住建筑1～6层外窗及敞开式阳台门的气密性不应低于《建筑外门窗气密、水密、抗风压性能检测方法》GB/T 7106—2019规范的4级；

7层及7层以上外窗及敞开式阳台门的气密性等级不应低于该标准规定的6级。

√ 八、权衡判断：本工程建筑围护结构热工性能设计指标满足《湖南省居住建筑节能设计标准》规定的要求，节能设计符合要求。

图 3–11　某住宅建筑节能设计专篇节选（节能软件、标准图集、节能率等）

3. 围护结构

建筑物及房间各面的围挡物，如墙体、屋顶、地面和门窗等，分内、外围护结构两类。

4. 导热系数

稳态条件下，1m 厚的物体，两侧表面温差为 1K 时，单位时间内通过单位面积传递的热量，单位：W/（m·K）。

5. 蓄热系数

当某一足够厚度的单一材料层一侧受到谐波热作用时，表面温度将按同一周期波动。通过表面的热流振幅与表面温度振幅的比值即为蓄热系数，单位：W/（m^2·K）。

6. 热桥

围护结构中包含金属、钢筋混凝土或混凝土梁、柱、肋等部位，在室内外温差作用下，形成热流密集、内表面温差较低的部位。这些部位形成传热的桥梁，故称热桥。

7. 围护结构传热系数

在稳态条件下，围护结构两侧空气温差为 1℃，在单位时间内通过单位面积围护结构的传热量，单位：W/（m^2·K）。传热系数越小，围护结构的传热能力越低，其保温隔热性能越好。

8. 围护结构传热阻

传热系数的倒数，表征围护结构对热量的阻隔作用，单位：m^2·K/W。

9. 窗墙面积比

某朝向外窗的总面积与该朝向外墙总面积的比值。

10. 遮阳系数

实际透过窗玻璃的太阳辐射得热与相同条件下透过 3mm 厚玻璃的太阳辐射得热的比值。

成果深度：

达到住房和城乡建设部印发的《建筑工程设计文件编制深度规定（2016 年版）》4.3.3 设计深度要求。

课堂练习：

1. 实现围护结构的节能，就应提高建筑物______、______、______、______等围护结构各部分的保温隔热性能，以减少传热损失，并提高门窗的______，以减少空气渗透耗热量。

2. 名词解释：导热系数。

小节实训：

1. 实训内容：扫描二维码 3-4、二维码 3-8，下载本章首节单项实训中给定的某住宅建筑施工图及节能设计报告书，完成住宅施工图节能设计专篇中有关围护结构和窗的热工性能参数的填写。

2. 实训目标：通过学习，能掌握相关知识点并正确表达施工图节能设计专篇中围护结构和窗的热工性能的编写。

实训要求：

1. 独立完成。

2. 能正确完成围护结构的热工性能参数填写，包括屋面、墙体（含非透明幕墙）、楼板、接触室外空气的架空或挑空楼板，采暖空调地下室的外墙、地面或非采暖空调地下室与采暖、空调空间间隔的墙体、顶板，其他围护墙、楼板、冷桥等。

3. 能正确地完成外窗型材和玻璃（或其他透明材料）的品种的确定和主要性能指标参数的填写，包括中空层厚度、气密性、传热系数、遮阳系数、可开启面积比等。

3.2.3 节能节点构造详图设计

学习目标：

依据节能设计的需要，施工图中应明确围护结构的构造做法，包括屋面、墙体（含非透明幕墙）、楼板、接触室外空气的架空或挑空楼板，采暖空调地下室的外墙、地面或非采暖空调地下室与采暖、空调空间间隔的墙体、顶板，其他围护墙、楼板、冷桥等构造详图设计。

案例展示（图 3-12）：

学习内容：

1. 外墙保温

外保温：消除了冷热桥，保温效果较好，不影响室内面积。

内保温：安全性比外保温好，但有冷热桥，且占用室内面积。

夹芯保温：有冷热桥，安全性较好，但墙体厚度较厚。

自保温：有冷热桥，墙体面积占建筑外围护面积比例大时用。

2. 分户墙

分户墙是指户与户之间的隔墙，户与公共走道、楼梯间、电梯间的隔墙。居住建筑分户墙热工性能要求参见现行《民用建筑热工设计规范》，其中夏热冬冷地区居住建筑分户墙的传热系数不应大于 2.0W/（$m^2 \cdot K$）。

3. 采暖空调房间与非采暖空调房间的隔墙

采暖空调房间与非采暖空调房间隔墙热工性能要求参见现行《民用建筑热工设计规范》。采暖空调房间与非采暖空调房间隔墙优先采用自保温系统，比如加气混凝土砌块；当无法采用自保温系统时，应选用满足消防

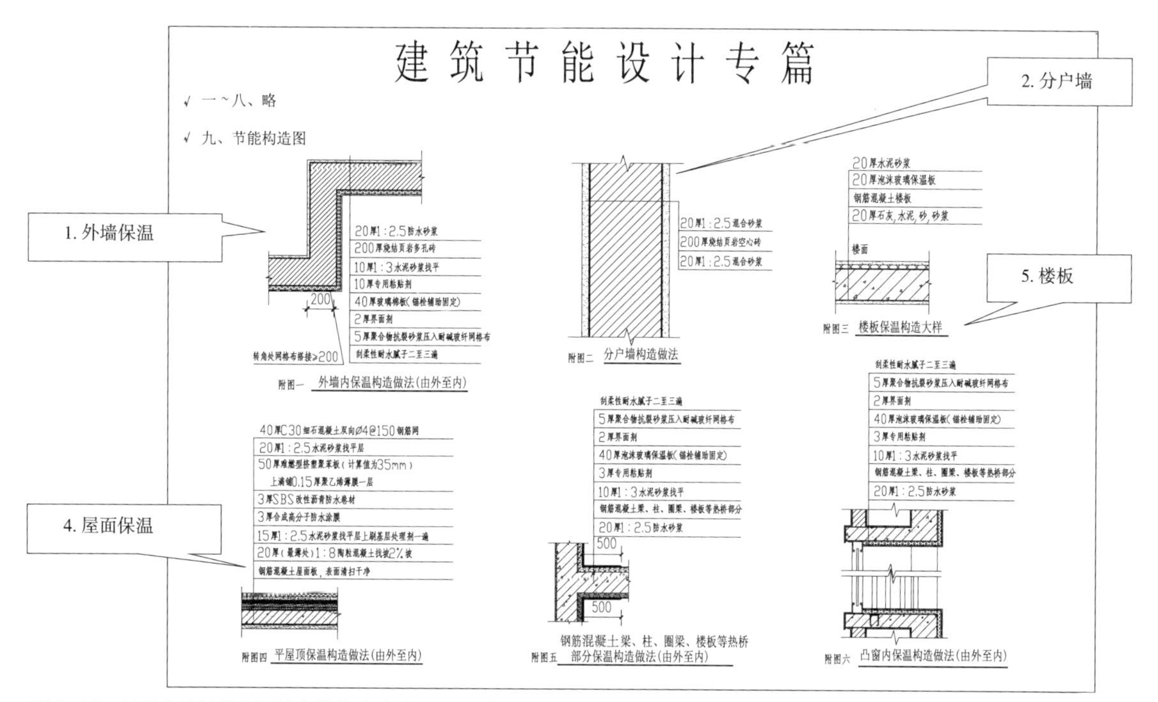

图 3-12　某住宅建筑节能设计专篇节选（节能构造图）

及室内装修要求的保温材料。

4. 屋面保温

平屋面保温层的构造方式有正置式保温屋面和倒置式保温屋面两种。

正置式保温屋面可选用的保温材料有高密度膨胀聚苯板、挤塑聚苯板、聚氨酯泡沫塑料、石膏玻璃棉板、胶粉聚苯颗粒屋面保温浆料、水泥聚苯板、泡沫玻璃保温板等。

只有当保温材料吸水率很小（≤ 4%），基本不吸水并且应具有一定的压缩强度时，才可以采用倒置式保温屋面。目前一般大部分采用挤塑板（XPS）做保温层，把保温层设在防水层的上方，既保护了防水层，又保温了整个屋面，能取得较好的效果。

保温材料的厚度应经计算确定。

5. 楼板

与室外空气直接接触的架空楼板的保温层做法主要有两种，即保温层在楼板下和保温层在楼板上。

保温层在楼板下时，可根据保温要求选用多种保温材料，如膨胀聚苯板、挤塑聚苯板、聚氨酯泡沫塑料、胶粉聚苯颗粒保温浆料、水泥聚苯板等。

保温层在楼板上由于直接承受荷载，因此保温材料均需选用吸水率小、抗压强度较高的产品，如挤塑聚苯板、泡沫玻璃等。

成果深度：

达到住房和城乡建设部印发的《建筑工程设计文件编制深度规定（2016年版）》4.3.3 设计深度要求。

课堂练习：

1. 外墙保温包括_______、_______、_______、_______。

2. 绘制平屋面倒置式保温做法构造大样图。

小节实训：

1. 实训内容：给定某小高层住宅施工图平、立、剖面图及基本技术经济指标，完成该小高层住宅施工图节能设计专篇中有关绘制围护结构的构造详图设计。

2. 实训目标：通过学习，能掌握相关知识点并正确绘制施工图节能设计专篇中围护结构的构造详图设计。

3. 实训要求：

（1）独立完成。

（2）能正确地完成围护结构的构造详图设计，包括屋面、墙体（含非透明幕墙）、楼板、接触室外空气的架空或挑空楼板，采暖空调地下室的外墙、地面或非采暖空调地下室与采暖、空调空间间隔的墙体、顶板，其他围护墙、楼板、冷桥等。

3.3 绿色建筑设计专篇

概述：

随着我国生态文明建设和建筑科技的快速发展，全社会对绿色建筑的理念、认识和需求逐步提高，绿色建筑蓬勃开展。绿色建筑是在全寿命期内，节约资源、保护环境、减少污染、为人们提供健康、适用、高效的使用空间，最大限度地实现人与自然和谐共生的高质量建筑。民用建筑施工图需按当地要求编制绿色建筑设计文件。绿色建筑设计文件由设计过程文件和施工指导文件两部分构成。绿色建筑设计过程文件包绿色建筑创建计划立项申报控制项自评估报告。绿色建筑设计施工指导文件主要是建筑施工图中的绿色建筑设计专篇及各专业建筑施工图。各类设计文件应相互统一，相关内容和数据应完全一致。各类绿色建筑设计文件均应报送当地绿建主管部门审查，审查合格的文件才能正式使用（二维码 3-9、二维码 3-10）。

二维码 3-9　绿色建筑设计专篇课件

二维码 3-10　绿色建筑设计专篇微课

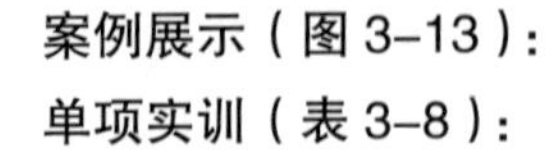

案例展示（图 3-13）：

单项实训（表 3-8）：

绿 色 建 筑 设 计 专 篇

√ 一、工程概况

新造安置区三期2号楼由XX置业有限公司建设，该项目位于湖南省湘潭市。

1.1 建筑面积（占地面积及总建筑面积）、建筑层数、建筑总高度。

1.1.1 建筑占地面积：475.62m²

1.1.2 总建筑面积：11607.49m²

1.1.3 建筑主要层数：27层

1.1.4 建筑总高度：81.300m

1.2 建筑工程等级、设计使用年限、屋面防水等级、耐火等级、抗震设防烈度。

1.2.1 建筑工程等级：一类建筑

1.2.2 建筑功能：住宅楼

1.2.3 设计使用年限：五十年

1.2.4 屋面防水等级：Ⅰ级

1.2.5 耐火等级：一级

1.2.6 本工程6度抗震设防

1.3 结构形式：剪力墙结构

1.4 图中所注建筑物尺寸均为外墙尺寸，总图所注尺寸及标高均以米为单位。

1.5 本工程±0.000标高详总图。

√ 二、设计依据：

☑《中华人民共和国节约能源法》

☑《中华人民共和国可再生能源法》

☑《民用建筑节能条例》

☑《声环境质量标准》GB 3096—2008

☐《湖南省公共建筑节能设计标准》DBJ 43/003—2017

☑《夏热冬冷地区居住建筑节能设计标准》JGJ 134—2010

☑《绿色建筑评价标准》GB/T 50378—2019

☑《湖南省绿色建筑评价标准》DBJ43/T314—2015

☑《绿色建筑评价技术细则》

☑《湘潭市住房和城乡建设局 湘潭市财政局关于印发湘潭市可再生能源建筑应用城市示范项目管理办法的通知》（潭建联发[2012]99号）要求

☑ 湘潭市人民政府办公室关于印发《湘潭市绿色建筑实施办法》（潭政办发[2013]91号）的通知

☑《湘潭市住房和城乡建设局关于进一步做好建筑节能和科技工作的通知》（潭住建发[2014]27号）要求

☑ 国家、本地方现行的相关建筑节能标准和规范；

√ 三、设计原则

√ 3.1 在节能可再生能源方面将按照绿色建筑标准及相关文件要求，充分考虑建筑全年各运行工况的运行方式，提高用能效率，并综合考虑投资与运行管理成本，提高各系统的经济性。

√ 3.2 总体设计突出绿色低碳理念，根据建筑各部分的功能和需求不同，有侧重的选择适宜的绿色。策略及技术，采用具有创新性的整合设计手法，最终实现建筑的低能耗、低污染和低排放。

√ 四、绿色建筑自评分

本项目建筑主要功能为住宅，按照居住建筑进行评价，各类评价指标权重取居住建筑所对应的权重值。配套商业（商业服务网点）、配套设施可不参与评价。通过进行绿色建筑措施分析，项目3栋高层住宅，规划设计阶段（初步设计）控制项全部达标，评分项与加分项的分值达到《湖南省绿色建筑评价标准》DBJ 43/T 314—2015设计阶段一星级的标准。

XX高新区新造村安置区三期
规划设计阶段自评得分情况——居住建筑

	节地与室外环境	节能与能源利用	节水与水资源利用	节材与材料资源利用	室内环境质量	提高与创新	总分
总分值	100	100	100	100	100	10	100
达标分数	40	40	40	40	40	/	二/一星 50/60
自评得分	47	38	52	42	54	0	
不参评分	0	33	22	7	17	/	
权重系数	0.21	0.24	0.20	0.17	0.18	0	
权重得分	9.87	13.61	13.33	7.68	11.71	0	56.02

自评总分：56.20，申报星级评分要求：50分。

√ 五、绿色建筑技术设计

√ 5.1 节地与室外环境

5.1.1 场地建设不破坏当地文物、自然水系、湿地、基本农田、森林和其他保护区。

5.1.2 建筑场地选址无洪涝灾害、泥石流及含氡土壤的威胁，建筑场地安全范围内无电磁辐射危害和火、爆、有毒物质等危险源。

5.1.3 场地内无排放超标的污染源。

5.1.4 场地环境噪声符合现行国家标准《声环境质量标准》GB 3096的规定。

5.1.5 不对周边建筑物带来光污染，不影响周围居住建筑的日照要求。

5.1.6 绿化植物优先选择适宜当地生态环境条件和体现地方特色的乡土植物，其占场地全部、植物种类的比例不小于70%，且采用包含乔木、灌木、草植结合的种植方式绿化

5.1.7 场地交通组织合理，减少人车干扰，场地出入口到达公共交通站点的步行距离不超过500m。场地内停车位配建满足当地城市规划管理技术规定的相关要求。

5.1.8 场地规划设计经济、合理，有效地开发和利用地上、地下空间，采用地下停车方式等增加停车设施，配建地下停车位数量不少于总停车位数量的65%。

5.1.9 室外透水地面面积比不小于45%。

√ 5.2 节能与能源利用

5.2.1 建筑群体的总体布局，建筑物的平面布置，剖面设计有利于自然通风和自然采光。公共建筑的建筑及热工设计符合现行湖南省工程建设地方标准《湖南省公共建筑节能设计标准》DBJ 43/003的规定，居住建筑的建筑及热工设计符合夏热冬冷地区居住建筑节能设计标准》JGJ 134—2010。

5.2.2 空调（采暖）系统的供冷（热）主机的能效及输送系统的输送能效符合现行湖南省工程建设地方标准《湖南省公共建筑节能设计标准》DBJ 43/003中的有关规定值，居住建筑的建筑及热工设计符合《夏热冬冷地区居住建筑节能设计标准》JGJ 134—2010，并有冷、热量调节和按用户设置的分户计量设施，且不采用电直接供热。

5.2.3 各房间或场所的照明功率密度值不高于现行国家标准《建筑照明设计标准》GB 50034规定的现行值。

5.2.4 采用太阳能、地热能、生物质能等可再生能源利用技术，可再生能源产生的热水量不低于建筑生活热水消耗量的10%；或可再生能源发电量不低于建筑用电量的2%；或地源热泵系统，覆盖的使用面积达到建筑面积的20%以上。

√ 5.3 节水与水资源利用

5.3.1 给水排水系统符合现行国家标准《建筑给水排水设计标准》GB 50015—2019的规定，室外排水系统实行雨、污分流制度。

5.3.2 采取有效措施保证供水安全和避免管网漏损。

5.3.3 建筑室内卫生器具合理选用节水器具。

5.3.4 使用非传统水源时，采取用水安全保障措施，且不对人体健康与周围环境产生不良影响。

√ 5.4 节材与材料资源利用

5.4.1 建筑材料中有害物质含量符合现行国家标准GB 18580~GB 18588和《建筑材料放射性核素限量》GB 6566的要求。

5.4.2 建筑结构材料合理采用高性能混凝土、高强度钢。

5.4.3 建筑设计选材时考虑使用材料的可再循环材料使用性能。在保证安全和不污染环境的情况下，可再循环材料使用重量占所用建筑材料总重量的10%以上。

5.4.4 办公建筑室内采用灵活隔断，减少重新装修时的材料浪费和垃圾产生。

5.4.5 合理采用工厂化加工的结构部品。

5.4.6 将建筑施工、旧建筑拆除和场地清理时产生的固体废物分类处理，并将其中可再生材料、可再循环材料回收和再利用。

√ 5.5 室内环境质量

5.5.1 采用集中空调的建筑，房间内的温度、湿度、风速等设计参数符合现行湖南省工程建设地方标准《湖南省公共建筑节能设计标准》DBJ 43/003 中的设计计算要求。

5.5.2 建筑围护结构内部和表面无结露、发霉现象。

5.5.3 采用集中空调的建筑，新风量符合现行湖南省工程建设地方标准《湖南省公共建筑节能设计标准》DB J43/003的设计要求，人数的确定合理。

5.5.4 室内游离甲醛、苯、氨、氡和TVOC等空气污染物浓度符合现行国家标准《民用建筑工程室内环境污染控制规范》GB 50325和《室内空气质量标准》GB/T 18883中的有关规定。

5.5.5 办公类建筑室内背景噪声符合现行国家标准《民用建筑隔声设计规范》GBJ 118中室内允许噪声标准中的二级要求。

5.5.6 建筑室内照度、统一眩光值、一般显色指数等指标符合现行国家标准《建筑照明设计标准》GB 50034中有关要求。

√ 5.6 运营管理

5.6.1 制定并实施节能、节水、节材等资源节约与绿化管理制度。

5.6.2 制定并实施直排气体、污水、噪声排放的控制措施和标准。

5.6.3 分类收集和处理废物，且收集和处理过程中无二次污染。

5.6.4 公共用能设施设备完好，公共用水、电、气等应有分类计量设备与管理措施。

5.6.5 设备、管道的设置便于维修、改造和更换。

××××建筑设计院	建设单位		图名	绿色建筑设计专篇	审定	审定人	项目负责	负责人	项目编号	项目编号
	工程名称	XX高新区新造安置区三期2号楼			审核	审核人	设计	设计人	图号	图号
					校对	校对人	比例	比例	日期	日期

图 3-13　某住宅建筑施工图设计绿色建筑设计专篇（扫描二维码 3-11 查看高清图片）

绿色建筑设计专篇单项实训任务表　　　　**表 3-8**

实训目标	知识目标：掌握绿色建筑设计专篇的编写及绿色建筑评分标准。 能力目标：能独立完成对建筑施工图和绿色建筑创建计划立项申报控制项自评估报告的识读理解，编制绿色建筑设计专篇。 思政映入：通过绿色建筑设计专篇的案例讲解，树立和践行"绿水青山就是金山银山"的理念；完成绿色建筑设计专篇编制实训任务时，需要熟悉绿色建筑的评价标准，列举说明项目绿色建筑技术做法，培养绿色设计职业素养，提高保护自然生态环境、营造健康舒适人居环境的意识	
实训方式	将单项实训任务依次分解至各小节学练过程中。通过小节实训的方式，逐步完成本次单项实训	扫描二维码3-4下载某住宅建筑全套施工图，扫描二维码3-12下载绿色建筑报告书
实训内容	对提供的建筑施工图和绿色建筑创建计划立项申报控制项自评估报告，完成绿色建筑设计专篇，达到《建筑工程设计文件编制深度规定（2016年版）》绿色建筑说明部分深度要求	
成果要求	绿色建筑设计专篇，按比例打印出图并提交电子版	
实训建议	建议为与本模块案例接近的住宅建筑。提供整套完整的建筑施工图及绿色建筑创建计划立项申报控制项自评估报告电子版	
实训项目选题建议	将单项实训任务依次分解至各小节学练过程中。通过小节实训的方式，逐步完成本次单项实训——绿色建筑设计专篇的表达	

二维码 3-11　某住宅建筑施工图设计绿色建筑设计专篇

二维码 3-12　绿色建筑报告书

3.3.1 工程概况及设计依据

学习目标：

1. 依据绿色建筑设计的需要，正确描述工程项目区位、特征及技术经济指标等。包括项目名称、建设工程所在城市、建筑面积、建筑层数及建筑高度、建筑分类、防水等级、耐火等级等。

2. 依据工程特点，正确选用相关技术规范，如《民用建筑节能条例》《城市区域环境噪声标准》《绿色建筑评价标准》《绿色建筑评价技术细则》《湖南省绿色建筑评价标准》等。

案例展示（图 3–14）：

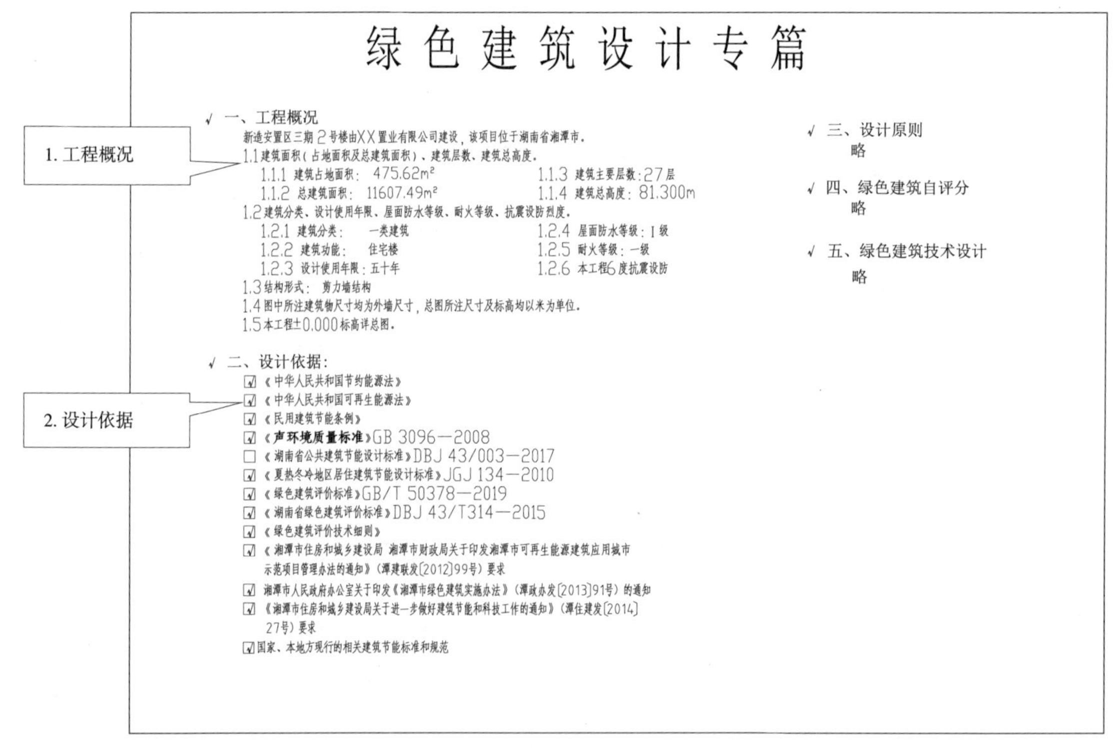

绿色建筑设计专篇

1. 工程概况

2. 设计依据

√ 一、工程概况

新递安置区三期 2 号楼由XX置业有限公司建设，该项目位于湖南省湘潭市。

1.1 建筑面积（占地面积及总建筑面积）、建筑层数、建筑总高度。

1.1.1 建筑占地面积： 475.62m²　　1.1.3 建筑主要层数：27层

1.1.2 总建筑面积： 11607.49m²　　1.1.4 建筑总高度：81.300m

1.2 建筑分类、设计使用年限、屋面防水等级、耐火等级、抗震设防烈度。

1.2.1 建筑分类： 一类建筑　　1.2.4 屋面防水等级：I 级

1.2.2 建筑功能： 住宅楼　　1.2.5 耐火等级：一级

1.2.3 设计使用年限：五十年　　1.2.6 本工程6度抗震设防

1.3 结构形式： 剪力墙结构

1.4 图中所注建筑物尺寸均为外墙尺寸，总图所注尺寸及标高均以米为单位。

1.5 本工程±0.000标高详总图。

√ 二、设计依据：

☑《中华人民共和国节约能源法》

☑《中华人民共和国可再生能源法》

☑《民用建筑节能条例》

☑《声环境质量标准》GB 3096—2008

□《湖南省公共建筑节能设计标准》DBJ 43/003—2017

☑《夏热冬冷地区居住建筑节能设计标准》JGJ 134—2010

☑《绿色建筑评价标准》GB/T 50378—2019

☑《湖南省绿色建筑评价标准》DBJ 43/T314—2015

☑《绿色建筑评价技术细则》

☑《湘潭市住房和城乡建设局 湘潭市财政局关于印发湘潭市可再生能源建筑应用城市示范项目管理办法的通知》（潭建联发〔2012〕99号）要求

☑ 湘潭市人民政府办公室关于印发《湘潭市绿色建筑实施办法》（潭政办发〔2013〕91号）的通知

☑《湘潭市住房和城乡建设局关于进一步做好建筑节能和科技工作的通知》（潭住建发〔2014〕27号）要求

☑ 国家、本地方现行的相关建筑节能标准和规范

√ 三、设计原则

略

√ 四、绿色建筑自评分

略

√ 五、绿色建筑技术设计

略

图 3–14　某住宅建筑绿色建筑设计专篇节选（工程概况及设计依据）

学习内容：

1. 建筑分类

民用建筑根据其建筑高度和层数可分为单、多层民用建筑和高层民用建筑。高层民用建筑根据其建筑高度、使用功能和楼层的建筑面积可分为一类和二类。

2. 绿色建筑设计依据

A.《中华人民共和国节约能源法》

B.《中华人民共和国可再生能源法》

C.《民用建筑节能条例》

D.《声环境质量标准》GB 3096—2008

E.《绿色建筑评价标准》GB/T 50378—2019

F.《民用建筑热工设计规范》GB 50176—2016

G.《建筑照明设计标准》GB 50034—2013

H.《民用建筑隔声设计规范》GB 50118—2010

I.《公共建筑节能设计标准》GB 50189—2015

J. 所在省、市、地区绿色设计标准

K.《建筑工程设计文件编制深度规定（2016 年版）》

L. 各专业相关的规范、相关产品标准

3. 绿色建筑

在全寿命期内，节约资源、保护环境、减少污染，为人们提供健康、适用、高效的使用空间，最大限度地实现人与自然和谐共生的高质量建筑。

4. 绿色性能

涉及建筑安全耐久、健康舒适、生活便利、资源节约（节地、节能、节水、节材）和环境宜居等方面的综合性能。

5. 绿色建材

在全寿命期内可减少对资源的消耗、减轻对生态环境的影响，具有节能、减排、安全、健康、便利和可循环特征的建材产品。

成果深度：

达到住房和城乡建设部印发的《建筑工程设计文件编制深度规定（2016 年版）》4.3.3 设计深度要求。

课堂练习：

1. 高层民用建筑根据其建筑高度、使用功能和楼层的建筑面积可分为______、______、______、______。

2. 名词解释：绿色建筑。

小节实训：

1. 实训内容：扫描二维码 3-4、二维码 3-12，下载本章首节单项实训中给定的某住宅建筑施工图及绿色建筑创建计划立项申报控制项自评估报告，完成住宅施工图绿色建筑设计专篇中有关工程概况及设计依据的编写。

2. 实训目标：通过学习，能掌握相关知识点并正确表达施工图绿色建筑设计专篇中工程概况及设计依据编写。

3. 实训要求：

（1）独立完成。

（2）能正确地描述工程概况，计算相关数据。

（3）能正确地选择相关设计规范标准。

3.3.2 绿色建筑评价标准

学习目标：

依据绿色建筑评价标准，对参评建筑进行全寿命期技术和经济分析，选用适宜技术、设备和材料，对规划、设计、施工、运行阶段进行全过程控制，并应在评价时提交相应分析、测试报告和相关文件。

案例展示（图 3-15）：

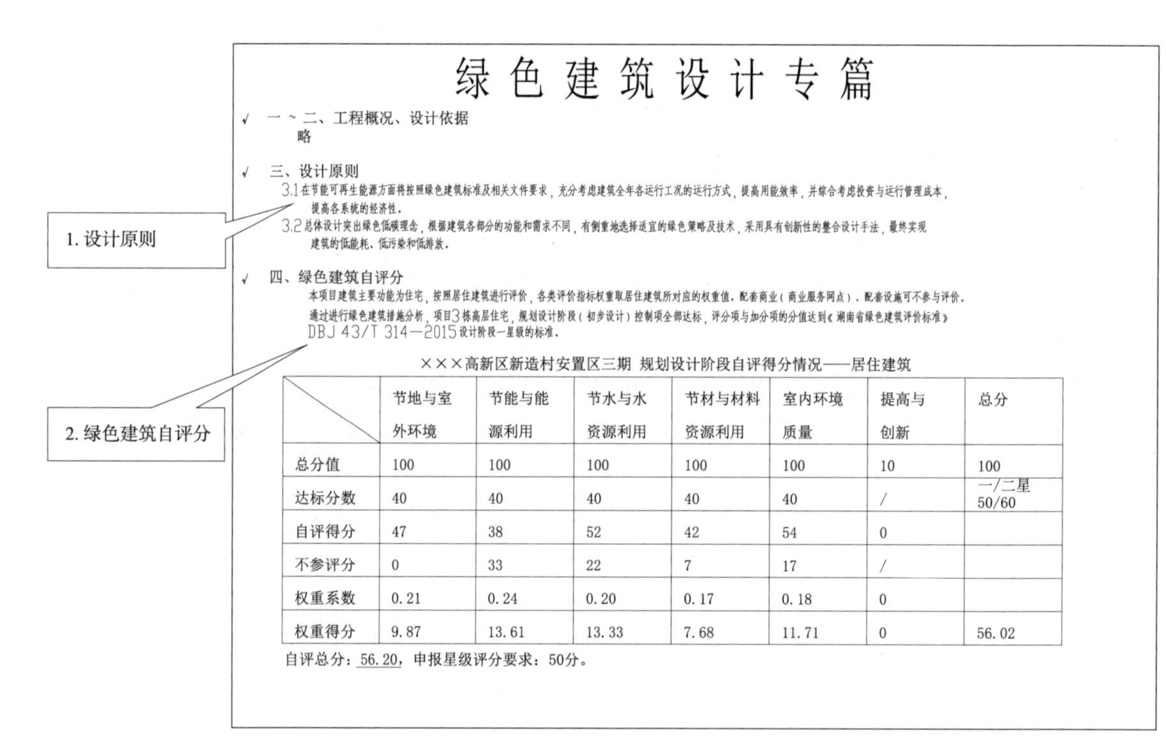

绿 色 建 筑 设 计 专 篇

√ 一 ~ 二、工程概况、设计依据

略

√ 三、设计原则

3.1 在节能可再生能源方面将按照绿色建筑标准及相关文件要求，充分考虑建筑全年各运行工况的运行方式，提高用能效率，并综合考虑投资与运行管理成本，提高各系统的经济性。

3.2 总体设计突出绿色低碳理念，根据建筑各部分的功能和需求不同，有侧重地选择适宜的绿色策略及技术，采用具有创新性的整合设计手法，最终实现建筑的低能耗、低污染和低排放。

√ 四、绿色建筑自评分

本项目建筑主要功能为住宅，按照居住建筑进行评价，各类评价指标权重取居住建筑所对应的权重值。配套商业（商业服务网点）、配套设施可不参与评价。

通过进行绿色建筑措施分析，项目3栋高层住宅，规划设计阶段（初步设计）控制项全部达标，评分项与加分项的分值达到《湖南省绿色建筑评价标准》DBJ 43/T 314—2015 设计阶段一星级的标准。

×××高新区新造村安置区三期 规划设计阶段自评得分情况——居住建筑

	节地与室外环境	节能与能源利用	节水与水资源利用	节材与材料资源利用	室内环境质量	提高与创新	总分
总分值	100	100	100	100	100	10	100
达标分数	40	40	40	40	40	/	一/二星 50/60
自评得分	47	38	52	42	54	0	
不参评分	0	33	22	7	17	/	
权重系数	0.21	0.24	0.20	0.17	0.18	0	
权重得分	9.87	13.61	13.33	7.68	11.71	0	56.02

自评总分：56.20，申报星级评分要求：50分。

图 3-15 某住宅建筑绿色建筑设计专篇节选（设计原则及绿色建筑自评分）

学习内容：

1. 评价对象

绿色建筑评价应以单栋建筑或建筑群为评价对象。评价对象应落实并深化上位法定规划及相关专项规划提出的绿色发展要求；涉及系统性、整体性的指标，应基于建筑所属工程项目的总体进行评价。

2. 绿色建筑评价应在建筑工程竣工后进行。在建筑工程施工图设计完成后，可进行预评价。

3. 绿色建筑评价指标体系应由安全耐久、健康舒适、生活便利、资源节约、环境宜居 5 类指标组成，且每类指标均包括控制项和评分项；评价指标体系还统一设置加分项。

4. 控制项的评定结果应为达标或不达标；评分项和加分项的评定结果

应为分值。对于多功能的综合性单体建筑，应按本标准全部评价条文逐条对适用的区域进行评价，确定各评价条文的得分。

5. 绿色建筑评价的分值设定应符合表 3–9 的规定。

绿色建筑评价分值　　　　**表 3–9**

	控制项基础分值	评价指标评分项满分值					提高与创新加分项满分值
		安全耐久	健康舒适	生活便利	资源节约	环境宜居	
预评价分值	400	100	100	70	200	100	100
评价分值	400	100	100	100	200	100	100

6. 绿色建筑评价的总得分应按下式进行计算：

$$Q = (Q_0 + Q_1 + Q_2 + Q_3 + Q_4 + Q_5 + Q_A)/10$$

式中：Q——总得分；

Q_0——控制项基础分值，当满足所有控制项的要求时取 400 分；

$Q_1 \sim Q_5$——分别为评价指标体系 5 类指标（安全耐久、健康舒适、生活便利、资源节约、环境宜居）评分项得分；

Q_A——提高与创新加分项得分。

7. 绿色建筑划分应为基本级、一星级、二星级、三星级 4 个等级。

8. 当满足全部控制项要求时，绿色建筑等级应为基本级。

9. 绿色建筑星级等级应按下列规定确定：

A. 一星级、二星级、三星级 3 个等级的绿色建筑均应满足本标准全部控制项的要求，且每类指标的评分项得分不应小于其评分项满分值的 30%；

B. 一星级、二星级、三星级 3 个等级的绿色建筑均应进行全装修，全装修工程质量、选用材料及产品质量应符合国家现行有关标准的规定；

C. 当总得分分别达到 60 分、70 分、85 分且应满足表 3–10 的要求时，绿色建筑等级分别为一星级、二星级、三星级。

成果深度：

达到住房和城乡建设部印发的《建筑工程设计文件编制深度规定（2016 年版）》4.3.3 设计深度要求。

课堂练习：

1. 绿色建筑评价应以______或______为评价对象。

2. 绿色建筑划分应为______、______、______、______4 个等级。

一星级、二星级、三星级绿色建筑的技术要求 **表 3–10**

	一星级	二星级	三星级
围护结构热工性能的提高比例，或建筑供暖空调负荷降低比例	围护结构提高 5% 或负荷降低 5%	围护结构提高 10% 或负荷降低 10%	围护结构提高 20% 或负荷降低 15%
严寒和寒冷地区住宅建筑外窗传热系数降低比例	5%	10%	20%
节水器具用水效率等级	3 级	2 级	
住宅建筑隔声性能	—	室外与卧室之间、分户墙（楼板）两侧卧室之间的空气隔声性能以及卧室楼板的撞击声隔声性能达到低限标准限值和高要求标准限值的平均值	室外与卧室之间、分户墙（楼板）两侧卧室之间的空气声隔声性能以及卧室楼板的撞击声隔声性能达到高要求标准限值
室内主要空气污染物浓度降低比例	10%	20%	
外窗气密性能	符合国家现行相关节能设计标准的规定，且外窗洞口与外窗本体的结合部位应严密		

小节实训：

1. 实训内容：扫描二维码 3–4、二维码 3–12，下载本章首节单项实训中给定的某住宅建筑施工图及绿色建筑创建计划立项申报控制项自评估报告，完成住宅施工图绿色建筑设计专篇中有关绿色建筑设计评价分值计算和等级确定。

2. 实训目标：通过学习，能掌握相关知识点并完成绿色建筑设计专篇中有关绿色建筑设计评价分值计算和等级确定。

3. 实训要求：

（1）独立完成。

（2）能正确地完成绿色建筑设计评价分值计算和等级确定。

3.3.3 绿色建筑技术设计

学习目标：

绿色建筑评价应遵循因地制宜的原则，结合建筑所在地域的气候、环境、资源、经济和文化等特点，对建筑全寿命期内的安全耐久、健康舒适、生活便利、资源节约、环境宜居等性能进行综合评价。

案例展示（图 3–16）：

学习内容：

1. 安全耐久

（1）场地应避开滑坡、泥石流等地质危险地段，易发生洪涝地区应有可靠的防洪涝基础设施；场地应无危险化学品、易燃易爆危险源的威胁，应无电磁辐射、含氡土壤的危害。

（2）建筑结构应满足承载力和建筑使用功能要求。建筑外墙、屋面、

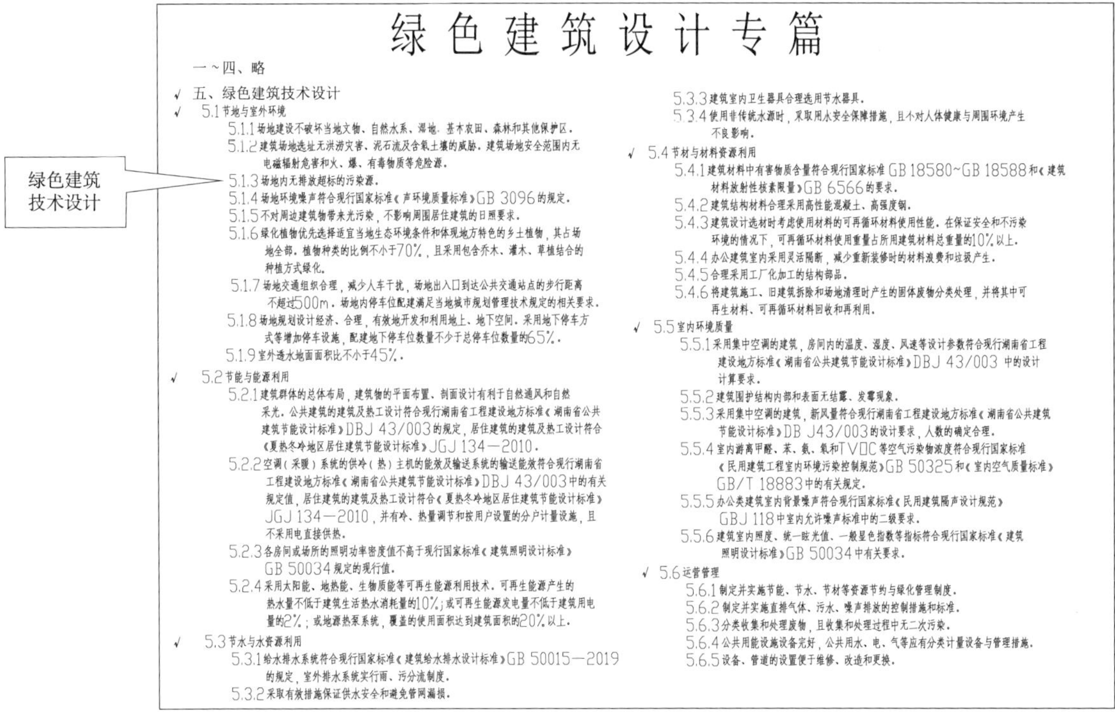

绿色建筑设计专篇

一~四、略

√ 五、绿色建筑技术设计

√ 5.1 节地与室外环境

5.1.1 场地建设不破坏当地文物、自然水系、湿地. 基本农田、森林和其他保护区.

5.1.2 建筑场地选址无洪涝灾害、泥石流及含氡土壤的威胁. 建筑场地安全范围内无电磁辐射危害和火、爆、有毒物质等危险源.

5.1.3 场地内无排放超标的污染源.

5.1.4 场地环境噪声符合现行国家标准《声环境质量标准》GB 3096的规定.

5.1.5 不对周边建筑物带来光污染, 不影响周围居住建筑的日照要求.

5.1.6 绿化植物优先选择适宜当地生态环境条件和体现地方特色的乡土植物, 其占场地全部. 植物种类的比例不小于70%, 且采用包含乔木、灌木、草植结合的种植方式绿化.

5.1.7 场地交通组织合理, 减少人车干扰, 场地出入口到达公共交通站点的步行距离不超过500m. 场地内停车位配建满足当地城市规划管理技术规定的相关要求.

5.1.8 场地规划设计经济、合理, 有效地开发和利用地上、地下空间. 采用地下停车方式等增加停车设施, 配建地下停车位数量不少于总停车位数量的65%.

5.1.9 室外透水地面面积比不小于45%.

√ 5.2 节能与能源利用

5.2.1 建筑群体的总体布局, 建筑物的平面布置、剖面设计有利于自然通风和自然采光. 公共建筑的建筑及热工设计符合现行湖南省工程建设地方标准《湖南省公共建筑节能设计标准》DBJ 43/003的规定, 居住建筑的建筑及热工设计符合《夏热冬冷地区居住建筑节能设计标准》JGJ 134—2010.

5.2.2 空调(采暖)系统的供冷(热)主机的能效及输送系统的输送能效符合现行湖南省工程建设地方标准《湖南省公共建筑节能设计标准》DBJ 43/003中的有关规定值, 居住建筑的建筑及热工设计符合《夏热冬冷地区居住建筑节能设计标准》JGJ 134—2010, 并有冷、热量调节和按用户设置的分户计量设施, 且不采用电直接供热.

5.2.3 各房间或场所的照明功率密度值不高于现行国家标准《建筑照明设计标准》GB 50034规定的现行值.

5.2.4 采用太阳能、地热能、生物质能等可再生能源利用技术. 可再生能源产生的热水量不低于建筑生活热水消耗量的10%; 或可再生能源发电量不低于建筑用电量的2%; 或地源热泵系统, 覆盖的使用面积达到建筑面积的20%以上.

√ 5.3 节水与水资源利用

5.3.1 给水排水系统符合现行国家标准《建筑给水排水设计标准》GB 50015—2019的规定, 室外排水系统实行雨、污分流制度.

5.3.2 采取有效措施保证供水安全和避免管网漏损.

5.3.3 建筑室内卫生器具合理选用节水器具.

5.3.4 使用非传统水源时, 采取用水安全保障措施, 且不对人体健康与周围环境产生不良影响.

√ 5.4 节材与材料资源利用

5.4.1 建筑材料中有害物质含量符合现行国家标准GB 18580~GB 18588和《建筑材料放射性核素限量》GB 6566的要求.

5.4.2 建筑结构材料合理采用高性能混凝土、高强度钢.

5.4.3 建筑设计选材时考虑使用材料的可再循环材料使用性能. 在保证安全和不污染环境的情况下, 可再循环材料使用重量占所用建筑材料总重量的10%以上.

5.4.4 办公建筑室内采用灵活隔断, 减少重新装修时的材料浪费和垃圾产生.

5.4.5 合理采用工厂化加工的结构部品.

5.4.6 将建筑施工、旧建筑拆除和场地清理时产生的固体废物分类处理, 并将其中可再生材料、可再循环材料回收和再利用.

√ 5.5 室内环境质量

5.5.1 采用集中空调的建筑, 房间内的温度、湿度、风速等设计参数符合现行湖南省工程建设地方标准《湖南省公共建筑节能设计标准》DBJ 43/003 中的设计计算要求.

5.5.2 建筑围护结构内部和表面无结露、发霉现象.

5.5.3 采用集中空调的建筑, 新风量符合现行湖南省工程建设地方标准《湖南省公共建筑节能设计标准》DB J43/003的设计要求, 人数的确定合理.

5.5.4 室内游离甲醛、苯、氨、氡和TV□C等空气污染物浓度符合现行国家标准《民用建筑工程室内环境污染控制规范》GB 50325和《室内空气质量标准》GB/T 18883中的有关规定.

5.5.5 办公类建筑室内背景噪声符合现行国家标准《民用建筑隔声设计规范》GBJ 118中室内允许噪声标准中的二级要求.

5.5.6 建筑室内照度、统一眩光值、一般显色指数等指标符合现行国家标准《建筑照明设计标准》GB 50034中有关要求.

√ 5.6 运营管理

5.6.1 制定并实施节能、节水、节材等资源节约与绿化管理制度.

5.6.2 制定并实施直排气体、污水、噪声排放的控制措施和标准.

5.6.3 分类收集和处理废物, 且收集和处理过程中无二次污染.

5.6.4 公共用能设施设备完好, 公共用水、电、气等应有分类计量设备与管理措施.

5.6.5 设备、管道的设置便于维修、改造和更换.

图 3-16　某住宅建筑绿色建筑设计专篇节选（绿色建筑技术设计）

门窗、幕墙及外保温等围护结构应满足安全、耐久和防护的要求。

（3）外遮阳、太阳能设施、空调室外机位、外墙花池等外部设施应与建筑主体结构统一设计、施工，并应具备安装、检修与维护条件。

（4）建筑内部的非结构构件、设备及附属设施等应连接牢固并能适应主体结构变形。

（5）建筑外门窗必须安装牢固，其抗风压性能和水密性能应符合国家现行有关标准的规定。

（6）卫生间、浴室的地面应设置防水层，墙面、顶棚应设置防潮层。

（7）走廊、疏散通道等通行空间应满足紧急疏散、应急救护等要求，且应保持畅通。

（8）应具有安全防护的警示和引导标识系统。

2. 健康舒适

（1）室内空气中的氨、甲醛、苯、总挥发性有机物、氡等污染物浓度应符合现行国家标准《室内空气质量标准》GB/T 18883 的有关规定。建筑室内和建筑主出入口处应禁止吸烟，并应在醒目位置设置禁烟标志。

（2）应采取措施避免厨房、餐厅、打印复印室、卫生间、地下车库等区域的空气和污染物串通到其他空间；应防止厨房、卫生间的排气倒灌。

（3）给水排水系统的设置应符合下列规定：

A. 生活饮用水水质应满足现行国家标准《生活饮用水卫生标准》GB 5749 的要求；

B. 应制定水池、水箱等储水设施定期清洗消毒计划并实施，且生活饮用水储水设施每半年清洗消毒不应少于 1 次；

C. 应使用构造内自带水封的便器，且其水封深度不应小于 50mm；

D. 非传统水源管道和设备应设置明确、清晰的永久性标识。

（4）主要功能房间的室内噪声级和隔声性能应符合下列规定：

A. 室内噪声级应满足现行国家标准《民用建筑隔声设计规范》GB 50118 中的低限要求；

B. 外墙、隔墙、楼板和门窗的隔声性能应满足现行国家标准《民用建筑隔声设计规范》GB 50118 中的低限要求。

（5）建筑照明应符合下列规定：

A. 照明数量和质量应符合现行国家标准《建筑照明设计标准》GB 50034 的规定；

B. 人员长期停留的场所应采用符合现行国家标准《灯和灯系统的光生物安全性》GB/T 20145 规定的无危险类照明产品；

C. 选用 LED 照明产品的光输出波形的波动深度应满足现行国家标准《LED 室内照明应用技术要求》GB/T 31831 的规定。

（6）应采取措施保障室内热环境。采用集中供暖空调系统的建筑，房间内的温度、湿度、新风量等设计参数应符合现行国家标准《民用建筑供暖通风与空气调节设计规范》GB 50736 的有关规定；采用非集中供暖空调系统的建筑，应具有保障室内热环境的措施或预留条件。

（7）围护结构热工性能应符合下列规定：

A. 在室内设计温度、湿度条件下，建筑非透光围护结构内表面不得结露；

B. 供暖建筑的屋面、外墙内部不应产生冷凝；

C. 屋顶和外墙隔热性能应满足现行国家标准《民用建筑热工设计规范》GB 50176 的要求。

（8）主要功能房间应具有现场独立控制的热环境调节装置。

（9）地下车库应设置与排风设备联动的一氧化碳浓度监测装置。

3. 生活便利

（1）建筑、室外场地、公共绿地、城市道路相互之间应设置连贯的无障碍步行系统。

（2）场地人行出入口 500m 内应设有公共交通站点或配备联系公共交通站点的专用接驳车。

（3）停车场应具有电动汽车充电设施或具备充电设施的安装条件，并应合理设置电动汽车和无障碍汽车停车位。

（4）自行车停车场所应位置合理、方便出入。

（5）建筑设备管理系统应具有自动监控管理功能。

（6）建筑应设置信息网络系统。

4. 资源节约

（1）应结合场地自然条件和建筑功能需求，对建筑的体形、平面布局、空间尺度、围护结构等进行节能设计，且应符合国家有关节能设计的要求。

（2）应采取措施降低部分负荷、部分空间使用下的供暖、空调系统能耗，并应符合下列规定：

A. 应区分房间的朝向，细分供暖、空调区域，并应对系统进行分区控制；

B. 空调冷源的部分负荷性能系数（IPLV）、电冷源综合制冷性能系数（SCOP）应符合现行国家标准《公共建筑节能设计标准》GB 50189 的规定。

（3）应根据建筑空间功能设置分区温度，合理降低室内过渡区空间的温度设定标准。

（4）主要功能房间的照明功率密度值不应高于现行国家标准《建筑照明设计标准》GB 50034 规定的现行值；公共区域的照明系统应采用分区、定时、感应等节能控制；采光区域的照明控制应独立于其他区域的照明控制。

（5）冷热源、输配系统和照明等各部分能耗应进行独立分项计量。

（6）垂直电梯应采取群控、变频调速或能量反馈等节能措施；自动扶梯应采用变频感应启动等节能控制措施。

（7）应制定水资源利用方案，统筹利用各种水资源，并应符合下列规定：

A. 应按使用用途、付费或管理单元，分别设置用水计量装置；

B. 用水点处水压大于 0.2MPa 的配水支管应设置减压设施，并应满足给水配件最低工作压力的要求；

C. 用水器具和设备应满足节水产品的要求。

（8）不应采用建筑形体和布置严重不规则的建筑结构。

（9）建筑造型要素应简约，应无大量装饰性构件，并应符合下列规定：

A. 住宅建筑的装饰性构件造价占建筑总造价的比例不应大于 2%；

B. 公共建筑的装饰性构件造价占建筑总造价的比例不应大于 1%。

（10）选用的建筑材料应符合下列规定：

A. 500km 以内生产的建筑材料重量占建筑材料总重量的比例应大

于60%；

B. 现浇混凝土应采用预拌混凝土，建筑砂浆应采用预拌砂浆。

5. 环境宜居

（1）建筑规划布局应满足日照标准，且不得降低周边建筑的日照标准。

（2）室外热环境应满足国家现行有关标准的要求。

（3）配建的绿地应符合所在地城乡规划的要求，应合理选择绿化方式，植物种植应适应当地气候和土壤，且应无毒害、易维护，种植区域覆土深度和排水能力应满足植物生长需求，并应采用复层绿化方式。

（4）场地的竖向设计应有利于雨水的收集或排放，应有效组织雨水的下渗、滞蓄或再利用；对大于10hm^2的场地应进行雨水控制利用专项设计。

（5）建筑内外均应设置便于识别和使用的标识系统。

（6）场地内不应有排放超标的污染源。

（7）生活垃圾应分类收集，垃圾容器和收集点的设置应合理并应与周围景观协调。

6. 提高与创新

（1）绿色建筑评价时，应按本章规定对提高与创新项进行评价。

（2）提高与创新项得分为加分项得分之和，当得分大于100分时，应取为100分。

成果深度：

达到住房和城乡建设部印发的《建筑工程设计文件编制深度规定（2016年版）》4.3.3设计深度要求。

课堂练习：

1. 建筑结构应满足______和______功能要求。建筑外墙、屋面、门窗、幕墙及外保温等围护结构应满足_____、_____和_____的要求。

2. 场地人行出入口_____内应设有公共交通站点或配备联系公共交通站点的专用接驳车。

小节实训：

1. 实训内容：扫描二维码3-4、二维码3-12，下载本章首节单项实训中给定的某住宅建筑施工图及绿色建筑创建计划立项申报控制项自评估报告，完成住宅施工图绿色建筑设计专篇中有关绿色建筑技术设计。

2. 实训目标：通过学习，能掌握相关知识点并完成绿色建筑设计专篇中有关绿色建筑设计技术设计。

3. 实训要求：

（1）独立完成。

（2）能正确地完成绿色建筑设计技术设计。

3.4　装配式建筑设计专篇

二维码 3-13　装配式建筑设计专篇课件

二维码 3-14　装配式建筑设计专篇微课

二维码 3-15　某住宅建筑装配式建筑设计专篇

概述：

民用建筑施工图需按当地要求编制装配式建筑设计文件。装配式建筑设计文件主要是建筑施工图中的装配式建筑设计专篇及各专业建筑施工图。各类设计文件应相互统一，相关内容和数据应完全一致。各类装配式建筑设计文件均应报送当地建设主管部门审查，审查合格的文件才能正式使用（二维码 3-13、二维码 3-14）。

案例展示（图 3-17）：

单项实训（表 3-11）：

3.4.1　工程概况及设计依据

学习目标：

1. 依据装配式设计的需要，正确描述工程项目区位、特征及技术经济

装配式建筑设计专篇

√ 一、工程概况

新造安置区三期2号楼由XX置业有限公司建设，该项目位于湖南省湘潭市。

1.1 建筑面积（占地面积及总建筑面积）、建筑层数、建筑总高度。

1.1.1 建筑占地面积：475.62m²

1.1.2 总建筑面积：11607.49m²

1.1.3 建筑主要层数：27层

1.1.4 建筑总高度：81.300m

1.2 建筑工程等级、设计使用年限、屋面防水等级、耐火等级、抗震设防烈度。

1.2.1 建筑工程等级：一类建筑

1.2.2 建筑功能：　住宅楼

1.2.3 设计使用年限：五十年

1.2.4 屋面防水等级：Ⅰ级

1.2.5 耐火等级：一级

1.2.6 本工程6度抗震设防

1.3 结构形式：剪力墙结构

1.4 图中所注建筑物尺寸均为外墙尺寸，总图所注尺寸及标高均以米为单位。

1.5 本工程±0.000标高详总图。

√ 二、设计依据

☑《装配式混凝土结构建筑技术标准》GB/T 51231—2016

☑《装配式混凝土结构技术规程》JGJ 1—2014

☑《装配式建筑评价标准》GB/T 51129—2017

☑《湖南省绿色装配式建筑评价标准》DBJ 43/T332—2018

☑《装配整体式混凝土结构施工质量验收规范》DB33/T 1123—2016

☑《国家建筑标准设计图集——装配式混凝土结构表达方法及实例（剪力墙结构）》15 G107

☑《湖南省工程建设标准设计图集——装配式住宅结构》湘2015G101

☑《预制混凝土剪力墙外墙板》15 G365-1

☑《预制钢筋混凝土板式楼梯》15 G367-1

☑《内隔墙-轻质条板（一）》10J113-1

☑《建筑轻质条板隔墙技术规程》JGJT 157—2014

☑国家、本地方现行的相关装配式建筑标准和规范

√ 三、装配式建筑预评价

2号楼装配式建筑评分如表所示：

评价项			评价要求	评价分值	最低分值	设计指标	设计得分
主体结构Q1（45分）	柱、支撑、承重墙、延性墙板等竖向构件	A．采用预制构件	35%≤比例≤80%	15~25*	20		
		B．采用高精度模板或免拆模板施工工艺	85%≤比例	5		100%	5
	梁、板、楼梯、阳台、空调板等构件	采用预制构件	70%≤比例≤80%	10~20*		82.70%（[illegible]）	20
围护墙和内隔墙Q2（20分）	非承重围护墙非砌筑		比例≥80%	5	10	81.31%	5
	外围护墙体集成化	A．围护墙与保温、隔热、装饰一体化	50%≤比例≤80%	2~5*			
		B．围护墙与保温、隔热、窗框一体化	50%≤比例≤80%	1.4~3.5*			
	内隔墙非砌筑		比例≥50%	5		50.95%	5
	内隔墙体集成化	A．内隔墙与管线、装修一体化	50%≤比例≤80%	2~5*		50.95%	2
		B．内隔墙与管线一体化	50%≤比例≤80%	1.4~3.5*			
装修和设备管线Q3（25分）	全装修		—	6	6		6
	干式工法的楼面、地面		比例≥70%	4			
	集成厨房		70%≤比例≤90%	3~5*			
	集成卫生间		70%≤比例≤90%	3~5*			
	管线分离		50%≤比例≤70%	3~5*			
绿色建筑Q4（10分）	绿色建筑基本要求		满足绿色建筑审查基本要求	4	4		4
	绿色建筑评价标识		一星≤星级≤三星	2~6			
加分项Q5	BIM技术应用		设计	1			1
			生产	1			1
			施工	1			1
	采用EPC模式		/	2			
总得分	50分						

注：表中带"*"项的分值采用"内插法"计算，计算结果取小数点后1位。

本项目装配式建筑2号栋的装配率为50%，满足《绿色装配式建筑评价标准》DBJ 43/T332—2018的基本要求。

√ 四、加工制作

4.1 一般规定

4.1.1 预制混凝土构造加工制作单位必须具备相应的资质等级、类似工程经验、健全的检测手段及完善的质量管理体系。

4.1.2 预制混凝土构件在加工前应进行构件加工图深化设计、编制构件制作计划及生产方案，做好工程技术交底。制作混凝土外墙板所用的原材料及配件应满足有关标准规定和设计要求。

4.1.3 采用新技术、新材料、新工艺、新产品的混凝土构件工程应进行样品试制和试生产，验收合格后方可批量生产。

4.1.4 饰面混凝土外墙宜采用反打一次成型工艺制作，确保外墙板面层的装饰效果和制作质量满足设计要求。

4.2 模板制作

4.2.1 预制混凝土构件用模板的结构形式应根据具体工程特点和生产工艺进行设计，计算模板在周转次数条件下的承载力和变形，保证模板在使用过程中的精度和尺寸偏差要求。对设计要求清水混凝土饰面效果的外墙板应采用高精度要求的模板制作。

4.2.2 新模板进场时或模板改制后应进行检查验收，每次浇筑混凝土前应核对模板及预埋件的关键尺寸。固定在模板上的预埋件、预留孔、预留洞不得遗漏，且应采取可靠的固定措施。

4.3 构件制作

4.3.1 混凝土所用原材料、混凝土配合比设计、混凝土强度等级、耐久性和工作性应满足现行国家标准和工程设计要求。

4.3.2 严禁采用影响结构性能或面层装饰效果的界面剂。

4.3.3 在浇筑混凝土前，应进行钢筋和预埋件隐蔽工程验收。钢筋的品种、级别、规格和数量、混凝土保护层、构件上的预埋件、插筋和预留洞的规格、位置和数量必须满足设计要求。

4.3.4 可采用蒸汽养护或覆膜保湿养护缩短制作工期，加速模板周转，但应控制恒温温度不超过60℃，升降温度速度不超过15℃/h。构件脱模强度应达到其设计要求强度等级的80%以上，出厂安装时应达到设计强度等级100%。

√ 五、施工安装

5.1 运输与码放

5.1.1 预制构件运输前应根据工程实际条件制定专项运输方案。确定运输方式、运输路线、构件固定及保护措施等。对于超高或超宽的板要制定运输安全措施。

5.1.2 外墙板码放场地地基应平整坚实，墙板立放时要采用专用插放架存放。

5.1.3 外墙板码放时要制定成品保护措施，对于装饰面层处，垫木外表面要用塑料布包裹隔离，避免雨水及垫木污染板表面。

5.2 安装施工准备

5.2.1 墙板安装前应编制外墙板安装方案，确定墙板水平运输、垂直运输的吊装方式，进行设备选型及安装调试。

5.2.2 安装单位应会同土建施工单位检查现场清洁情况、支撑架和起重安装机具，确认是否具备构件安装条件。并采取可靠的固定措施。

5.2.3 主体结构的预埋件应在主体结构施工时按设计要求埋设；外墙板安装前应在施工单位对主体结构和预埋件验收合格的基础上进行复测，对存在的问题应与施工、监理、设计单位进行协调解决。主体结构及预埋件施工偏差应符合现行《混凝土结构工程施工质量验收规范》GB 50204—2015要求，垂直方向和水平方向最大施工偏差应满足设计要求。

5.2.4 预制构件在进场安装前应进行检查验收，不合格的构件不得安装使用。安装用连接件及配套材料应进行现场报验，复试合格后方可使用。

5.2.5 预制构件储存时应按安装顺序排列并采取保护措施，储存架应有足够的承载力和刚度。

5.2.6 构件安装人员应提前进行安装技能和安装培训工作，安装前施工管理人员要做好技术交底和安全交底。

5.2.7 施工安装人员应充分理解安装技术要求和质量检验标准。

XXXX建筑设计院	建设单位		图名	装配式建筑设计专篇	审定	审定人	项目负责	负责人	项目编号	项目编号
	工程名称	XX高新区新造安置区三期2号楼			审核	审核人	设计	设计人	图号	图号
					校对	校对人	比例	比例	日期	日期

图 3-17　某住宅建筑装配式建筑设计专篇（扫描二维码 3-15 查看高清图片）

装配式建筑设计专篇单项实训任务表 **表 3–11**

<table>
<tr><td>实训目标</td><td colspan="2">知识目标：掌握装配式建筑设计专篇的编写及建筑评分标准。
能力目标：能独立完成对建筑施工图和装配式平面布置图的识读理解，编制掌握装配式建筑设计专篇。
思政映入：通过装配式建筑设计专篇的案例讲解，树立标准化、现代工业化设计的新发展理念：完成装配式建筑设计专篇编制实训任务时，需要熟悉装配式建筑评价，列举说明项目中装配式构件加工制作、施工安装的要求，提升标准化和信息化设计思维，弘扬工匠精神</td></tr>
<tr><td>实训方式</td><td colspan="2">将单项实训任务依次分解至各小节学练过程中。通过小节实训的方式，逐步完成本次单项实训</td></tr>
<tr><td>实训内容</td><td>对提供的建筑施工图和装配式平面布置图，完成装配式建筑设计专篇，达到《建筑工程设计文件编制深度规定（2016 年版）》装配式建筑说明部分深度要求</td><td rowspan="4">扫描二维码 3–16 下载实训项目全套建筑图</td></tr>
<tr><td>成果要求</td><td>装配式建筑设计专篇，按比例打印出图并提交电子版</td></tr>
<tr><td>实训建议</td><td>按后续小节中实训进度逐步完成装配式建筑设计专篇，每小节提交电子版，实训结束后按比例打印出图</td></tr>
<tr><td>实训项目选题建议</td><td>将单项实训任务依次分解至各小节学练过程中。通过小节实训的方式，逐步完成本次单项实训——装配式建筑设计专篇的表达</td></tr>
</table>

二维码 3–16 实训项目全套建筑图

指标等。包括项目名称、建设工程所在城市、建筑面积、建筑层数及建筑高度、建筑分类、防水等级、耐火等级等。

2. 依据工程特点，正确选用相关技术规范，如《装配式混凝土建筑技术标准》GB/T 51231、《装配式混凝土结构技术规程》JGJ1、《装配式建筑评价标准》GB/T 51129、《湖南省绿色装配式建筑评价标准》DBJ 43/T332、《装配整体式混凝土结构施工质量验收规范》DB33/T 1123 等。

案例展示（图 3–18）：

学习内容：

1. 耐火等级

耐火等级由组成建筑物的构件的燃烧性能和耐火极限来确定。耐火等级划分为一、二、三、四级。

2. 装配式建筑设计依据

A.《装配式混凝土建筑技术标准》GB/T 51231—2016；

B.《装配式混凝土结构技术规程》JGJ 1—2014；

C.《装配式建筑评价标准》GB/T 51129—2017；

D.《湖南省绿色装配式建筑评价标准》DBJ 43/T 332—2018；

E.《装配整体式混凝土结构施工质量验收规范》DB 33/T 1123—2016；

F.《国家建筑标准设计图集——装配式混凝土结构表达方法及实例（剪力墙结构）》15G107；

G.《湖南省工程建设标准设计图集——装配式住宅结构》湘 2015G101；

H.《预制混凝土剪力墙外墙板》15G365—1；

I.《预制钢筋混凝土板式楼梯》15G367—1；

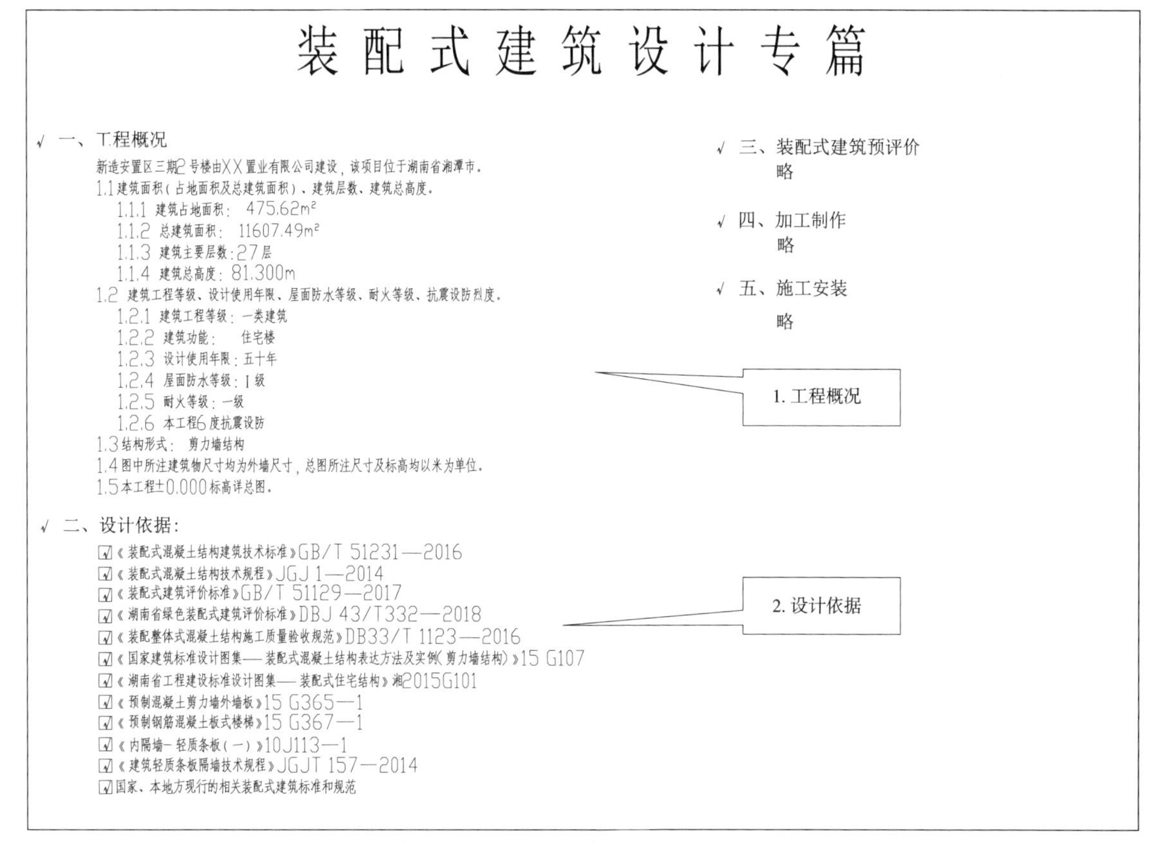

装配式建筑设计专篇

√ 一、工程概况

新造安置区三期2号楼由XX置业有限公司建设，该项目位于湖南省湘潭市。

1.1 建筑面积（占地面积及总建筑面积）、建筑层数、建筑总高度。

1.1.1 建筑占地面积：475.62m²

1.1.2 总建筑面积：11607.49m²

1.1.3 建筑主要层数：27层

1.1.4 建筑总高度：81.300m

1.2 建筑工程等级、设计使用年限、屋面防水等级、耐火等级、抗震设防烈度。

1.2.1 建筑工程等级：一类建筑

1.2.2 建筑功能：　住宅楼

1.2.3 设计使用年限：五十年

1.2.4 屋面防水等级：Ⅰ级

1.2.5 耐火等级：一级

1.2.6 本工程6度抗震设防

1.3 结构形式：剪力墙结构

1.4 图中所注建筑物尺寸均为外墙尺寸，总图所注尺寸及标高均以米为单位。

1.5 本工程±0.000标高详总图。

√ 二、设计依据：

☑《装配式混凝土结构建筑技术标准》GB/T 51231—2016

☑《装配式混凝土结构技术规程》JGJ 1—2014

☑《装配式建筑评价标准》GB/T 51129—2017

☑《湖南省绿色装配式建筑评价标准》DBJ 43/T332—2018

☑《装配整体式混凝土结构施工质量验收规范》DB33/T 1123—2016

☑《国家建筑标准设计图集——装配式混凝土结构表达方法及实例（剪力墙结构）》15 G107

☑《湖南省工程建设标准设计图集——装配式住宅结构》湘2015G101

☑《预制混凝土剪力墙外墙板》15 G365—1

☑《预制钢筋混凝土板式楼梯》15 G367—1

☑《内隔墙- 轻质条板（一）》10J113—1

☑《建筑轻质条板隔墙技术规程》JGJT 157—2014

☑国家、本地方现行的相关装配式建筑标准和规范

√ 三、装配式建筑预评价

略

√ 四、加工制作

略

√ 五、施工安装

略

图 3-18　某住宅装配式建筑设计专篇节选（工程概况及设计依据）

J.《内隔墙—轻质条板（一）》10J113—1；

K.《建筑轻质条板隔墙技术规程》JGJT 157—2014 所在省、市、地区绿色设计标准；

L. 国家、本地方现行的相关装配式建筑标准和规范。

3. 装配式建筑

由预制部品部件在工地装配而成的建筑。

4. 装配率

单体建筑室外地坪以上的主体结构、围护墙和内隔墙、装修和设备管线等采用预制部品部件的综合比例。

5. 全装修

建筑功能空间的固定面装修和设备设施安装全部完成，达到建筑使用功能和性能的基本要求。

6. 集成厨房

地面、吊顶、墙面、橱柜、厨房设备及管线等通过设计集成、工厂生产，

在工地主要采用干式工法装配而成的厨房。

成果深度：

达到住房和城乡建设部印发的《建筑工程设计文件编制深度规定（2016年版）》4.3.3 设计深度要求。

课堂练习：

1. 装配式建筑由预制部品部件在_____装配而成的建筑。

2. 名词解释：装配率。

小节实训：

1. 实训内容：扫描二维码 3–16，下载本章首节单项实训中给定的某住宅建筑施工图及装配式平面布置图，完成住宅施工图装配式建筑设计专篇中有关工程概况及设计依据的编写。

2. 实训目标：通过学习，能掌握相关知识点并正确表达施工图装配式建筑设计专篇中工程概况及设计依据编写。

3. 实训要求：

（1）独立完成。

（2）能正确地描述工程概况，计算相关数据。

（3）能正确地选择相关设计规范标准。

3.4.2 装配式建筑评价标准

学习目标：

依据装配式建筑评价标准，为促使装配式建筑设计理念尽早融入项目实施过程中，项目宜在设计阶段进行预评价，并应按设计文件计算装配率；项目评价应在项目竣工验收后进行，按照竣工资料和相关证明文件进行项目评价。项目评价是装配式建筑评价的最终结果，评价内容包括计算评价项目的装配率和确定评价等级。

案例展示（图 3–19）：

学习内容：

1. 装配率计算和装配式建筑等级评价应以单体建筑作为计算和评价单元。

2. 装配式建筑应同时满足下列要求：

A. 主体结构部分的评价分值不低于 20 分；

B. 围护墙和内隔墙部分的评价分值不低于 10 分；

C. 采用全装修；

D. 装配率不低于 50%。

3. 装配式建筑宜采用装配化装修。

装配式建筑设计专篇

√　一～二、工程概况、设计依据

略

三、装配式建筑预评价　　2号楼装配式建筑评分如表所示：

√

装配式建筑预评价

评价项			评价要求	评价分值	最低分值	设计指标	设计得分
主体结构Q1（45分）	柱、支撑、承重墙延性墙板等竖向构件	A、采用预制构件	35%<比例<80%	15~25*	20		
		B、采用高精度模板或免拆模板施工工艺	85%<比例	5		100%	5
	梁、板、楼梯、阳台空调板等构件	采用预制构件	70%<比例<80%	10~20*		82.70%（详结施）	20
围护墙和内隔墙Q2（20分）	非承重围护墙非砌筑		比例≥80%	5	10	81.31%	5
	外围护墙体集成化	A、围护墙与保温隔热、装饰一体化	50%<比例<80%	2~5*			
		B、围护墙与保温隔热、窗框一体化	50%<比例<80%	1.4~3.5*			
	内隔墙非砌筑		比例≥50%	5		50.95%	5
	内隔墙体集成化	A、内隔墙与管线、装修一体化	50%<比例<80%	2~5*		50.95%	2
		B、内隔墙与管线一体化	50%<比例<80%	1.4~3.5*			
装修和设备管线Q3（25分）	全装修		—	6	6		6
	干式工法的楼面、地面		比例≥70%	4			
	集成厨房		70%<比例<90%	3~5*			
	集成卫生间		70%<比例<90%	3~5*			
	管线分离		50%<比例<70%	3~5*			
绿色建筑Q4（10分）	绿色建筑基本要求		满足绿色建筑审查基本要求	4			4
	绿色建筑评价标识		一星<星级<三星	2~6	4		
加分项Q5	BIM技术应用		设计	1			1
			生产	1			1
			施工	1			1
	采用EPC模式		/	2			
总得分				50分			

注：表中带“*”项的分值采用“内插法”计算，计算结果取小数点后1位。

本项目装配式建筑2号栋的装配率为50%，满足《绿色装配式建筑评价标准》DBJ 43/T332—2018的基本要求。

图 3-19　某住宅装配式建筑设计专篇节选（装配式建筑预评价）

4. 装配率计算

装配率应根据表 3-12 中评价项分值按下式计算：

$$P=\frac{Q_1+Q_2+Q_3}{100-Q_4}100\%$$

式中：P——装配率；

Q_1——主体结构指标实际得分值；

Q_2——围护墙和内隔墙指标实际得分值；

Q_3——装修与设备管线指标实际得分值；

Q_4——评价项目中缺少的评价项分值总和。

装配式建筑评分表　　**表 3-12**

评价项		评价要求	评价分值	最低分值
主体结构（50分）	柱、支撑、承重墙、延性墙板等竖向承重构件	35% ≤比例≤ 80%	20 ～ 30	20
	梁、板、楼梯、阳台、空调板等构件	70% ≤比例≤ 80%	10 ～ 20	
围护墙和内隔墙（20分）	非承重围护墙非砌筑	比例≥ 80%	5	10
	围护墙与保温、隔热、装饰一体化	50% ≤比例< 80%	2 ～ 5	
	内隔墙非砌筑	比例≥ 50%	5	
	内隔墙与管线、装修一体化	50% ≤比例≤ 80%	2 ～ 5	

续表

评价项		评价要求	评价分值	最低分值
装修和设备管线（30分）	全装修	—	6	6
	干式工法楼面、地面	比例≥70%	6	—
	集成厨房	70%≤比例≤90%	3～6	
	集成卫生间	70%≤比例≤90%	3～6	
	管线分离	50%≤比例≤70%	4～6	

成果深度：

达到住房和城乡建设部印发的《建筑工程设计文件编制深度规定（2016年版）》4.3.3设计深度要求。

课堂练习：

题目内容：

1. 装配率计算和装配式建筑等级评价应以______作为计算和评价单元。

2. 装配式建筑应同时满足哪些要求？

小节实训：

1. 实训内容：扫描二维码3–16，下载本章首节单项实训中给定的某住宅建筑施工图及装配式平面布置图，完成住宅施工图装配式设计专篇中有关装配式建筑设计评价。

2. 实训目标：通过学习，能掌握相关知识点并完成装配式建筑设计专篇中有关装配式建筑设计评价。

3. 实训要求：

（1）独立完成。

（2）能正确地完成装配式建筑设计评价。

3.4.3 装配式建筑技术设计

学习目标：

依据装配式建筑评价标准，对参评建筑进行全寿命期技术和经济分析，选用适宜技术、设备和材料，对规划、设计、施工、运行阶段进行全过程控制，并应在评价时提交相应分析、测试报告和相关文件。

案例展示（图3–20）：

学习内容：

1. 加工制作

1.1 预制混凝土构造加工制作单位必须具备相应的资质等级、类似工程经验、健全的检测手段及完善的质量管理体系。

1.2 预制混凝土构件在加工前应进行构件加工图深化设计、编制构件

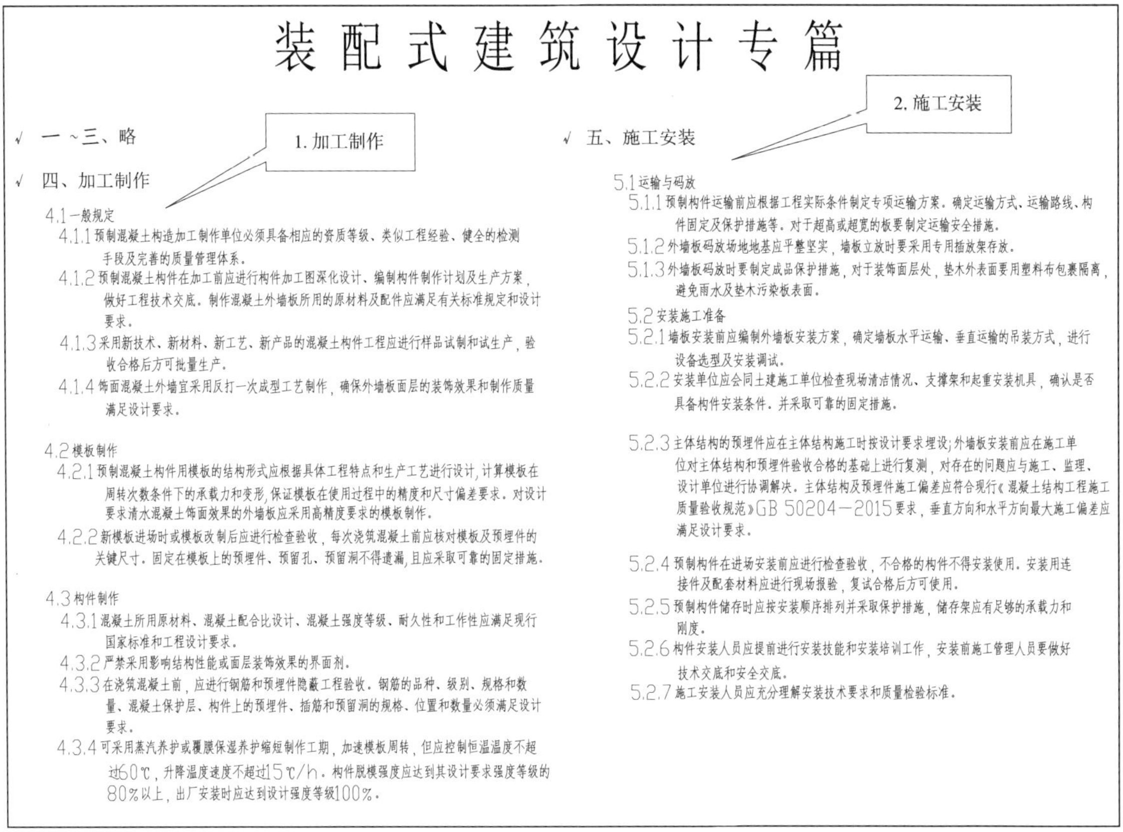

装配式建筑设计专篇

1. 加工制作

2. 施工安装

√ 一～三、略

√ 四、加工制作

4.1 一般规定

4.1.1 预制混凝土构造加工制作单位必须具备相应的资质等级、类似工程经验、健全的检测手段及完善的质量管理体系。

4.1.2 预制混凝土构件在加工前应进行构件加工图深化设计、编制构件制作计划及生产方案，做好工程技术交底。制作混凝土外墙板所用的原材料及配件应满足有关标准规定和设计要求。

4.1.3 采用新技术、新材料、新工艺、新产品的混凝土构件工程应进行样品试制和试生产，验收合格后方可批量生产。

4.1.4 饰面混凝土外墙宜采用反打一次成型工艺制作，确保外墙板面层的装饰效果和制作质量满足设计要求。

4.2 模板制作

4.2.1 预制混凝土构件用模板的结构形式应根据具体工程特点和生产工艺进行设计，计算模板在周转次数条件下的承载力和变形，保证模板在使用过程中的精度和尺寸偏差要求。对设计要求清水混凝土饰面效果的外墙板应采用高精度要求的模板制作。

4.2.2 新模板进场时或模板改制后应进行检查验收，每次浇筑混凝土前应核对模板及预埋件的关键尺寸。固定在模板上的预埋件、预留孔、预留洞不得遗漏，且应采取可靠的固定措施。

4.3 构件制作

4.3.1 混凝土所用原材料、混凝土配合比设计、混凝土强度等级、耐久性和工作性应满足现行国家标准和工程设计要求。

4.3.2 严禁采用影响结构性能或面层装饰效果的界面剂。

4.3.3 在浇筑混凝土前，应进行钢筋和预埋件隐蔽工程验收。钢筋的品种、级别、规格和数量、混凝土保护层、构件上的预埋件、插筋和预留洞的规格、位置和数量必须满足设计要求。

4.3.4 可采用蒸汽养护或覆膜保湿养护缩短制作工期，加速模板周转，但应控制恒温温度不超过60℃，升降温度速度不超过15℃/h。构件脱模强度应达到其设计要求强度等级的80%以上，出厂安装时应达到设计强度等级100%。

√ 五、施工安装

5.1 运输与码放

5.1.1 预制构件运输前应根据工程实际条件制定专项运输方案。确定运输方式、运输路线、构件固定及保护措施等。对于超高或超宽的板要制定运输安全措施。

5.1.2 外墙板码放场地地基应平整坚实，墙板立放时要采用专用插放架存放。

5.1.3 外墙板码放时要制定成品保护措施，对于装饰面层处，垫木外表面要用塑料布包裹隔离，避免雨水及垫木污染板表面。

5.2 安装施工准备

5.2.1 墙板安装前应编制外墙板安装方案，确定墙板水平运输、垂直运输的吊装方式，进行设备选型及安装调试。

5.2.2 安装单位应会同土建施工单位检查现场清洁情况、支撑架和起重安装机具，确认是否具备构件安装条件。并采取可靠的固定措施。

5.2.3 主体结构的预埋件应在主体结构施工时按设计要求埋设；外墙板安装前应在施工单位对主体结构和预埋件验收合格的基础上进行复测，对存在的问题应与施工、监理、设计单位进行协调解决。主体结构及预埋件施工偏差应符合现行《混凝土结构工程施工质量验收规范》GB 50204—2015要求，垂直方向和水平方向最大施工偏差应满足设计要求。

5.2.4 预制构件在进场安装前应进行检查验收，不合格的构件不得安装使用。安装用连接件及配套材料应进行现场报验，复试合格后方可使用。

5.2.5 预制构件储存时应按安装顺序排列并采取保护措施，储存架应有足够的承载力和刚度。

5.2.6 构件安装人员应提前进行安装技能和安装培训工作，安装前施工管理人员要做好技术交底和安全交底。

5.2.7 施工安装人员应充分理解安装技术要求和质量检验标准。

图 3-20　某住宅装配式建筑设计专篇节选（加工制作与施工安装）

制作计划及生产方案，做好工程技术交底。制作混凝土外墙板所用的原材料及配件应满足有关标准规定和设计要求。

1.3 采用新技术、新材料、新工艺、新产品的混凝土构件工程应进行样品试制和试生产，验收合格后方可批量生产。

1.4 饰面混凝土外墙宜采用反打一次成型工艺制作，确保外墙板面层的装饰效果和制作质量满足设计要求。

2. 模板制作

2.1 预制混凝土构件用模板的结构形式应根据具体工程特点和生产工艺进行设计，计算模板在周转次数条件下的承载力和变形，保证模板在使用过程中的精度和尺寸偏差要求。对设计要求清水混凝土饰面效果的外墙板应采用高精度要求的模板制作。

2.2 新模板进场时或模板改制后应进行检查验收，每次浇筑混凝土前应核对模板及预埋件的关键尺寸。固定在模板上的预埋件、预留孔、预留洞不得遗漏，且应采取可靠的固定措施。

3. 构件制作

3.1 混凝土所用原材料、混凝土配合比设计、混凝土强度等级、耐久性和工作性应满足现行国家标准和工程设计要求。

3.2 严禁采用影响结构性能或面层装饰效果的界面剂。

3.3 在浇筑混凝土前，应进行钢筋和预埋件隐蔽工程验收。钢筋的品种、级别、规格和数量，混凝土保护层、构件上的预埋件、插筋和预留洞的规格、位置和数量必须满足设计要求。

3.4 可采用蒸汽养护或覆膜保湿养护缩短制作工期，加速模板周转，但应控制恒温温度不超过 60℃，升降温度速度不超过 15℃ /h。构件脱模强度应达到其设计要求强度等级的 80%以上，出厂安装时应达到设计强度等级 100%。

4. 运输与码放

4.1 预制构件运输前应根据工程实际条件制定专项运输方案。确定运输方式、运输路线、构件固定及保护措施等。对于超高或超宽的板要制定运输安全措施。

4.2 外墙板码放场地地基应平整坚实，墙板立放时要采用专用插放架存放。

4.3 外墙板码放时要制定成品保护措施，对于装饰面层处，垫木外表面要用塑料布包裹隔离，避免雨水及垫木污染板表面。

5. 安装施工准备

5.1 墙板安装前应编制外墙板安装方案，确定墙板水平运输、垂直运输的吊装方式，进行设备选型及安装调试。

5.2 安装单位应会同土建施工单位检查现场清洁情况、支撑架和起重安装机具，确认是否具备构件安装条件，并采取可靠的固定措施。

5.3 主体结构的预埋件应在主体结构施工时按设计要求埋设；外墙板安装前应在施工单位对主体结构和预埋件验收合格的基础上进行复测，对存在的问题应与施工、监理、设计单位进行协调解决。主体结构及预埋件施工偏差应符合现行《混凝土结构工程施工质量验收规范》GB 50204 要求，垂直方向和水平方向最大施工偏差应满足设计要求。

5.4 预制构件在进场安装前应进行检查验收，不合格的构件不得安装使用。安装用连接件及配套材料应进行现场报验，复试合格后方可使用。

5.5 预制构件储存时应按安装顺序排列并采取保护措施，储存架应有足够的承载力和刚度。

5.6 构件安装人员应提前进行安装技能和安装培训工作，安装前施工管理人员要做好技术交底和安全交底。

5.7 施工安装人员应充分理解安装技术要求和质量检验标准。

成果深度：

达到住房和城乡建设部印发的《建筑工程设计文件编制深度规定（2016年版）》4.3.3 设计深度要求。

课堂练习：

1. 混凝土所用_______、_______、_______、_______和_______应满足现行国家标准和工程设计要求。

2. 在浇筑混凝土前，应进行______和______隐蔽工程验收。

小节实训：

1. 实训内容：扫描二维码 3–16，下载本章首节单项实训中给定的某住宅建筑施工图及装配式平面布置图，完成住宅施工图装配式建筑设计专篇中有关装配式建筑技术设计。

2. 实训目标：通过学习，能掌握相关知识点并完成装配式建筑设计专篇中有关装配式建筑设计技术设计。

3. 实训要求：

（1）独立完成。

（2）能正确地完成装配式建筑技术设计。

二维码 3–17　其他设计专篇课件

3.5　其他设计专篇

二维码 3–18　其他设计专篇微课

根据建筑工程设计文件深度编制规定要求，建筑施工图中的设计专篇，除前面学习常见的消防设计专篇、节能设计专篇、绿色建筑设计说明专篇、装配式建筑设计专篇以外，根据项目实际情况，还有其他需要说明的问题，如质量通病防治设计专篇、人防设计说明专篇等，本书仅对其他专篇包含的内容作简单介绍（二维码 3–17、二维码 3–18）。

二维码 3–19　某住宅建筑施工图质量通病防治设计专篇（一）

3.5.1　质量通病防治设计专篇

概述：

施工图设计中质量通病防治设计专篇是根据专项治理内容和工程实际情况，针对易产生裂缝、渗漏的部位和施工环节提出具体设计优化、细化措施，设计深度必须满足工程裂缝、渗漏防治的施工需要，施工图应该有明确的构造节点详图，明确对材料性能、施工工艺工序等要求。

二维码 3–20　某住宅建筑施工图质量通病防治设计专篇（二）

质量通病防治设计专篇主要包括：设计依据及工程概况、墙体开裂、渗漏防治的技术措施、门窗渗漏防治设计措施、楼（地）面渗漏防治设计措施、屋面渗漏防治设计措施、地下室裂缝及渗漏防治等内容。

案例展示（图 3–21、图 3–22）：

质量常见问题专项治理专篇（一）

一、设计依据

√ 1.建设单位委托设计合同文件.
√ 2.建设单位提供的设计要求和用地红线图及认可的方案、建设主管部门的初步设计批复.
√ 3.建设单位提供的有关市政资料.
√ 4.建筑和有关工种提供的作业图及设计资料.
√ 5.国家现行的各项设计条文、规范（凡画有√条文、规范为本设计用）:
☑《建筑工程设计文件编制深度规定》（2008年版）
☑《住建部关于深入开展全国工程质量专项治理工作的通知》（建质[2013]149号文件）
☑《湖南省住宅工程质量常见问题专项治理工作方案》（湘建建函[2014]73号文件）
☑《住宅室内防水工程技术规程》JGJ 298—2013
☑《建筑外墙防水工程技术规程》JGJ/T 235—2011
☑《屋面工程技术规范》GB 50345—2012
☑《地下工程防水技术规范》GB 50108—2008
☑国家现行的其他各项有关设计规范.

二、防治墙体开裂、渗漏

√ 2.1本工程外墙均采用200厚烧结页岩多孔砖，内墙采用200/100厚烧结页岩空心砖，填充墙砌体应分次砌筑。每次砌筑高度不应超过1.5m，日砌筑高度不宜大于2.8m；砌筑时灰缝砂浆应饱满密实，嵌缝应嵌成凹缝。当填充墙砌筑接近梁板底时，应留一定空间，至少间隔7d后，再将其补砌挤紧。补砌时，对双侧竖缝用水泥浦理嵌填密实。外墙的补砌砖灰缝，应用水泥砂浆嵌填密实，填充墙砌体根部应砌筑不小于200mm烧结页岩实心砖，内墙采用加气混凝土砌块砌筑时，应采用专用砂浆进行砌筑和抹灰.
√ 2.2外墙饰面层及基层留置分隔缝，纵横间距不大于3m，缝宽8~12mm，并嵌填高弹性密封材料.
√ 2.3底层砖墙在地面下-0.060处用1:2水泥砂浆（内加5%水泥重的防水剂）做20厚墙身防潮层一道，室外地坪高于室内，处在埋土一侧墙身做20厚1:2水泥砂浆防潮层，还应刷2.0厚聚氨酯防水涂料.
√ 2.4不同基体材料与混凝土墙柱相交处，设置抗裂钢丝网，钢丝网与不同基体的搭接宽度每边不小于300mm，钢丝网片的网孔尺寸不应大于15mm×15mm，其钢丝直径不应小于0.9mm，应采用先成网后镀锌的后热镀锌电焊网，钢丝网应用钢钉或射钉加铁片固定，固定点间距不大于300mm。钢丝网应设垫块（垫块厚度10mm，间距500），不得将网紧靠墙面固定，确保钢丝网的抗裂作用.
√ 2.5外墙防水采用20厚1:2防水水泥砂浆（内掺5%防水剂），分2次抹灰，每层抹灰厚度应不大于10mm，详见构造做法表.
√ 2.6填充墙砌体临时施工洞处应在墙体两侧预留2Φ6@500拉结筋，补砌时应润湿已砌筑的墙体连接处，补砌应与原墙接槎处顶实，并外挂钢丝网片，两边压墙不小于200mm。消防箱、配电箱、水表箱、开关箱等预留洞上的过梁应在其管线穿越的位置预留孔槽，不得事后剔凿，其背面的抹灰层应挂满钢丝网片，钢丝直径不应小于0.9mm.填充墙体需要按要求设置构造柱，具体措施详见结构施工图.
√ 2.7外围护砌体无约束的端部应按抗裂设计要求设置构造柱与墙梁或采取其他可靠拉接措施，构造柱钢筋宜采用预埋，上下钢筋应与主体结构牢固连接。拉结筋应与墙、柱连接牢固，拉结筋深入墙内的长度，应符合现行规范的要求。拉结筋设置可采用预埋和植筋的方式.
√ 2.8外围护填充墙上不宜留设脚手眼、穿墙洞等。对墙上留设的孔洞，应有防治渗漏开裂的专项施工方案，孔洞填塞应采用微膨胀防水混凝土分次填实，不得用砖和普通砂浆一次填塞.
√ 2.9门窗洞口上部和凸出建筑物的装饰腰线、女儿墙压顶、遮阳板、雨篷等有排水要求的外墙部位应做滴水，详大样.
√ 2.10外墙内保温施工前应做出防治开裂专项施工方案，由总承包单位报监理单位审查批准后实施，外墙内保温工程施工应先做样板，样板验收合格后方可全面施工.
2.11外墙保温层需设置分隔缝，间距不大于3m，缝宽8~12mm，并嵌填高弹性密封材料.
√ 2.12墙体与屋面或墙体与有水房间的根部均应做300高混凝土反边，混凝土强度等级同梁.
√ 2.13抹灰前应先堵好架眼及孔洞，封堵脚手架眼和孔洞时，应清理干净，浇水湿润，然后采用微膨胀防水混凝土填塞密实，并在洞口内外墙面采用大于孔洞边缘150mm，直径不应小于0.9mm热镀锌钢丝网固定好后再进行抹灰。不得采用砖和普通砂浆一次填塞封堵穿墙螺栓孔宜采用聚氨酯发泡剂和防水膨胀干硬性水泥砂浆填塞密实，封堵后孔洞外侧表面应进行防水处理.
√ 2.14 对混凝土、填充墙砌体基层抹灰时，应先清理基层，抹灰前墙面应浇水，应严格控制抹灰砂浆配比，确保砂浆有良好的和易性和保水性。抹灰面层严禁使用素水泥砂浆抹面。必要时，可在基层抹灰和面层砂浆之间增加玻纤网，外墙抹灰应严格按照有关施工规范要求操作，避免出现裂缝，墙面抹灰应分层进行，抹灰总厚度超过35mm时，应采取加设钢丝网等抗裂措施，钢丝网片的网孔尺寸不应大于15mm×15mm，其钢丝直径不应小于0.9mm，墙体抹灰完成后应及时喷水进行养护，满足相关要求后方可进行下一道工序施工.
√ 2.15对于表面较光滑的混凝土墙柱梁应采用水泥基聚合物砂浆处理，以增强与粉刷砂浆的粘结力.
√ 2.16墙体上预留洞口应在施工时预留好，严禁事后开凿，凡外墙上预留的洞口（空调管、排气管）等均向外做10%坡度.
√ 2.17突出外墙的结构构件如遮阳板、雨篷等水平构件应做向外排水坡度，坡度宜为3%~5%，与墙面接触根部设置300高混凝土反边，混凝土强度等级同梁，根部防水做法详01 11ZJ9第22页大样1.
√ 2.18未详之处请按国家及地方的相关规范、规定内容要求进行施工及验收.

三、防治窗户周边开裂、渗漏

√ 3.1本工程所有外窗及阳台门的气密性等级，不应低于《建筑外门窗气密、水密、抗风压性能检测方法》GB/T 7106—2019所规定的2级。透明幕墙的气密性不应低于《建筑幕墙》GB/T 21086—2007规定的3级，抗风压性能分级为2级，水密性能分级为2级，保温性能分级为8级、隔声性能分级为4级.
√ 3.2外围护结构应严格控制门窗预留洞口，外围护填充墙门窗洞口四周砌筑烧结页岩多孔砖，门窗与墙体之间缝隙采用中性硅酮密封胶密实，打胶要保证基层干燥，转角处应平顺、严密，不得使用混合砂浆嵌缝。窗下口应做混凝土压顶，窗台应做3%排水坡度.
√ 3.3外窗制作前必须对洞口尺寸逐一校核，保证门窗框与墙体间有合适的间隙；组合外窗的拼樘料应采用套插或搭接连接，并应深入上下基层不应少于15mm。拼接时应带胶拼接，外缝采用中性硅酮密封胶密封.
√ 3.4外窗固定安装：窗下框应采用固定片法安装固定，严禁用长脚膨胀螺栓穿透型材固定门窗框；固定片宜为镀锌铁片，镀锌铁片厚度不小于1.5mm；固定点间距：转角处180mm，框边处不大于300mm，窗侧面及顶面打孔后工艺孔冒安装前应用密封胶封严.
√ 3.5窗框与结构墙体间应清理干净，施打聚氨酯发泡胶，发泡胶应连续施打，一次成形，填充饱满.
√ 3.6外窗台上应做出向外的流水斜坡，坡度不小于3%，内窗台应高于外窗台20mm，防止倒泛水或积水。窗楣上应做鹰嘴或滴水槽。外窗应设置排水孔满足排水要求，排水孔位置、数量、规格应根据窗型设置.

四、防治厨厕等有防水要求的房间渗漏

√ 4.1盥洗间地面均比相邻室内楼面标高低50mm，卫生间、厨房楼面、阳台楼面标高比相应楼面标高低50mm，并向相应的地漏及排水设施找1%~3%坡，不能有积水现象，地漏规格详见水施.
√ 4.2卫生间、厨房、阳台等设有给水点的内墙面设置1.8m高防水层，即墙面砖基层抹灰用1:2水泥砂浆（加5%防水剂），面砖嵌缝用白水泥亦加5%防水剂。卫生间、厨房楼板、阳台等有水房间四周除门洞外，均用C25混凝土反边，其高度不小于200mm，宽度与墙厚相同，与主体楼板一次浇捣.
√ 4.3凡要求排水找坡的地方，找坡厚度大于30mm时，均用C20细石混凝土找坡；厚度小于30mm时，用1:2水泥砂浆找坡.
√ 4.4有防水要求的楼地面工程，铺设前必须对立管、套管和地漏与楼板节点之间进行密封处理，并应进行隐蔽验收；排水坡度应符合设计要求.
√ 4.5给水排水及采暖等主管道应走管道井，严禁主管道埋入墙体内，走墙体及地面部分的支管严禁有接头，接头应设置在分水箱内。避免排水支管穿楼板，减少用户在生活中的相互干扰，装修时也省去了吊顶及管道防结露。在支管安装时，各种管件可以任意组合，以满足卫生器具在建筑图中所要求的平面位置。暗敷管道安装后，应进行耐压试验，合格后方可隐蔽.
√ 4.6管道穿过楼板的洞口处封堵时应支设模板，将孔洞周围凿毛、浇水湿润，用高于原设计强度一个等级的防渗混凝土分两次进行浇灌、捣实。管道穿楼板处宜采用止水节施工法.
√ 4.7对于沿楼地面敷设的给水、采暖管道，在进入有水房间处，应沿有水房间隔墙外侧抬高至防水层上反高度以上后，再穿过隔墙进入卫生间，避免破坏防水层.
√ 4.8有防水要求的房间内穿过楼板的管道根部应设置阻水台，且阻水台不应直接做在楼地面面层上。阻水台高度应提前预留，保证高出成形后的楼地面20mm，有套管的，必须保证套管高度满足上口高出成品楼地面50mm.
√ 4.9防水层上施工找平层或面层时应做好成品保护，防止破坏防水层。有防水层要求的房间应做二次蓄水试验，即防水隔离层施工完成时一次，工程竣工验收时一次，蓄水时间不少于24小时，蓄水高度不少于20~30mm，并形成记录.
√ 4.10凡有防水要求的房间防水层应沿墙四周上翻，高出地面不小于300mm。管道根部、转角处、墙根部位应做防水附加层。防水层应进行检测，检测不合格不得隐蔽.
√ 4.11凡穿越有防水要求的房间楼板的管道（如燃气管、排水管等），均应设置套管，孔洞在施工前预留好，不得事后开凿，根部防水高度高出套管50mm，具体详见大样图.
√ 4.12楼地面面层以地漏或排水点为中心向四周辐射，按坡度1%~3%的坡度找坡，并要确保地漏安装在地面最低处，且地漏安装的标高应比地面最低处低5mm，保证排水通畅；洗衣机地漏须使用专用地漏或直通式地漏，直通式地漏的支管应增加返水弯，返水弯水封深度不小于50mm.
√ 4.13卫生间防水楼面及便池防水详间大样图，阴阳角部位和管根部位应采用圆弧做法施工，圆弧半径为50mm.

五、防治屋面渗漏

√ 5.1本项目的屋面防水等级设计为Ⅰ级，防水层设计详见室内外装修构造做法表.
√ 5.2女儿墙宜设置钢筋混凝土构造柱，构造柱间距不应大于4m，构造柱应伸至现浇混凝土压顶梁、板并一起整浇，压顶应向内找坡，坡度不应小于2%。外墙防水层应延伸至压顶内侧的滴水线部位.
√ 5.3女儿墙采用MU10烧结页岩多孔砖砌筑，水泥砂浆强度等级不低于M7.5，必须砌筑密实，根部应做钢筋混凝土翻边，高度为300mm，砌体女儿墙与混凝土交接处挂设钢丝网防止开裂，钢丝网片的网孔尺寸不应大于15mm×15mm，其钢丝直径不应小于0.9mm.
√ 5.4屋面排水坡度不小于3%，屋面分隔缝宽度和长度均不大于6m，屋面分隔缝做法详见11ZJ201第34页大样2、4.
√ 5.5屋面雨水管及节点详图详见11ZJ201第37页大样2、4，第38页大样2，第41页大样1.
√ 5.6屋面女儿墙、山墙部位泛水做法详见11ZJ201第24页大样1、2，转角处卷材做成弧形，半径为100~150mm，施工时泛水高度及附加层铺设应符合设计要求，女儿墙和山墙的卷材应满粘，卷材收头应用金属压条钉压固定，并应用密封材料封严.
√ 5.7屋面出入口做法详见11ZJ201第13页大样1.
√ 5.8出屋面管道及透气管、排气到防水做法详见11ZJ201第15页大样1，第16页大样1、2.
√ 5.9保温材料的含水率应严格控制。屋面排汽构造的排汽道应纵横贯通，并与大气连通的排汽出口相通，不得堵塞。穿过保温层的管壁应设排汽孔，设置在结构层上，且设在屋面坡度的上方，间格纵横交接的部位，排汽管应做防水处理；排汽道间距宜为6m，纵横设置，屋面面积每36m²宜设一个排汽出口，应安装牢固，位置正确，封闭应严密。排汽管出汽口应防止雨水倒灌，且应进行保护，防止损坏。排气孔做法详见11ZJ201第31页大样1~6.
√ 5.10屋面保温隔热层施工完成后，应及时进行找平层和防水层的施工，避免保温隔热层受潮、浸泡或受损。防水层施工前，必须检查隔热层内部是否存在水，如发现，必须将水排干，使隔热层在防水层下部处于干燥环境。如出现漏设，必须在结构层下部钻孔排干水，上部开孔将气体排出.
√ 5.11铺设屋面隔气层和防水层前，基层必须干净、干燥，基层的分格缝要用密封材料嵌填密实。刚性防水层与基层、刚性保护层与柔性防水层之间应做隔离层。屋面细石混凝土保护层分隔缝，间距不宜大于4.0m.
√ 5.12屋面落水管位置下口设置水簸箕，详见11ZJ201第31页大样C.
√ 5.13屋面、露台地漏汇水区，宜设置浅平排水沟，及时将水排出，杜绝屋面集水.
√ 5.14未详之处请参照图集11ZJ201相关内容进行施工及验收.

六、地下室裂缝与渗漏

√ 6.1本项目地下室防水等级设计为Ⅱ级，做法详11ZJ311(3/34)，地下配电房的防水等级为一级，其地面需做防水砂浆。具体详见地下室建筑构造用料表及大样图.
√ 6.2地下室各个防水节点需要按照详图认真、严格施工，防止渗水，各防水构造节点做法如下：水平施工缝构造做法参照11ZJ311⊕；后浇带构造做法参照11ZJ311⊕⊕；桩头构造

××××建筑设计院		建设单位		图名	质量通病防治设计专篇（一）	审定		项目负责		项目编号	
		工程名称	XXX小区三期2号楼			审核		设计		图号	
						校对		比例		日期	

图 3-21　某住宅建筑施工图质量通病防治设计专篇（一）（扫描二维码 3-19 查看高清图片）

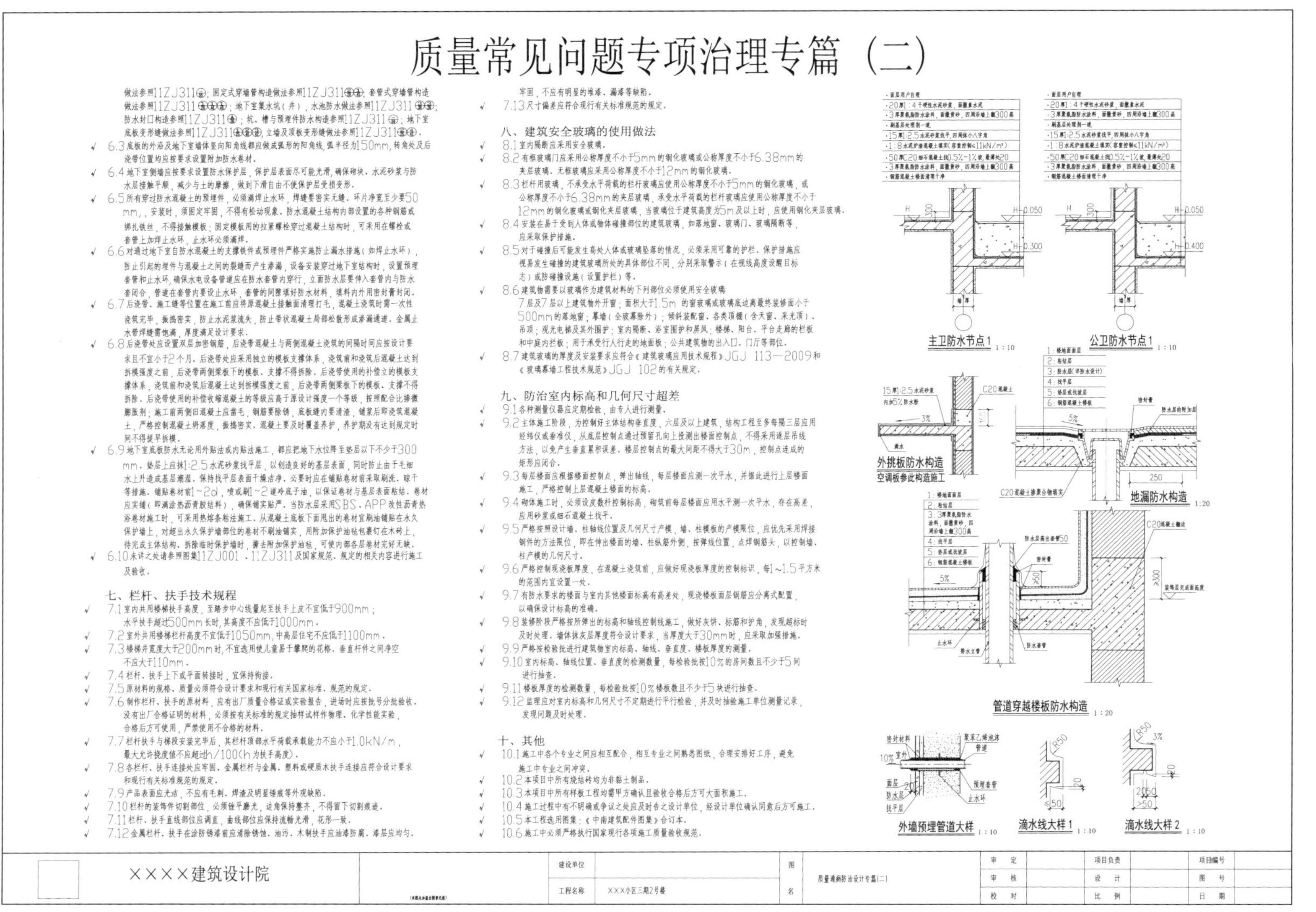

质量常见问题专项治理专篇（二）

做法参照11ZJ311；固定式穿墙管构造做法参照11ZJ311；套管式穿墙管构造做法参照11ZJ311；地下室集水坑（井），水池防水做法参照11ZJ311；防水封口构造参照11ZJ311；坑、槽与预埋件防水构造参照11ZJ311；地下室底板变形缝做法参照11ZJ311，立墙及顶板变形缝做法参照11ZJ311。

6.3 底板的外沿及地下室墙体竖向阳角线都应做成弧形的阳角线，弧半径为150mm，转角处及后浇带位置均应按要求设置附加防水卷材。

6.4 地下室侧墙应按要求设置防水保护层，保护层表面尽可能光滑，确保砌块、水泥砂浆与防水层接触平顺，减少与土的摩擦，做到下滑自由不使保护层受损变形。

6.5 所有穿过防水混凝土的预埋件，必须满焊止水环，焊缝要密实无缝。环片净宽至少要50mm，安装时，须固定牢固，不得有松动现象。防水混凝土结构内部设置的各种钢筋或绑扎铁丝，不得接触模板；固定模板用的拉紧螺栓穿过混凝土结构时，可采用在螺栓或套管上加焊止水环，止水环必须满焊。

6.6 对通过地下室自防水混凝土的支撑铁件或预埋件严格实施防止漏水措施（如焊止水环），防止引起的埋件与混凝土之间的裂缝而产生渗漏，设备安装穿过地下室结构时，设置预埋套管和止水环，确保水电设备管道应在防水套管内穿行，立面防水层要伸入套管内与防水套同合，管道在套管内要设止水环，套管的间隙填好防水材料，填料内外用密封膏封闭。

6.7 后浇带、施工缝等位置在施工前应将原混凝土接触面清理打毛，混凝土浇筑时需一次性浇筑完毕，振捣密实，防止水泥浆流失，防止带状混凝土局部松散形成渗漏通道。金属止水带焊缝需饱满，厚度满足设计要求。

6.8 后浇带处应设置双层加密钢筋，后浇带混凝土与两侧混凝土浇筑的间隔时间应按设计要求且不宜小于2个月。后浇带处应采用独立的模板支撑体系，浇筑前和浇筑后混凝土达到拆模强度之前，后浇带两侧梁板下的模板、支撑不得拆除。后浇带使用的补偿收缩混凝土的等级应高于原设计强度一个等级，按照配合比掺微膨胀剂；施工前两侧旧混凝土应凿毛，钢筋要除锈，底板缝内要清渣，铺浆后即浇筑混凝土，严格控制混凝土坍落度，振捣密实。混凝土要及时覆盖养护，养护期及有达到规定时间不得提早拆模。

6.9 地下室底板防水无论用外贴法或内贴法施工，都应把地下水位降至垫层以下不少于300mm，垫层上应抹1:2.5水泥砂浆找平层，以创造良好的基层表面，同时防止由于毛细水上升造成基层潮湿。保持找平层表面干燥洁净，必要时应在铺贴卷材前采取刷洗、烘干等措施。铺贴卷材前1~2d，喷或刷1~2道冷底子油，以保证卷材与基层表面粘结。卷材应采铺（即满涂热沥青胶结料），确保铺实贴严。当防水层采用SBS、APP改性沥青热溶卷材施工时，可采用热熔条粘法施工。从混凝土底板下面甩出的卷材宜刷油铺贴在永久保护墙上，对超出永久保护墙部位的卷材不刷油铺实，用附加保护油毡包裹钉在木砖上，待完成主体结构、拆除临时保护墙时，撕去附加保护油毡，可使内部各层卷材完好无缺。

6.10 未详之处请参照图集11ZJ001、11ZJ311及国家规范、规定的相关内容进行施工及验收。

七、栏杆、扶手技术规程

7.1 室内共用楼梯扶手高度，至踏步中心线量起至扶手上皮不宜低于900mm；水平扶手超过500mm长时，其高度不应低于1000mm。

7.2 室外共用楼梯栏杆高度不宜低于1050mm，中高层住宅不应低于1100mm。

7.3 楼梯井宽度大于200mm时，不宜选用使儿童易于攀爬的花格。垂直杆件之间净空不应大于110mm。

7.4 栏杆、扶手上下或平面转接时，宜保持拘接。

7.5 原材料的规格、质量必须符合设计要求和现行有关国家标准、规范的规定。

7.6 制作栏杆、扶手的原材料，应有出厂质量合格证或实验报告，进场时应按批号分批验收。没有出厂合格证明的材料，必须按有关标准的规定抽样试样作物理、化学性能实验，合格后方可使用，严禁使用不合格的材料。

7.7 栏杆扶手与梯段安装完牢后，其栏杆顶部水平荷载承载能力不应小于1.0kN/m，最大允许挠度值不应超过h/100（h为栏杆高度）。

7.8 各栏杆、扶手连接处应牢固。金属栏杆与金属、塑料或硬质木扶手连接应符合设计要求和现行有关标准规范的规定。

7.9 产品表面应光洁，不应有毛刺、焊渣及明显锈痕等外观缺陷。

7.10 栏杆的装饰件切割部位，必须锉平磨光，边角保持整齐，不得留下切割痕迹。

7.11 栏杆、扶手直线部位应调直，曲线部位应保持流畅光滑，花形一致。

7.12 金属栏杆、扶手在涂防锈漆前应清除锈蚀、油污，木制扶手应油漆防腐，漆层应均匀、牢固，不应有明显的堆漆、漏漆等缺陷。

7.13 尺寸偏差应符合现行有关标准规范的规定。

八、建筑安全玻璃的使用做法

8.1 室内隔断应采用安全玻璃。

8.2 有框玻璃门应采用公称厚度不小于5mm的钢化玻璃或公称厚度不小于6.38mm的夹层玻璃。无框玻璃应采用公称厚度不小于12mm的钢化玻璃。

8.3 栏杆用玻璃，不承受水平荷载的栏杆玻璃应使用公称厚度不小于5mm的钢化玻璃，或公称厚度不小于6.38mm的夹层玻璃，承受水平荷载的栏杆玻璃应使用公称厚度不小于12mm的钢化玻璃或钢化夹层玻璃，当玻璃位于建筑高度为5m及以上时，应使用钢化夹层玻璃。

8.4 安装在易于受到人体或物体碰撞部位的建筑玻璃，如落地窗、玻璃门、玻璃隔断等，应采取保护措施。

8.5 对于碰撞后可能发生高处人体或玻璃坠落的情况，必须采用可靠的护栏。保护措施应视易发生碰撞的建筑玻璃所处的具体部位不同，分别采取警示（在视线高度设醒目标志）或防碰撞设施（设置护栏）等。

8.6 建筑物需要以玻璃作为建筑材料的下列部位必须使用安全玻璃
7层及7层以上建筑物外开窗；面积大于1.5m的窗玻璃或玻璃底边离最终装修面小于500mm的落地窗；幕墙（全玻幕除外）；倾斜装配窗、各类顶棚（含天窗、采光顶）、吊顶；观光电梯及其外围护；室内隔断、浴室围护和屏风；楼梯、阳台、平台走廊的栏板和中庭内栏板；用于承受行人行走的地面板；公共建筑物的出入口、门厅等部位。

8.7 建筑玻璃的厚度及安装要求应符合《建筑玻璃应用技术规程》JGJ 113—2009和《玻璃幕墙工程技术规范》JGJ 102的有关规定。

九、防治室内标高和几何尺寸超差

9.1 各种测量仪器应定期检验，由专人进行测量。

9.2 主体施工阶段，为控制好主体结构垂直度，六层及以上建筑，结构工程至多每隔三层应用经纬仪或垂准仪，从底层控制点通过预留孔向上投测出楼面控制点，不得采用逐层吊线方法，以免产生垂直累积误差。楼层控制点的最大间距不得大于30m，控制点连成的矩形应闭合。

9.3 每层楼面应根据楼面控制点，弹出轴线，每层楼面应测一次平水，并据此进行上层楼面施工，严格控制上层混凝土楼面的标高。

9.4 砌体施工时，必须设皮数杆控制标高，砌筑前每层楼面应用水平测一次平水，存在高差，应用砂浆或细石混凝土找平。

9.5 严格按照设计墙、柱轴线位置及几何尺寸产模，墙、柱模板的产模限位，应优先采用焊接钢件的方法限位，即在伸出楼面的墙、柱纵筋外侧，按弹线位置，点焊钢筋头，以控制墙、柱产模的几何尺寸。

9.6 严格控制现浇板厚度，在混凝土浇筑前，应做好现浇板厚度的控制标识，每1~1.5平方米的范围内宜设置一处。

9.7 有防水要求的楼面与室内其他楼面标高有高差处，现浇楼板面层钢筋应分离式配置，以确保设计标高的准确。

9.8 装修阶段严格按所弹出的标高和轴线控制线施工，做好灰饼、标筋和护角，发现超标时及时处理。墙体抹灰层厚度符合设计要求，当厚度大于30mm时，应采取加强措施。

9.9 严格按检验批进行建筑物室内标高、轴线、垂直度、楼板厚度的测量。

9.10 室内标高、轴线位置、垂直度的检测数量，每检验批按10%的房间数且不少于5间进行抽查。

9.11 楼板厚度的检测数量，每检验批按10%楼板数且不少于5块进行抽查。

9.12 监理应对室内标高和几何尺寸不定期进行平行检验，并及时抽验施工单位测量记录，发现问题及时处理。

十、其他

10.1 施工中各个专业之间应相互配合，相互专业之间熟悉图纸，合理安排好工序，避免施工中专业之间冲突。

10.2 本项目中所有烧结砖均为非黏土制品。

10.3 本项目中所有样板工程均需甲方确认且验收合格后方可大面积施工。

10.4 施工过程中有不明确或争议之处应及时告之设计单位，经设计单位确认同意后方可施工。

10.5 本工程选用图集：《中南建筑配件图集》合订本。

10.6 施工中必须严格执行国家现行各项施工质量验收规范。

图3-22　某住宅建筑施工图质量通病防治设计专篇（二）（扫描二维码3-20查看高清图片）

3.5.2 人防工程设计专篇

概述：

涉及人防工程的建筑施工图都必须编制人防设计文件。人防设计文件由设计图纸和人防设计专篇两部分构成，两部分文件应相互统一，相关内容和数据应完全一致。各类人防设计文件均应报送人防施工图审查机构审查，审查合格的设计文件才能正式使用。

人防设计专篇主要包括：工程概括、设计依据、主体设计、口部设计、辅助房间设计、防护功能平战转换、内部装修、防火、其他等内容。

二维码 3-21 某地下室人防工程设计专篇

案例展示（图 3-23）：

人防设计专篇

一、人防工程概况：

本工程人防为全埋式地下人防，为战时二等人员掩蔽所设计，抗力等级为常6核6级（甲类），为二等人员掩蔽所，防化等级丙级，建筑耐火等级为一级。包括四个防护单元。

二、设计依据：

2.1《人民防空地下室设计规范》GB 50038—2005
2.2《人民防空工程设计防火规范》GB 50098—2009
2.3《人民防空工程防护设备选用图集》RFJ01—2008
2.4《国家建筑标准设计图集》（FJ01~03）——防空地下室建筑设计（2007合订本）
2.5《车库建筑设计规范》JGJ 100—2015
2.6《汽车库、修车库、停车场设计防火规范》GB 50067—2014
2.7《地下工程防水技术规范》GB 50108—2008
2.8 甲方委托书等与本工程有关的其他文件
2.9 国家、地方现行有关规范及规定

三、主体设计：

3.1 人防地下室按平战结合设计，平时做汽车库。设两个汽车坡道疏散出口，部分为设备用房，如水泵房、消防水池等。
3.2 每个防护单元的防护设施和内部设备皆自成系统。相邻防护单元之间设钢筋混凝土防护密闭隔墙，墙上开设门洞处在其墙两侧设置防护密闭门或临战封堵。其墙两侧设置防护密闭门或临战封堵。详见人防平面图。
3.3 相邻抗爆单元之间设置抗爆隔墙，隔墙连通口设置抗爆挡墙。抗爆隔墙及抗爆挡墙临战时构筑，采用500厚粗砂砂袋堆垒而成。
3.4 密闭隔墙，其厚度250~300mm。并在染毒区一侧墙面用1:2水泥砂浆抹光，墙面要求光滑易于清洗。防空地下室室内外出入口处临空墙为250~300mm厚现浇钢筋混凝土（详见结施图），密闭隔墙有管道穿过时，应采取密闭措施，其构造见各专业图纸；密闭隔墙上开门时，均设密闭门。

四、口部设计：

4.1 物资库设二个出入口，其他防护单元均设三个出入口（不包括防护单元之间的连通口），人员掩蔽战时出入口的门洞净宽之和满足掩蔽人数每100人不小于0.300m和每樘门的通过人数不超过700人的规定。出入口通道和楼梯的净宽不小于门洞的净宽。
4.2 战时主要出入口设防毒通道直通室外，防毒通道由防护密闭门与密闭门组成，防毒通道一侧设简易洗消间，简易洗消区面积大于2.0m²。在密闭门外的通道内，设洗消污水集水坑。战时排风口设在主要出入口。在防毒通道内设置通风换气设备，在防护密闭门外侧装设防爆式呼叫按钮，响铃设在人防值班室。
4.3 人防出入口密闭通道，设防护密闭门和密闭门各一道。
4.4 每个防护单元均设独立的滤毒室和进风机房，滤毒室与进风机房分室布置，滤毒室设在染毒区，滤毒室的门设在密闭通道内，为密闭门。进风机房设在清洁区。
4.5 进风口、排风口设防爆波活门、扩散室，其消波措施满足规范要求。扩散室采用钢筋混凝土整体浇注。
4.6 供战时使用的及平战两用的进风口、排风口设防堵塞铁栅，详见附图。
4.7 扩散室、防毒通道、简易洗消间、密闭通道、滤毒室、人防进、排风井排水设防爆波地漏，详见给水排水专业图纸。
4.8 进风口、排风口设防爆波活门、扩散室，其消波措施满足规范要求。扩散室采用钢筋混凝土整体浇注。使用图集见附表三，门框墙见结构专业图纸。
4.9 通至地下室的电梯，设置在人防地下室的防护密闭区以外，设防护密闭门和密闭门与人防防护密闭区隔开。

五、辅助房间设计：

5.1 每个防护单元分别设置男女旱厕（厕所数量详见各防护单元平面）、战时水箱（水箱容积详给水排水专业图）和战时风机房。旱厕、战时风机房、战时水箱等（图上虚线表示）平时不施工，待临战前用200砖墙砌筑，但施工时要预留位置和相关的孔洞以及预埋好相关管道，并做明显标志。
5.2 在屋顶层设9.26m²人防预警室，按规定配备电源，满足有关通信、报警器的安装。

六、防护功能平战转换：

6.1 平时出入口及孔口战时的临时封堵做法，相邻防护单元隔墙孔口的临时封堵做法均见《人民防空工程防护设备选用图集》RFJ 01—2008。所有预埋件都在主体结构浇注时埋入。临战时封堵无论采用防护门封堵或构件封堵均在其外皮做好柔性防水（防毒）层，并在防水(防毒)层外侧堆垒砂袋保护层。
6.2 防护密闭门和密闭门设活门槛，活门槛的构配件制做齐备，平时不安装，临战时快速安装，即不影响平时使用，又能满足战时要求。其制作安装按设计所选用的活门槛防护密闭门、密闭门图集的要求进行。
6.3 平时风机房与通风竖井之间设集气室，集气室与通风竖井之间设防护密闭门及密闭门，战时关闭。平时风机房设普通隔声门。

七、内部装修：

7.1 内部装修详见附表五，材料做法详《建筑材料做法表》。
7.2 防空地下室的顶板不抹灰。墙面抹灰不得掺用纸筋等可能霉变的材料。

八、防火：

8.1 耐火等级为一级。
8.2 防火分区见地下人防战时平面图。防火分区的划分与防护单元相结合。
8.3 自动灭火系统的设备室、通风机房、变压器室、配电室用耐火极限不低于3.00h的防火隔墙（200厚加气混凝土砌块墙）和甲级防火门与其他部分隔开。
8.4 管道穿过防火分区之间的防火墙时采用硅酸铝纤维等不燃烧材料将管道周围的空隙紧密填塞。

九、其他：

9.1 与防空地下室无关的管道，不宜穿过人防围护结构。当因条件限制需要穿过其顶板时，只允许给水、采暖、空调冷煤管道穿过，且其公称直径不得大于75mm。凡进入防空地下室的管道及其穿过的人防围护结构，均应采取防护密闭措施。
9.2 凡设有地漏的地面，均按不小于1%坡度坡向地漏。且比相邻房间或通道地面低20mm。
9.3 人防构件的预埋均需由防护设备厂家进行加工及预埋。
9.4 凡给水排水、电气、通风等设备孔洞应严格按照建筑孔况图预留，不得临时打洞，外墙穿管均按翼环套管预埋。
9.5 人防部分必须严格按照人防施工图纸施工，其他部分参照相应的施工图。图中未详之处须严格按照国家现行施工操作规程及验收规范办理。
9.6 本工程所选用的人防专用防护设备（包括连通口战时封堵门框）应由国家定点人防设备生产厂家进行生产、安装。

XXXX建筑设计院	建设单位		图名	人防设计专篇	审定		项目负责		项目编号	
					审核		设计		图号	
	工程名称	XXX小区三期2号楼			校对		比例		日期	

图 3-23 某地下室人防工程设计专篇（扫描二维码 3-21 查看高清图片）

Mokuaisi　Jianzhu Shigongtu Sheji Zonghe Shixun

模块四 建筑施工图设计综合实训

本模块是综合实训环节，包括实训任务书、指导书两部分，学生可以选择任务书中别墅、多层住宅、高层住宅、公寓、小学教学楼、幼儿园六类建筑的任一种，参照实训指导书进行建筑专业施工图设计。

实训任务书提供了每种功能建筑的实训项目选择建议，师生可按照“实训项目选择条件表”自行选择符合条件表要求的实训项目，也可直接选择项目案例作为实训项目。

实训指导书提供了实训的组织和课时建议、实训的步骤和内容等，以思维导图方式将建筑施工图设计工作流程层层分解，分解后的思维导图对应有文字说明，文字说明以设计经验总结和相关设计规范规定为主，介绍了具体的工作内容和方法，方便学生按步骤完成任务。

4.1 实训任务书

任务 1：某低层住宅建筑施工图设计

实训目标：

掌握一般民用建筑施工图的设计深度及制图表达。

掌握一般民用建筑施工图设计的工作步骤和工作方法。

理解低层住宅建筑专业施工图设计重难点。

初步具备依据相关规范、图集解决民用建筑施工图设计问题的能力。

实训要求：

根据提供的建筑方案 CAD 文件及效果图，利用制图软件绘制完成总平面建筑施工图、单体建筑施工图图纸及建筑节能计算报告书。

设计深度应达到《建筑工程设计文件编制深度规定（2016 年版）》第 4.2、4.3 小节要求。制图表达应符合《总图制图标准》GB/T 50103—2010、《建筑制图标准》GB/T 50104—2010 要求。

建筑设计必须满足《工程建设标准强制性条文（房屋建筑部分）》（2013 年版）的相关规定，并应符合《民用建筑设计统一标准》GB 50352—2019、《建筑设计防火规范（2018 年版）》GB 50016—2014、《住宅设计规范》GB 50096—2011 等相关国家规范要求。

构造做法选用当地标准图集或国标图集、建筑节能符合当地居住建筑节能设计标准。

成果要求：

绘制总平面图及竖向设计图，如项目总平面竖向设计较简单，可合并出图。

绘制全套建筑专业施工图图纸，包括封面、图纸目录、设计总说明、工程做法、各层平面图及屋顶平面图、立面图 4 张（差异小、左右对称的立面可绘制 1 个），按需绘制剖面图、楼梯间大样图、厨房大样图、卫生间大样图、墙身剖面详图、外墙复杂装饰部位节点详图、门窗明细表及门窗详图。

编制建筑节能计算报告书 1 份。

封面及图纸目录 A4 图幅，其他图纸可以用 A2、A1 图幅，图幅长边可加长长边的 1/4、2/4、3/4，节能计算报告书 A4 图幅。

比例可根据排版美观要求选择以下比例（平、立、剖面图比例宜统一）：总平面图比例可选择 1 ∶ 500、1 ∶ 1000；平、立、剖面图比例可选择 1 ∶ 50、1 ∶ 100、1 ∶ 150、1 ∶ 200、1 ∶ 300；大样图、门窗详图比例 1 ∶ 50；墙身详图、外墙复杂装饰部位详图、复杂建筑构件详图比例 1 ∶ 20。

最终成果按比例打印出图。

实训项目选择建议：

所选低层住宅应满足实训项目选择条件表 4–1 的要求，并提供实训项目条件表内信息及全套方案图纸 CAD 文件，包括总平面图，建筑平、立、剖面图及效果图。

低层住宅实训项目选择条件表　　**表 4–1**

栏目	应满足的条件	备注	栏目	应满足的条件	备注
建筑功能	别墅		单元组合形式	独栋或联拼	
建设地点	自定		层数	1 ~ 3 层	
总建筑面积	≤ 500m^2（上浮动 10%）		结构类型	砖混结构、框架结构或短肢剪力墙结构	

项目案例：

1. 实训项目条件（表 4–2）

某低层住宅实训项目条件表　　**表 4–2**

项目	条件	备注	项目	条件	备注
建筑名称	某别墅		高程	详见方案总平面图	或提供地形图
建设地点	浏阳市		屋面防水等级	Ⅱ级	
总建筑面积	505m^2		屋面排水组织方式	有组织外排水方式	
层数	3 层		耐火等级	三级	
层高	一层为 3.3m，二层为 3.0m，三层为 2.9m		墙厚	240mm	
结构类型	短肢剪力墙结构		楼板厚	自定	
抗震设防烈度	6 度		结构柱定位	方案平面图中给出	
气候区划	夏热冬冷地区		门窗材料	自定	

2. 方案主要图纸展示

仅展示效果图和主要平面图（图 4–1、图 4–2），便于大致了解项目形象和空间布局，项目方案 CAD 全套图纸可扫描二维码 4–1 下载。

二维码 4–1　某别墅 CAD 全套图纸

图 4–1　某别墅效果图

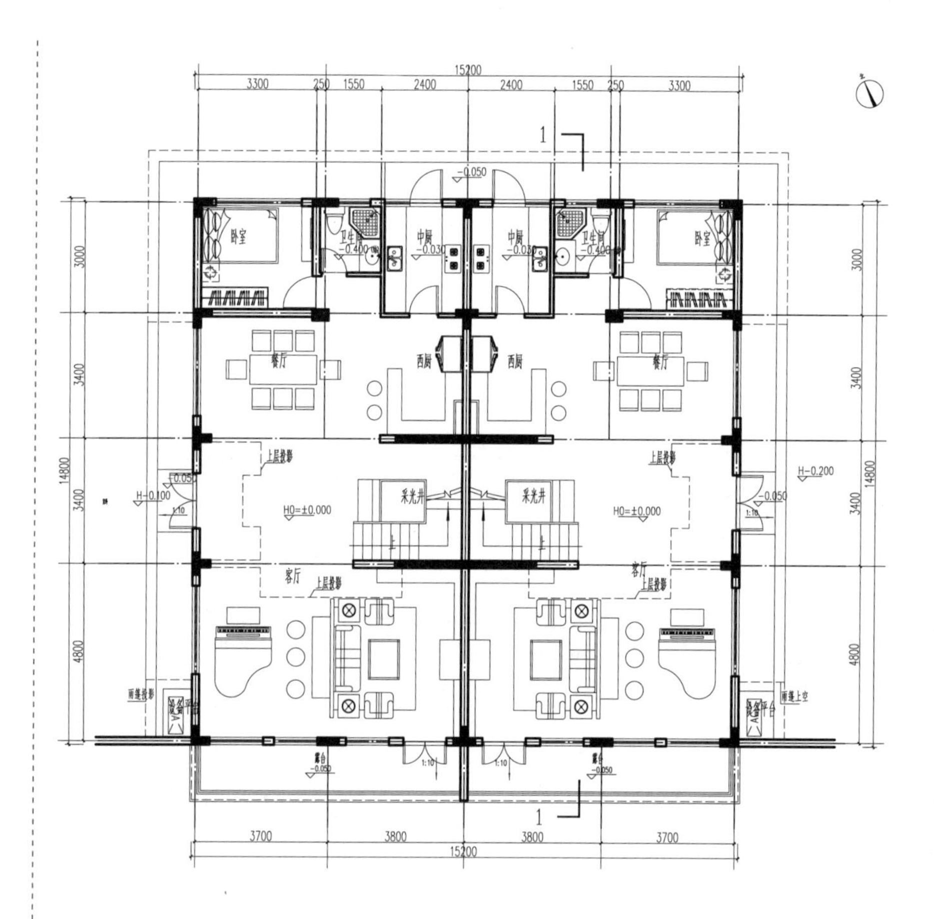

图4-2 某别墅一层平面图

任务2：某多层住宅建筑施工图设计

实训目标：

理解一般民用建筑施工图的设计深度及制图表达。

掌握一般民用建筑施工图设计的工作步骤和工作方法。

理解多层住宅建筑施工图设计重难点。

初步具备依据相关规范、图集解决民用建筑施工图设计问题的能力。

实训要求：

根据提供的建筑方案CAD图纸及效果图，利用制图软件绘制完成总平面建筑施工图、单体建筑施工图图纸及建筑节能计算报告书。

设计深度应达到《建筑工程设计文件编制深度规定（2016年版）》第4.2、4.3小节要求。制图表达应符合《总图制图标准》GB/T 50103—2010、《建筑制图标准》GB/T 50104—2010。

建筑设计必须满足《工程建设标准强制性条文（房屋建筑部分）》（2013年版）的相关规定，并应符合《民用建筑设计统一标准》GB 50352—2019、《建筑设计防火规范（2018年版）》GB 50016—2014、《住宅设计规范》GB 50096—2011等相关国家规范要求。

构造做法选用当地标准图集或国标图集、建筑节能符合当地居住建筑节能设计标准。

成果要求：

绘制总平面图及竖向设计图，如项目总平面竖向设计较简单，可合并为一张总平面图出图。

绘制全套建筑专业施工图图纸，包括封面、图纸目录、设计总说明、工程做法、各层平面图及屋顶平面图、立面图 4 张（差异小、左右对称的立面可绘制 1 个），按需绘制剖面图、楼梯间大样图、户型大样图、墙身剖面详图、外墙复杂装饰部位节点详图、门窗明细表及门窗详图。

编制建筑节能计算报告书 1 份。

封面及图纸目录 A4 图幅，其他图纸可以用 A2、A1 图幅，图幅长边可加长长边的 1/4、2/4、3/4，节能计算报告书 A4 图幅。

比例可根据排版美观要求选择以下比例（平、立、剖面图比例宜统一）：总平面图比例可选择 1 ∶ 500、1 ∶ 1000；平、立、剖面图比例可选择 1 ∶ 50、1 ∶ 100、1 ∶ 150、1 ∶ 200、1 ∶ 300；大样图、门窗详图比例 1 ∶ 50；墙身详图、外墙复杂装饰部位详图、复杂建筑构件详图比例 1 ∶ 20。

最终成果按比例打印出图。

实训项目选择建议：

所选多层住宅应满足实训项目选择条件表 4–3 的要求，并提供实训项目条件表内信息及全套方案图纸 CAD 文件，包括总平面图，建筑平、立、剖面图及效果图。

多层住宅实训项目选择条件表　　　表 4–3

栏目	应满足的条件	备注	栏目	应满足的条件	备注
建筑功能	多层住宅楼		层数	4～9 层	底层可以为车库或贮藏间
建设地点	自定		高度	≤ 27m	
单元组合形式	一梯两户、一或两单元		结构类型	砖混结构或框架、底框结构	

项目案例：

1. 实训项目条件（表 4–4）

2. 方案主要图纸展示

仅展示效果图和主要平面图（图 4–3、图 4–4），方便学生大致了解项目形象和空间布局，项目方案 CAD 全套图纸可扫二维码 4–2 下载。

某低层住宅实训项目条件表 **表 4–4**

项目	条件	备注	项目	条件	备注
建筑名称	某多层住宅楼		套型面积比	大小三房套型面积比 1：1	
建设地点	湘潭市		屋面防水等级	Ⅱ级	
总建筑面积	2915.93m²		屋面排水组织方式	有组织外排水方式	
层数	6 层	一、二层为商业服务网点，三～六层为住宅	耐火等级	二级	
层高	一层为 3.3m，二层为 3.7m，三～六层为 2.9m		墙厚	240mm	
结构类型	框架＋砖混结构		楼板厚	自定	
抗震设防烈度	6 度		结构柱定位	方案平面图中给出	
气候区划	夏热冬冷地区		门窗材料	自定	
高程	详见方案总平面图	或提供地形图			

二维码 4-2　某多层住宅 CAD 全套图纸

图 4-3　某多层住宅效果图

任务 3：某高层住宅建筑施工图设计

实训目标：

理解一般民用建筑施工图的设计深度及制图表达。

掌握一般民用建筑施工图设计的工作步骤和工作方法。

理解高层住宅建筑施工图设计重难点。

初步具备依据相关规范、图集解决民用建筑施工图设计问题的能力。

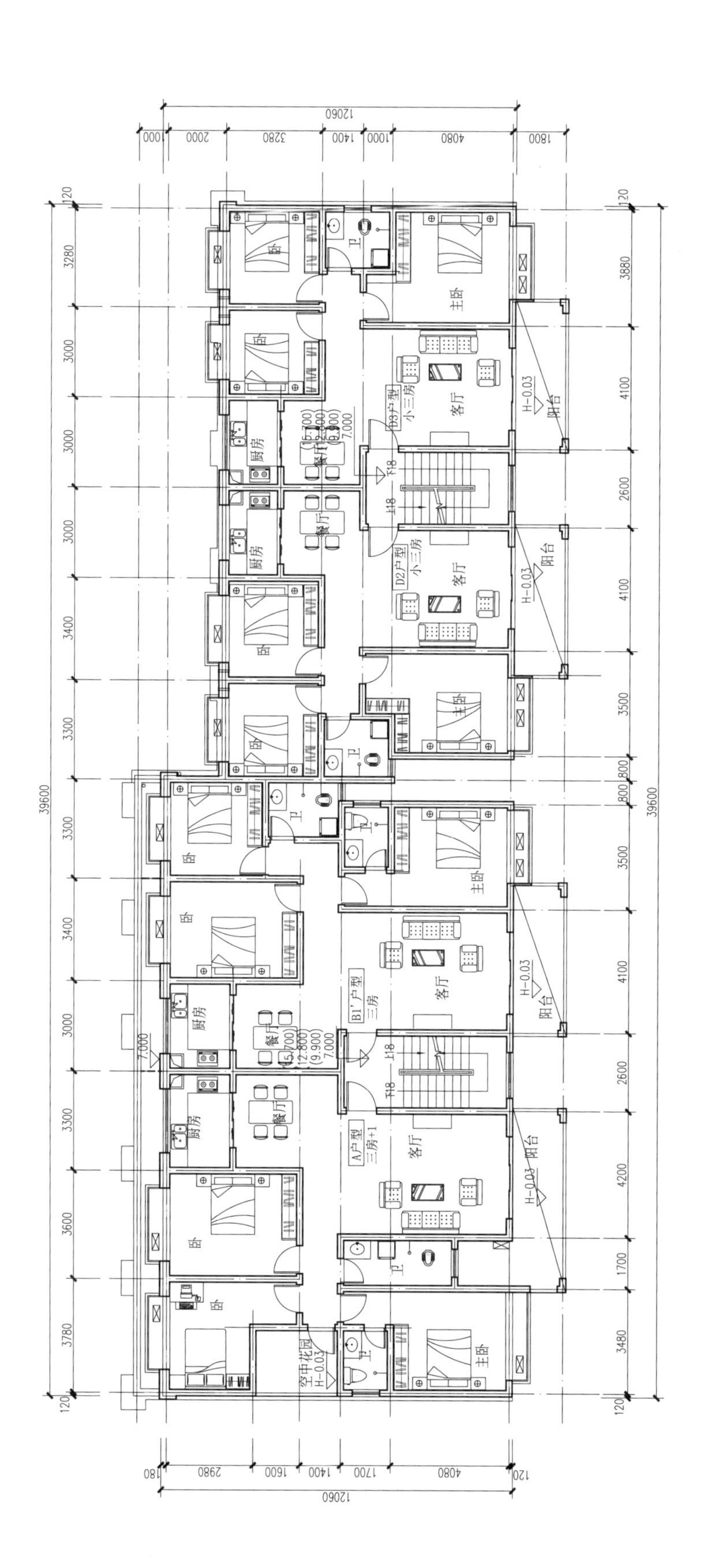

图 4-4 某多层住宅三～六层平面图

实训要求：

根据提供的建筑方案 CAD 图纸及效果图，利用制图软件绘制完成总平面建筑施工图、单体建筑施工图图纸及建筑节能计算报告书。

设计深度应达到《建筑工程设计文件编制深度规定（2016 年版）》第 4.2、4.3 小节要求。制图表达应符合《总图制图标准》GB/T 50103—2010、《建筑制图标准》GB/T 50104—2010。

建筑设计必须满足《工程建设标准强制性条文（房屋建筑部分）》（2013 年版）的相关规定，并应符合《民用建筑设计统一标准》GB 50352—2019、《建筑设计防火规范（2018 年版）》GB 50016—2014、《住宅设计规范》GB 50096—2011 等相关国家规范要求。

构造做法选用当地标准图集或国标图集，建筑节能符合当地居住建筑节能设计标准。

成果要求：

绘制总平面图及竖向设计图，如项目总平面竖向设计较简单，可合并出图。

绘制全套建筑专业施工图图纸，包括封面、图纸目录、设计总说明、工程做法、各层平面图及屋顶平面图、立面图 4 张、剖面图 1 张、核心筒大样图、厨房大样图、卫生间大样图、墙身剖面详图、外墙复杂装饰部位节点详图、门窗明细表及门窗详图。

编制建筑节能计算报告书 1 份。

封面及图纸目录 A4 图幅，其他图纸可以用 A2、A1 图幅，图幅长边可加长长边的 1/4、2/4、3/4，节能计算报告书 A4 图幅。

比例可根据排版美观要求选择以下比例（平、立、剖面图比例宜统一）：总平面图比例可选择 1：500、1：1000；平、立、剖面图比例可选择 1：50、1：100、1：150、1：200、1：300；大样图、门窗详图比例 1：50；墙身详图、外墙复杂装饰部位详图、复杂建筑构件详图比例 1：20。

最终成果按比例打印出图。

实训项目选择建议：

所选高层住宅应满足实训项目选择条件表 4–5 的要求，并提供实训项目条件表内信息及全套方案图纸 CAD 文件，包括总平面图，建筑平、立、剖面图及效果图。

项目案例：

1. 实训项目条件（表 4–6）

2. 方案主要图纸展示

仅展示效果图和主要平面图（图 4–5、图 4–6），方便学生大致了解项目形象和空间布局，项目方案 CAD 全套图纸可扫描二维码 4–3 下载。

高层住宅实训项目选择条件表　　表 4–5

栏目	应满足的条件	备注	栏目	应满足的条件	备注
建筑功能	多高层住宅楼		层数	10～33 层	底层可以为车库、商业服务网点或贮藏间
建设地点	自定		高度	27m< 高度 <100m	
单元组合形式	一梯两～四户		结构类型	剪力墙结构	

某高层住宅实训项目条件表　　表 4–6

项目	条件	备注	项目	条件	备注
建筑名称	某高层住宅楼		高程	详见方案总平面图	或提供地形图
建设地点	湘潭市		屋面防水等级	Ⅰ级	
总建筑面积	11607.49m^2		屋面排水组织方式	有组织内排水方式	
层数	27 层		耐火等级	一级	
层高	3m		墙厚	200mm	
结构类型	剪力墙结构		楼板厚	自定	
抗震设防烈度	6 度		结构柱定位	方案平面图中给出	
气候区划	夏热冬冷地区		门窗材料	自定	

二维码 4–3　某高层住宅 CAD 全套图纸

图 4–5　某高层住宅效果图

任务 4：某教学楼建筑施工图设计

实训目标：

理解一般民用建筑施工图的设计深度及制图表达。

掌握一般民用建筑施工图设计的工作步骤和工作方法。

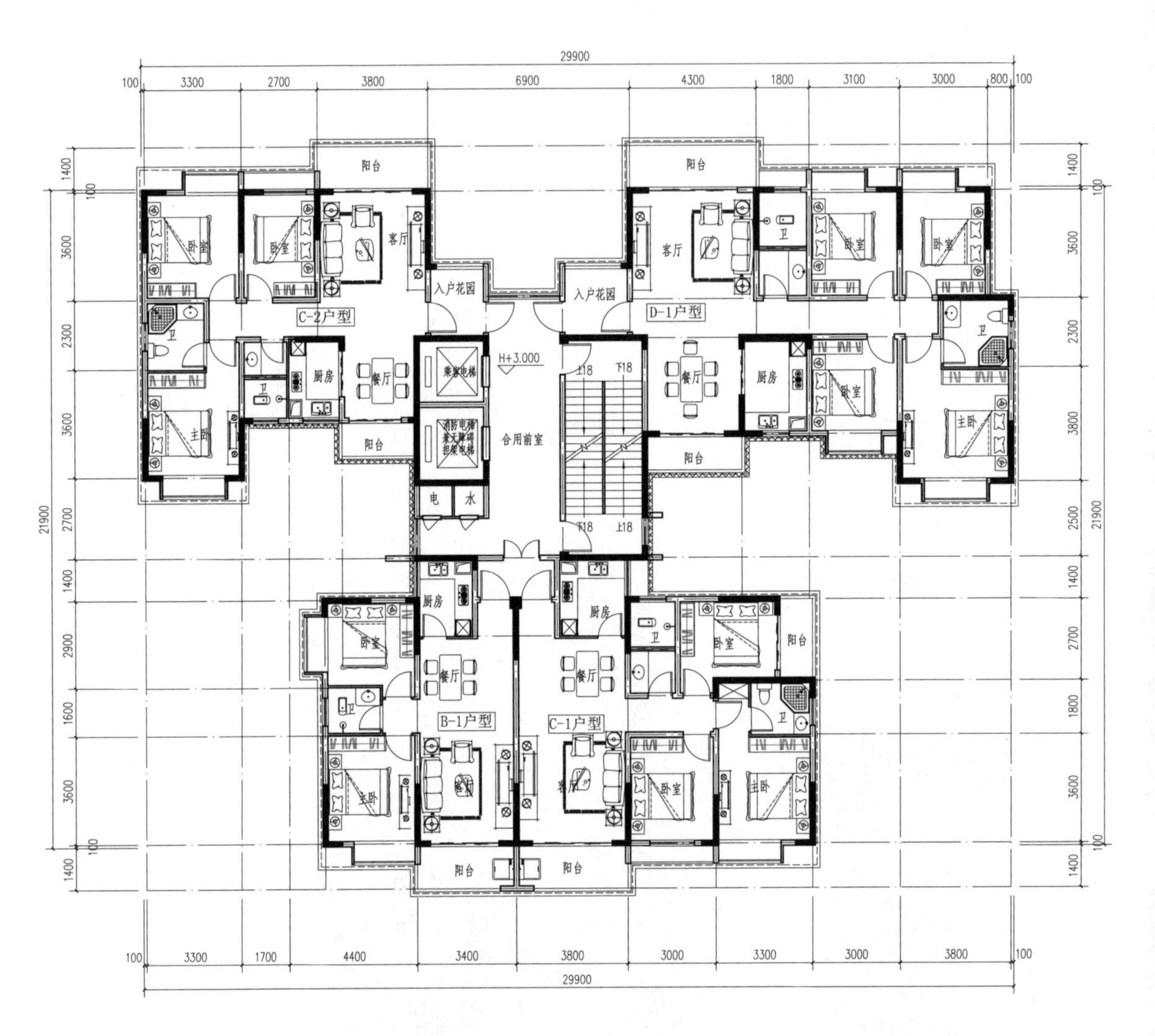

图 4-6　某高层住宅标准层平面图

理解教学楼建筑施工图设计重难点。

初步具备依据相关规范、图集解决民用建筑施工图设计问题的能力。

实训要求：

根据提供的建筑方案 CAD 图纸及效果图，利用制图软件绘制完成总平面建筑施工图、单体建筑施工图图纸及建筑节能计算报告书。

设计深度应达到《建筑工程设计文件编制深度规定(2016 年版)》第 4.2、4.3 小节要求。制图表达应符合《总图制图标准》GB/T 50103—2010、《建筑制图标准》GB/T 50104—2010 要求。

建筑设计必须满足《工程建设标准强制性条文（房屋建筑部分）》(2013 年版）的相关规定, 并应符合《民用建筑设计统一标准》GB 50352—2019、《建筑设计防火规范（2018 年版）》GB 50016—2014、《中小学校设计规范》GB 50099—2011 等相关国家规范要求。

构造做法选用当地标准图集或国标图集，建筑节能符合当地公共建筑节能设计标准。

成果要求：

绘制总平面图及竖向设计图，如项目总平面竖向设计较简单，可合并出图。

绘制全套建筑专业施工图图纸，包括封面、图纸目录、设计总说明、工程做法、各层平面图及屋顶平面图、立面图 4 张、剖面图 1 张、普通教室大样图、楼梯间大样图、卫生间大样图、墙身剖面详图、外墙复杂装饰部位节点详图、门窗明细表及门窗详图。

编制建筑节能计算报告书 1 份。

封面及图纸目录 A4 图幅，其他图纸可以用 A2、A1 图幅，图幅长边可加长长边的 1/4、2/4、3/4，节能计算报告书 A4 图幅。

比例可根据排版美观要求选择以下比例（平、立、剖面图比例宜统一）：总平面图比例可选择 1∶500、1∶1000；平、立、剖面图比例可选择 1∶50、1∶100、1∶150、1∶200、1∶300；大样图、门窗详图比例 1∶50；墙身详图、外墙复杂装饰部位详图、复杂建筑构件详图比例 1∶20。

最终成果按比例打印出图。

实训项目选择建议：

所选教学楼应满足实训项目选择条件表 4–7 的要求，并提供实训项目条件表内信息及全套方案图纸 CAD 文件，包括总平面图，建筑平、立、剖面图及效果图。

教学楼实训项目选择条件表　　　　**表 4–7**

项目	应满足的条件	备注	项目	应满足的条件	备注
建筑功能	小学或中学教学楼		班级规模	≤ 12 个班	
建设地点	自定		高度	＜ 24m	
总建筑面积	≤ 4500m^2（上浮动 10%）		结构类型	框架结构	

项目案例：

1. 实训项目条件（表 4–8）

2. 方案主要图纸展示

仅展示效果图和主要平面图（图 4–7、图 4–8），方便学生大致了解项目形象和空间布局，项目方案 CAD 全套图纸可扫描二维码 4–4 下载。

任务 5：某幼儿园建筑施工图设计

实训目标：

理解一般民用建筑施工图的设计深度及制图表达。

掌握一般民用建筑施工图设计的工作步骤和工作方法。

某小学教学楼实训项目条件表 **表 4-8**

项目	条件	备注	项目	条件	备注
建筑名称	某小学教学楼		班级人数	50 人	
建设地点	望城市		屋面防水等级	Ⅱ级	
总建筑面积	4665m^2		地下室侧墙、底板防水等级	二级	
层数	5 层	−3.900 标高为局部架空层	地下室顶板、设备用房防水等级	一级	
层高	架空层为 3.9m，其他层为 3.7m		屋面排水组织方式	有组织外排水	
结构类型	框架结构		耐火等级	地上二级，地下一级	
抗震设防烈度	6 度		墙厚	200mm	
气候区划	夏热冬冷地区		楼板厚	自定	
高程	详见方案总平面图	或提供地形图	结构柱定位	方案平面图中给出	
班级规模	12 个班		门窗材料	自定	

图 4-7 某小学教学楼效果图

理解幼儿园建筑施工图设计重难点。

初步具备依据相关规范、图集解决民用建筑施工图设计问题的能力。

实训要求：

根据提供的建筑方案 CAD 图纸及效果图，利用制图软件绘制完成总平面建筑施工图、单体建筑施工图图纸及建筑节能计算报告书。

设计深度应达到《建筑工程设计文件编制深度规定（2016 年版）》第 4.2、4.3 小节要求。制图表达应符合《总图制图标准》GB/T 50103—2010、《建筑制图标准》GB/T 50104—2010。

建筑设计必须满足《工程建设标准强制性条文（房屋建筑部分）》（2013

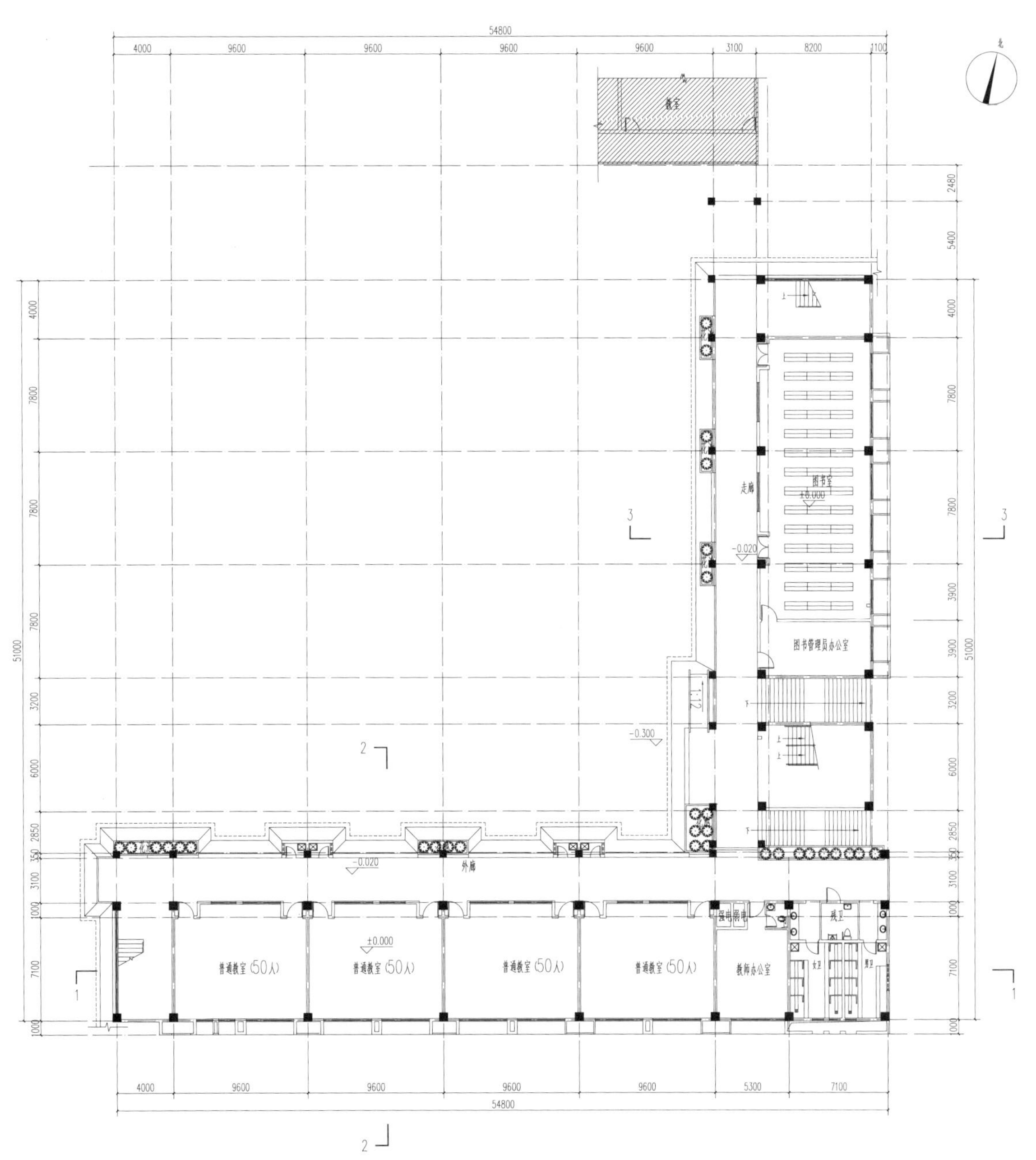

图 4-8　某小学教学楼一层平面图

年版）的相关规定，并应符合《民用建筑设计统一标准》GB 50352—2019、《建筑设计防火规范（2018 年版）》GB 50016—2014、《托儿所、幼儿园建筑设计规范》JGJ 39—2016 等相关国家规范要求。

构造做法选用当地标准图集或国标图集、建筑节能符合当地公共建筑节能设计标准。

二维码 4-4　某小学教学楼 CAD 全套图纸

成果要求：

绘制总平面图及竖向设计图，如项目总平面竖向设计较简单，可合并出图。

绘制全套建筑专业施工图图纸，包括封面、图纸目录、设计总说明、工程做法、各层平面图及屋顶平面图、立面图4张（差异小、左右对称的立面可绘制1个），剖面图1张、活动单元大样图、楼梯间大样图、卫生间大样图、墙身剖面详图、外墙复杂装饰部位节点详图、门窗明细表及门窗详图。

编制建筑节能计算报告书1份。

封面及图纸目录A4图幅，其他图纸可以用A2、A1图幅，图幅长边可加长长边的1/4、2/4、3/4，节能计算报告书A4图幅。

比例可根据排版美观要求选择以下比例（平、立、剖面图统一）：总平面图比例可选择1：500、1：1000；平、立、剖面图比例可选择1：50、1：100、1：150、1：200、1：300；大样图、门窗详图比例1：50；墙身详图、外墙复杂装饰部位详图、复杂建筑构件详图比例1：20。

最终成果按比例打印出图。

实训项目选择建议：

所选幼儿园应满足实训项目选择条件表4-9的要求，并提供实训项目条件表内信息及全套方案图纸CAD文件，包括总平面图，建筑平、立、剖面图及效果图。

幼儿园实训项目选择条件表 **表4-9**

项目	应满足的条件	备注	项目	应满足的条件	备注
项目名称	幼儿园		层数	≤3层	
规模	≤6个班		结构类型	框架结构	
总建筑面积	≤3000m^2（上浮动10%）				

项目案例：

1. 实训项目条件（表4-10）

2. 方案主要图纸展示

仅展示效果图和主要平面图（图4-9、图4-10），方便学生大致了解项目形象和空间布局，项目方案CAD全套图纸可扫描二维码4-5下载。

任务6：某公寓建筑施工图设计

实训目标：

理解一般民用建筑施工图的设计深度及制图表达。

掌握一般民用建筑施工图设计的工作步骤和工作方法。

某幼儿园实训项目条件表　　　　**表 4–10**

项目	条件	备注	项目	条件	备注
项目名称	某幼儿园设计		高程	详见方案总平面图	或提供地形图
规模	6 个班		屋面防水等级	Ⅱ级	
建设地点	湘潭市		屋面排水组织方式	有组织外排水方式	
总建筑面积	2915.93m^2		耐火等级	二级	
层数	3 层		墙厚	200mm	
层高	一层为 3.6m，二层为 3.6m，多功能活动室 4.5m		楼板厚	自定	
结构类型	框架结构		结构柱定位	方案平面图中给出	
抗震设防烈度	6 度		门窗材料	自定	
气候区划	夏热冬冷地区				

二维码 4–5　某幼儿园 CAD 全套图纸

图 4–9　某幼儿园效果图

理解公寓建筑施工图设计重难点。

初步具备依据相关规范、图集解决民用建筑施工图设计问题的能力。

实训要求：

根据提供的建筑方案 CAD 图纸及效果图，利用制图软件绘制完成总平面建筑施工图、单体建筑施工图图纸及建筑节能计算报告书。

设计深度应达到《建筑工程设计文件编制深度规定（2016 年版）》第 4.2、4.3 小节要求。制图应符合《总图制图标准》GB/T 50103—2010、《建筑制图标准》GB/T 50104—2010 要求。

建筑设计必须满足《工程建设标准强制性条文（房屋建筑部分）》（2013 年版）的相关规定，并应符合《民用建筑设计统一标准》GB 50352—2019、

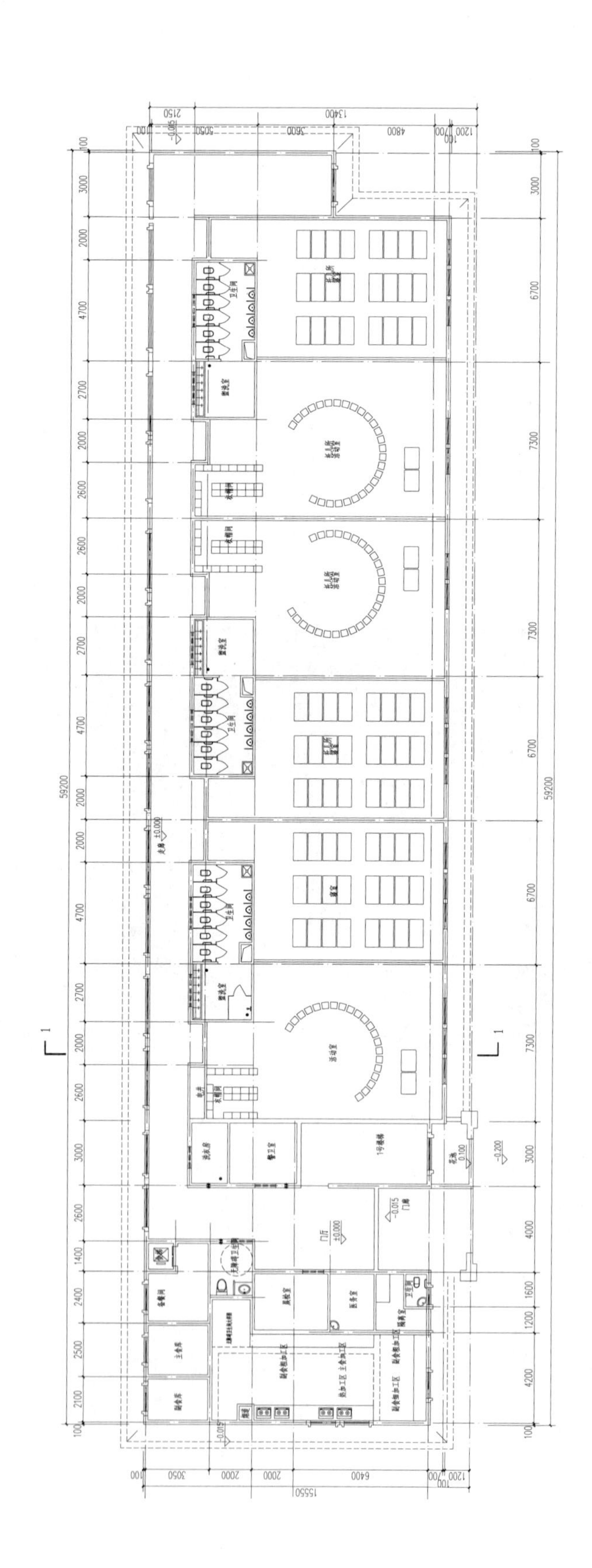

图 4-10　某幼儿园一层平面图

《建筑设计防火规范（2018 年版）》GB 50016—2014、《住宅设计规范》GB 50096—2011 等相关国家规范要求。

构造做法选用当地标准图集或国标图集，建筑节能符合当地居住建筑节能设计标准。

成果要求：

绘制总平面图及竖向设计图，如项目总平面竖向设计较简单，可合并出图。

绘制全套建筑专业施工图图纸，包括封面、图纸目录、设计总说明、工程做法、各层平面图及屋顶平面图、立面图 4 张（差异小、左右对称的立面可绘制 1 个），剖面图 1 张、户型大样图、楼梯间大样图、墙身剖面详图、外墙复杂装饰部位节点详图、门窗明细表及门窗详图。

编制建筑节能计算报告书 1 份。

封面及图纸目录 A4 图幅，其他图纸可以用 A2、A1 图幅，图幅长边可加长长边的 1/4、2/4、3/4，节能计算报告书 A4 图幅。

比例可根据排版美观要求选择以下比例（平、立、剖面图宜统一）：总平面图比例可选择 1 ∶ 500、1 ∶ 1000；平、立、剖面图比例可选 1 ∶ 50、1 ∶ 100、1 ∶ 150、1 ∶ 200、1 ∶ 300；大样图、门窗详图比例 1 ∶ 50；墙身详图、外墙复杂装饰部位详图、复杂建筑构件详图比例 1 ∶ 20。

最终成果按比例打印出图。

实训项目选择建议：

所选公寓应满足实训项目选择条件表 4–11 的要求，并提供实训项目条件表内信息及全套方案图纸 CAD 文件，包括总平面图，建筑平、立、剖面图及效果图。

公寓实训项目选择条件表　　表 4–11

栏目	应满足的条件	备注	栏目	应满足的条件	备注
建筑功能	公寓		组合形式	内廊式	
建设地点	自定		高度	≤ 50m	
总建筑面积	≤ 12000m^2（上浮动 10%）		结构类型	框架结构或剪力墙结构	

项目案例：

1. 实训项目条件（表 4–12）

2. 方案主要图纸展示

仅展示效果图和主要平面图（图 4–11、图 4–12），方便学生大致了解项目形象和空间布局，项目方案 CAD 全套图纸可扫描二维码 4–6 下载。

某公寓实训项目条件表 **表 4–12**

项目	条件	备注	项目	条件	备注
建筑名称	某公寓		公寓户数	102 户	
建设地点	湘潭市		屋面防水等级	Ⅱ级	
总建筑面积	4800m^2		屋面排水组织方式	有组织外排水	
层数	8 层	1 层、2 层为商铺	耐火等级	二级	
层高	一层为 3.3m，二层 3.7m，其他层为 2.8m		墙厚	200mm	
结构类型	框架结构		楼板厚	自定	
抗震设防烈度	6 度		结构柱定位	方案平面图中给出	
气候区划	夏热冬冷地区		门窗材料	自定	
高程	详见方案总平面图	或提供地形图			

二维码 4–6　某公寓 CAD 全套图纸

图 4–11　某公寓效果图

4.2　实训指导书

4.2.1　指导书的使用

学生选取任务书时，可根据分层教学需求，分类选取课题。以合格、标准、创新三层次作从低至高难度选题为例，任务书选取建议为（表 4-13）：

任务书选取建议表 **表 4–13**

	学生分层	课题分类
合格层次	专业知识、绘图技能与软件操作掌握均需加强，综合成绩偏低的学生	任务 1：某低层住宅建筑施工图设计
		任务 2：某多层住宅建筑施工图设计
标准层次	专业知识与绘图技能还需加强，但软件操作较好，综合成绩居中的学生	任务 3：某高层住宅建筑施工图设计
		任务 4：某教学楼建筑施工图设计
创新层次	专业知识、绘图技能、软件操作都较好，需提高创新应用能力，综合成绩较好的学生	任务 5：某幼儿园建筑施工图设计
		任务 6：某公寓建筑施工图设计

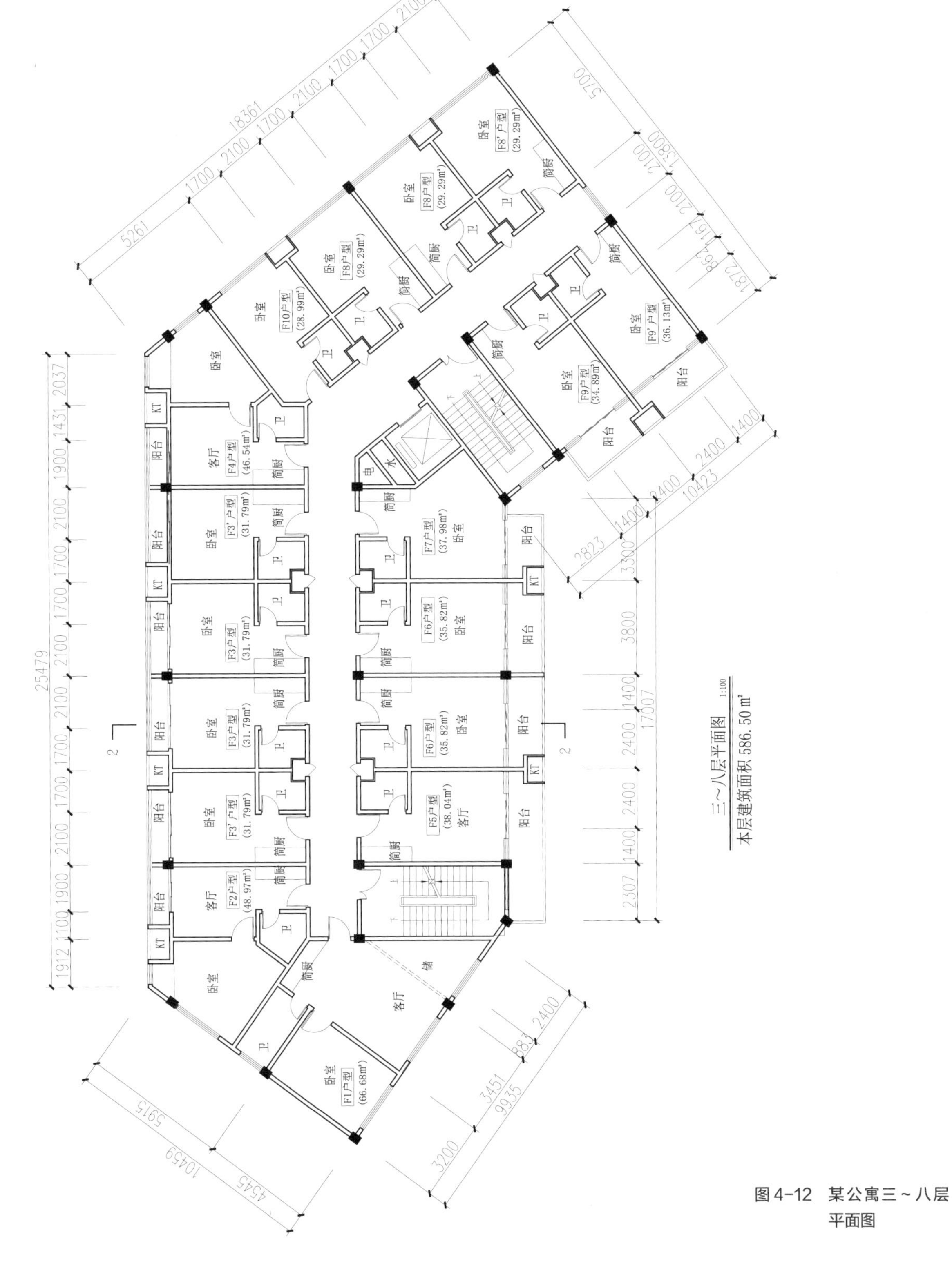

图 4-12　某公寓三～八层平面图

学生选定任务书后，可参考 4.2.2 实训组织进行工作分组并制定工作计划，参考 4.2.3 实训步骤及实训内容依步骤完成实训任务。对于较复杂的实训步骤，学生可以先看思维导图简单了解设计步骤，再看文字说明了解具体的实训内容。对于评分标准，学生应在设计之前就了解，以确保设计的重心没有偏离评分标准。

学生不论选择哪种建筑功能的实训项目，都可参考本实训指导书完成设计任务，因此本指导书在实训内容部分对一般设计要求和特殊设计要求分别进行说明，一般设计要求是所有功能建筑都要遵循的，特殊设计要求是依据建筑功能而选择性遵循的，学生可依据所选任务书建筑功能选择性采用特殊设计要求。

实训内容部分列出了常用的设计要求和技术数据供学生快速查看，具体的规范要求需要学生根据规范速查表查找相关规范的相关章节内容。

本实训指导书是学生完成任务书的建议性指导，给学生提供了完成建筑施工图设计的一种思路和方法，不是唯一的标准。

4.2.2 实训组织

在实训组织时，可分组完成施工图设计，建议 3 人一组，其中组长作为项目负责人，负责拟定工作计划表，见表 4–14。

工作计划表　　　　表 4–14

完成时间	阶段	步骤	内容	完成情况记录	责任人

工作分工建议 1 人负责封面、图纸目录、首页和总平面图、建筑节能计算报告书，1 人负责平、立、剖面图，1 人负责详图。进度计划可参照图 4–13 进行安排。

4.2.3 实训步骤及实训内容

步骤一：设计准备

准备与设计相关的规范、标准、图集：

(1)《建筑工程设计文件编制深度规定（2016 年版）》；

(2)《总图制图标准》GB/T 50103—2010；

(3)《建筑制图标准》GB/T 50104—2010；

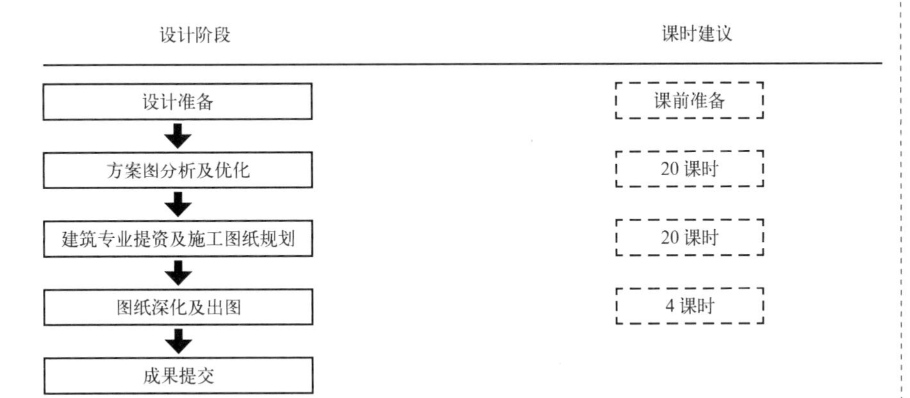

图 4-13　进度计划及课时建议

（4）《工程建设标准强制性条文（房屋建筑部分）》（2013 年版）；

（5）《民用建筑设计统一标准（2018 年版）》GB 50352—2019；

（6）《建筑设计防火规范（2018 年版）》GB 50016—2014；

（7）当地标准图集或国标图集。

依据实训项目功能，居住建筑要准备《住宅设计规范》GB 50096—2011、《住宅建筑规范》GB 50368—2005、《城市居住区规划设计标准》GB 50180—2018；教学楼要准备《中小学校设计规范》GB 50099—2011；幼儿园要准备《托儿所、幼儿园建筑设计规范》JGJ 39—2016。

居住建筑须准备当地居住建筑节能设计标准，公共建筑须准备当地公共建筑节能设计标准。

准备图纸绘制和节能计算书需要的软硬件。

准备一套以上与实训项目规模、形式类似的建筑施工图案例做参考。

步骤二：方案图分析及优化

功能分区是方案设计阶段重点设计内容，但也可能存在分区不合理情况；房间大小、消防及无障碍设计、楼梯、卫生间设计、窗墙面积比等在方案设计阶段虽有考虑，但不是方案设计的重点，往往设计得不够细致。因此，这些设计要素在建筑施工图设计阶段都要进行梳理和优化。同时，这些设计因素决定了场地、建筑的空间关系，是后续技术设计的基础，因此，方案图分析和优化是建筑施工图设计优先考虑的阶段，主要包括以下步骤（图 4-14）：

1. 确定功能空间布局

总平面功能空间布局确定了建筑、道路、广场等的空间定位，限定了单体建筑

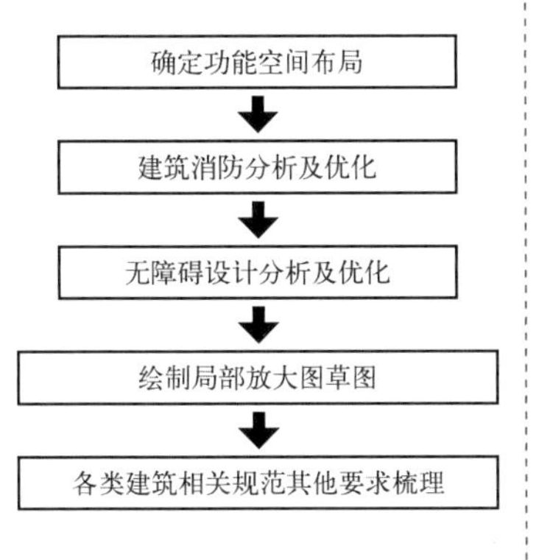

图 4-14　方案图分析及优化工作步骤

设计的轮廓、高度、出入口等，单体建筑设计前需先确定总平面功能空间布局，再分析单体建筑的功能分区和房间大小等空间布局要素。确定功能空间布局的主要设计内容如图 4–15 所示。

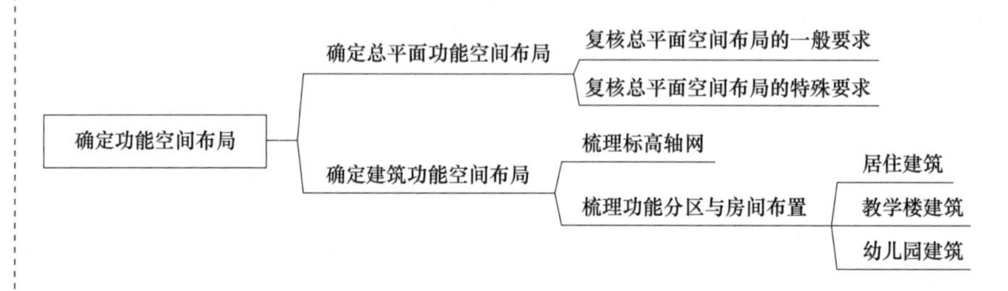

图 4–15 功能空间布局设计内容

(1) 确定总平面功能空间布局

1) 复核总平面空间布局的一般设计要求

复核建筑间距，建筑间距一般由日照间距系数、日照标准计算和消防间距决定；复核道路宽度、坡度、长度；复核竖向设计，场地标高一般不低于周边道路，以免场地积水。复核消防设计，包括消防车道设计和消防扑救面设计。相关规范中常用技术数据摘录如下：

居住建筑日照间距应按当地日照间距系数确定，日照标准计算应用日照分析软件进行分析并满足日照标准要求，一般居住建筑应满足户内至少一个居室冬至日日照时数不低于 2h，教学楼建筑普通教室冬至日满窗日照不应少于 2h，托儿所、幼儿园的活动室、寝室及具有相同功能的区域，应布置在当地最好朝向，冬至日底层满窗日照不应小于 3h。

单车道路宽不应小于 4.0m，双车道路宽不应小于 7.0m，住宅区内不应小于 6.0m，人行道路宽度不应小于 1.5m，机动车道的纵坡不应小于 0.3%，且不应大于 8%。

消防车道的净宽度和净空高度均不应小于 4.0m，消防车道靠建筑外墙一侧的边缘距离建筑外墙不宜小于 5m。

具体设计要求可依据表 4–15 进行复核。

总平面图功能空间布局相关规范速查表 1 表 4–15

核实内容	设计依据
建筑主体不得突出建控制线	《民用建筑设计统一标准》GB 50352—2019 第 4.3.3 条
基地道路宽度	《民用建筑设计统一标准》GB 50352—2019 第 5.2.2 条
基地道路坡度	《民用建筑设计统一标准》GB 50352—2019 第 5.3.2 条
防火间距	《建筑设计防火规范（2018 年版）》GB 50016—2014 第 5.2.2 条
消防车道	《建筑设计防火规范（2018 年版）》GB 50016—2014 第 7.1 小节
消防扑救面	《建筑设计防火规范（2018 年版）》GB 50016—2014 第 7.2 小节

2）复核总平面空间布局的特殊设计要求

依据实训项目建筑的功能，总平面图设计还需满足相应功能建筑总图设计的特殊要求，可依据表 4-16 进行复核。

总平面图功能空间布局相关规范速查表 2　　　　**表 4-16**

	核实内容	设计依据
居住建筑总图	道路设计	《城市居住区规划设计标准》GB 50180—2018 第 6.0.4、6.0.5 条
	日照要求（间距）	《城市居住区规划设计标准》GB 50180—2018 第 4.0.9 条
	防火间距	《住宅建筑规范》GB 50368—2005 第 9.3.2 条
教学建筑总图	日照要求（间距）	《中小学校设计规范》GB 50099—2011 第 4.3.3、4.3.4 条
	建筑间距	《中小学校设计规范》GB 50099—2011 第 4.3.7 条
幼儿园建筑总图	合建幼儿园要求	《托儿所、幼儿园建筑设计规范》JGJ 39—2016 第 3.2.2 条
	室外活动场地	《托儿所、幼儿园建筑设计规范》JGJ 39—2016 第 3.2.3 条
	出入口外场地	《托儿所、幼儿园建筑设计规范》JGJ 39—2016 第 3.2.7 条
	朝向及日照	《托儿所、幼儿园建筑设计规范》JGJ 39—2016 第 3.2.8、3.2.9 条

（2）确定建筑功能空间布局

1）梳理标高轴网

标高轴网定位建筑层高和结构跨度，确定了建筑平、立、剖空间对位关系，也是施工图设计阶段各专业进行空间尺寸定位的统一依据，标高轴网定位错误会引起各专业设计空间尺寸定位错误，影响极大。同时，轴网还影响结构跨度的经济性。因此建筑空间布局首先要梳理标高轴网，具体要求如下。

a. 绘制两道尺寸线，依据结构选型确定经济合理的轴网尺寸，框架结构轴网定位柱子，柱子跨度一般为 6~9m；剪力墙结构轴网定位剪力墙，剪力墙依房间开间、进深而定；砖混结构轴网定位墙体，墙体依房间开间、进深而定。

b. 轴网、标高尺寸应符合模数，轴网宜采用水平扩大模数数列 2nM、3nM；层高宜采用竖向扩大模数数列 nM（n 为自然数，M 为 100mm）。

c. 复核平、立、剖面图投影关系是否正确，重点复核轴网、标高是否对应。

2）梳理功能分区与房间布置

方案阶段的房间布置可能存在功能分区不合理、功能房间缺失、房间位置不合理、走廊净宽、房间净高、房间面积或房间长宽比（一般小于 2 ：1）不合适等情况，应根据实训项目的功能，依据相关设计规范逐一核实。

居住建筑

居住建筑主要分套内空间和公共空间两大功能。

a. 套内空间：

复核套内空间的房间面积、过道宽度、卫生间布置、洗衣机及空调室外机等附属设备的设置、房间净高等。相关规范中常用技术数据摘录如下：

套内入口过道净宽不宜小于 1.20m；通往卧室、起居室（厅）的过道净宽不应小于 1.00m；通往厨房、卫生间、贮藏室的过道净宽不应小于 0.90m。

卫生间不应直接布置在下层住户的卧室、起居室（厅）、厨房和餐厅的上层。

卧室、起居室（厅）的室内净高不应低于 2.40m，利用坡屋顶内空间作卧室、起居室（厅）时，至少有 1/2 的使用面积的室内净高不应低于 2.10m。

具体设计要求可依据表 4–17 查找相关规范进行复核。

居住建筑套内空间布置相关规范速查表 **表 4–17**

核实内容	设计依据
套内房间使用面积	《住宅设计规范》 GB 50096—2011 第 5.2.1、5.2.2、5.2.3、5.2.4、5.3.1、5.4.1、5.4.2 条
洗衣机	《住宅设计规范》 GB 50096—2011 第 5.4.6、5.6.7 条
室外空调机	《住宅设计规范》 GB 50096—2011 第 5.6.8 条
卫生间布置	《住宅设计规范》 GB 50096—2011 第 5.4.4、5.4.5 条
房间净高	《住宅设计规范》 GB 50096—2011 第 5.5.2、5.5.3 条

b. 公共空间

合理确定电梯数量，设置位置和空间大小，复核走廊宽度和净高，合理设置信报箱。相关规范中常用技术数据摘录如下。

七层及七层以上住宅或住户入口层楼面距室外设计地面的高度超过 16m 时，必须设置电梯。十二层及十二层以上的住宅，每栋楼设置电梯不应少于两台，其中应设置一台可容纳担架的电梯。

电梯应在设有户门和公共走廊的每层设站，宜成组集中布置，不应紧邻卧室布置。

候梯厅深度不应小于多台电梯中最大轿箱的深度，且不应小于 1.50m。

走廊通道的净宽不应小于 1.20m，局部净高不应低于 2.00m。

新建住宅应每套配套设置信报箱。

具体设计要求可依据表 4–18 进行复核。

居住建筑公共空间布置相关规范速查表 表 4–18

核实内容	设计依据
电梯数量、位置、尺寸等	《住宅设计规范》 GB 50096—2011 第 6.4 小节
走廊	《住宅设计规范》 GB 50096—2011 第 6.5.1 条

c. 技术经济指标计算

复核住宅技术经济指标是否满足给定的技术经济指标要求，住宅建筑套内使用面积、总建筑面积等技术经济指标按照《住宅设计规范》GB 50096—2011 第 4 章规定进行计算。

教学楼建筑

教学楼建筑功能分区主要分为教学用房和教学辅助用房，教学用房主要包括普通教室、合班教室、专业教室。教学辅助用房主要包括图书室、学生活动室、心理咨询室、教室办公室等。

复核主要教学用房及教学辅助用房的使用面积，应符合《中小学校设计规范》GB 50099—2011 第 7.1 小节规定。

相关规范中主要设计要求摘录如下：

教学用建筑内应在每层设饮水处，饮水处前应设置等候空间，等候空间不得挤占走道等疏散空间。

教学用建筑每层均应分设男、女学生卫生间及男、女教师卫生间，当教学用建筑中每层学生少于 3 个班时，男、女生卫生间可隔层设置。学生卫生间应具有天然采光、自然通风的条件；卫生间应设前室，男、女生卫生间不得共用一个前室。

美术教室应有良好的北向天然采光。

普通教室，科学教室，实验室，史地、计算机、语言、美术、书法等专用教室及合班教室，图书室均应以自学生座位左侧射入的光为主。教室为南向外廊式布局时，应以北向窗为主要采光面。

幼儿园建筑

幼儿园建筑功能分区主要分为生活用房、服务管理用房和供应用房。

a. 生活用房

幼儿园的生活用房应由幼儿生活单元、公共活动空间和多功能活动室组成。公共活动空间可根据需要设置。相关规范中主要设计要求和常用技术数据摘录如下。

幼儿园建筑宜按生活单元组合方法进行设计，各班生活单元应保持使用的相对独立性。幼儿生活单元应设置活动室、寝室、卫生间、衣帽储藏间等基本空间。

托儿所、幼儿园的生活用房应布置在三层及以下，不应设置在地下或半地下室。

厨房、卫生间、试验室、医务室等用水的房间不应设置在婴幼儿生活用房上方。

单侧采光的活动室进深不宜大于 6.60m。

应设多功能活动室，位置宜临近生活单元，其使用面积宜每人 0.65m^2，且不应小于 90m^2。单独设置时宜与主体建筑用连廊连通，连廊应做雨篷，严寒和寒冷地区应做封闭连廊。

具体空间布局设计要求可依据表 4-19 查找相关规范进行复核。

幼儿园生活用房空间布置相关规范速查表 **表 4-19**

核实内容	设计依据
走廊净宽	《托儿所、幼儿园建筑设计规范》JGJ 39—2016 第 4.1.14 条
最小净高	《托儿所、幼儿园建筑设计规范》JGJ 39—2016 第 4.1.17 条
生活单元房间的使用面积	《托儿所、幼儿园建筑设计规范》JGJ 39—2016 第 4.3.3 条

b. 服务管理用房

服务管理用房宜包括晨检室（厅）、保健观察室、教师值班室、警卫室、储藏室、园长室、所长室、财务室、教师办公室、会议室、教具制作室等房间。相关规范中主要设计要求摘录如下。

幼儿园建筑应设门厅，门厅内应设置晨检室和收发室，晨检室（厅）应设在建筑物的主入口处，并应靠近保健观察室。

教职工的卫生间、淋浴室应单独设置，不应与幼儿合用。

房间最小使用面积满足《托儿所、幼儿园建筑设计规范》JGJ 39—2016 第 4.4.1 条规定。

保健观察室宜设单独出入口，应与幼儿生活用房有适当的距离，并应与幼儿活动路线分开。

c. 供应用房

相关规范中主要设计要求和常用技术数据摘录如下。

厨房使用面积宜每人 0.40m^2，且不应小于 12m^2。

厨房加工间室内净高不应低于 3.00m。

幼儿园建筑为二层及以上时，应设提升食梯。

寄宿制托儿所、幼儿园建筑应设置集中洗衣房。

托儿所、幼儿园建筑应设玩具、图书、衣被等物品专用消毒间。

2. 建筑消防分析及优化

建筑消防设计内容主要有防火分区、安全疏散距离、安全出口、疏散宽度等，这些消防设计与建筑的耐火等级息息相关，而耐火等级一般与建筑分类相关。

建筑消防设计影响到楼梯设置数量和设置位置、楼梯间形式、疏散走道、楼梯宽度等建筑空间布局因素，因此在方案分析及优化阶段应予以考虑，主要设计内容如图 4-16 所示。

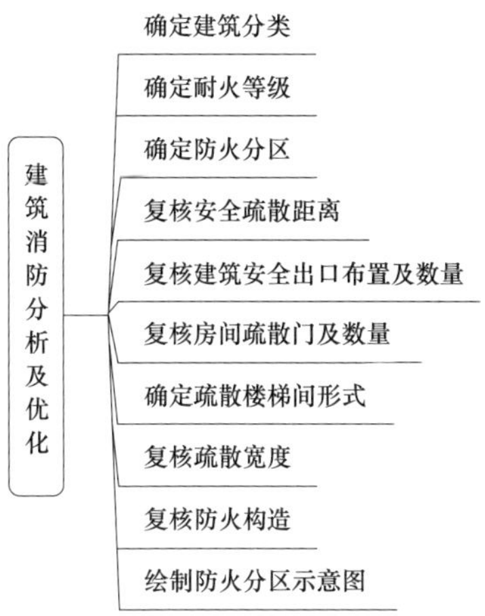

建筑消防分析及优化
确定建筑分类
确定耐火等级
确定防火分区
复核安全疏散距离
复核建筑安全出口布置及数量
复核房间疏散门及数量
确定疏散楼梯间形式
复核疏散宽度
复核防火构造
绘制防火分区示意图

图 4-16　建筑消防分析及优化设计内容

（1）确定建筑分类

民用建筑根据其建筑高度和层数可分为单、多层民用建筑和高层民用建筑。高层民用建筑根据其建筑高度、使用功能和楼层的建筑面积可分为一类和二类。具体分类依据详见《建筑设计防火规范（2018 年版）》GB 50016—2014 第 5.1.1 条。

（2）确定耐火等级

民用建筑的耐火等级应根据其建筑高度、使用功能、重要性和火灾扑救难度等确定，并应符合《建筑设计防火规范（2018 年版）》GB 50016—2014 第 5.1.3 条规定。

（3）确定防火分区

不同耐火等级建筑的允许建筑高度或层数、防火分区最大允许建筑面积应符合《建筑设计防火规范（2018 年版）》GB 50016—2014 第 5.3.1 条规定。

建筑内设置自动扶梯、敞开楼梯等上、下层相连通的开口时，其防火分区的建筑面积应按上、下层相连通的建筑面积叠加计算。

（4）复核安全疏散距离

复核直通疏散走道的户门至最近安全出口的直线距离、首层楼梯间至安全出口距离、户内任一点至直通疏散走道的户门的直线距离，住宅建筑应符合《建筑设计防火规范（2018 年版）》GB 50016—2014 第 5.5.29 条规定；教学楼、幼儿园建筑应符合《建筑设计防火规范（2018 年版）》GB 50016—2014 第 5.5.17 条规定。

（5）复核建筑安全出口布置及数量

公共建筑内每个防火分区或一个防火分区的每个楼层，其安全出口的数量应经计算确定，且不应少于 2 个。设置 1 个安全出口或 1 部疏散楼梯的公共建筑应符合《建筑设计防火规范（2018 年版）》GB 50016—2014 第 5.5.8 条规定。

建筑内的安全出口和疏散门应分散布置，且建筑内每个防火分区或一个防火分区的每个楼层、每个住宅单元每层相邻两个安全出口以及每个房间相邻两个疏散门最近边缘之间的水平距离不应小于 5m。

住宅建筑安全出口的设置应符合《建筑设计防火规范（2018 年版）》GB 50016—2014 第 5.5.25 条规定。

（6）复核房间疏散门及数量

公共建筑内房间的疏散门数量应经计算确定且不应少于 2 个。房间设置 1 个疏散门的条件需满足《建筑设计防火规范（2018 年版）》GB 50016—2014 第 5.5.15 条规定。

教学楼建筑每间教学用房的疏散门均不应少于 2 个，若教室内任一处距教室门不超过 15.00m，且门的通行净宽度不小于 1.50m 时，可设 1 个门。

（7）确定疏散楼梯间形式

自动扶梯和电梯不应计作安全疏散设施，教学楼建筑疏散楼梯不得采用螺旋楼梯和扇形踏步。

幼儿园和教学楼建筑疏散楼梯间一般可采用敞开楼梯间。

住宅建筑的疏散楼梯设置应符合《建筑设计防火规范（2018 年版）》GB 50016—2014 第 5.5.27 条规定，剪刀楼梯间应符合《建筑设计防火规范（2018 年版）》GB 50016—2014 第 5.5.28 条规定。

（8）复核疏散宽度

房间疏散门、安全出口、疏散走道和疏散楼梯的各自总净宽度应经计算确定，幼儿园建筑应按《建筑设计防火规范（2018 年版）》GB 50016—2014 第 5.5.21 条进行计算。教学楼建筑应按《中小学校设计规范（2018 年版）》GB 50099—2011 第 8.2.3 条进行计算。

教学建筑的教学用房的内走道净宽度不应小于 2.40m，单侧走道及外廊的净宽度不应小于 1.80m。房间疏散门开启后，每樘门净通行宽度不应小于 0.90m。

住宅户门和安全出口的净宽度不应小于 0.90m，疏散走道、疏散楼梯和首层疏散外门的净宽度不应小于 1.10m。建筑高度不大于 18m 的住宅中一边设置栏杆的疏散楼梯，其净宽度不应小于 1.0m。

（9）复核防火构造

住宅建筑窗槛墙和窗间距设计应符合《住宅建筑规范》GB 50368—2005 第 9.4.1、9.4.2 条规定。

住宅建筑竖井的防火构造应符合《住宅建筑规范》GB 50368—2005 第 9.4.3 条规定。

当住宅建筑中的楼梯、电梯直通住宅楼层下部的汽车库时，楼梯、电梯在汽车库出入口部位应采取防火分隔措施。

（10）绘制防火分区示意图

当一个楼层有两个及以上防火分区时，应在楼层平面图旁绘制防火分区示意图，示意图需表达分区界线、分区面积、疏散出口位置、疏散宽度计算等信息。

3. 无障碍设计分析及优化

（1）确定无障碍设计的范围

依据《无障碍设计规范》GB 50763—2012，任务书涉及的功能建筑应对以下范围进行无障碍设计：

1）居住建筑

设置电梯的居住建筑，每居住单元至少应设置 1 部能直达户门层的无障碍电梯。

设置电梯的居住建筑应至少设置 1 处无障碍出入口，通过无障碍通道直达电梯厅。

2）教学楼、幼儿园建筑

建筑物主要出入口应为无障碍出入口，宜设置为平坡出入口。

应至少设置 1 部无障碍楼梯。

公共厕所中女厕所的无障碍设施包括至少 1 个无障碍厕位和 1 个无障碍洗手盆；男厕所的无障碍设施包括至少 1 个无障碍厕位、1 个无障碍小便器和 1 个无障碍洗手盆。

（2）无障碍设计具体要求

具体设计要求可依据表 4-20 查找相关规范进行无障碍设计。

无障碍设计相关规范速查表 **表 4-20**

设计内容	设计依据
无障碍出入口	《无障碍设计规范》GB 50763—2012 第 3.3.2 条 《住宅设计规范》GB 50096—2011 第 6.6.3 条
轮椅坡道	《无障碍设计规范》GB 50763—2012 第 3.4 小节
无障碍通道、门	《无障碍设计规范》GB 50763—2012 第 3.5 小节
无障碍电梯	《无障碍设计规范》GB 50763—2012 第 3.7.1、3.7.2 条
无障碍厕所	《无障碍设计规范》GB 50763—2012 第 3.9.1、3.9.2、3.9.3 条

4. 绘制局部放大图草图

楼梯间、核心筒、设备、家具较多的房间如厨卫、教室等需表达局部放大图（具体图纸以任务书要求为准），主要表达楼梯、设备、家具、管井等尺寸及定位，确定空间大小的合理性。

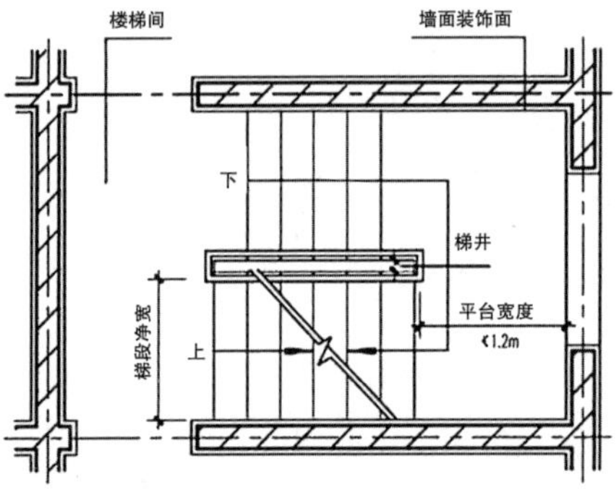

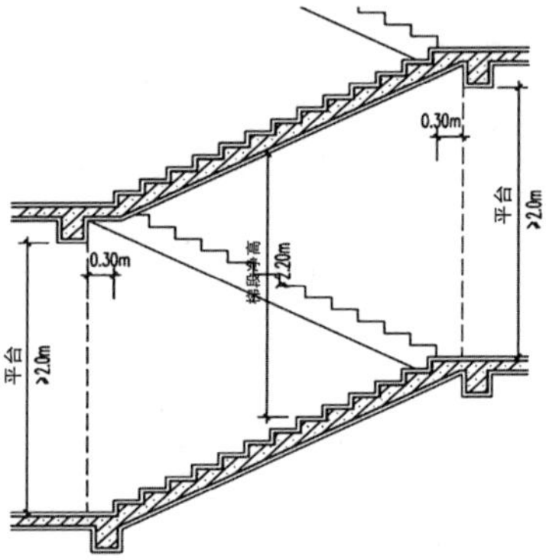

图 4–17　梯段净宽与平台宽度示意（左）
图 4–18　梯段净高要求示意（右）

（1）绘制楼梯间放大图草图（图 4–17、图 4–18）

确定楼梯间占空关系，其中：

梯段净宽由疏散宽度计算确定且不应小于 1.10m。

休息平台宽度不应小于梯段净宽。

每个梯段的踏步级数不应少于 3 级且不应超过 18 级。

踏步宽度及高度应符合《民用建筑设计统一标准》GB 50352—2019 第 6.8.10 条规定。

楼梯平台上部及下部过道处的净高不应小于 2m，梯段净高不应小于 2.20m。

（2）绘制厨、卫放大平面草图

确定厨房占空关系，厨房炊事操作流程布置、厨房设备净距、排烟道设计、地面排水设计等应符合《住宅设计规范》GB 50096—2011 第 5.3.3、5.3.4、5.3.5 条规定。

确定卫生间占空关系，其中：教学楼建筑卫生间的卫生设备数量及定位应符合《中小学校设计规范》GB 50099—2011 第 6.2 小节规定。幼儿园建筑每班卫生间应由厕所、盥洗室组成，并宜分间或分隔设置。无外窗的卫生间，应设置防止回流的机械通风设施。每班卫生间的卫生设备数量及定位应符合《托儿所、幼儿园建筑设计规范》JGJ 39—2016 第 4.3.11 条规定。

（3）绘制普通教室放大图草图

布置黑板、讲台、课桌、椅等教学设备设施及储物柜，合理定位侧窗。

黑板或白板、讲台设计应符合《中小学校设计规范》GB 50099—2011 第 5.1.15 条规定。

课桌、椅尺寸、定位应符合《中小学校设计规范》GB 50099—2011 第 5.2.1、5.2.2 条规定。

各教室前端侧窗窗端墙的长度不应小于 1.00m。窗间墙宽度不应大于 1.20m。

（4）绘制住宅户型放大图草图

当住宅建筑平面图无法表达家具摆放时，可绘制户型放大图，表达家具摆放，确定房间尺寸和布局的合理性，同时可将厨房、卫生间放大图合并表达。

（5）绘制高层住宅的核心筒放大图草图

高层住宅要绘制核心筒放大图草图，可将楼梯间放大草图合并表达。

复核高层住宅核心筒放大图的防烟设计，应符合《建筑防烟排烟系统技术标准》GB 51251—2017 第 3.1.3、3.1.5、3.2.1 条规定。

竖井一般包括强电井、弱电井、水井，当剪刀梯共用前室和消防电梯前室合用时，其前室应设置机械加压送风系统，应设置风井。

电梯井顶部应设置电梯机房，如有风井应在建筑顶层或地下室设置风机房。

防烟楼梯间及前室宜自然通风、采光并宜靠外墙设置，独立前室使用面积不应小于 $4.5m^2$，与消防电梯前室合用时，前室使用面积不应小于 $6m^2$，当剪刀梯共用前室和消防电梯前室合用时，前室使用面积不应小于 $12m^2$，且短边不应小于 2.4m。

5. 各类建筑相关规范其他要求梳理

住宅建筑厨房应有直接天然采光和自然通风，其采光窗洞口的窗地面积比不应低于 1/7，每套住宅的自然通风开口面积不应小于地面面积的 5%。

教学楼建筑的教学用房采光窗洞口面积应不低于《中小学校设计规范》GB 50099—2011 第 9.2.1 规定。

幼儿园建筑窗地面积比应符合《托儿所、幼儿园建筑设计规范》JGJ 39—2016 第 5.1.1 条规定。

步骤三：建筑专业提资及施工图纸规划

确定了场地、建筑的空间关系后，就可以思考建筑的局部技术要求即建筑专业提资，包括相关专业对建筑设计提出的技术要求、建筑构件的构造做法、非常规立面做法、墙身剖面构造做法等。在构造做法设计过程中主要思考和表达建筑构件与结构的空间定位关系，而面层线、线脚尺寸标注等细部可在下一阶段图纸深化时表达。

建筑专业提资完成后，建筑施工图设计阶段需要绘制的图纸已基本完成，可以进行图纸规划，包括图纸先后顺序的编排、图纸命名、编号、图纸排版、编写目录等。建筑专业提资及施工图纸规划工作内容如图 4-19 所示。

1. 确定相关专业技术要点

（1）布置结构体系

依据结构选型在图纸中布置结构体系，如框架结构要在平面图中绘制剖到的结构柱，剖面图中绘制剖到和看到的结构柱、梁等；剪力墙结构要在平面图中绘制剖到的剪力墙，剖面图中绘制剖到和看到的剪力墙、梁等；

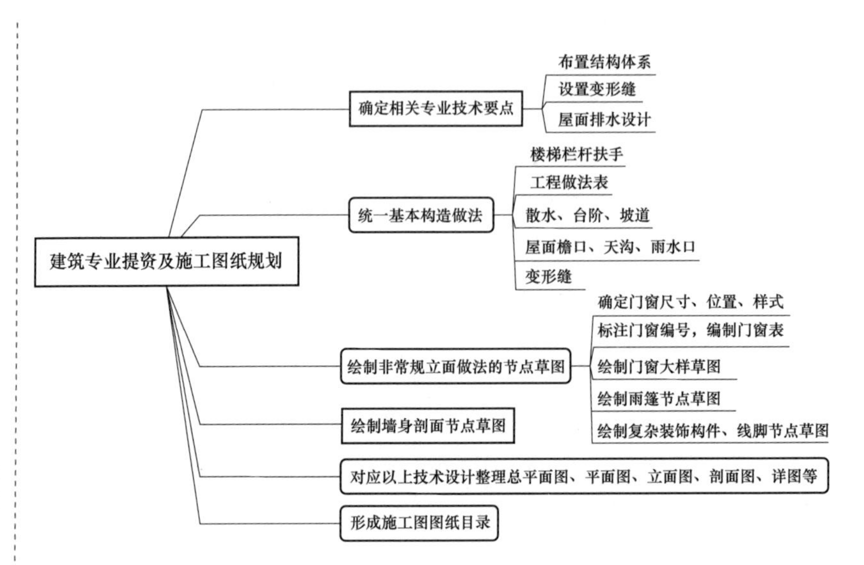

图 4-19 建筑专业提资及施工图纸规划工作内容

砖混结构要在平面图中绘制剖到的构造柱，剖面图中绘制剖到和看到的构造柱、圈梁。

（2）设置变形缝

变形缝包括伸缩缝、防震缝、沉降缝，防震缝一般可兼作伸缩缝和沉降缝，布置在建筑体型变化较大处，将体型复杂建筑分成体型规则的几部分。防震缝宽度可取 100mm，防震缝两边需设置防撞墙。

（3）屋面排水设计

在屋面平面图中完成排水设计。

1）确定屋面排水坡度：

平屋面采用结构找坡不应小于 3%，采用材料找坡宜为 2%，其他屋面排水坡度详见《民用建筑设计通则》GB 50352—2005 第 6.14.2 条。

2）确定屋面排水组织

屋面排水方式可分为有组织排水和无组织排水。

高层建筑屋面宜采用内排水；多层建筑屋面宜采用有组织外排水；低层建筑及檐高小于 10m 的屋面，可采用无组织排水。

有组织排水时，要设计分水线、汇水线、雨水口、排水管、檐沟、天沟等，具体设计要求详见《屋面工程技术规范》GB 50345—2012 第 4.2 小节。

2. 统一基本构造做法

构造做法可选用当地图集，如中南标等，也可选用国标图集。

（1）楼梯栏杆扶手：统一楼梯栏杆扶手构造做法并在楼梯放大图上进行索引。

工程做法表：统一楼地面，内、外墙，顶棚，屋面防水等构造做法，并统计在工程做法表中。

（2）散水、台阶、坡道：一散水、台阶、坡道等构造做法，并在相关平面图中索引。

（3）屋面檐口、天沟、雨水口：统一屋面檐口、天沟、变形缝、雨水口等构造做法，并在屋面平面图中索引。

（4）变形缝：统一变形缝构造做法，并在相关平面图中进行索引。

3. 绘制非常规立面做法的节点草图

（1）确定门窗尺寸、位置、样式

门窗洞口宽度宜采用水平扩大模数数列 2*n*M、3*n*M；门窗洞口高度宜采用竖向扩大模数数列 *n*M（*n* 为自然数，M 为 100mm）。

疏散门宽度需满足疏散宽度计算要求。

住宅建筑门窗的尺寸、位置、样式等要满足《住宅设计规范》GB 50096—2011 第 5.8 小节要求。标注门窗编号，编制门窗表，绘制门窗大样图草图。

（2）绘制雨篷节点草图。

（3）绘制复杂装饰构件、线脚节点草图。

4. 绘制墙身剖面节点草图

注意结构梁、柱与外墙阳台、空调室外机位、女儿墙、雨篷等的空间定位关系。

5. 对应以上技术设计整理总平、平、立、剖面图、详图等

按照总图、首页（设计总说明、工程做法、门窗表）、基本图（平、立、剖）和详图四大部类的顺序进行编排。

选择合适的图幅和比例，图纸图幅宜控制在两种以内，选择横幅及加长图纸为佳。

检查详图索引标注与图纸编号关系是否对应。

6. 形成施工图图纸目录

步骤四：图纸深化及出图

1. 深化总平面图，建筑平、立、剖面图表达

细化总平面图建筑轮廓、尺寸标注、主要技术经济指标等设计。

细化建筑平、立、剖面图第三道尺寸线、建筑内部尺寸标注及附注说明等。

2. 深化局部放大图及详图

细化厨、卫大样图，楼梯大样图，核心筒大样图细部尺寸。

细化立面节点构造详图、墙身剖面节点详图细部构造、尺寸标注及详图索引。

关注阳台、外廊、室内回廊、内天井、上人屋面及室外楼梯等临空处安全防护设计，防护栏杆应符合《民用建筑设计统一标准》GB 50352—2019 第 6.7.3、6.7.4 条规定。

凸窗安全防护应符合《民用建筑设计统一标准》GB 50352—2019 第 6.11.7 条规定。

3. 编制设计总说明

（1）应注意设计总说明与工程做法的范围界定，设计总说明需定性，工程做法需定量。如屋面防水设计，设计总说明只需说明“屋面防水等级”和“设防要求”的定性要求，工程做法则需表达防水构造和用料的定量表达。

（2）设计总说明不要遗漏说明专篇，如建筑节能、无障碍设计专篇等，如有绿色建筑要求还应有绿色建筑设计专篇。

（3）门窗表可放在设计说明里，也可与门窗详图排版在一张图纸上。

4. 全图整理及出图

完善封面、全图整理并打印出图。

4.2.4 评价方案（表 4–21~ 表 4–23）

分层考核评价方案 表 4–21

评价类型	评价环节	评价内容		评价标准	评分占比		评价主体			
							自评	互评	师评	企业教师
过程评价	课前	微课学习		平台统计	2%	60%			100%	
		课前测验		平台统计	3%				100%	
	课中	签到		平台统计	5%				100%	
		课堂活动积分		平台统计	5%				100%	
		课内练习		详教材内各“课堂练习”要求	10%		30%	30%	40%	
		单项实训		详教材内各“小节实训”与“单项实训”要求	10%		20%	20%	45%	15%
	课后	阶段成果	A 类课题：总分 70 分	详综合实训过程评价表	25%		20%	20%	45%	15%
			B 类课题：总分 80 分							
			C 类课题：总分 90 分							
		拓展练习	A 类题库：总分 30 分	平台测试题库自动评分（学习通平台课程题库，也可教师自拟题库）					100%	
			B 类题库：总分 20 分							
			C 类题库：总分 10 分							
成果评价	任务成果	全套建筑施工图“赛展答评”成绩	A 类课题：成果 70 分	详成果评价表	30%		20%	20%	45%	15%
			B 类课题：成果 80 分							
			C 类课题：成果 90 分							
			A 类课题：答疑 30 分	现场答疑						
			B 类课题：答疑 20 分							
			C 类课题：答疑 10 分							

续表

评价类型	评价环节	评价内容	评价标准	评分占比	评价主体			
					自评	互评	师评	企业教师
增值性评价	全程	前后两次过程评价成绩增减幅度	（任务二过程成绩） – （任务一过程成绩）	10%			100%	
综合性得分	课程结束			100%				

分层考核评价应用方法：以 A 类课题为例。

A 类课题任务难度较低，成果总分数为 70 分。在过程评价时，可以通过加大拓展练习量提高分数；在成果评价时，可以通过提高答疑分数权重，加强对知识、技能掌握度的考核提高分数。最终各课题总分均为 100 分。

分层教学选题引导：合格层次学生选 A 类课题，标准层次学生选 B 类课题，创新层次学生选 C 类课题

综合实训过程评价表　　　　**表 4–22**

工作任务		工作内容	评价维度	评分细则	标准分		评分			
							自评	互评	师评	企业教师
							20%	20%	45%	15%
设计准备	1. 工具准备	准备图纸绘制和节能计算需要的软硬件	技能	会安装软件，做好设置	1	2				
			素养	懂得“工欲善其事，必先利其器”	1					
	2. 参考案例图准备	准备一套与实训项目类似的建筑施工图案例	技能	会读懂任务书项目的基本特征	2	3				
			素养	有收集网络资料的信息化素养	1					
方案图分析及优化	1. 确定功能空间布局	确定总平面功能空间布局；确定建筑功能空间布局	知识	懂得建筑功能布局的一般要求	1	3				
			技能	会分析、优化总平面、平面功能	1					
			素养	有动静分区功能分析的辩证思维	1					
	2. 建筑消防分析及优化	确定建筑分类；确定耐火等级、防火分区；复核安全疏散距离、安全出口位置及数量、房间疏散门及数量；确定疏散楼梯间形式、疏散宽度；复核防火构造；绘制防火分区示意图	知识	懂得建筑消防规范的基本要求，懂得相关条目在项目中的应用方法	2	8				
			技能	会对项目进行建筑消防各项要求分析，会绘制防火分区示意图	3					
			素养	具有建筑消防安全意识	3					

续表

工作任务		工作内容	评价维度	评分细则	标准分		评分			
							自评	互评	师评	企业教师
							20%	20%	45%	15%
方案图分析及优化	3. 无障碍设计分析及优化	确定无障碍设计的范围；无障碍设计具体要求	知识	掌握建筑室内外无障碍设计的知识	1	3				
			技能	会进行建筑室内外无障碍设计优化	1					
			素养	具有建筑人文关怀、携老扶弱意识	1					
	4. 绘制局部放大图草图	绘制楼梯间放大图草图；绘制厨、卫、普通教室放大平面草图	知识	掌握主要房间的家具设备布置要求	2	5				
			技能	会优化主要房间的家具设备布置	2					
			素养	有人体工程学尺度意识和细节意识	1					
	5. 各类建筑相关规范其他要求梳理	确定建筑类型依据相关规范	知识	了解各类建筑相关规范的要求	2	5				
			技能	会解读相关规范，能分析优化方案	2					
			素养	以规范为准绳，具有法律质量意识	1					
建筑专业提资及施工图纸规划	1. 确定相关专业技术要点	布置结构体系；设置变形缝；屋面排水设计	知识	掌握结构、设备专业相关知识要点	2	5				
			技能	会优化结构布柱、设备布置，能优化变形缝、排水布置等技术设计	2					
			素养	具有专业协同意识	1					
	2. 统一基本构造做法	楼梯栏杆扶手；散水、台阶、坡道；屋面檐口、天沟、雨水口；变形缝	知识	掌握建筑构造基本知识	2	5				
			技能	能按功能需求，进行构造设计	2					
			素养	具有建筑构造整体意识，有绿建意识，有新材料、新技术应用意识	1					
	3. 绘制非常规立面做法的节点草图	确定门窗尺寸、位置、样式；绘制雨篷节点草图；绘制复杂装饰构件、线脚节点草图	知识	掌握立面装饰构件构造设计要点	2	5				
			技能	会依据装饰效果要求进行构造设计	2					
			素养	具备建筑美学素养，树立文化自信	1					
	4. 绘制墙身剖面节点草图	梳理建筑构造做法，通过墙身剖面详图绘制，确定各节点的尺寸	知识	掌握构造做法、材料与尺寸要求	2	5				
			技能	能按构造要求绘制墙身剖面详图	2					
			素养	有注重细节构造的精益求精追求	1					
	5. 整理总平面图、平面图、立面图、剖面图、详图等	对应技术设计，整理总平面图、平面图、立面图、剖面图、详图等	知识	掌握建筑施工图文件组成	2	5				
			技能	会按建筑施工图文件要求整理资料	2					
			素养	具有建筑整体观和工程伦理意识	1					
	6. 绘制施工图图纸目录	会根据项目特点，规划建筑施工图内容及工作计划，绘制图纸目录	知识	掌握建筑施工图设计工作基本要求	2	5				
			技能	会规划建筑施工图内容与工作计划	2					
			素养	有拟定、执行计划的统筹协调能力	1					

续表

工作任务		工作内容	评价维度	评分细则	标准分		评分			
							自评	互评	师评	企业教师
							20%	20%	45%	15%
图纸深化及出图	1. 深化总平面图、建筑平面图、立面图、剖面图表达	依据现行《建筑工程设计文件编制深度规定》要求，完成总平面图、平面图、立面图、剖面图深化	知识	掌握现行《建筑工程设计文件编制深度规定》要求	6	15				
			技能	会绘制建筑施工图总平面、平立剖面	6					
			素养	具有建筑与自然的场地间精神	3					
	2. 深化局部放大图及详图	依据现行《建筑工程设计文件编制深度规定》要求，完成施工图详图绘制	知识	掌握现行《建筑工程设计文件编制深度规定》要求	6	15				
			技能	会设计并绘制建筑施工图详图	6					
			素养	具有建筑新材料、新技术应用意识	3					
	3. 编制设计总说明	依据现行《建筑工程设计文件编制深度规定》要求，完成建筑施工图总说明编制	知识	掌握现行《建筑工程设计文件编制深度规定》要求	3	7				
			技能	会编制建筑施工图设计总说明	3					
			素养	具有简明扼要编写说明的文学素养	1					
	4. 全图整理及出图	按现行《总图制图标准》《建筑制图标准》完成线型设置，打印出图	知识	掌握总图制图、建筑制图标准要求	2	4				
			技能	会整理图纸与图签，依比例设置出图	1					
			素养	有打印机等信息化仪器的应用素质	1					
总分					100					
自我总结										
教师点评					签名：		日期：			
企业教师点评					签名：		日期：			

成果评价表　　**表 4–23**

考核内容		评分标准	标准分		评分			
					自评	互评	师评	企业教师
					20%	20%	45%	15%
总平面图	用地	规范、准确地描绘出场地用地红线及节点坐标	1	8				
	拟建建筑	建筑物屋顶平面图的图形尺寸与其平面图文件中一致，且表达正确	1					

续表

考核内容		评分标准	标准分		评分			
					自评	互评	师评	企业教师
					20%	20%	45%	15%
总平面图	拟建建筑	正确表达建筑物外轮廓线、名称及层数标注、定位坐标及尺寸	2	8				
	道路	用正确的线型完整地表达所有道路中心线	1					
		完整、正确标注道路宽度及转弯半径	1					
	竖向	补充道路竖向设计中的坡向、坡距及坡度标注	2					
平面图	首层平面图	结合各层平面布局编制轴网	2	8				
		散水、暗沟表达，并标注尺寸	2					
		正确标注三道尺寸、各位置标高、楼梯间及台阶上下级数	1					
		正确、规范地标注门窗名称、尺寸，并按需补绘门口线	2					
		正确添加剖切符号、索引符号	1					
	中间层平面图	轴网编制与其他平面一致	3	12				
		正确、规范地标注尺寸、各位置标高、楼梯间上下级数	3					
		依据施工图深度要求，正确、规范地标注门窗名称、尺寸	3					
		正确组织阳台排水，补制地漏，补绘门口线，绘制空调穿墙孔洞	3					
	屋顶平面图	轴网编制与其他平面一致	1	8				
		合理组织排水方案并正确表达	2					
		出入口、天沟、女儿墙、山墙泛水、变形缝、雨篷等构造选型合理、表达正确	3					
		依据施工图深度要求，正确、规范地标注尺寸与标高，标注楼梯间上下级数	1					
		顶层楼梯表达正确	1					
立面图	立面图	正确标注两端外墙轴号以及立面总尺寸、立面各关键高度尺寸	2	6				
		正确标注立面各节点标高，包括：建筑的顶标高、楼层标高以及关键控制标高的标注，屋顶、檐口以及其他主要装饰构件的标高	2					
		绘制建筑物外轮廓加粗线，立面装饰用料、立面填充、材料索引及图例	2					

续表

考核内容		评分标准	标准分		评分			
					自评	互评	师评	企业教师
					20%	20%	45%	15%
剖面图	剖面图	剖面图中空间关系与本工程平面图、立面图对应关系正确	2	8				
		剖面图与平面剖切位置相符	1					
		依据项目相关技术要求，完整正确表达出剖切位置的墙体、梁、柱，地面、楼板，屋架、屋顶、檐口、女儿墙，门、窗、门窗过梁，剖切梯段、可见梯段、平台及栏杆，台阶	2					
		正确表达出可见的门窗、柱、梁底线、构件投影线	2					
		正确绘制墙、柱与轴线及轴线编号，标注水平尺寸，标注各处标高、尺寸	1					
详图	楼梯间大样图	楼梯间大样图平面、剖面详图内部完整，与平面图、剖面图对应关系无误	2	6				
		楼梯构造设计及节点造型合理	3					
		正确标注尺寸、标高、图集索引	1					
	厨房、卫生间大样图	厨卫空间、墙体及其轴号与平面图对应关系无误	3	10				
		厨卫洁具布置合理、尺寸空间适宜	3					
		厨卫排水组织合理，标高、箭头等表达正确	2					
		正确标注厨卫大样图尺寸、标高及索引	2					
	门窗详图	门窗样式图形与建筑立面图对应关系无误	3	6				
		门窗材料、开启方式标注，尺寸、标高标注	3					
	构造节点详图	构造选型合理，优先选用新材料、新技术	3	8				
		构造做法合理，图形表达正确	3					
		尺寸、标注、文字标注正确，做法索引完整	2					
建施说明	建施总说明	项目概况、依据性文件、设计标高、用料等信息描述简明、准确	4	14				
		项目消防、绿建、节能、装配式等专篇专项说明与项目要求相符，表述符合规范要求	6					
		门窗表信息完整，与平面图、立面图中项目门窗情况一致	2					
		装修构造表中造型、材料选型符合项目功能需求，与平面图、立面图、剖面图索引一致	2					

续表

考核内容		评分标准	标准分		评分			
					自评	互评	师评	企业教师
					20%	20%	45%	15%
施工图出图	封面	正确标注项目名称、设计单位名称、设计编号、设计阶段、编制单位法定代表人、技术总负责人和项目总负责人的姓名，正确标注设计日期	1	6				
	目录	文件汇编顺序正确，目录编制表达正确	1					
	图签	图框比例正确、图签内容完整正确	1					
	图层线型设置	在 CAD 文件中，按各图出图要求，正确设置图纸出图比例	1					
		根据建筑制图国家标准，准确设置出图线型	1					
		地形图、立面填充淡显设置	1					
总分			100					

Mokuaiwu　Jianzhu Zhuanye Shigongtu Anli

模块五
建筑专业施工图案例

本模块共展示了由企业提供的两套建筑专业施工图（二维码 5-1），载体有居住建筑与公共建筑。其中居住建筑为一栋高层住宅楼，本套图也是模块二的学习范图；公共建筑为一栋中学教学楼，是高职院校“公共建筑设计”课程常见的载体，便于开展建筑施工图设计实践教学。

二维码 5-1　建筑
专业施工图案例

××高速公路管理处住宅区1号楼

--施工图--

建设单位：×××××××××
设计单位：××××××××
项目的设计编号：××××××××

院　　　长：　××
总 工 程 师：　×××
注 册 建 筑 师：　××
注册结构工程师：　×××
项 目 负 责 人：　×××　××
建 筑 专 业 设 计：　××
结 构 专 业 设 计：　×××
给水排水 专业设计：　××
电 气 专 业 设 计：　×××
暖 通 专 业 设 计：　××

20××年1月

图纸总目录

图别	序号	图纸名称	图号	图幅	备注
建筑	0	图纸总目录			
	1	建筑设计说明　室内装修表　门窗表	建施01	A1	
	2	总平面图	建施02	A1	
	3	架空层平面图　一层平面图	建施03	A1	
	4	二~十层平面图　十一层平面图	建施04	A1	
	5	屋顶层平面图　线脚大样	建施05	A1	
	6	①—⑭ 轴立面图	建施06	A1	
	7	⑭—① 轴立面图	建施07	A1	
	8	Ⓐ—Ⓛ 轴立面图 Ⓛ—Ⓐ 轴立面图	建施08	A1	
	9	1-1剖面图	建施09	A1	
	10	大样图	建施10	A1	
	11	大样图	建施11	A1	

图别	序号	图纸名称	图号	图幅	备注
结施	1	结构设计总说明(一)	结施01	A1	
	2	结构设计总说明(二)	结施02	A1	
	3	桩基础平面定位图	结施03	A1	
	4	基础梁配筋图	结施04	A1	
	5	基础~一层柱配筋图	结施05	A1	
	6	二层柱配筋图	结施06	A1	
	7	三~四层柱配筋图	结施07	A1	
	8	五层柱配筋图	结施08	A1	
	9	六层柱配筋图	结施09	A1	
	10	二层板配筋图	结施10	A1	
	11	二层梁配筋图	结施11	A1	
	12	三层板配筋图	结施12	A1	
	13	三层梁配筋图	结施13	A1	
	14	四~五层板配筋图	结施14	A1	
	15	四~五层梁配筋图	结施15	A1	
	16	六层板配筋图	结施16	A1	
	17	六层梁配筋图	结施17	A1	
	18	屋面板配筋图	结施18	A1	
	19	屋面梁配筋图	结施19	A1	
	20	屋顶构架配筋图	结施20	A1	

图别	序号	图纸名称	图号	图幅	备注
水施	1	设计施工说明	水施01	A1	
	2	首层给水排水平面图	水施02	A1	
	3	首层架空层给水排水平面图	水施03	A1	
	4	二层给水排水平面图	水施04	A1	
	5	三层给水排水平面图	水施05	A1	
	6	四~五层给水排水平面图	水施06	A1	
	7	六层给水排水平面图	水施07	A1	
	8	屋顶给水排水平面图	水施08	A1	
	9	给水系统原理图	水施09	A1	
	10	热水系统原理图	水施10	A1	
	11	消火栓系统原理图、雨水系统原理图	水施11	A1	
	12	污水系统原理图	水施12	A1	
	13	卫生间大样图	水施13	A1	

图别	序号	图纸名称	图号	图幅	备注
电施	1	设计说明材料表电气系统图一	电施01	A1	
	2	电气系统图二	电施02	A1	
	3	首层照明平面图	电施03	A1	
	4	二~六层照明平面图	电施04	A1	
	5	屋顶照明平面图	电施05	A1	
	6	首层弱电平面图	电施06	A1	
	7	二~六层弱电平面图	电施07	A1	
	8	基础接地平面图	电施08	A1	
	9	屋顶防雷平面图	电施09	A1	
	10	电气总平面图	电施10	A1	

建筑设计说明

一、工程概况

建设单位:××高速公路管理处

工程名称: ××高速公路管理处住宅区1号楼

设计等级: 二级

耐火等级: 二级

建筑合理使用年限: 50年

建筑层数: 11+1层

建筑面积: 2389m²

建筑高度: 36.130m

二、设计依据

1. 甲方签字认可的设计方案
2. 湘潭市规划局批准的用地红线图和建筑红线图
3. 《××高速公路管理处住宅区初步设计》文本
4. 湘潭市建设局关于"××高速公路管理处住宅区初步设计"的批复
5. 湘潭市勘测设计院提供的地质勘测报告
6. 湘潭市勘测设计院2006年测绘的地形图
7. 《建筑设计防火规范（2018年版）》GB 50016—2014
8. 《住宅建筑规范》GB 50386—2005
9. 《住宅设计规范》GB 50096—2011
10. 《民用建筑设计统一标准》GB 50352—2019
11. 《夏热冬冷地区居住建筑节能设计标准》JGJ 134—2010
12. 《无障碍设计规范》GB 50763—2012

三、总平面图说明

1. 本工程建筑定位采取坐标定位方式，定位点为轴线交点详见总平面图。
2. 图中所示建筑各角点均为建筑物外墙角点，总图所注尺寸及标高均以米为单位。
3. 总图中所注±0.000标高相当于黄海绝对标高64.130m。
4. 因本次只进行建筑物的施工图设计，故室外的园林、绿化等本图仅做示意，将来应委托专业园林设计单位另行设计。

四、建筑单体图纸一般说明

1. 本工程由我院承担建筑、结构、给水排水、建筑电气等专业施工图设计，其他配套工程如:园林绿化设计等工程由建设方委托其他专业单位设计，不在本设计范围内，但施工过程中应注意密切配合。设备孔洞须预留到位。

2. 图中门窗洞口除注明外均距墙边为120mm，所有门及门洞两边（除管道井的防火门外）均加设190×190构造柱，具体详见《门窗表》。

3. 图中所注尺寸均以毫米为单位，所注标高均以米为单位。

4. 本工程所选用标准图集为《中南地区通用建筑标准设计》。

5. 本工程楼梯栏杆高度不应小于900mm，水平段超过500mm的不应低于1050mm。室内横向栏杆也不应低于1050mm，室外不应低于1100mm，且达到受力要求。

6. 室内消火栓留洞750mm×1050mm，底距地900mm，布置详水施，距相应墙边或洞口边300mm。

7. 本工程所选卫生器具、装饰材料等均应按设计要求选购，如有困难，改换产品应看样订货并应经设计方认可。

8. 油漆:明露金属构件采用红丹打底，面层调和漆颜色为黑色。所有木门窗均刷清漆一底二度。

五、建筑构造说明

（一）墙体

1. 本工程地上墙体材料：外墙、梯间为200厚黏土烧结多孔砖，内隔墙均为190厚到顶的加气混凝土空心砌块。
2. 卫生间内墙面找平层采用加厚1：2防水砂浆粉刷，所有卫生间边梁均应卷边高150开门处断开。
3. 墙身防潮层在室内地面下60处做20厚1：2水泥砂浆掺5%的防水剂。墙上预留洞应参照有关图纸做好预留。
4. 所有内墙均满铺钢丝网一遍，空隙9mm×9mm。所有井道内侧应粉15厚1：2水泥砂浆随抹，随光。
5. 预埋在梁、柱、墙内的管件、预埋件和孔洞均应在浇捣混凝土和砌筑时就位，切勿遗漏。

（二）楼地面

1. 楼地面面层做法考虑到住户要进行二次装修，均找平层表面拉毛。
2. 所有管道井在全部管道安装完毕后应在每层楼板处用不低于楼板耐火极限的混凝土板做防火分格。
3. 卫生间楼地面均比同层楼地面低15mm，并找0.5%的坡坡向地漏处。其他洗手间的楼地面标高比同层楼面低0.03m、卫生间低0.05m，所有洗手间、卫生间找坡坡向0.5%的坡坡向地漏处。
4. 楼地面面层两种不同材料的交接缝，除注明外，一般应在门扇位置下部。厚度不同时，在找平层厚度上适当在找平层厚度上适当调整，使面层保持一致。

（三）屋面

1. 混凝土平屋面，为建筑找坡，屋面防水等级为Ⅱ级，采用刚性防水和高聚物改性沥青卷材防水相结合的方式做法详节能设计说明。
2. 屋面为Ⅱ级防水。具体做法详节能设计说明。
3. 雨水管屋面部分采用 110UPVC排水管，雨水斗及配件选用配套成品，参照15ZJ201 (a/18)(b/18)(c/18)。

（四）室内外装修

1. 室内装修:详见室内装修表。
2. 室外装修详见节能部分说明。

六、消防设计

（一）设计依据：《建筑设计防火规范（2018年版）》GB 50016—2014

（二）总平面布置：该建筑与四周建筑物的最小距离大于13m，满足消防要求。
建筑北面和南面设置了4m的消防通道，转弯半径为12m，满足消防要求。

（三）本工程为高层住宅楼，建筑高度为35.68m，属二类高层建筑，耐火等级为二级。

（四）安全疏散

1. 设计了一台消防电梯，速度1.6m/S。
2. 单元设一个疏散楼梯间，每个疏散楼梯直接通向屋顶。在架空层设置一个直通室外的出入口。
3. 防火构造设计：

防火墙及梯间墙均采用200厚钢筋混凝土墙和200厚黏土空心砖，前室的门采甲级防火门，对不同功能的井道分别设置检修门（采用丙级防火门）。管道井每一层在楼板处用相当于楼板耐火极限的不燃烧体作防火分隔。与房间及走道相连接的孔洞，其间隙采用不燃烧材料。

七、电梯工程

1. 本工程设客梯两台，消防电梯一台，根据甲方提供的资料，电梯采用ELENESSA—11—CO型无房电梯载重量为1000kg，速度为1.6m/s。
2. 本工程中的电梯所注尺寸、预埋构件、洞口位置均只作参考。具体数据以厂家提供图纸为准。

八、节能设计

（一）门窗做法：采用铝合金普通中空玻璃窗，玻璃厚度为6+6（空气间层）+6，要求其气密性不低于《建筑幕墙、门窗通用技术条件》GB/T 31433—2015规定的4级，平均传热系数为3.6。

（二）外墙做法：采用胶粉聚苯颗粒保温浆料外保温系统具体做法详02J121—1（B17—B25）。

外墙敷设四角镀锌钢丝网后，须做拉拔实验，待实验通过后，用胶粘剂粘贴面砖。

高级外墙砖节能做法：

- 8厚高级小规格条型砖（面积≤10000mm²）
- 胶粘剂粘贴
- 5厚聚合物抗裂砂浆（敷设四角镀锌钢丝网一层）
- 30厚聚苯颗粒保温浆料分层抹面
- 10厚界面剂砂浆
- 15厚1：3水泥砂浆找平
- 200厚烧结黏土多孔砖

（三）平屋面做法：

- 40厚C30UEA补偿收缩混凝土防水层，表面压光
- 混凝土内配φ4钢筋双向中距150
- 点粘一层350号石油沥青油毡
- 40厚挤塑聚苯乙烯泡沫塑料板
- 4厚SBS卷材防水层
- 刷基层处理剂一遍
- 20厚1：2.5水泥砂浆找平层
- 20厚（最薄处）1：8水泥珍珠岩找2%坡
- 钢筋混凝土屋面板，表面清扫干净

九、无障碍设计

室内外高差，设置残疾人坡道。

十、其他

1. 各专业要求预留洞口，详见各专业图纸。
2. 本说明未尽事宜，均按国家有关施工及验收规范执行。
3. 本施工图内容未经设计单位及相关建筑师、工程师签字盖章同意，其他任何单位及个人不得对图纸内容进行修改，否则对所改动的内容应承担相关的法律责任。
4. 本施工图应经政府有关施工图审查机构审查批准后方可用于施工。

室内装修表

名称	地面	楼面	内墙	踢脚	顶棚
楼梯间 前室	15ZJ001 地101 水泥砂浆地面,压光	15ZJ001 楼101 水泥砂浆地面,不压光	15ZJ001 内墙1 石灰砂浆墙面	15ZJ001 踢4 水泥砂浆踢脚	15ZJ001 顶1 石灰砂浆顶棚
洗手间,卫生间	/	15ZJ001 楼101 水泥砂浆地面,不压光	15ZJ001 内墙16 面砖墙面	/	15ZJ001 顶3 水泥砂浆顶棚
厨房	/	15ZJ001 楼101 水泥砂浆地面,不压光	15ZJ001 内墙16 面砖墙面	/	15ZJ001 顶3 水泥砂浆顶棚
卧室	/	15ZJ001 楼101 水泥砂浆地面,不压光	15ZJ001 内墙1 石灰砂浆墙面	15ZJ001 踢4 水泥砂浆踢脚	15ZJ001 顶1 石灰砂浆顶棚

注:根据建设方要求，本次设计仅做粗粉刷，精装修根据业主意见均进行二次设计。

门窗表

类别	编号	洞口尺寸 宽度(mm)	洞口尺寸 高度(mm)	备注
窗	C1	500	1750	采用铝合金普通中空白色玻璃，90系列白色铝合金框料，玻璃厚度为6+6（空气层）+6，要求气密性不低于《建筑幕墙、门窗通用技术条件》GB/T 31433—2015规定的4级。
	C2	1200	1750	
	C3	900	1300	
	C4	1200	1300	
	C5	1500	1300	
	C6	2100	1500	
	C4'	1200	1120	
	C5'	1500	1120	
	C6'	2100	1120	
	C4''	1200	900	
	C4'''	1200	1500	
	C3'	900	1500	

类别	编号	洞口尺寸 宽度(mm)	洞口尺寸 高度(mm)	备注
门	M1	1000	2100	
门洞	MD1	800	2100	门洞
	MD2	900	2100	门洞
	MD3	1200	2100	门洞
	MD4	1800	2200	门洞
	MD5	2400	2200	门洞
防火门	FM1	600	2100	丙级防火门(离地300mm高)
	FM2	1200	2100	乙级防火(防盗)门
	FM3	2400	2400	乙级防火门

注：窗台长度超过3600均须设构造柱，做法详见11ZJ411"说明"第5.7条。凡是窗台高度低于900mm的窗户均须设护窗栏杆，做法详见11ZJ401 (5/36)(B/37)。窗户均采用铝合金普通中空白色玻璃，门窗数量须核实无误后方可下料。

			建设单位	XX高速公路管理处		
			工程名称	XX高速公路管理处住宅区1号楼		
项目负责人		校对		建筑设计说明 室内装修表 门窗表	设计号	
专业负责人		审核			图别	建施
设计		审定			图号	01
制图		院长			日期	2008.01

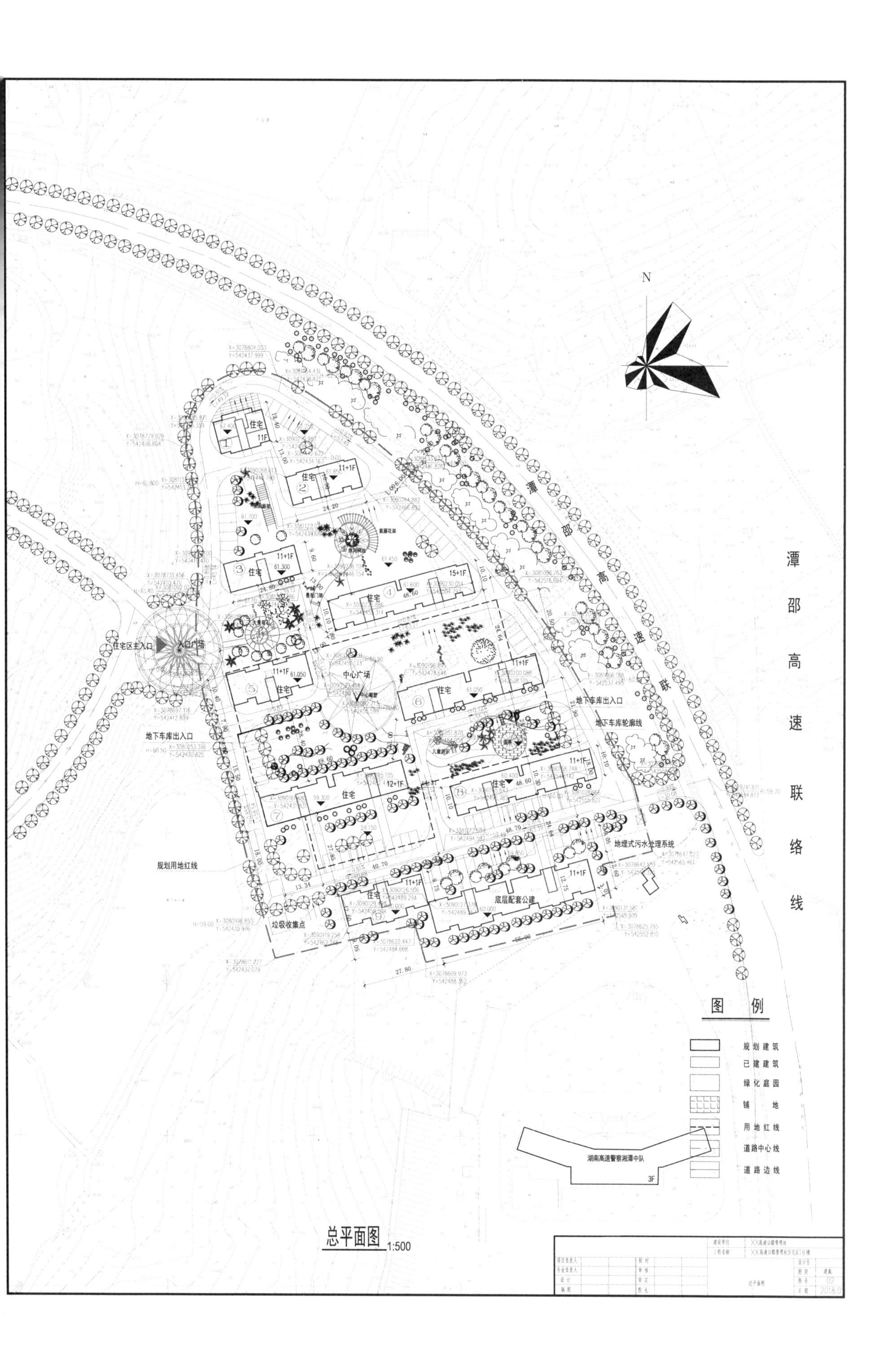

潭邵高速联络线
潭邵高速联
N
住宅区主入口
入口广场
中心广场
地下车库出入口
地下车库轮廓线
地埋式污水处理系统
规划用地红线
垃圾收集点
底层配套公建
住宅
11+1F
15+1F
12+1F
图例
规划建筑
已建建筑
绿化庭园
铺地
用地红线
道路中心线
道路边线
湖南高速警察湘潭中队
3F

总平面图 1:500

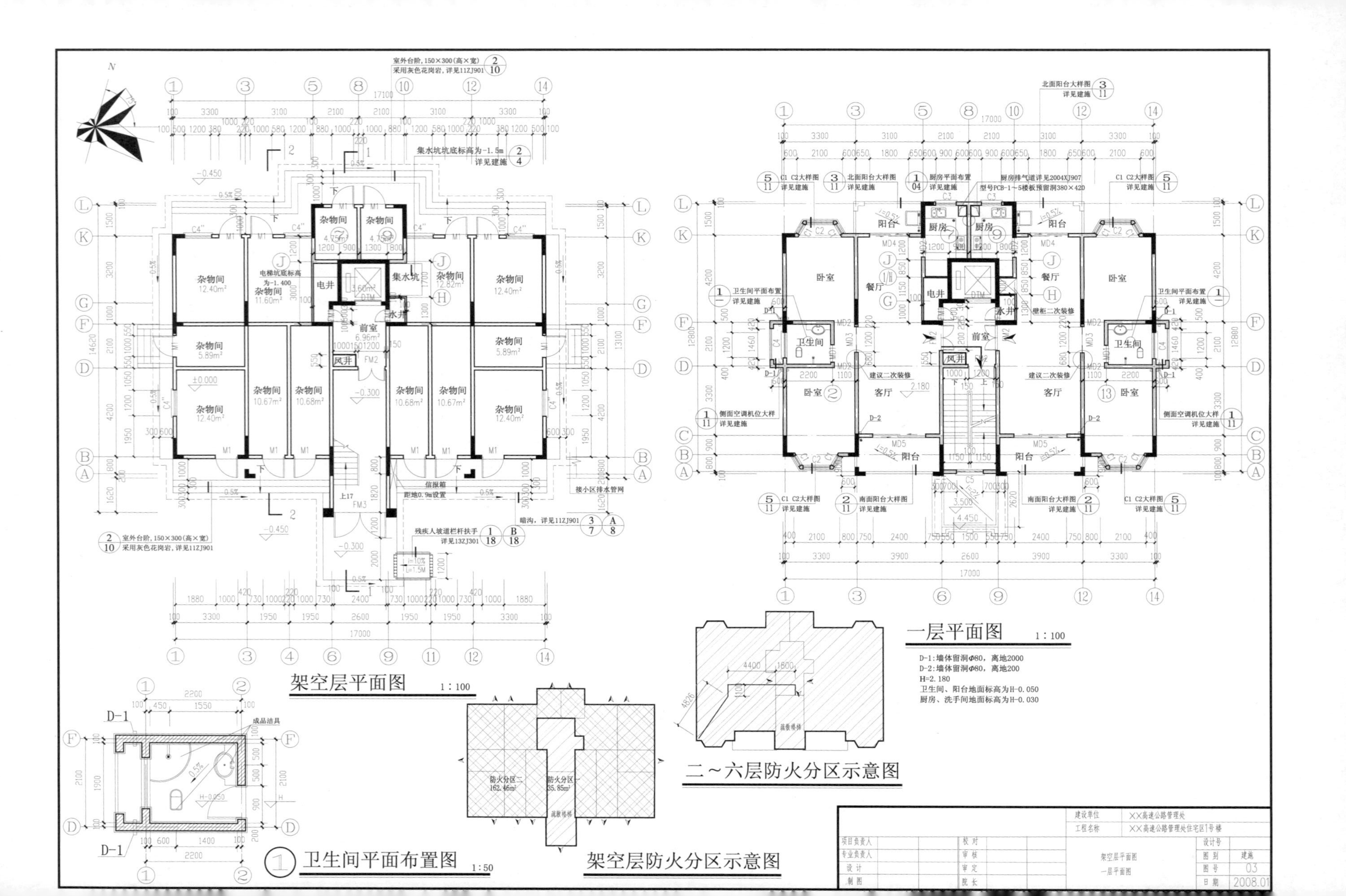

室外台阶，150×300(高×宽)
采用灰色花岗岩，详见11ZJ901
集水坑坑底标高为-1.5m
详见建施
电梯坑底标高为-1.400
杂物间
电井
集水坑
前室
风井
水井
信报箱
距地0.9m设置
接小区排水管网
暗沟，详见11ZJ901
残疾人坡道栏杆扶手
详见13ZJ301
架空层平面图 1：100
北面阳台大样图
详见建施
C1 C2大样图
厨房平面布置
厨房排气道详见2004XJ907
型号PCB-1-5楼板预留洞380×420
卫生间平面布置
阳台
厨房
卧室
餐厅
客厅
卫生间
壁柜二次装修
建议二次装修
侧面空调机位大样
南面阳台大样图
一层平面图 1：100
D-1：墙体留洞Φ80，离地2000
D-2：墙体留洞Φ80，离地200
H=2.180
卫生间、阳台地面标高为H-0.050
厨房、洗手间地面标高为H-0.030
二～六层防火分区示意图
防火分区二 162.46m²
防火分区一 35.85m²
架空层防火分区示意图
成品洁具
卫生间平面布置图 1：50
建设单位 XX高速公路管理处
工程名称 XX高速公路管理处住宅区1号楼
项目负责人
专业负责人
设计
制图
校对
审核
审定
院长
架空层平面图
一层平面图
设计号
图别 建施
图号 03
日期 2008.01

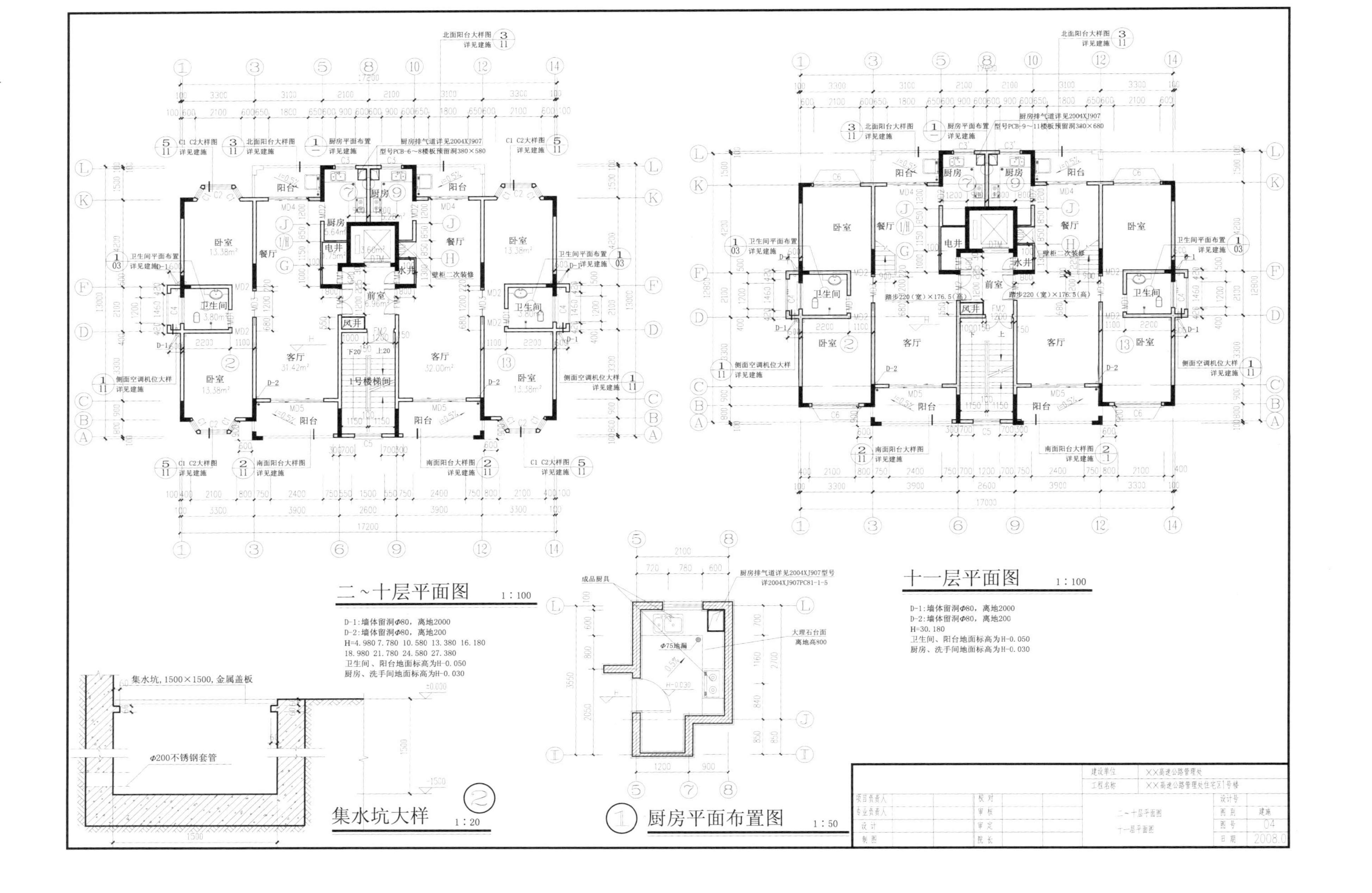
二~十层平面图 1:100
D-1:墙体留洞Φ80，离地2000
D-2:墙体留洞Φ80，离地200
H=4.980 7.780 10.580 13.380 16.180
18.980 21.780 24.580 27.380
卫生间、阳台地面标高为H-0.050
厨房、洗手间地面标高为H-0.030
十一层平面图 1:100
D-1:墙体留洞Φ80，离地2000
D-2:墙体留洞Φ80，离地200
H=30.180
卫生间、阳台地面标高为H-0.050
厨房、洗手间地面标高为H-0.030
集水坑，1500×1500，金属盖板
Φ200不锈钢套管
集水坑大样 1:20
成品厨具
厨房排气道详见2004XJ907型号
详2004XJ907PC81-1-5
大理石台面
离地高800
Φ75地漏
厨房平面布置图 1:50
建设单位 XX高速公路管理处
工程名称 XX高速公路管理处住宅区1号楼
二~十层平面图
十一层平面图
图别 建施
图号 04
日期 2008.0

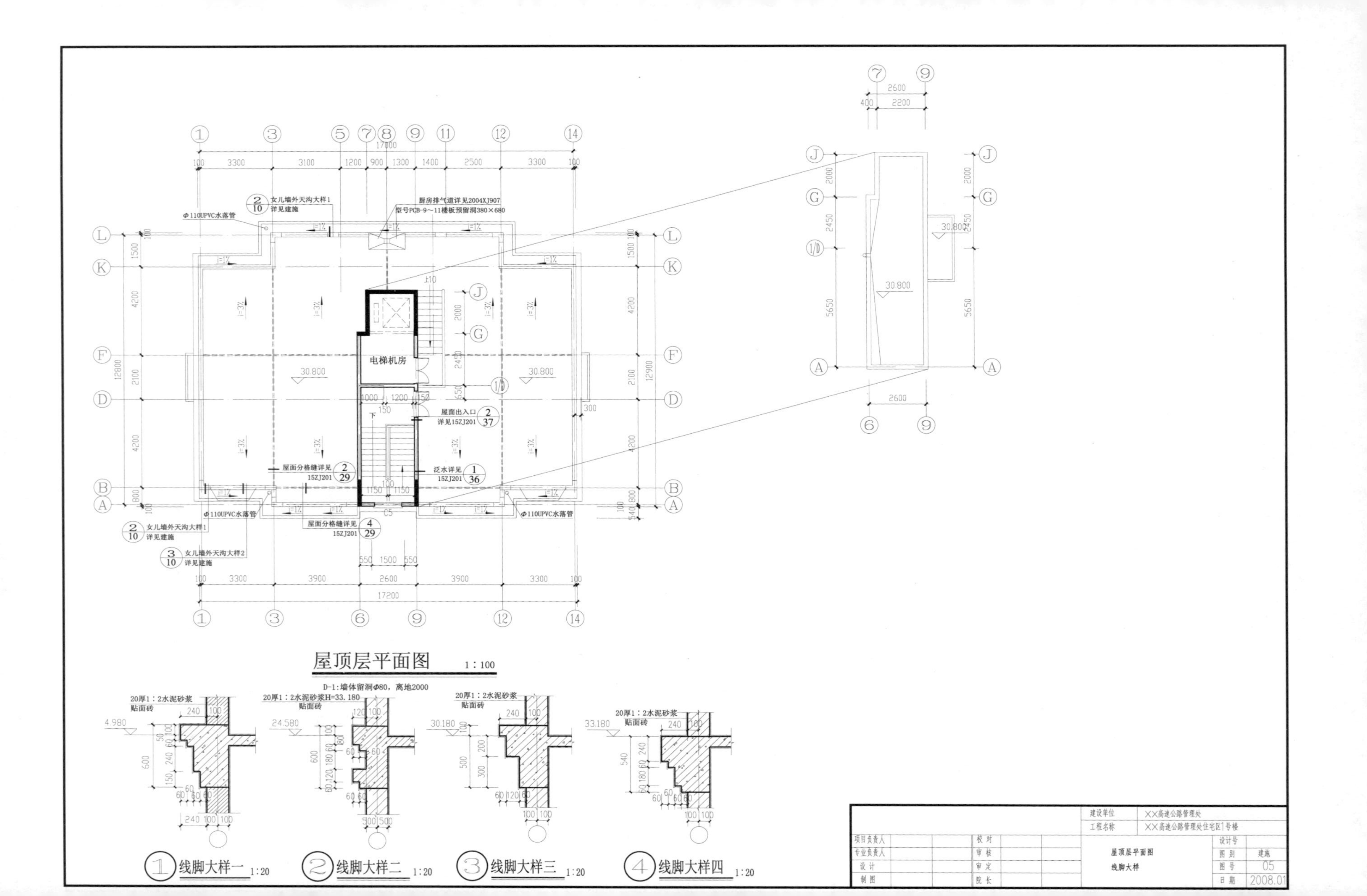

屋顶层平面图 1:100
电梯机房
厨房排气道详见2004XJ907
型号PCB-9～11楼板预留洞380×680
女儿墙外天沟大样1 详见建施
女儿墙外天沟大样2 详见建施
Φ110UPVC水落管
屋面出入口 详见15ZJ201
屋面分格缝详见 15ZJ201
泛水详见 15ZJ201
30.800
i=3%
i=1%
D-1：墙体留洞Φ80，离地2000
20厚1：2水泥砂浆 贴面砖
20厚1：2水泥砂浆H=33.180 贴面砖
线脚大样一 1:20
线脚大样二 1:20
线脚大样三 1:20
线脚大样四 1:20
建设单位 XX高速公路管理处
工程名称 XX高速公路管理处住宅区1号楼
屋顶层平面图
线脚大样
项目负责人
专业负责人
设计
制图
校对
审核
审定
院长
设计号
图别 建施
图号 05
日期 2008.01

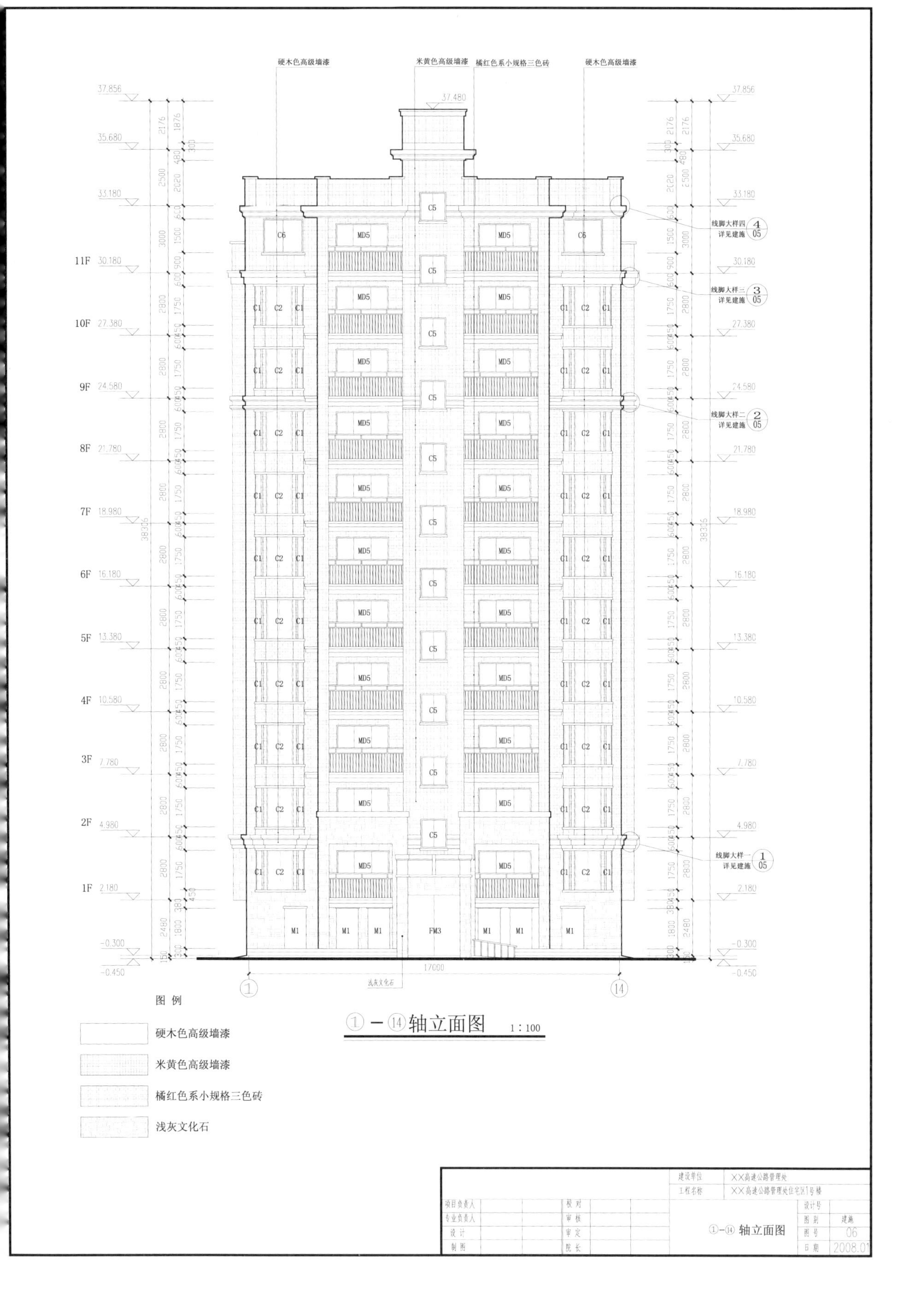
硬木色高级墙漆
米黄色高级墙漆
橘红色系小规格三色砖
硬木色高级墙漆
线脚大样四 4 05 详见建施
线脚大样三 3 05 详见建施
线脚大样二 2 05 详见建施
线脚大样一 1 05 详见建施
图 例
硬木色高级墙漆
米黄色高级墙漆
橘红色系小规格三色砖
浅灰文化石
①－⑭轴立面图 1:100
建设单位 ××高速公路管理处
工程名称 ××高速公路管理处住宅区1号楼
项目负责人
专业负责人
设计
制图
校对
审核
审定
院长
①-⑭ 轴立面图
设计号
图别 建施
图号 06
日期 2008.01

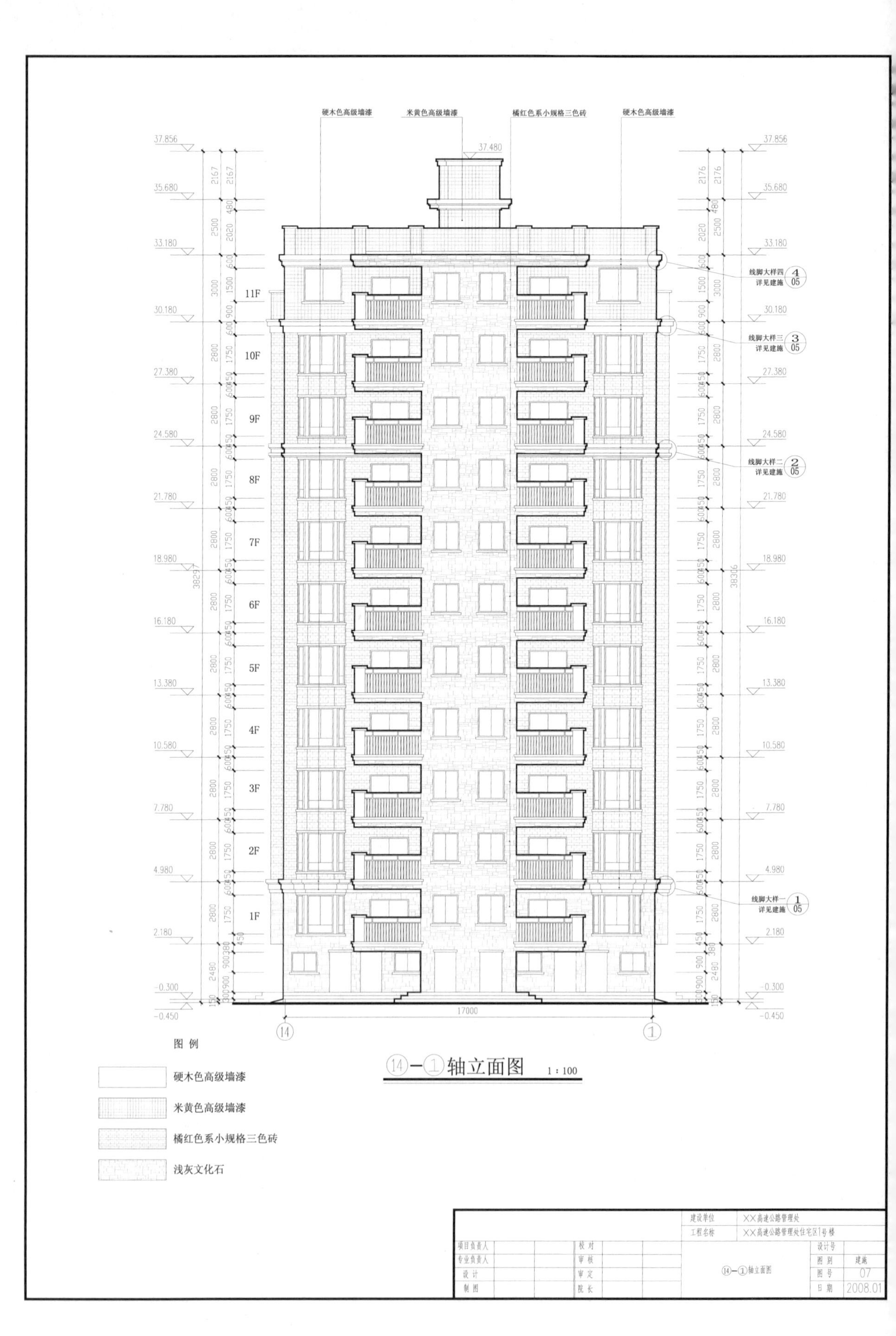
硬木色高级墙漆
米黄色高级墙漆
橘红色系小规格三色砖
硬木色高级墙漆
37.856
37.480
35.680
33.180
30.180
27.380
24.580
21.780
18.980
16.180
13.380
10.580
7.780
4.980
2.180
-0.300
-0.450
11F
10F
9F
8F
7F
6F
5F
4F
3F
2F
1F
38297
38306
17000
线脚大样四 详见建施 4 05
线脚大样三 详见建施 3 05
线脚大样二 详见建施 2 05
线脚大样一 详见建施 1 05
⑭
①
图 例
硬木色高级墙漆
米黄色高级墙漆
橘红色系小规格三色砖
浅灰文化石
⑭—①轴立面图 1：100
建设单位 XX高速公路管理处
工程名称 XX高速公路管理处住宅区1号楼
项目负责人
专业负责人
设 计
制 图
校 对
审 核
审 定
院 长
⑭—①轴立面图
设计号
图 别 建施
图 号 07
日 期 2008.01

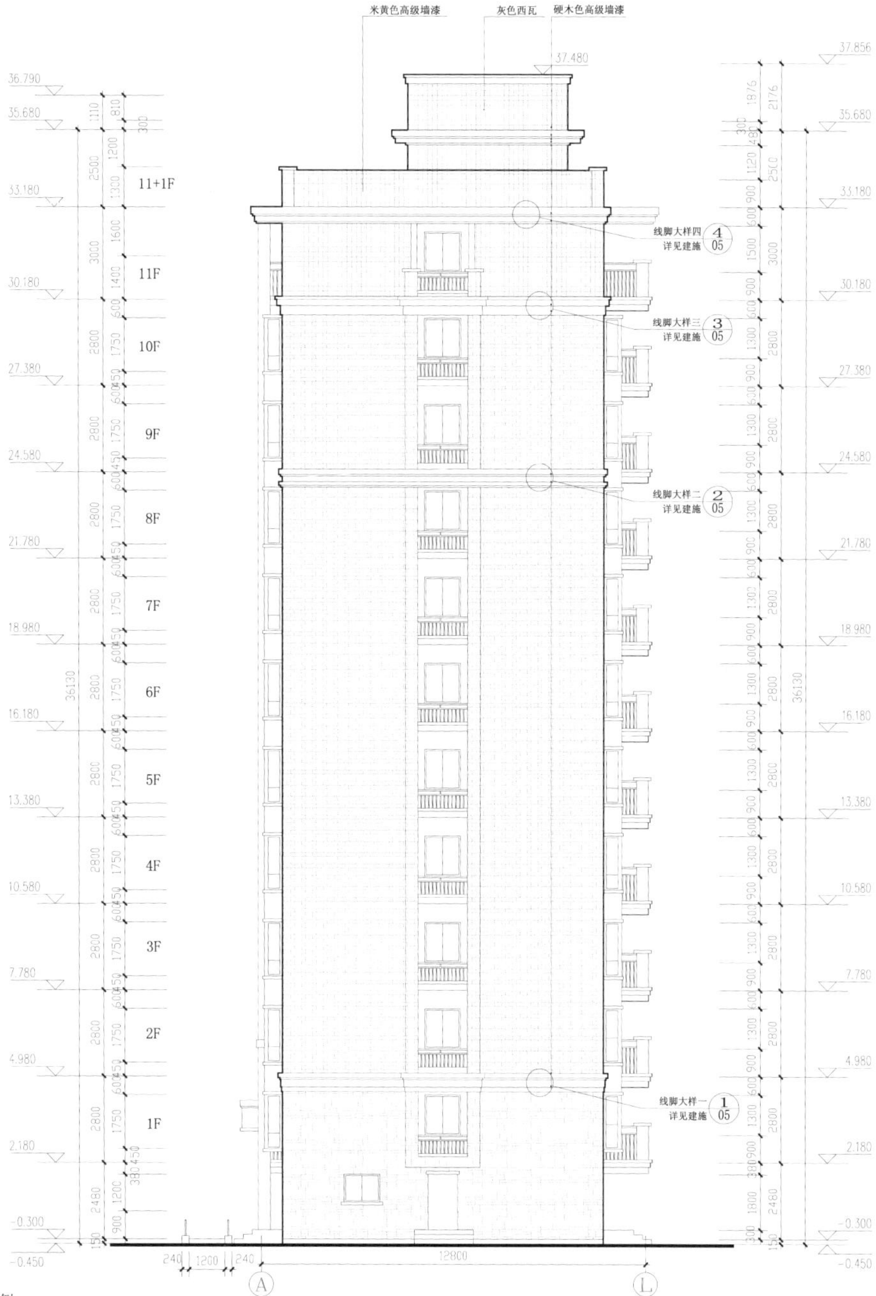
米黄色高级墙漆
灰色西瓦
硬木色高级墙漆
37.480
37.856
36.790
35.680
33.180
30.180
27.380
24.580
21.780
18.980
16.180
13.380
10.580
7.780
4.980
2.180
-0.300
-0.450
11+1F
11F
10F
9F
8F
7F
6F
5F
4F
3F
2F
1F
36130
线脚大样四 4/05 详见建施
线脚大样三 3/05 详见建施
线脚大样二 2/05 详见建施
线脚大样一 1/05 详见建施
240
1200
240
12800
A
L

图 例

硬木色高级墙漆

米黄色高级墙漆

橘红色系小规格三色砖

浅灰文化石

Ⓐ-Ⓛ / Ⓛ-Ⓐ 轴立面图

1 : 100

				建设单位	XX高速公路管理处		
				工程名称	XX高速公路管理处住宅区1号楼		
项目负责人		校对				设计号	
专业负责人		审核			Ⓐ-Ⓛ轴立面图	图别	建施
设计		审定			Ⓛ-Ⓐ轴立面图	图号	08
制图		院长				日期	2008.01

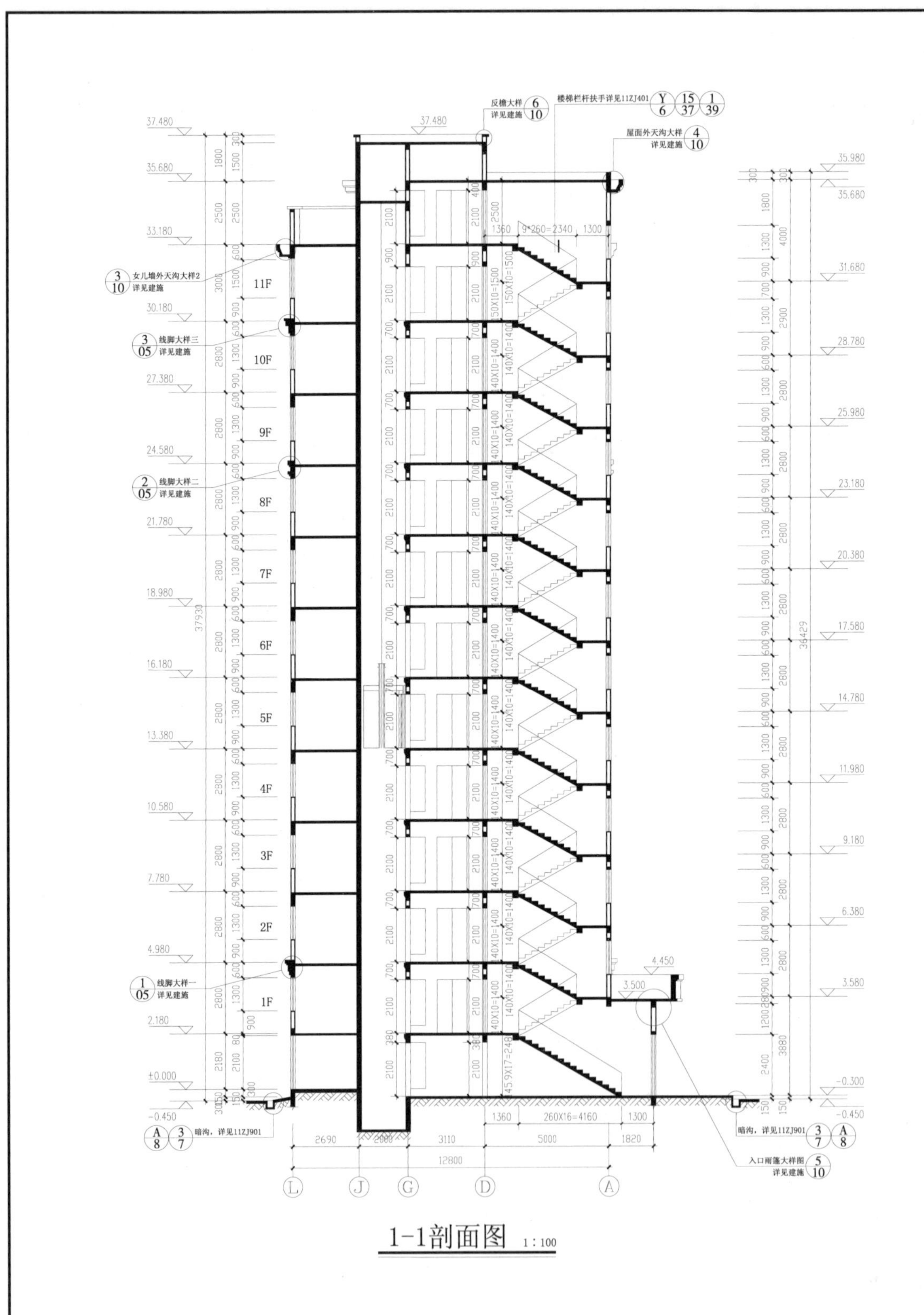

1-1剖面图 1:100

项目负责人			校对			建设单位	XX高速公路管理处	
						工程名称	XX高速公路管理处住宅区1号楼	
项目负责人			校对			1-1剖面图	设计号	
专业负责人			审核				图别	建施
设计			审定				图号	09
制图			院长				日期	2008.01

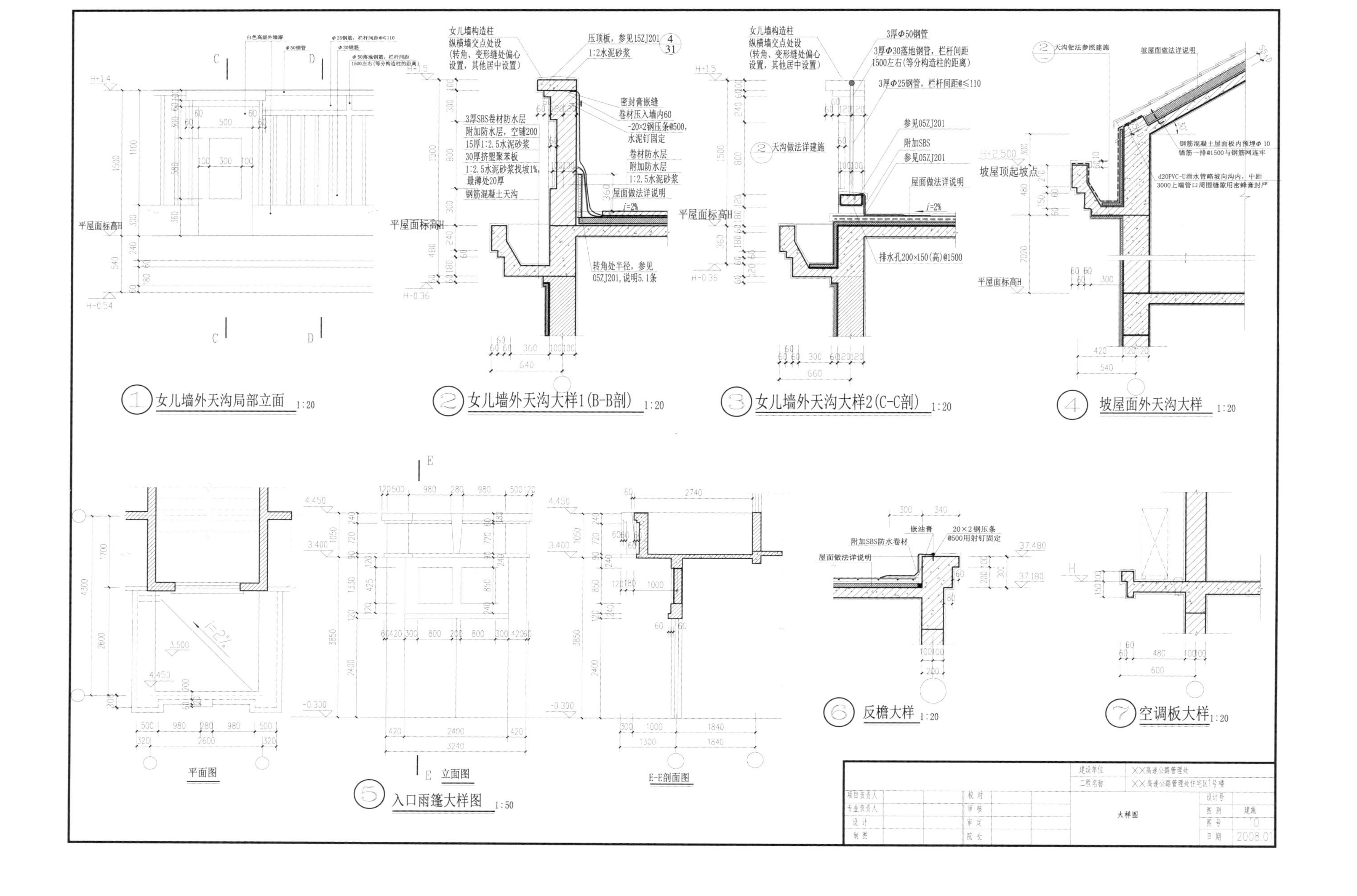

女儿墙构造柱
纵横墙交点处设
(转角、变形缝处偏心
设置，其他居中设置)
压顶板，参见15ZJ201
1:2水泥砂浆
密封膏嵌缝
卷材压入墙内60
-20×2钢压条@500,
水泥钉固定
卷材防水层
附加防水层
1:2.5水泥砂浆
屋面做法详说明
3厚SBS卷材防水层
附加防水层，空铺200
15厚1:2.5水泥砂浆
30厚挤塑聚苯板
1:2.5水泥砂浆找坡1%,
最薄处20厚
钢筋混凝土天沟
转角处半径，参见
05ZJ201,说明5.1条
平屋面标高H
3厚Φ50钢管
3厚Φ30落地钢管，栏杆间距
1500左右(等分构造柱的距离)
3厚Φ25钢管，栏杆间距@≤110
参见05ZJ201
附加SBS
天沟做法详建施
排水孔200×150(高)@1500
天沟做法参照建施
坡屋面做法详说明
钢筋混凝土屋面板内预埋Φ 10
锚筋一排@1500与钢筋网连牢
d20PVC-U泄水管略坡向沟内，中距
3000上端管口周围缝隙用密缝膏封严
坡屋顶起坡点
①女儿墙外天沟局部立面 1:20
②女儿墙外天沟大样1(B-B剖) 1:20
③女儿墙外天沟大样2(C-C剖) 1:20
④坡屋面外天沟大样 1:20
平面图
立面图
E-E剖面图
⑤入口雨篷大样图 1:50
嵌油膏
20×2钢压条
@500用射钉固定
附加SBS防水卷材
屋面做法详说明
⑥反檐大样 1:20
⑦空调板大样 1:20
建设单位 XX高速公路管理处
工程名称 XX高速公路管理处住宅区1号楼
项目负责人
专业负责人
设计
制图
校对
审核
审定
院长
大样图
设计号
图别 建施
图号 10
日期 2008.01

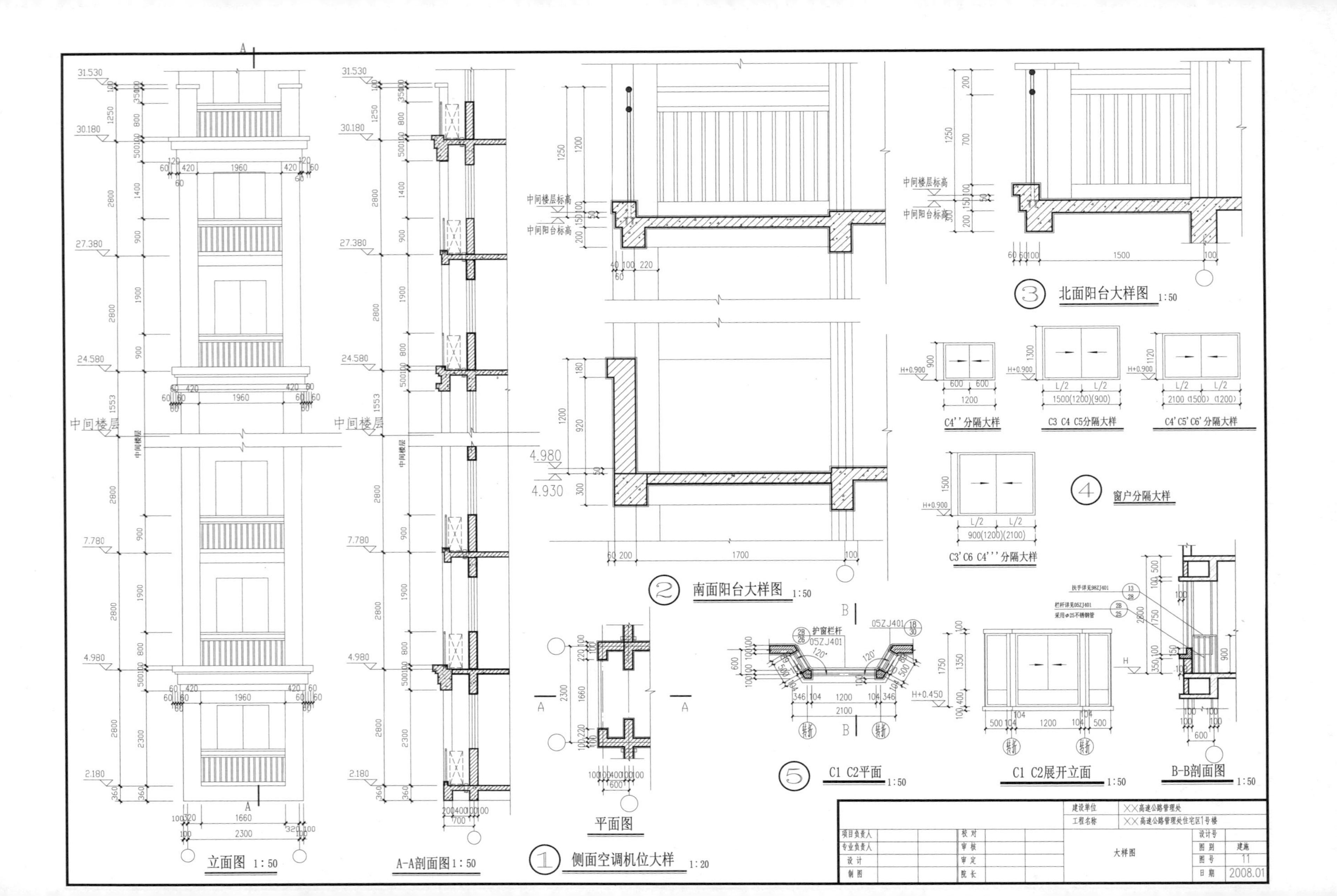

立面图 1:50
A-A剖面图 1:50
中间楼层
① 侧面空调机位大样 1:20
平面图
② 南面阳台大样图 1:50
中间楼层标高
中间阳台标高
③ 北面阳台大样图 1:50
C4'' 分隔大样
C3 C4 C5分隔大样
C4' C5' C6' 分隔大样
C3' C6 C4''' 分隔大样
④ 窗户分隔大样
护窗栏杆 05ZJ401
扶手详见98ZJ401
栏杆详见05ZJ401
采用φ25不锈钢管
⑤ C1 C2平面 1:50
C1 C2展开立面 1:50
B-B剖面图 1:50
建设单位 ××高速公路管理处
工程名称 ××高速公路管理处住宅区1号楼
大样图
项目负责人
专业负责人
设 计
制 图
校 对
审 核
审 定
院 长
设计号
图 别 建施
图 号 11
日 期 2008.01

××高新实验学校小学教学楼施工图设计

工程名称：×× 高新实验学校小学教学楼

建设单位：×× 有限公司

设计单位：

法人代表：

总建筑师：

总工程师：

项目负责人：

注册建筑师：

注册结构师：

日期　20××.09

工程设计出图专用章

图纸目录

编号	图别	图纸内容	图幅
01	建施-01	首页　图纸目录	2#
02	--02	总平面图	2#
03	--03	建筑设计总说明（一）	2#
04	--04	建筑设计总说明（二）	2#
05	--05	消防设计专篇	2#
06	--06	建筑节能专篇	2#
07	--07	防治开裂、渗漏建筑设计专篇（一）	2#
08	--08	防治开裂、渗漏建筑设计专篇（二）	2#
09	--09	绿色建筑设计专篇	2#
10	--10	绿色建筑各类评价指标对应措施	2#
11	--11	室内装修做法表	2#
12	--12	一层平面图	1#+
13	--13	二层平面图	1#
14	--14	三层平面图	1#
15	--15	四层平面图	1#
16	--16	五层平面图	1#
17	--17	屋顶平面图	1#
18	--18	①-㉘轴立面图　㉘-①轴立面图	1#
19	--19	Ⓐ-Ⓢ轴立面图　Ⓢ-Ⓐ轴立面图	1#
20	--20	1-1剖面图　2-2剖面图	1#
21	--21	小学食堂与小学教学楼连廊	1#
22	--22	小学教学楼与综合楼连廊	1#
23	--23	大样图	1#
24	--24	阳台立面图　阳台大样图	1#
25	--25	大样图	1#
26	--26	墙身大样	1#
27	--27	墙身大样　无机房电梯大样	1#
28	--28	门窗大样　门窗表	1#
29	--29	地坪饰面图	1#

专业		
建筑 ARCHI.		
结构 STRUCT		
给水排水 PLUMBING		
电气 ELEC		
暖通/燃气 HVAC/GAS		

版次 EDITION No.	修改原因 REVISON REASON	修改日期 REVISON DATE

附注：
DESCRIPTIONS
1、此图纸版本归有关设计单位所有，未经书面许可切勿翻印。
2、切勿以比例量度此图，一切应依图内数字所示为准，并于现场复核尺寸。
3、所有设计图以最新版本为有效版本，所有旧版本图纸自动取消，以最新版本图纸替代。
4、使用此图应同时参照相关图纸和其他设计文件。
5、如发现有任何矛盾之处应立即通知设计单位注册建筑师和工程师。

工程设计文件专用章：
SEAL PROJECT DESIGN DOCUMENTS

注册师盖章：
CERTIFIED ENGINEER STAMP

审定 APPROVAL	
项目负责人 CAPTAIN	
注册建筑师 REVIEWED BY	
审核 EXAMINE	
校对 CHECK	
设计 DESIGN	
制图 DRAWING	

建设单位 CLIENT：××高新经济建设投资有限公司

建设地点 SITE：湘潭高新区

项目名称 PROJECT：××·××高新实验学校

子项名称 SUB-PROJECT：小学教学楼

图名 TITLE：首页　图纸目录

档案编号 DOCUMENT No.	A1422	工程编号 DESIGNED No.	A1422
图别 DRAWING TYPE	建施	图号 DRAWN NO	01/29
版次 EDITION No.	V1.0	日期 DATE	2021.09

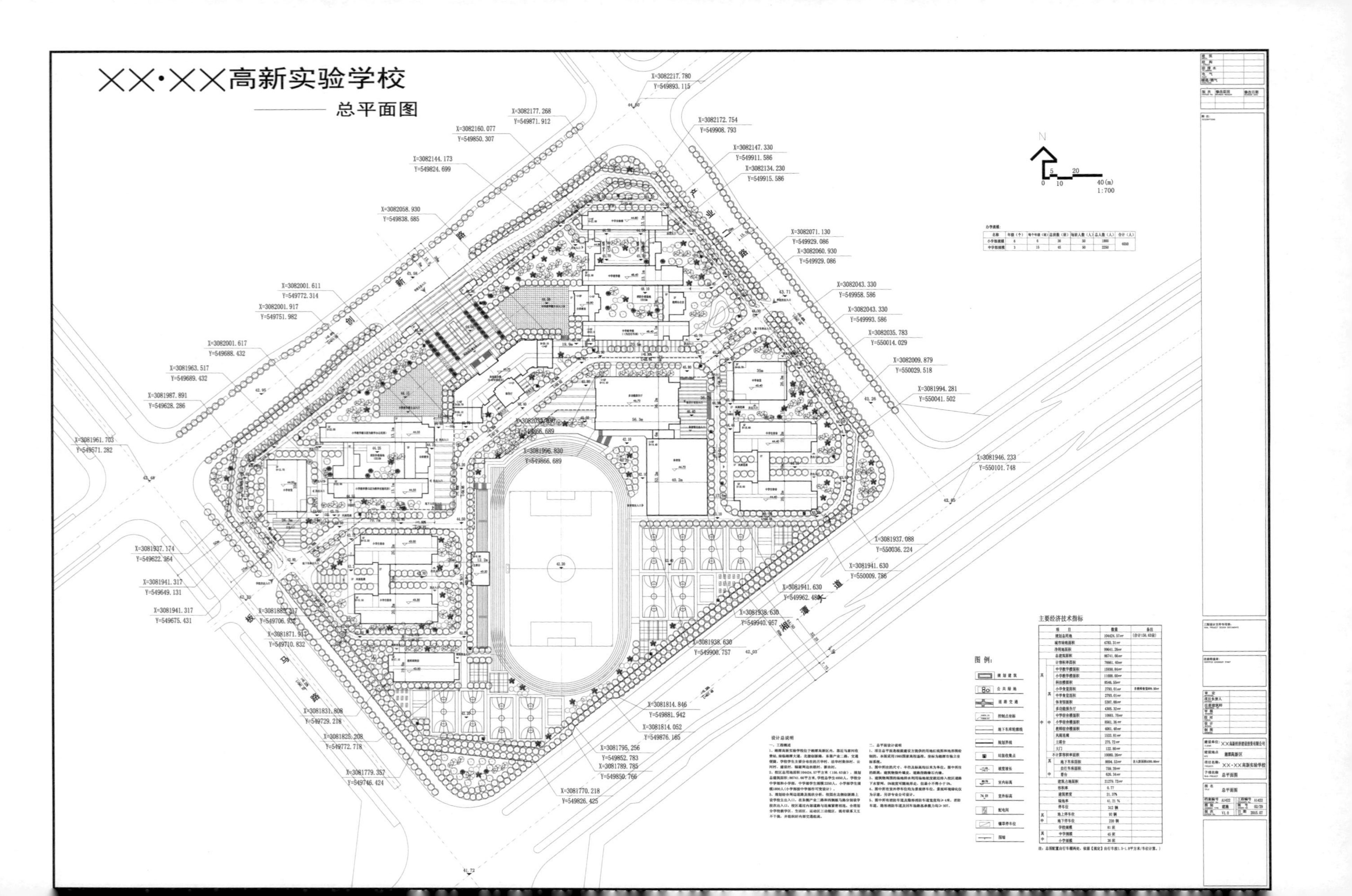
××·××高新实验学校
总平面图
N
1:700
主要经济技术指标
图 例:
设计总说明
总平面设计说明

建筑设计总说明（一）

一、工程概况

××高新实验学校小学教学楼由××××有限公司投资建设。

该项目位于湘潭高新区。

1.1、建筑面积（占地面积及总建筑面积）、建筑层数、建筑总高度。

1.1.1 建筑占地面积：2455.51m² 1.1.2 总建筑面积：11704.10m²

1.1.3 建筑主要层数：5层 1.1.4 建筑总高度：21.77m

1.2、建筑工程等级、设计使用年限、屋面防水等级、耐火等级、抗震设防烈度。

1.2.1 建筑工程等级：二类建筑 1.2.2 建筑功能：教学楼

1.2.3 设计使用年限：五十年 1.2.4 屋面防水等级：I级

1.2.5 耐火等级：二级 1.2.6 抗震设防烈度：六度抗震设防

1.3、结构形式：框架结构

1.4、图中所注建筑物尺寸均为外墙尺寸，总图所注尺寸及标高均以米为单位。

1.5、本工程±0.000标高相当于绝对标高44.55m。

二、设计依据

2.1、建设单位委托设计合同文件。

2.2、建设单位提供的设计要求、用地红线图、认可的方案及建设主管部门的初步设计批复。

2.3、国家现行的各项设计条文、规范（凡画有√的条文、规范为本设计用）：

☑《建筑工程设计文件编制深度规定》（2017年版）

☑《中小学校设计规范》GB 50099-2011

☑《建筑设计防火规范（2018年版）》GB 50016-2014

☑《饮食建筑设计标准》JGJ 64-2017

☑《民用建筑设计统一标准》GB 50352-2019

☑《无障碍设计规范》GB50763-2012

☑《公共建筑节能设计标准》GB 50189-2015

☑中南地区通用建筑标准设计图集

☑国家现行的其他各项有关设计规范

三、建筑单体图纸一般说明

3.1、本工程由我公司承担建筑、结构、给水排水、电气照明、暖通等专业施工图设计，其他的配套工程由建设方委托其他专业单位设计，不在本设计范围内，但在施工过程中应注意密切配合。

3.2、图中门窗洞口除注明外均靠柱边布置或距墙边100mm。

3.3、图中所注尺寸均以毫米为单位，所注标高均以米为单位。

3.4、图中部分标准做法的详图节点参见有关建筑节点通用图集，图集号详见图中。

3.5、外装修材料颜色须通过产品样品和施工样板由甲方与设计人共同选定。

3.6、本工程设计专业工种多，管线复杂，质量要求高，因此在施工中各工种必须紧密配合，避免差错，除土建专业所设预留洞口外、其他专业如：水电、暖通、工艺等专业的预留洞口及预埋件也应一次到位。

3.7、室内消防栓箱暗装预留孔洞位置见水施。

3.8、楼梯栏杆选用11ZJ401 (8/23)，扶手选用 (11/40)，靠墙扶手选用 (2/42)，起步选用 (3/46)，防滑选用 (1/44) 金属栏杆，扶手油漆前均应除锈，红丹打底，黑色调和漆三度。如水平栏杆长度超过500mm，则栏杆高度为1100mm，栏杆水平间距≤110mm，且应达到受力要求。

3.9、凡露明铁件一律涂防锈漆两道；凡与砌块或混凝土接触的木材表面，均需做防腐处理，所有排水管（包括埋设暗管）应加强防锈处理。

3.10、所有混凝土面做表面粉刷前均须先刷含胶水泥浆一道，胶水混凝土面油渍严重者应用碱液清洗。

3.11、停车库内明柱应在1.5m以下阳角包角钢并刷涂明显标志。汽车库楼地面混凝土时，应预埋车挡，车挡做法详17J927-(4/-)。

3.12、阳台、外廊、室内回廊、内天井、上人屋面及室外楼梯等临空处应设置防护栏杆，并应符合下列规定：

3.12.1 栏杆应以坚固、耐久的材料制作，并能承受荷载规范规定的水平荷载；

3.12.2 栏杆高度不应低于1.10m；

3.12.3 栏杆离楼面或屋面0.10m高度内不宜留空；

3.12.4 栏杆必须采用防止少年儿童攀登的构造，当采用垂直杆件做栏杆时，其杆件净距不应大于0.11m。

四、墙体工程

4.1、除图中注明外，主楼外墙体为陶粒混凝土自保温砖，内墙体为烧结页岩多孔砖，厚度详平面图。

4.2、所有未表达清楚之门垛均为100或贴柱安装，凡无法砌筑的门垛均用混凝土填实。

4.3、墙体在不同材料交接处，表面须先钉300宽金属网，再做表面装修，如墙体一侧为混凝土，则须预留胡子筋，详见结施总说明

4.4、突出墙面的腰线、檐板、窗台上部应做大于3%的向外排水坡，下部做滴水。滴水详见11ZJ901 (8/18)。

4.5、除表面贴面材者外，所有墙柱阳角均做1:2水泥砂浆护角线，高度为1800。

4.6、墙上与设备专业、工艺有关的预留洞应参照有关图纸做好预留。

4.7、预埋在梁、柱、墙内的管件、预埋件和孔洞均应在浇捣混凝土和砌筑时就位，切勿遗漏。

4.8、凡钢筋混凝土墙、柱与砖墙连接时必须在混凝土墙、柱边伸出钢筋与砖墙拉结，拉结具体做法见结施。

4.9、卫生间内墙面找平层采用聚氨酯防水涂膜粉刷，所有厨卫边梁均应卷边高120开门处断开。

4.10、空调管线墙面留洞，预埋Ø80UPVC穿墙套管。洞口高度：公寓式办公（KD1）洞中心距楼面2760，洞口距柱（墙）边100。

4.11、首层室内地坪下60mm处（即地面的混凝土垫层位置），若无混凝土梁时，应设一道水平防潮层（20厚1:2水泥砂浆内掺3%~5%防水剂）；当室内相邻地面有高差时，应在高差范围内靠近高地面一侧墙身侧面做相同的竖向防潮层。

五、防水工程

5.1、屋面防水：

5.1.1 防水等级为I级，两道防水设防，做法详见大样图。

5.1.2 屋面柔性防水层在女儿墙和突出屋面结构的交接处均做泛水，其高度≥300mm（按完成面计）。

5.1.3 柔性防水层表面与刚性保护层之间应设置隔离层。

5.1.4 防水找平层应做分格，其缝纵横间距≤6m，缝宽10，并嵌填密封材料。分格缝宜留置在板支承端（指预制构件）和屋面转折处。

5.1.5 细石混凝土刚性保护层厚度不应小于40mm。强度等级不应低于C30，抗渗等级不应低于P6。

5.1.6 出屋面管道或泛水以下穿墙管安装后用细石混凝土封严，管根四周与找平层及刚性防水层之间留凹槽嵌填密封材料，且管道周围的找平层加大排水坡度并增设柔性防水附加层与防水层固定密封。水落口周围500mm直径范围内坡度不小于5%。

5.1.7 屋面防水材料的选择和施工应遵照《屋面工程技术规范》GB 50345-2012（国标）。

5.2、外墙面防水：

5.2.1 外墙饰面砖以及块状石材不应采用密缝拼贴，缝宽宜大于5mm并采用聚合物水泥砂浆或专用砂浆勾缝。

5.2.2 穿过外墙防水层的管道、螺栓、构件等宜预埋，在预埋件四周留凹槽，并嵌填密封材料。

5.2.3 外窗台应比内窗台面低不小于10mm，且应向外排水，排水坡度3%。

5.2.4 外墙门窗洞口外侧金属框与防水层及饰面层接缝处应留10mmX7mm（宽x深）的凹槽，并嵌填密封材料，见下图示：

聚合物水泥砂浆

高弹性密封材料

高弹性密封材料

C20混凝土压顶

聚合物水泥砂浆

外墙砌体

室内窗台

Ø6@200

2Ø10通长钢筋

5.3、楼层防水：

5.3.1 卫生间地面涂刷聚氨酯防水涂膜，粉刷1.5mm厚，分两次涂布，四周卷起150高。内墙刷聚合物砂浆三道再贴磁砖，管根嵌防水胶。凡水湿房间，楼面找坡1%坡向地漏或排水口，凡管道穿过房间，须预埋套管，高出地面30；预留洞边做混凝土坎边，高100，楼地面穿孔处必须用防水油膏填实。

5.3.2 邻近厕、浴间的管井、烟道、风井等各种井道，应加强井道壁与地面阴角部位的防水措施，并设置防水增强层。

5.4、地下室顶板防水：

5.4.1 种植屋面防水等级为一级，采用三道防水设防，作法详地下室建施大样图。

5.4.2 防水材料选用应符合现行国家标准《屋面工程技术规范》GB 50345-2012。

5.5、地下室底板、侧墙防水：

5.5.1 本工程地下室采用全封闭的防排水设计，防水设防等级为II级，做法详11ZJ311 (5/-)。

5.5.2 施工缝距穿墙孔边缘不小于500mm。

5.5.3 防水混凝土结构裂缝宽度不得大于0.2mm，并不得贯通。迎水面受力钢筋保护层厚度不应小于50mm。

5.5.4 防水混凝土结构底板的混凝土垫层，强度等级不应小于C15，厚度不应小于100mm，在软弱土层中不应小于150mm。

5.5.5 卷材防水层阴阳角处应做成圆弧或45°折角，在转角处、阴阳角等特殊部位，应增设相同卷材附加层，宽度不小于500mm。

5.5.6 与地下室连通的管沟和管井等要做好防水处理，防止地面水通过地沟和管井等倒灌进入地下室。

5.5.7 地下室防水工程施工期间应采取有效的降水、截水、排水、挡水和防洪措施，防止地面水流入基坑内。

六、楼地面及屋面工程

6.1、本设计楼面卫生间结构降板100，具体位置详结构图。

6.2、有防水要求的楼地面，均应向地漏找坡约1%，地漏与墙面净距离宜大于80。

6.3、凡管道穿屋面等屋面留孔位置须检查核实后再做防水材料，避免做防水材料后再凿洞。

6.4、屋面坡度为建筑找坡2%，排水沟纵坡为1%，落差不大于200，屋面排水采用有组织排水。雨水管铺设详水施图。

6.5、所有的上、下水管道均采用UPVC管材，其中天沟雨水管采用管径为Ø110（Ø160）UPVC管材，阳台水落管采用管径为Ø50的UPVC管材，空调的冷凝水管采用管径为Ø32（40）的UPVC管材，作法详15ZJ201 (1/-)(2/-)(3/-)，排水管外刷与墙面同色涂料。

高层屋面水排至低屋面时，应在屋面落水管位置下口设置水簸箕，详见15ZJ201，第18页大样C。

6.6、所有屋面天沟侧壁加溢水管，出挑50，具体设置位置为雨水口上端距天沟底100位置。

建筑 ARCH.		
结构 STRUCT		
给水排水 PLUMBING		
电气 ELEC		
暖通/燃气 HVAC/GAS		

版次 EDITION No.	修改原因 REVISION REASON	修改日期 REVISION DATE

附注：
DESCRIPTIONS
1、此图纸版本归有关设计单位所有，未经书面许可切勿翻印。
2、切勿以比例量度此图，一切应依图内数字所示为准，并于现场复核尺寸。
3、所有设计图以最新版本为有效版本，所有旧版本图纸自动取消，以最新版本图纸替代。
4、使用此图应同时参照相关图纸和其他设计文件。
5、如发现有任何矛盾之处应立即通知设计单位注册建筑师和工程师。

工程设计文件专用章：
SEAL PROJECT DESIGN DOCUMENTS

注册师盖章：
CERTIFIED ENGINEER STAMP

审定 APPROVAL	
项目负责人 CAPTAIN	
注册建筑师 REVIEWED BY	
审核 EXAMINE	
校对 CHECK	
设计 DESIGN	
制图 DRAWING	

建设单位：CLIENT ××××××建设投资有限公司

建设地点 SITE 湘潭高新区

项目名称：PROJECT ××·××高新实验学校

子项名称 SUB-PROJECT 小学教学楼

图名 建筑设计总说明（一）

档案编号 DOCUMENT No.	A1422	工程编号 DESIGNED No.	A1422
图别 DRAWING TYPE	建施	图号 DRAWN NO	03/29
版次 EDITION No.	V1.0	日期 DATE	2021.09

建筑设计总说明（二）

七、门窗工程

7.1、本工程门窗代号如下：

M	FM	C	HC	DK
木门	防火门	铝合金窗	弧窗	预留洞口

7.2、本工程外门窗采用深灰色普通塑钢中空玻璃，窗缝设橡胶密封带，卫生间门窗采用磨砂玻璃，玻璃厚度由厂家经风压计算后确定，门窗五金配件由其提供样品及构造大样，由业主和设计人审定后安装。

7.3、门窗预埋在墙或柱内的木、铁构件应做防腐、防锈处理。

7.4、推拉窗扇应设限位装置，外窗下框应有泄水结构。

7.5、外门窗的保温性能及节能要求，详见节能设计说明。

7.6、内墙门窗立樘位置除注明外均居于墙中。外墙门窗位置见墙身详图。管井检修门与管井壁外侧墙面平。

7.7、防火门，应选用消防部门认可的产品，防盗门等特殊加工门窗埋件由制作厂家提供，按要求预埋。

7.8、防火门均装闭门器，双扇防火门增设顺序器，常开防火门须增设自行关闭释放器和信号反馈装置。

7.9、防火卷帘应安装在结构梁、板、柱等承重构件上，如无此类承重构件应由生产厂家提供支撑构件。卷帘上部如不到顶，上部空间应用耐火极限为3小时的防火隔断封闭。

7.10、所有轻质隔断，均由用户自理，所有内门窗均预留洞口。

7.11、一层或靠公共屋面所有的门窗应加防盗措施。

7.12、外窗窗台距楼面、地面的高度低于0.90m时，应有防护设施，窗外有阳台或平台时可不受此限制。窗台的净高度或防护栏杆的高度均应从可踏面起算，保证净高0.90m，做法详见11ZJ401⑬。护栏内的玻璃均为不小于5厚的钢化玻璃。

7.13、低窗台、凸窗等下部有能上人站立的宽窗台面时，贴窗护栏或固定窗的防护高度应从窗台面起计算。

八、幕墙工程

8.1、本工程玻璃幕墙采用6mm+9A+6mm厚中空玻璃，其材料、性能、制作、安装执行《建筑玻璃应用技术规程》JGJ 113-2015标准。

8.2、金属与石材幕墙采用600X900干挂灰色花岗岩，其设计、制作和安置应符合《金属与石材幕墙工程技术规范》JGJ133-2001的要求。

8.3、本工程幕墙由幕墙专业公司按本施工图立面图要求进行设计和计算，并提供预埋件规格尺寸及预埋位置。本施工图对于石材、钢构架、铝合金构件仅提供外观尺寸及示意做法，详细做法由专业公司依据本施工图要求提供设计，并对设计负责，设计应与建筑师协商。未经建筑师许可，不得随意更改立面设计。

九、建筑采用安全玻璃的使用做法

9.1、室内隔断应采用安全玻璃。

9.2、有框玻璃门应采用公称厚度不小于5mm的钢化玻璃或公称厚度不小于6.38mm的夹层玻璃。无框玻璃应采用公称厚度不小于10mm的钢化玻璃。

9.3、栏杆用玻璃：不承受水平荷载的栏杆玻璃应使用公称厚度不小于5mm的钢化玻璃，或公称厚度不小于6.38mm的夹层玻璃。承受水平荷载的栏杆玻璃应使用公称厚度不小于12mm的钢化玻璃或钢化夹层玻璃，当玻璃位于建筑高度为5m及以上时，应使用钢化夹层玻璃。

9.4、安装在易于受到人体或物体碰撞部位的建筑玻璃，如落地窗、玻璃门、玻璃隔断等，应采取保护措施，钢化夹层玻璃。

9.5、对于碰撞后可能发生高处人体或玻璃坠落的情况，必须采用可靠的护栏。保护措施应视易发生碰撞的建筑玻璃所处的具体部位不同，分别采取警示（在视线高度设醒目标志）或防碰撞设施（设置护栏）等。

9.6、建筑物需要以玻璃作为建筑材料的下列部位必须使用安全玻璃

9.6.1　7层及7层以上建筑物外开窗；

9.6.2　面积大于1.5m² 的窗玻璃或玻璃底边离最终装修面小于500mm的落地窗；

9.6.3　幕墙（全玻幕除外）；

9.6.4　倾斜装配窗、各类天棚（含天窗、采光顶）、吊顶；

9.6.5　观光电梯及其外围护；

9.6.6　室内隔断、浴室围护和屏风；

9.6.7　楼梯、阳台、平台走廊的栏板和中庭内拦板；

9.6.8　用于承受行人行走的地面板；

9.6.9　公共建筑物的出入口、门厅等部位。

9.7、建筑玻璃的厚度及安装要求应符合现行《建筑玻璃应用技术规程》JGJ 113-2009和《玻璃幕墙工程技术规范》JGJ 102的有关规定。

十、电梯工程

10.1、本工程采用的各种电梯的型号规格、台数、载重量、速度等技术参数如下表：

名称	型号	台数	载重量(kg)	速度(m/S)	备注
电梯	TKJ1350/1.5-JXW	1	1000	1.75	无障碍电梯

10.2、本施工图仅提供电梯底坑、井道、门洞及机房尺寸，其余有关井道预埋件、机房留洞等详细设计由电梯生产厂家提供施工详图。

10.3、无障碍电梯轿厢正面和侧面做高0.85m的扶手。

十一、无障碍设计

11.1、本工程依据《无障碍设计规范》GB 50763-2012.

11.2、本工程门厅主入口设置1:12无障碍坡道，门厅入口门扇应符合无障碍设计的要求，门扇的下方安装350的护门板。室内外高差不应大于15，并设置斜面过渡。

11.3、本工程每层设置一部无障碍电梯，无障碍电梯按照DGJ08-103-2003第19.10.1，19.10.2条设计，布置参见03J926第57页节点1.

11.4、一楼卫生间设置了残疾人专用设施，凡有高差处均设坡道，考虑残疾人水平通行。总平面图地上设置2个无障碍停车位。

十二、室内外装修工程

12.1、室内装修详见室内装修表，油漆颜色施工时必须先做出小样，待相关单位认可后方可大面积施工。二次精装修另见装修施工图，由专业队伍施工。

12.2、所选用的各种石材、地砖、涂料、板材等材料，除有出厂合格证和检验报告外，还须抽样送检，检测合格后方可施工。

12.3、所有砌筑管道井内壁均用1:2水泥砂浆抹面，厚度20，无法二次抹灰的竖井，均用砌筑砂浆随砌随抹平、赶光。

12.4、精装修详见二次装修设计图，二次装修设计如由建设单位另行委托设计。二次装修设计应于建筑格调统一，满足消防安全要求，不能危及结构安全和损害水、电设施。二次装修必须经相关部门批准。

12.5、室外工程的有关雨水沟、管井盖板、道路铺地、绿化覆土等参见总平面图和绿化施工图施工。

十三、人防工程

本工程配套的人防图纸详人防设计院图纸。

十四、可再生资源要求

针对湘潭地区地理及气候特点，结合目前投资建设的整体经济水平采取了如下措施，将各种节能减排技术、智能化管理控制技术进行集成。项目集成应用了大量的绿色专项技术如下：

1、地下空间的开发利用

2、节能建筑的墙体保温系统

3、透水地面

十五、室内环境要求

15.1、水、暖、电、气管线穿过楼板和墙体时，空洞周边应采取密封隔声措施。

15.2、管道井、水泵房、风机房应采取有效地隔声措施，水泵、风机应采取减振措施。

15.3、无机非金属建筑材料和装修材料必须满足《民用建筑工程室内环境污染控制标准》GB 50325-2020中的3.1.1条和3.1.2条要求。

15.4、二次装修完成后，楼板的计权标准化撞击声压级$R_w \le 75dB$。空气声计权隔声量，楼板$R_w \ge 40dB$，（分隔住宅和非居住用途空间的楼板$R_w \ge 55dB$），分户墙$R_w \ge 40dB$，户门$R_w \ge 25dB$，外窗$R_w \ge 30dB$。

十六、其他

16.1、图中未详尽之处均严格按照国家有关规范、规程、规定执行，本套施工图中标准图选用《中南地区通用建筑标准设计》《国家建筑标准设计图集》。

16.2、本说明未尽事宜，均按国家有关施工及验收规范执行。

16.3、本施工图内容未经设计单位和相关建筑师、工程师签字盖章同意，其他任何单位不得对图纸内容进行变更，否则对所改动之内容应承担相关的法律责任。

16.4、此图应按建设程序报当地规划、建设主管部门，审图机构审查通过后方可施工。

建筑 ARCHL		
结构 STRUCT		
给水排水 PLUMBING		
电气 ELEC		
暖通/燃气 HVAC/GAS		

版次 EDITION No.	修改原因 REVISON REASON	修改日期 REVISON DATE

附注：
DESCRIPTIONS

1、此图纸版本归有关设计单位所有，未经书面许可切勿翻印。

2、切勿以比例量度此图，一切应依图内数字所示为准，并于现场复核尺寸。

3、所有设计图以最新版本为有效版本，所有旧版本图纸自动取消，以最新版本图纸替代。

4、使用此图应同时参照相关图纸和其他设计文件。

5、如发现有任何矛盾之处应立即通知设计单位注册建筑师和工程师。

工程设计文件专用章：
SEAL PROJECT DESIGN DOCUMENTS

注册师盖章：
CERTIFIED ENGINEER STAMP

审定 APPROVAL	
项目负责人 CAPTAIN	
注册建筑师 REVIEWED BY	
审核 EXAMINE	
校对 CHECK	
设计 DESIGN	
制图 DRAWING	

建设单位 CLIENT：XXXXXX建设投资有限公司

建设地点 SITE：湘潭高新区

项目名称 PROJECT：XX·XX高新实验学校

子项名称 SUB-PROJECT：小学教学楼

图名 TITLE：建筑设计总说明（二）

档案编号 DOCUMENT No.	A1422	工程编号 DESIGNED No.	A1422
图别 DRAWING TYPE	建施	图号 DRAWN NO	04/29
版次 EDITION No.	V1.0	日期 DATE	2021.09

消防设计专篇

一、设计依据

√ 1、建设单位委托设计合同文件

√ 2、建设单位提供的设计要求和用地红线图及认可的方案，建设主管部门的初步设计批复。

√ 3、建设单位提供的有关市政资料。

√ 4、建筑和有关工种提供的作业图及设计资料。

√ 5、国家现行的各项设计条文、规范（凡画有√条文、规范为本设计用）：

☑《建筑设计防火规范（2018年版）》GB 50016-2014

☑《建筑灭火器配置设计规范》GB 50140-2005

☑《消防给水和消火栓系统技术规范》GB 50974-2014年版

☑《自动喷水灭火系统设计规范》GB 50084-2017

☑《建筑灭火器配置设计规范》GBJ 140-2005

☑《火灾自动报警系统设计规范》GB 50116-2013

☑中南地区通用建筑标准设计图集。

☑国家现行的其他各项有关设计规范。

二、工程概况

√ 1、项目名称：XX·XX高新实验学校小学教学楼

√ 2、项目地址：湘潭高新区

3、建筑面积（占地面积及总建筑面积）、建筑层数、建筑总高度。

√ 3.1 建筑占地面积：2455.51m² 3.2 总建筑面积：11704.10m²

√ 3.3 消防建筑层数：5层 3.4 建筑总高度：21.77m

4、建筑面积工程等级、建筑功能、设计使用年限、防水等级、耐火等级。

√ 4.1 建筑工程等级：二类建筑 4.2 建筑功能：教学楼

√ 4.3 设计使用年限：五十年 4.4 屋面防水等级：I级

√ 4.5 耐火等级：二级

√ 5、结构形式：框架结构

√ 6、抗震设防烈度：六度抗震设防

三、总平面布局

√ 1、防火间距：

本建筑与科技综合楼之间的间距为12.1m，满足《建筑设计防火规范》GB 50016-2014多层与多层6m间距的规范要求。

2、消防车道：

√ 2.1、建筑周围设有消防车道，道路转弯半径大于12.0m，坡度均小于8%。临路均设有消防扑救面，满足消防规范的要求。

√ 2.2、消防车道的净宽度和净空高度均不小于4.0m。供消防车停留的空地，其坡度不大于3%。

√ 2.3、消防车道与本工程之间，不应设置妨碍登高消防车操作的树木、架空管线；消防车道上空4.0m以下范围内不应有障碍物。

√ 2.4、在穿过建筑物或进入建筑物内院的消防车道两侧，不应设置影响消防车通行或人员安全疏散的设施。

四、建筑平面布置

√ 1、防火分区的划分：

本工程为5层小学教学楼，其耐火等级为二级，每层为一个防火分区，每个防火分区设有5座楼梯，楼梯垂直疏散距离，疏散宽度均满足规范要求。

2、安全疏散：

小学教学楼设有五座敞开式楼梯（楼梯与外廊直接相连），楼梯首层均直通室外出入口，安全疏散均满足规范要求。

3、防火构造设计：

√ 3.1、水平及上下相邻套房之间，以及与楼梯间窗口之间的防火分隔均满足规范要求。

√ 3.2、玻璃幕墙与每层楼板、隔墙处的缝隙，应采用不燃烧材料严密堵实；且在每层楼板外沿处设置耐火极限不低于1.0小时的不燃烧实体，高度不应低于0.8m。

√ 3.3、隔墙应砌至梁板底部，不应留有缝隙。分户墙应砌至屋面板底部。

√ 3.4、电缆井、管道井应在每层楼板处采用不低于楼板耐火极限的不燃烧体或防火封堵材料封堵。

√ 3.5、管道井、电缆井与房间、走道等相连通的孔洞，其空隙应采用不燃烧材料填塞密实。

√ 3.6、管道（包括风管、水管、电气桥架等）穿过隔墙、楼板时，其周围的缝隙应用不燃烧材料填塞密实。

√ 4、本工程的内部装修，应严格遵守现行国家标准《建筑内部装修设计防火规范》GB 50222的有关规定。

五、结构消防设计说明

本工程按一级耐火等级进行设计，所有柱、梁、板及墙体材料均满足《建筑设计防火规范（2018年版）》GB 50016-2014的规定：

√ 1、钢筋混凝土柱为非燃烧体，耐火极限大于3.0小时。

√ 2、钢筋混凝土梁采用非预应力钢筋，保护层厚度2.5cm，为非燃烧体，耐火极限为2.00小时。

√ 3、楼板：钢筋混凝土叠合楼板，板厚度10~12cm，保护层厚度1.5cm，为非燃烧体，耐火极限大于1.50小时。

六、给水排水消防设计说明

√ 6.1、消火栓给水系统：

6.1.1 小区消防综合考虑，共用消防泵、消防水箱等。室外消防用水量30L/s，室内消防用水量15L/s，室外消防采用低压制、市政直供水压为0.32MPa，室外消防详总平面图。

6.1.2 地下室设一座有效容积为324m³的消防水池。水泵房设消火栓加压泵两台，一用一备，该泵运行情况应显示于消防中心和水泵房的控制盘上。消火栓加压泵可由压力开关自动/手动控制。消火栓按钮的动作信号应作为报警信号及启动消火栓泵的联动触发信号，由消防联动控制器联动控制消火栓泵的启动，消火栓起泵按钮的位置显示，消防控制室能显示消火栓加压泵的电源状况。

6.1.3 与科技综合楼合用一座总容积为18m³消防水箱。

6.1.4 消火栓系统静压不超过1.0MPa，系统竖向不分区。

6.1.5 消火栓系统加压环管设置在一层，消火栓给水加压泵的两条出水管与加压给水管道系统连接，立管于三层顶成环，以达到双向供水。

6.1.6 消火栓系统在室外设地上式消防水泵结合器1套（SQS150-A）。

6.2、其他灭火系统：

6.2.1 灭火器按中危险级进行设计，于明显位置设两具4kg装的手提式干粉磷酸铵盐灭火器，灭火器暗装在灭火器箱体内。

七、电气消防设计说明

√ 7.1、供电负荷级别及电源：

7.1.1 负荷分级：

应急照明按二级负荷供电，其他用电负荷按三级负荷供电。

7.1.2 供电电源：

本工程由市政提供一路10kV高压电源。

7.1.3 供配电系统：

对于一般负荷（教室照明），采用分区树干式配电。

7.1.4 应急照明：

（1）公共建筑的疏散走廊应设置应急照明系统。本工程为走廊部位。

（2）应急照明采用自带蓄电池的专用灯具（符合规范要求），持续供电时间为30min。

（3）应急照明从区域配电箱取得独立回路电源，当正常电源出现故障时，应急照明灯自动点亮。疏散指示灯常亮。

（4）疏散走道的地面最低水平照度不应低于1.0 lx；楼梯间内地面最低水平照度不低于5.0 lx。

八、暖通消防设计说明

√ 8.1、楼梯间

楼梯间每5层可开启外窗面积为9m²，满足自然排烟要求；

8.2、地上房间

房间有可开启的外窗利用时且可开启外窗面积不小于房间面积的2%~5%，采用自然排烟方式，排烟口（窗）距防烟分区最远点距离不大于30m。

8.3、走道排烟

走道为敞开或者可开启的外窗利用时且可开启外窗面积不小于房间面积的2%~5%，采用自然排烟，排烟口（窗）距防烟分区最远点距离不大于30m。

专业	
建筑 ARCHI.	
结构 STRUCT	
给水排水 PLUMBING	
电气 ELEC	
暖通/燃气 HVAC/GAS	

版次 EDITION No.	修改原因 REVISON REASON	修改日期 REVISON DATE

附注：
DESCRIPTIONS

1、此图纸版本归有关设计单位所有，未经书面许可切勿翻印。

2、切勿以比例量度此图，一切应依图内数字所示为准，并于现场复核尺寸。

3、所有设计图以最新版本为有效版本，所有旧版本图纸自动取消，以最新版本图纸替代。

4、使用此图应同时参照相关图纸和其他设计文件。

5、如发现有任何矛盾之处应立即通知设计单位注册建筑师和工程师。

工程设计文件专用章：
SEAL PROJECT DESIGN DOCUMENTS

注册师盖章：
CERTIFIED ENGINEER STAMP

签署	
审定 APPROVAL	
项目负责人 CAPTAIN	
注册建筑师 REVIEWED BY	
审核 EXAMINE	
校对 CHECK	
设计 DESIGN	
制图 DRAWING	

建设单位 CLIENT	XXXXXX建设投资有限公司
建设地点 SITE	湘潭高新区
项目名称 PROJECT	XX·XX高新实验学校
子项名称 SUB-PROJECT	小学教学楼
图名 TITLE	消防设计专篇

档案编号 DOCUMENT No.	A1422	工程编号 DESIGNED No.	A1422
图别 DRAWING TYPE	建施	图号 DRAWN NO	05/29
版次 EDITION No.	V1.0	日期 DATE	2021.09

建筑节能专篇

建筑节能设计总说明

一、工程概况

项目名称	所在城市	建筑类型	建筑体形	建筑朝向	结构形式	层数 地下	层数 地上	体形系数	节能计算面积(m^2)
XX·XX高新实验学校小学教学楼	湖南省湘潭市	公共建筑	☑条式 □点式	北向90°	框架结构	0	5	0.44	6716.3m^2

二、设计依据：

√ 1.《建筑气候区划标准》GB50178—93
√ 2.《民用建筑热工设计规范》GB 50176—2016
√ 3.《建筑幕墙、门窗通用技术条件》GB/T 31433—2015
√ 4.《建筑幕墙》GB/T 21086—2007
√ 5.《建筑照明设计标准》GB50034—2013
√ 6.《公共建筑节能设计标准》GB 50189—2015
√ 7.《建筑工程设计文件编制深度规定》(2017年版)
√ 8. 国家、本地方现行的相关建筑节能标准和规范

√ 三、采用的节能设计计算软件为天正建筑节能分析软件：

□TBEC(夏热冬冷2010版) ☑TBEC(湖南公建2010版)

版本号：8.2Build111223

√ 四、节能设计选用的标准图图集号为：

踢脚做法选用11J122 C型(冇) 窗侧口做法选用11J122 H型(冇)
阴角做法选用11J122 C型(冇) 窗台做法选用11J122 H型(冇)
阳角做法选用11J122 C型(冇) 窗上口做法选用11J122 C型(冇)

√ 五、本工程项目节能水平的设计目标为节能的50%。

√ 六、建筑物维护结构热工性能

维护结构部位	主要保温材料 名称	导热系数 W/m²·K	蓄热系数 W/m²·K	修正系数 α	厚度 mm	传热系数K(W/m²·K)	热惰性D=R×S	露点温度	防火等级	选用依据
屋面1(平屋面)	难燃型挤塑聚苯板	0.030	0.540	1.25	40	0.72	3.03		B1级	
屋面2(坡屋面)										
墙体1(北,东,西,南)	SSB陶粒多排孔保温砖	0.170	3.730	1.20	200	1.34	3.41		A级	
墙体2(北,东,西,南)										
底面接触室外空气的架空或外挑楼板										
分户墙						1.85				
楼板	无机轻集料II型保温砂浆	0.085	1.500	1.50	25	1.93	1.92		A级	
凸窗不透明板										
通向封闭空间的户门						2.00				

√ 七、窗（包括阳台门的透明部分）的热工性能和气密性

朝向	窗框	玻璃	窗墙面积比	传热系数K W/m²·K	遮阳系数SC	遮阳形式	可开启面积比	露点温度
南	铝合金单框	中空玻璃窗(5+9+5推拉窗)	0.31	4.0	0.55	无	0.80	40
北	铝合金单框	中空玻璃窗(5+9+5推拉窗)	0.38	4.0	0.55	无	0.80	40
东	铝合金单框	中空玻璃窗(5+9+5推拉窗)	0.06	4.0	0.55	无	0.80	40
西	铝合金单框	中空玻璃窗(5+9+5推拉窗)	0.04	4.0	0.55	无	0.80	40

7.1 本工程设计要求外窗的气密性不应低于《建筑幕墙、门窗通用技术条件》GB/T 31433—2015规定的6级；透明幕墙的气密性不应低于《建筑幕墙》GB/T 21086-2007规定的3级。

√ 八、权衡判断

本工程因外窗、外墙、屋顶、分隔采暖与非采暖空间的楼板等不符合规定性指标而进行权衡判断，权衡判断结果满足节能设计标准《公共建筑节能设计标准》GB 50189—2015规定的要求，设计结果达到节能50%的节能设计目标。

建筑物维护结构热工性能综合判断结果		设计建筑 W/m²·K	参照建筑 W/m²·K
全年采暖和空气调节耗电量		271.10	271.94
其中	全年采暖耗电量	99.72	101.13
	全年空气调节耗电量	171.38	170.81

√ 九、保温材料物理性能表

材料名称	干容重(密度) kg/m³	导热系数 W/m²·K	抗压强度 MPa	燃烧性能等级	拉伸粘结强度MPa	蓄热系数 W/m²·K	软化系数	线性收缩率	定压比热 J/kg·K
无机轻集料I型保温砂浆	300	≤0.070	≥0.50	A级	≥0.10	1.200	≥0.60	≤0.25	1050
无机轻集料II型保温砂浆	450	≤0.085	≥1.00	A级	≥0.15	1.500	≥0.60	≤0.25	1050
SSB陶粒多排孔保温砖	1100	≤0.170	≥7.50	A级	≥0.75	3.730	≥0.75	≤0.45	1052.3
难燃型挤塑聚苯板	30	≤0.030	≥0.25	B1级	≥0.10	0.301	——	——	1386

√ 十、屋面檐口外檐、女儿墙内侧以及屋顶开口部位（如人孔、采光窗等）周围的保温层，采用宽度不小于500mm的A级保温材料（岩棉板）设置水平防火隔离带。

√ 十一、节能构造图详：

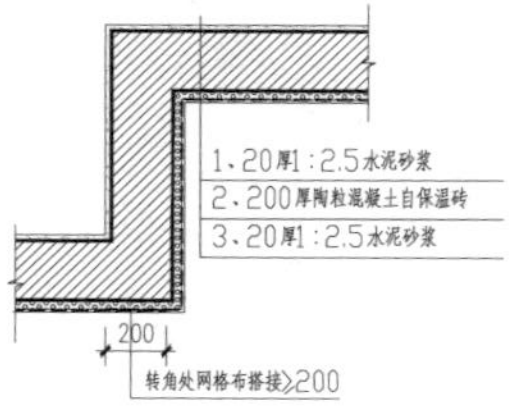

1. 20厚1:2.5水泥砂浆
2. 200厚陶粒混凝土自保温砖
3. 20厚1:2.5水泥砂浆

200
转角处网格布搭接≥200

附图一 外墙内保温构造做法(由外至内)

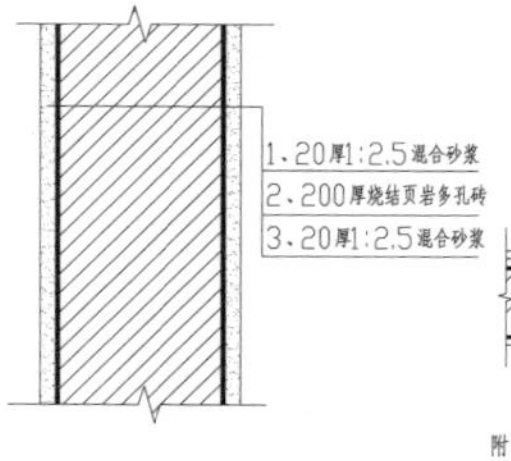

1. 20厚1:2.5混合砂浆
2. 200厚烧结页岩多孔砖
3. 20厚1:2.5混合砂浆

附图二 内墙构造做法

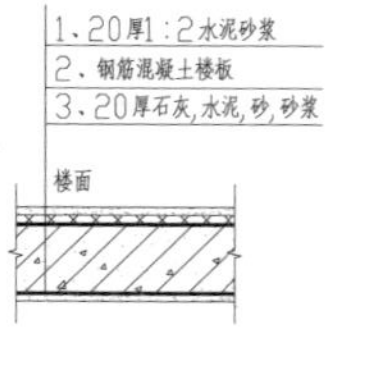

1. 20厚1:2水泥砂浆
2. 钢筋混凝土楼板
3. 20厚石灰,水泥,砂,砂浆

楼面

附图三 楼板构造大样

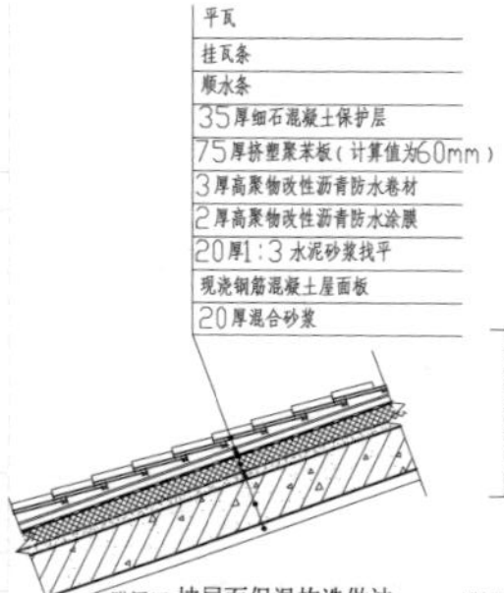

平瓦
挂瓦条
顺水条
35厚细石混凝土保护层
75厚挤塑聚苯板(计算值≥60mm)
3厚高聚物改性沥青防水卷材
2厚高聚物改性沥青防水涂膜
20厚1:3水泥砂浆找平
现浇钢筋混凝土屋面板
20厚混合砂浆

附图四 坡屋面保温构造做法

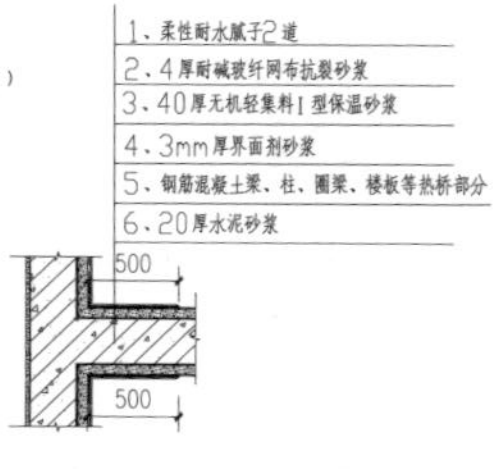

1. 柔性耐水腻子2道
2. 4厚耐碱玻纤网布抗裂砂浆
3. 40厚无机轻集料I型保温砂浆
4. 3mm厚界面剂砂浆
5. 钢筋混凝土梁、柱、圈梁、楼板等热桥部分
6. 20厚水泥砂浆

500
500

附图五 钢筋混凝土梁、柱、圈梁、楼板等热桥部分保温构造做法(由外至内)

1. 20厚1:2.5水泥砂浆，分隔面积宜为1平方米
2. 满铺0.3厚聚乙烯薄膜一层
3. 3厚高聚物改性沥青防水卷材
4. 2厚高聚物改性沥青防水涂膜
5. 刷基层处理剂一道
6. 20厚1:2.5水泥砂浆找平
7. 20厚(最薄处)1:8水泥憎水膨胀珍珠岩找2%坡
8. 40厚挤塑聚苯板
9. 钢筋混凝土屋面板，表面清扫干净

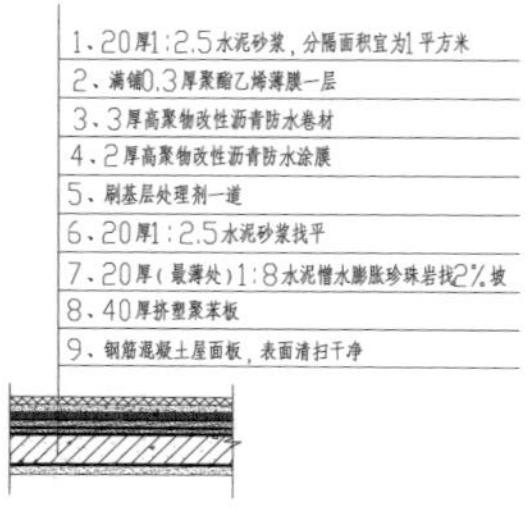

附图六 平屋顶保温构造做法(由外至内)

建筑 ARCHI.		
结构 STRUCT		
给水排水 PLUMBING		
电气 ELEC		
暖通/燃气 HVAC/GAS		

版次 EDITION No.	修改原因 REVISON REASON	修改日期 REVISON DATE

附注：DESCRIPTIONS
1. 此图纸版本归有关设计单位所有，未经书面许可不得翻印。
2. 切勿以比例量度此图，一切应依图内数字所示为准，并于现场复核尺寸。
3. 所有设计图以最新版本为有效版本，所有旧版本图纸自动取消，以最新版本图纸替代。
4. 使用此图应同时参照相关图纸和其他设计文件。
5. 如发现有任何矛盾之处应立即通知设计单位注册建筑师和工程师。

工程设计文件专用章：SEAL PROJECT DESIGN DOCUMENTS

注册师盖章：CERTIFIED ENGINEER STAMP

审定 APPROVAL	
项目负责人 CAPTAIN	
注册建筑师 REVIEWED BY	
审核 EXAMINE	
校对 CHECK	
设计 DESIGN	
制图 DRAWING	

建设单位：CLIENT XXXXXX建设投资有限公司
建设地点 SITE 湘潭高新区
项目名称：PROJECT XX·XX高新实验学校
子项名称 SUB-PROJECT 小学教学楼

图名 TITLE 建筑节能专篇

档案编号 DOCUMENT No.	A1422	工程编号 DESIGNED No.	A1422
图别 DRAWING TYPE	建施	图号 DRAWN NO	06/29
版次 EDITION No.	V1.0	日期 DATE	2021.09

防治开裂、渗漏建筑设计专篇（一）

一、设计依据：

1、建设单位委托设计合同文件
2、建设单位提供的设计要求和用地红线图及认可的方案，建设主管部门的初步设计批复。
3、建设单位提供的有关市政资料。
4、建筑和有关工种提供的作业图及设计资料。
5、国家现行的各项设计条文、规范（凡画有√条文、规范为本设计用）：
☑《建筑工程设计文件编制深度规定》（2014年版）
☑《住建部关于深入开展全国工程质量专项治理工作的通知》（建质[2013]149号文件）
☑《湖南省住宅工程质量常见问题专项治理工作方案》（湘建建[2014]73号文件）
☑《住宅室内防水工程技术规程》 JGJ 298-2013
☑《建筑外墙防水工程技术规程》 JGJ/T 235-2011
☑《屋面工程技术规范》 GB 50345-2012
☑《地下工程防水技术规范》 GB 50108-2008
☑国家现行的其他各项有关设计规范。

二、工程概况：

1、项目名称：XX·XX高新实验学校小学教学楼
2、项目地址：湘潭高新区
3、建筑面积（占地面积及总建筑面积）、建筑层数、建筑总高度。
3.1、建筑占地面积:2455.51M² 3.2、总建筑面积11704.10m²
3.3、消防建筑层数:5层 3.4、建筑总高度：21.77m
4、建筑面积工程等级、建筑功能、设计使用年限、防水等级、耐火等级。
4.1、建筑工程等级：二类建筑 4.2、建筑功能：教学楼
4.3、设计使用年限：五十年 4.4、屋面防水等级：I级
4.5、耐火等级：二级
5、结构形式：框架结构
6、抗震设防烈度：六度抗震设防

三、防治墙体开裂、渗漏：

3.1、本工程外墙采用200厚陶粒混凝土砖，内墙采用200/100厚烧结页岩多孔砖，填充墙砌体应分次砌筑。每次砌筑高度不应超过1.5m，日砌筑高度不宜大于2.8m；砌筑时灰缝砂浆应饱满密实，嵌缝应嵌成凹缝。当填充墙砌筑接近梁板底时，应留一定空间，至少间隔7d后，再将其补砌挤紧。补砌时，对双侧竖缝用水泥清理嵌填密实。外墙的补砌砖灰缝，应先进后，再用水泥砂浆嵌填密实，填充墙砌体根部应砌筑不小于200mm烧结页岩实心砖，内墙采用加气混凝土砌块砌筑时，应采用专用砂浆进行砌筑和抹灰。
3.2、外墙饰面层及基层留置分隔缝，纵横间距不大于3m，缝宽8~12mm，并嵌填高弹性密封材料。
3.3、底层砖墙在地面下-0.060处用1:2水泥砂浆（内加5%水泥重的防水剂）做20厚墙身防潮层一道，室外地坪高于室内，处在埋土一侧墙身做20厚1:2水泥砂浆防潮层，还应刷2.0厚聚氨酯防水涂料。
3.4、不同基体材料与混凝土墙柱相交处，设置抗裂钢丝网，钢丝网与不同基体的搭接宽度每边不小于200mm，钢丝网片的网孔尺寸不应大于15mm×15mm，其钢丝直径不应小于0.9mm，应采用先成网后镀锌的后热镀锌电焊网，钢丝网应用钢钉或射钉加铁片固定，固定点间距不大于300mm。钢丝网应设垫块，不得将网紧靠墙面固定，确保钢丝网的抗裂作用。
3.5、外墙防水采用20厚1:2防水泥砂浆（内掺5%防水剂），分2次抹灰，每层抹灰厚度应不大于10mm，详见构造做法表。
3.6、填充墙砌体临时施工洞处应在墙体两侧预留2Ø6@500拉结筋，补砌时应润湿已砌筑的墙体连接处，补砌应与原墙接槎处顶实，并外挂钢丝网片，两边压墙不小于200mm。消防箱、配电箱、水表箱、开关箱等预留洞上的过梁应在其管线穿越的位置预留孔槽，不得事后剔凿，其背面的抹灰层应挂满钢丝网片，钢丝直径不应小于0.9mm。填充墙体需要按要求设置构造柱，具体措施详见结构施工图。
3.7、外围护砌体无约束的端部应按抗裂设计要求设置构造柱与墙梁或采取其他可靠拉接措施，构造柱钢筋宜采用预埋，上下钢筋应与主体结构牢固连接。拉结筋应与墙、柱连接牢固，拉结筋深入墙内的长度，应符合现行规范的要求。拉结筋设置可采用预埋和植筋的方式。
3.8、外围护填充墙上不宜留设脚手眼、穿墙洞等。对墙上留设的孔洞，应有防治渗漏开裂的专项施工方案，孔洞填塞应采用微膨胀防水混凝土分次填实，不得用砖和普通砂浆一次填塞。
3.9、门窗洞口上部和凸出建筑物的装饰腰线、女儿墙压顶、遮阳板、雨篷等有排水要求的外墙部位应做滴水，详大样。
3.10、外墙内保温施工前应作出防治开裂专项施工方案，由总承包单位报监理单位审查批准后实施，外墙外保温工程施工应先做样板，样板验收合格后方可全面施工。
3.11、外墙保温层需设置分隔缝，间距不大于3m，缝宽8~12mm，并嵌填高弹性密封材料。
3.12、墙体与屋面或墙体与有水房间的根部均应做300高混凝土反边，混凝土强度等级同梁。
3.13、抹灰前应先堵好架眼及孔洞，封堵脚手架眼和孔洞时，应清理干净，浇水湿润，然后采用微膨胀防水混凝土填塞密实，并在洞口内外墙面采用大于孔洞边缘150mm、直径不应小于0.9mm热镀锌钢丝网固定好后再进行抹灰。不得采用砖和普通砂浆一次填塞封堵穿墙螺栓孔，宜采用聚氨酯发泡剂和防水膨胀干硬性水泥砂浆填塞密实，封堵后孔洞外侧表面应进行防水处理。
3.14、对混凝土、填充墙砌体基层抹灰时，应先清理基层，抹灰前墙面应浇水，应严格控制抹灰砂浆配比，确保砂浆有良好的和易性和保水性。抹灰面层严禁使用素水泥砂浆抹面。必要时，可在基层抹灰和面层砂浆之间增加玻纤网，外墙抹灰应严格按照有关施工规范要求操作，避免出现裂缝，墙面抹灰应分层进行，抹灰总厚度超过35mm时，应采取加设钢丝网等抗裂措施，钢丝网片的网孔尺寸不应大于15mm×15mm，其钢丝直径不应小于0.9mm，墙体抹灰完成后应及时喷水进行养护，满足相关要求后方可进行下一道工序施工。
3.15、对于表面较光滑的混凝土墙柱梁应采用水泥基聚合物砂浆处理，以增强与粉刷砂浆的粘结力。
3.16、墙体上预留洞口应在施工时预留好，严禁事后开凿，凡外墙上预留的洞口（空调管、排气管）等均向外做10%坡度。
3.17、突出外墙的结构构件如遮阳板、雨篷等水平构件应做向外排水坡度，坡度宜为3%~5%，与墙面接触根部设置300高混凝土反边，混凝土强度等级同梁，根部防水做法详01 11ZJ9第22页大样1。
3.18、粘贴聚苯板外墙外保温系统施工应符合下列要求：
3.18.1 条粘法需用工具锯齿涂抹，涂抹面积应达到100%；点框法粘结面积不应小于50%。
3.18.2 涂料饰面时，当采用EPS板做保温层，建筑物高度在20m以上时，宜采用以粘结为主，锚栓固定为辅的粘锚结合的方式，锚栓每平方米不宜少于3个；当采用XPS板做保温层应从首层开始采锚栓在墙体转角、门窗洞口边缘的水平、垂直方向加密，其间距不大于300mm，锚栓距基层墙体边缘应不小于60mm，锚栓拉拔力不得小于0.3MPa。
3.18.3 保温板之间应拼接紧密，并与相邻板齐平，胶粘剂的压实厚度宜控制在3~5mm，贴好后应立即刮除板缝和板侧面残留的胶粘剂。保温板间残留缝隙应采用阻燃型聚氨酯发泡材料填缝，板件高差不得大于1.5mm。
3.18.4 门窗洞口四角聚苯板不得拼接，应采用整板切割成型，拼缝离开角部至少200mm。
3.18.5 在外墙保温系统的起始和终端部位的墙下端、檐口处及门窗洞口周边等部位应做好耐碱玻纤网的反包处理。
3.19、采用硬泡聚氨酯外墙外保温系统施工应符合下列要求：
3.19.1 喷涂法施工时，外墙基层应涂刷封闭底涂。喷涂前应采取遮挡措施对门窗、脚手架等非喷涂部位进行保护。
3.19.2 喷涂硬泡聚氨酯采用抹面胶浆时，抹面层厚度控制：普通型3~5mm；加强型5~7mm。并应严格控制表面平整度超差。
3.20、采用聚苯板等外保温材料要求：
3.20.1 产品应有省级住房和城乡建设行政主管等部门出具的产品认定证书。聚苯板等有机保温材料必须达到陈化时间（EPS板自然条件下陈化期不得低于42天，60℃恒温蒸汽条件下不得低于5天，XPS板陈化期不得低于28天），确保有机材料保温稳定性，上墙后不产生较大的后期收缩；
3.20.2 不得采用粉化材料：如果工期长或隔年施工等原因，会造成聚苯板表面粉化，容易导致聚苯板粘贴不牢或抹面砂浆粘结不牢，导致保温层脱落，抹面砂浆开裂；
3.20.3 所有胶粘剂必须达到外保温技术对产品的质量、性能要求；
3.20.4 加强网不得使用不合格的玻纤网格布或钢丝网，确保加强网的载锌层厚度和钢丝直径，不得使用锈蚀钢丝。
3.20.5 涂料饰面应采用与保温系统相容的柔性耐水腻子和高弹性涂料。
3.21、未详之处请按国家及地方的相关规范、规定内容要求进行施工及验收。

四、防治窗户周边开裂、渗漏：

4.1、本工程所有外窗及阳台门的气密性等级，不应低于《建筑幕墙、门窗通用技术条件》GB/T 31433-2015 所规定的6级。透明幕墙的气密性不应低于《建筑幕墙》GB/T 21086-2007 规定的3级，抗风压性能分级为2级，水密性能分级为2级保温性能分级为8级，隔声性能分级为4级。
4.2、外围护结构应严格控制门窗预留洞口，外围护填充墙门窗洞口四周砌筑烧结页岩多孔砖，门窗与墙体之间缝隙采用中性硅酮密封胶密实，打胶要保证基层干燥，转角处应平顺、严密，不得使用混合砂浆嵌缝。窗下口应做混凝土压顶，窗台应做3%排水坡度。
4.3、外窗制作前必须对洞口尺寸逐一校核，保证门窗框与墙体间有合适的间隙；组合外窗的拼樘料应采用套插或搭接连接，并应深入上下基层不应少于15mm。拼接时应带胶拼接，外缝采用中性硅酮密封胶密封。
4.4、外窗固定安装：窗下框应采用固定片法安装固定，严禁用长脚膨胀螺栓穿透型材固定门窗框；固定片宜为镀锌铁片，镀锌铁片厚度不小于1.5mm；固定点间距:转角处180mm，框边处不大于300mm，窗侧面及顶面打孔后工艺孔冒安装前应用密封胶封严。
4.5、窗框与结构墙体间应清理干净，施打聚氨酯发泡胶，发泡胶应连续施打，一次成形，填充饱满。
4.6、外窗台上应做出向外的流水斜坡，坡度不小于3%，内窗台应高于外窗台20mm，防止倒泛水或积水。窗楣上应做鹰嘴或滴水槽。外窗应设置排水孔满足排水要求，排水孔位置、数量、规格应根据窗型设置。

五、防治厨厕等有防水要求的房间渗漏：

5.1、盥洗间地面均比相邻室内楼面标高低30mm，卫生间、厨房楼面、阳台楼面标高比相应楼面标高低50mm，并向相应的地漏及排水设施找1%~3%坡，不能有积水现象，地漏规格详见水施。
5.2、卫生间、厨房、阳台等设有给水点的内墙面设置1.8米高防水层，即墙面砖基层抹灰用1:2水泥砂浆（加5%防水剂），面砖嵌缝用白水泥亦加5%防水剂。卫生间、厨房楼板、阳台等有水房间四周除门洞外，均用C25混凝土反边，其高度不小于200mm，宽度与墙厚相同，与主体楼板一次浇捣。
5.3、凡要求排水找坡的地方，找坡厚度大于30mm时，均用C20细石混凝土找坡；厚度小于30mm时，用1:2水泥砂浆找坡。
5.4、有防水要求的楼地面工程，铺设前必须对立管、套管和地漏与楼板节点之间进行密封处理，并应进行隐蔽验收；排水坡度应符合设计要求。
5.5、给水排水及采暖等主管道应走管道井，严禁主管道埋入墙体内，走墙体及地面部分的支管严禁有接头，接头应设置在分水箱内。避免排水支管穿楼板，减少用户在生活中的相互干扰，装修时也省去了吊顶及管道防结露。在支管安装时，各种管件可以任意组合，以满足卫生器具在建筑图中所要求的平面位置。暗敷管道安装后，应进行耐压试验，合格后方可隐蔽。
5.6、管道穿过楼板的洞口处封堵时应支设模板，将孔洞周围凿毛，浇水湿润，用高于原设计强度一个等级的防渗混凝土分两次进行浇灌、捣实。管道穿楼板处宜采用止水节施工法。
5.7、对于沿楼地面敷设的给水、采暖管道，在进入有水房间处，应沿有水房间隔墙外侧抬高至防水层上反高度以上后，再穿过隔墙进入卫生间，避免破坏防水层。
5.8、有防水要求的房间内穿过楼板的管道根部应设置阻水台，且阻水台不应直接做在楼地面面层上。阻水台高度应提前预留，保证高出成形后的楼地面20mm，有套管的，必须保证套管高度满足上口高出成品楼地面50mm。
5.9、防水层上施工找平层或面层时应做好成品保护，防止破坏防水层。有防水层要求的房间应做二次蓄水试验，即防水隔离层施工完成时一次，工程竣工验收时一次，蓄水时间不少于24小时，蓄水高度不少于20~30mm，并形成记录。

建筑 ARCHI.	
结构 STRUCT	
给水排水 PLUMBING	
电气 ELEC	
暖通/燃气 HVAC/GAS	

版次 EDITION No.	修改原因 REVISION REASON	修改日期 REVISION DATE

附注：DESCRIPTIONS
1、此图纸版本归有关设计单位所有，未经书面许可切勿翻印。
2、切勿以比例量度此图，一切应依图内数字所示为准，并于现场复核尺寸。
3、所有设计图以最新版本为有效版本，所有旧版本图纸自动取消，以最新版本图纸替代。
4、使用此图应同时参照相关图纸和其他设计文件。
5、如发现有任何矛盾之处应立即通知设计单位注册建筑师和工程师。

工程设计文件专用章：SEAL PROJECT DESIGN DOCUMENTS

注册师盖章：CERTIFIED ENGINEER STAMP

审定 APPROVAL	
项目负责人 CAPTAIN	
注册建筑师 REVIEWED BY	
审核 EXAMINE	
校对 CHECK	
设计 DESIGN	
制图 DRAWING	

建设单位：CLIENT	XXXXXX建设投资有限公司
建设地点 SITE	湘潭高新区
项目名称：PROJECT	XX·XX高新实验学校
子项名称 SUB-PROJECT	小学教学楼

图名 TITLE	防治开裂、渗漏建筑设计专篇（一）		
档案编号 DOCUMENT No.	A1422	工程编号 DESIGNED No.	A1422
图别 DRAWING TYPE	建施	图号 DRAWN NO	07/29
版次 EDITION No.	V1.0	日期 DATE	2021.09

防治开裂、渗漏建筑设计专篇（二）

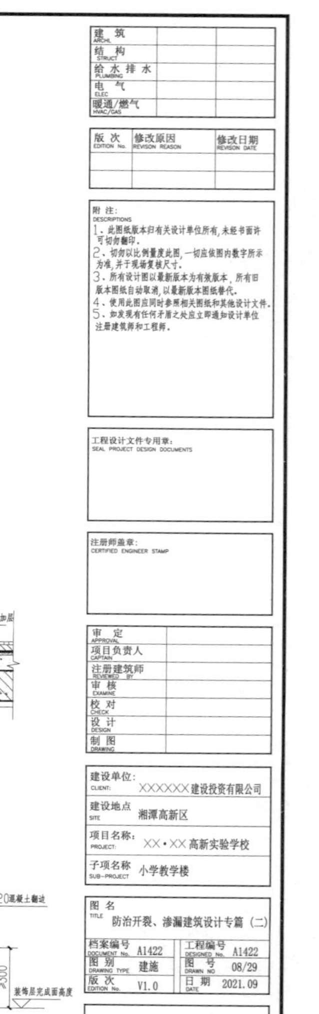

5.10、凡有防水要求的房间防水层应沿墙四周上翻，高出地面不小于300mm。管道根部、转角处、墙根部位应做防水附加层。防水层应进行检测，检测不合格不得隐蔽。

5.11、凡穿越有防水要求的房间楼板的管道（如燃气管、排水管等），均应设置套管，孔洞在施工前预留好，不得事后开凿，根部防水高度高出套管50，具体详见大样图。

5.12、楼地面面层以地漏或排水点为中心向四周辐射，按坡度1%~3%的坡度找坡，并要确保地漏安装在地面最低处，且地漏安装的标高应比地面最低处低5mm，保证排水通畅；洗衣机地漏须使用专用地漏或直通式地漏，直通式地漏的支管应增加返水弯，返水弯水封深度不小于50mm。

5.13、卫生间防水楼面及便池防水详同大样图，阴阳角部位和管根部位应采用圆弧做法施工，圆弧半径为50。

六、防治屋面渗漏：

6.1、本项目的屋面防水等级设计为一级，防水层设计详见室内外装修构造做法表。

6.2、女儿墙宜设置钢筋混凝土构造柱，构造柱间距不应大于4m，构造柱应伸至现浇混凝土压顶梁、板并一起整浇，压顶应向内找坡，坡度不应小于2%。外墙防水层应延伸至压顶内侧的滴水线部位。

6.3、女儿墙采用MU10烧结多孔砖砌筑，水泥砂浆强度等级不低于M7.5，必须砌筑密实，根部应做钢筋混凝土翻边，高度为300mm，砌体女儿墙与混凝土交接处挂设钢丝网防止开裂，钢丝网片的网孔尺寸不应大于15mm×15mm，其钢丝直径不应小于0.9mm。

6.4、屋面排水坡度不小于2%，屋面分隔缝宽度和长度均为4m，屋面分隔缝做法详见15ZJ201 第36页大样2、4。

6.5、屋面雨水管及节点详图详见15ZJ201 第18页大样4、6、C。

6.6、屋面女儿墙、山墙部位泛水做法详见15ZJ201 第36页大样1、2，转角处卷材做成弧形，半径为100~150，施工时泛水高度及附加层铺设应符合设计要求，女儿墙和山墙的卷材应满粘，卷材收头应用金属压条钉压固定，并应用密封材料封严。

6.7、屋面出入口做法详见15ZJ201 第37页大样3。

6.8、出屋面管道及透气管、排气到防水做法详见15ZJ201 第25页大样1，第26页大样1。

6.9、保温材料的含水率应严格控制。屋面排汽构造的排汽道应纵横贯通，并与大气连通的排汽出口相通，不得堵塞。穿过保温层的管壁应设排汽孔，设置在结构层上，且设在屋面坡度的上方，间格纵横交接的部位，排汽管应做防水处理；排汽道间距宜为6m，纵横设置，屋面面积每36m² 宜设一个排汽出口，应安装牢固，位置正确，封闭应严密。排汽管出汽口应防止雨水倒灌，且应进行保护，防止损坏。排气孔做法详见15ZJ201 第27页大样4。

6.10、屋面保温隔热层施工完成后，应及时进行找平层和防水层的施工，避免保温隔热层受潮、浸泡或受损。防水层施工前，必须检查隔热层内部是否存在水，如发现，必须将水排干，使隔热层在防水层下部处于干燥环境。如出现漏设，必须在结构层下部钻孔排干水，上部开孔将气体排出。

6.11、铺设屋面隔气层和防水层前，基层必须干净、干燥，基层的分格缝要用密封材料嵌填密实。刚性防水层与基层、刚性保护层与柔性防水层之间应做隔离层。屋面细石混凝土保护层分隔缝，间距不宜大于4.0m。

6.12、屋面落水管位置下口设置水簸箕，详见15ZJ201 第18页大样C。

6.13、屋面、露台地漏汇水区，宜设置浅平排水沟，及时将水排出，杜绝屋面集水。

6.14、未详之处请参照图集15ZJ201相关内容进行施工及验收。

七、地下室裂缝与渗漏：

7.1、本项目地下室防水等级设计为一级，主体结构设置2道防水层，具体详见地下室建筑构造用料表及大样图。

7.2、地下室各个防水节点需要按照详图认真、严格施工，防止渗水，各防水构造节点做法如下：水平施工缝构造做法参照11ZJ311；后浇带构造做法参照11ZJ311；桩头构造做法参照11ZJ311；固定式穿墙管构造做法参照11ZJ311；套管式穿墙管构造做法参照11ZJ311；地下室集水坑（井），水池防水做法参照11ZJ311；防水封口构造参照11ZJ311；坑、槽与预埋件防水构造参照11ZJ311；地下室底板变形缝做法参照11ZJ311，立墙及顶板变形缝做法参照11ZJ311。

7.3、底板的外沿及地下室墙体竖向阳角线都应做成弧形的阳角线，弧半径为150，转角处及后浇带位置均应按要求设置附加防水卷材。

7.4、地下室侧墙应按要求设置防水保护层 保护层表面尽可能光滑，确保砌块、水泥砂浆与防水层接触平顺，减少与土的摩擦，做到下滑自由不使保护层受损变形。

7.5、所有穿过防水混凝土的预埋件，必须满焊止水环，焊缝要密实无缝。环片净宽至少要50mm，安装时，须固定牢固，不得有松动现象。防水混凝土结构内部设置的各种钢筋或绑扎铁丝，不得接触模板；固定模板用的拉紧螺栓穿过混凝土结构时，可采用在螺栓或套管上加焊止水环，止水环必须满焊。

7.6、对通过地下室自防水混凝土的支撑铁件或预埋件严格实施防止漏水措施（如焊止水环），防止引起的埋件与混凝土之间的裂缝而产生渗漏，设备安装穿过地下室结构时，设置预埋套管和止水环，确保水电设备管道应在防水套管内穿行，立面防水层要伸入套管内与防水套闭合，管道在套管内要设止水环，套管的间隙填好防水材料，填料内外用密封膏封闭。

7.7、后浇带、施工缝等位置在施工前应将原混凝土接触面清理打毛，混凝土浇筑时需一次性浇筑完毕，振捣密实，防止水泥浆流失，防止形成带状混凝土局部松散，形成渗漏通道。金属止水带焊缝需饱满，厚度满足设计要求。

7.8、后浇带处应设置双层加密钢筋，后浇带混凝土与两侧混凝土浇筑的间隔时间应按设计要求且不宜小于2个月。后浇带处应采用独立的模板支撑体系，浇筑前和浇筑后混凝土达到拆模强度之前，后浇带两侧梁板下的模板、支撑不得拆除。后浇带使用的补偿立的模板支撑体系，浇筑前和浇筑后混凝土达到拆模强度之前，后浇带两侧梁板下的模板、支撑不得拆除。后浇带使用的补偿收缩混凝土的等级应高于原设计强度一个等级，按照配合比掺微膨胀剂；施工前两侧旧混凝土应凿毛，钢筋要除锈，底板缝内要清渣，铺浆后即浇筑混凝土，严格控制混凝土坍落度，振捣密实。混凝土要及时覆盖养护，养护期没有达到规定时间不得提早拆模。

7.9、地下室底板防水无论用外贴法或内贴法施工，都应把地下水位降至垫层以下不少于300mm。垫层上应抹1:2.5水泥砂浆找平层，以创造良好的基层表面，同时防止由于毛细水上升造成基层潮湿。保持找平层表面干燥洁净。必要时应在铺贴卷材前采取刷洗、晾干等措施。铺贴卷材前1~2d，喷或刷1~2道冷底子油，以保证卷材与基层表面粘结。卷材应实铺（即满涂热沥青胶结料），确保铺实贴严。当防水层采用SBS、APP改性沥青热浴卷材施工时，可采用热熔条粘法施工。从混凝土底板下面甩出的卷材宜刷油铺贴在永久保护墙上，对超出永久保护墙部位的卷材不刷油铺实，用附加保护油毡包裹钉在木砖上，待完成主体结构、拆除临时保护墙时，撕去附加保护油毡，可使内部各层卷材完好无缺。

7.10、未详之处请参照图集15ZJ001、11ZJ311及国家规范、规定的相关内容进行施工及验收。

八、其他：

8.1、施工中各个专业之间应相互配合，熟悉图纸，合理安排好工序，避免施工中专业之间冲突。

8.2、本项目中说有烧结砖均为非黏土制品。

8.3、本项目中所有样板工程均需甲方确认且验收合格后方可大面积施工。

8.4、施工过程中有不明确或争议之处应及时告之设计单位，经设计单位确认同意后方可施工。

8.5、本工程选用图集：《中南建筑配件图集》合订本。

8.6、施工中必须严格执行国家现行各项施工质量验收规范。

公卫防水节点1 1：10

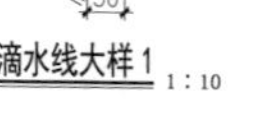

外挑板防水构造 1：20

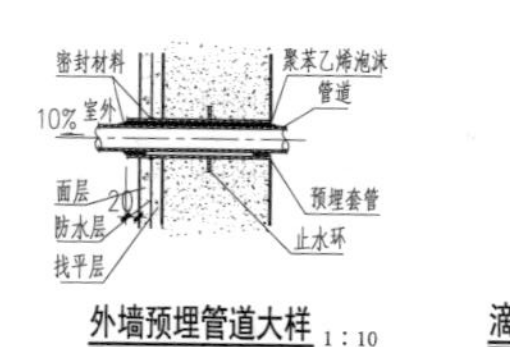

地漏防水构造 1：20

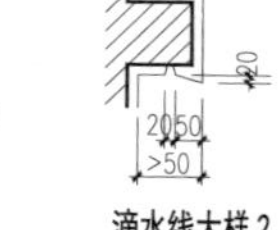

外墙预埋管道大样 1：10

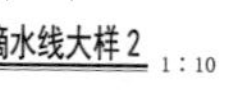
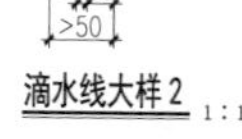
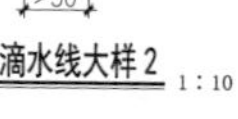
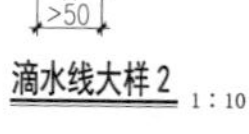
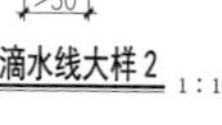

滴水线大样1 1：10

滴水线大样2 1：10

管道穿越楼板防水构造 1：20

建筑 ARCHI.		
结构 STRUCT		
给水排水 PLUMBING		
电气 ELEC		
暖通/燃气 HVAC/GAS		

版次 EDITION No.	修改原因 REVISION REASON	修改日期 REVISION DATE

附注：DESCRIPTIONS
1、此图纸版本归有关设计单位所有，未经书面许可切勿翻印。
2、切勿以比例量度此图，一切应依图内数字所示为准，并于现场复核尺寸。
3、所有设计图以最新版本为有效版本，所有旧版本图纸自动取消，以最新版本图纸替代。
4、使用此图应同时参照相关图纸和其他设计文件。
5、如发现有任何矛盾之处应立即通知设计单位注册建筑师和工程师。

工程设计文件专用章：SEAL PROJECT DESIGN DOCUMENTS

注册师盖章：CERTIFIED ENGINEER STAMP

审定 APPROVAL	
项目负责人 CAPTAIN	
注册建筑师 REVIEWED BY	
审核 EXAMINE	
校对 CHECK	
设计 DESIGN	
制图 DRAWING	

建设单位：CLIENT XXXXXX建设投资有限公司

建设地点 SITE 湘潭高新区

项目名称：PROJECT XX·XX高新实验学校

子项名称 SUB-PROJECT 小学教学楼

图名 TITLE 防治开裂、渗漏建筑设计专篇（二）

档案编号 DOCUMENT No.	A1422	工程编号 DESIGNED No.	A1422
图别 DRAWING TYPE	建施	图号 DRAWN NO	08/29
版次 EDITION No.	V1.0	日期 DATE	2021.09

绿色建筑设计专篇

一、工程概况

XX·XX高新实验学校小学教学楼由XXXXXXXX投资有限公司投资建设，该项目位于湘潭高新区。

1.1、建筑面积（占地面积及总建筑面积）、建筑层数、建筑总高度。

1.1.1 建筑占地面积：2455.51m²

1.1.2 总建筑面积：11704.10m²

1.1.3 建筑主要层数：5层

1.1.4 建筑总高度： 21.77m

1.2、建筑工程等级、设计使用年限、屋面防水等级、耐火等级、抗震设防烈度。

1.2.1 建筑工程等级：二类建筑

1.2.2 建筑功能： 教学楼

1.2.3 设计使用年限：五十年

1.2.4 屋面防水等级：I 级

1.2.5 耐火等级：二级

1.2.6 抗震设防烈度：六度抗震设防

1.3、结构形式：框架结构

1.4、图中所注建筑物尺寸均为外墙尺寸，总图所注尺寸及标高均以米为单位。

1.5、本工程±0.000标高相当于绝对标高44.55m。

二、设计依据：

☑《中华人民共和国节约能源法》

☑《中华人民共和国可再生能源法》

☑《民用建筑节能条例》

☑《声环境质量标准》GB 3096-2008

☑《公共建筑节能设计标准》GB 50189-2015

☑《绿色建筑评价标准》GB/T 50378-2019

☑《湖南省绿色建筑评价标准》DBJ43/T314-2015

☑《绿色建筑评价技术细则》

☑《湘潭市住房和城乡建设局 湘潭市财政局关于印发湘潭市可再生能源建筑应用城市示范项目管理办法的通知》（潭建联发[2012]99号）要求

☑ 湘潭市人民政府办公室关于印发《湘潭市绿色建筑实施办法》（潭政办发[2013]91号）的通知

☑《湘潭市住房和城乡建设局关于进一步做好建筑节能和科技工作的通知》（潭住建发[2014]27号）要求

☑ 国家、本地方现行的相关建筑节能标准和规范

三、设计原则

3.1、在节能可再生能源方面将按照绿色建筑标准及相关文件要求，充分考虑建筑全年各运行工况的运行方式，提高用能效率，并综合考虑投资与运行管理成本，提高各系统的经济性。

3.2、总体设计突出绿色低碳理念，根据建筑各部分的功能和需求不同，有侧重的选择适宜的绿色、策略及技术，采用具有创新性的整合设计手法，最终实现建筑的低能耗、低污染和低排放。

四、绿色建筑技术设计

4.1、节地与室外环境

4.1.1 场地建设不破坏当地文物、自然水系、湿地、基本农田、森林和其他保护区。

4.1.2 建筑场地选址无洪涝灾害、泥石流及含氡土壤的威胁。建筑场地安全范围内无电磁辐射危害和火、爆、有毒物质等危险源。

4.1.3 场地内无排放超标的污染源。

4.1.4 场地环境噪声符合现行国家标准《声环境质量标准》GB 3096 的规定。

4.1.5 不对周边建筑物带来光污染，不影响周围居住建筑的日照要求。

4.1.6 绿化植物优先选择适宜当地生态环境条件和体现地方特色的乡土植物，其占场地全部。植物种类的比例不小于70%，且采用包含乔木、灌木、草植结合的种植方式绿化。

4.1.7 场地交通组织合理，减少人车干扰，场地出入口到达公共交通站点的步行距离不超过500m。场地内停车位配建满足当地城市规划管理技术规定的相关要求。

4.1.8 场地规划设计经济、合理，有效地开发和利用地上、地下空间。采用地下停车方式等增加停车设施，配建地下停车位数量不少于总停车位数量的65%。

4.1.9 室外透水地面面积比不小于45%。

4.2、节能与能源利用

4.2.1 建筑群体的总体布局，建筑物的平面布置、剖面设计有利于自然通风和自然采光。公共建筑的建筑及热工设计符合湖南省工程建设地方标准及《公共建筑节能设计标准》GB 50189-2015的规定。

4.2.2 空调（采暖）系统的供冷（热）主机的能效及输送系统的输送能效符合湖南省工程建设地方标准及《公共建筑节能设计标准》GB 50189-2015中的有关规定值，并有冷、热量调节和按用户设置的分户计量设施，且不采用电直接供热。

4.2.3 各房间或场所的照明功率密度值不高于现行国家标准《建筑照明设计标准》GB 50034规定的现行值。

4.2.4 采用太阳能、地热能、生物质能等可再生能源利用技术。可再生能源产生的热水量不低于建筑生活热水消耗量的10%；或可再生能源发电量不低于建筑用电量的2%；或地源热泵系统，覆盖的使用面积达到建筑面积的20%以上。

4.3、节水与水资源利用

4.3.1 积水排水系统符合现行国家标准《建筑积水排水设计规范》的规定，室外排水系统实行雨、污分流制度。

4.3.2 采取有效措施保证供水安全和避免管网漏损。

4.3.3 建筑室内卫生器具合理选用节水器具。

4.3.4 使用非传统水源时，采取用水安全保障措施，且不对人体健康与周围环境产生不良影响。

4.4、节材与材料资源利用

4.4.1 建筑材料中有害物质含量符合现行国家标准GB 18580~GB 18588和《建筑材料放射性核素限量》GB 6566的要求。

4.4.2 建筑结构材料合理采用高性能混凝土、高强度钢。

4.4.3 建筑设计选材时考虑使用材料的可再循环材料使用性能。在保证安全和不污染环境的情况下，可再循环材料使用重量占所用建筑材料总重量的10%以上。

4.4.4 办公建筑室内采用灵活隔断，减少重新装修时的材料浪费和垃圾产生。

4.4.5 合理采用工厂化加工的结构部品。

4.4.6 将建筑施工、旧建筑拆除和场地清理时产生的固体废物分类处理，并将其中可再生材料、可再循环材料回收和再利用。

4.5、室内环境质量

4.5.1 采用集中空调的建筑，房间内的温度、湿度、风速等设计参数符合湖南省工程建设地方标准及《公共建筑节能设计标准》GB 50189-2015中的设计计算要求。

4.5.2 建筑围护结构内部和表面无结露、发霉现象。

4.5.3 采用集中空调的建筑，新风量符合湖南省工程建设地方标准及《公共建筑节能设计标准》GB 50189-2015的设计要求，人数的确定合理。

4.5.4 室内游离甲醛、苯、氨、氡和TVOC等空气污染物浓度符合现行国家标准《民用建筑工程室内环境污染控制规范》GB 50325和《室内空气质量标准》GB/T 18883中的有关规定。

4.5.5 建筑室内照度，统一眩光值、一般显色指数等指标符合现行国家标准《建筑照明设计标准》GB 50034中有关要求。

4.6、运营管理

4.6.1 制定并实施节能、节水、节材等资源节约与绿化管理制度。

4.6.2 制定并实施直排气体、污水、噪声排放的控制措施和标准。

4.6.3 分类收集和处理废物，且收集和处理过程中无二次污染。

4.6.4 公共用能设施设备完好，公共用水、电、气等应有分类计量设备与管理措施。

4.6.5 设备、管道的设置便于维修、改造和更换。

五、可再生能源利用

5.1、建筑智能化系统配置符合现行国家标准《智能建筑设计标准》GB/T 50314基本配置要求。

5.2、建筑设备管理系统符合现行国家标准《智能建筑设计标准》GB/T 50314相关监测要求。

5.3、采用屋顶集中式太阳能热水系统，太阳能设计详见专项设计图纸。

5.4、采用封闭式垃圾自动收集系统，垃圾输送管网和室外垃圾投放槽口布局合理。

建筑 ARCHI.		
结构 STRUCT		
给水排水 PLUMBING		
电气 ELEC		
暖通/燃气 HVAC/GAS		

版次 EDITION No.	修改原因 REVISION REASON	修改日期 REVISION DATE

附注：DESCRIPTIONS

1、此图纸版本归有关设计单位所有，未经书面许可切勿翻印。
2、切勿以比例量度此图，一切应依图内数字所示为准，并于现场复核尺寸。
3、所有设计图以最新版本为有效版本，所有旧版本图纸自动取消，以最新版本图纸替代。
4、使用此图后同时参照相关图纸和其他设计文件。
5、如发现有任何矛盾之处应立即通知设计单位注册建筑师和工程师。

工程设计文件专用章：SEAL PROJECT DESIGN DOCUMENTS

注册师盖章：CERTIFIED ENGINEER STAMP

审定 APPROVAL	
项目负责人 CAPTAIN	
注册建筑师 REVIEWED BY	
审核 EXAMINE	
校对 CHECK	
设计 DESIGN	
制图 DRAWING	

建设单位：CLIENT: XXXXXX建设投资有限公司

建设地点 SITE: 湘潭高新区

项目名称：PROJECT: XX·XX高新实验学校

子项名称 SUB-PROJECT: 小学教学楼

图名 TITLE: 绿色建筑设计专篇

档案编号 DOCUMENT No.	A1422	工程编号 DESIGNED No.	A1422
图别 DRAWING TYPE	建施	图号 DRAWN NO	09/29
版次 EDITION No.	V1.0	日期 DATE	2021.09

绿色建筑各类评价指标对应措施

评价类别	总分	指标	得分	措施（分值）
节地与室外环境	10++18+15+18=61	土地利用	10	a：节约集约利用土地（10）
		室外环境	4+4+6+4=18	a：室外夜景照明未产生光污染（4）；b：场地内环境噪声符合《声环境质量标准》GB3096的规定（4）；c、场地内风环境有利于室外行走、活动舒适和建筑的自然通风（6）；d、采取措施降低热岛强度（4）
		交通设施与公共服务	9+3+3=15	a、场地与公共交通设施具有便捷的联系（9）；b、场地内人行通道与活动场地均采用无障碍设计（3）；c、合理设置停车场所、提供便利的公共服务（3）
		场地设计与场地生态	3+9+3+3=18	a、结合现状地形地貌进行场地设计与建筑布局（3）；b、充分利用场地空间合理设置绿色雨水基础设施，对>10hm²的场地进行雨水专项规划设计（9）；c、合理规划地表与屋面雨水径流（3）；d、合理选择绿化方式，科学配置绿化植物（3）
节能与能源利用	22+27+18+4=73	建筑与围护结构	6+6+10=22	a：结合场地自然条件，对建筑的体形、朝向、窗墙比等进行优化设计（6）；b、外窗、玻外窗可开启部分能使建筑获得良好的通风（6）；c、围护结构热工性能指标优于国家或行业建筑节能设计标准的规定（10）
		供暖、通风与空调	6+6+3+3 6+3=27	a：供暖空调系统的冷、热源机组（蒸汽溴化锂吸收式冷水机组）能效限定值的要求（6）；b：集中供暖系统热水循环泵的耗电输热比空调系统风机的单位风量耗功率值低20%（6）；c：合理选择和优化供暖、通风与空调系统（3）；d：采取措施降低过渡季节供暖、通风与空调系统能耗（6）；e：合理选配空调冷、热源机组台数与容量（3）；f：水系统、风系统采用变频技术，且采取相应的水力平衡措施（3）
		照明与电气	5+8+5=18	a：走廊、楼梯间、门厅、大空间等场所的照明系统采取分区、定时感应等节能控制措施（5）；b：照明功率密度值达到现行国家标准（8）；c：合理确定系统方案，选用节能型电气设备（5）
		能量综合利用	4	a：合理利用余热废热解决建筑的蒸汽和生活热水需求（4）
节水与水资源利用	31+20+4=55	节水系统	10+7+8+6=31	a：建筑平均日用水量满足节水用水定额下限要求（10）；b：给水系统采取有效避免管网漏损措施（7）；c：给水系统能控制措施（8）；d、设置用水计量装置（6）
		节水器具与设备	10+10=20	a：使用较高用水效率等级的卫生器具（10）；b：绿化灌溉系采用节水灌溉方式（10）
		非传统水源利用	4	a：对进入景观水体的雨水采取控制面源污染的措施（4）
节材与材料资源利用	14+45=59	节材设计	9+5=14	a、建筑形体规整（9）；b、对地基基础、结构体系、结构构件进行优化设计，达到节能效果（5）
		材料选用	10+10+5 10+5+5=45	a、选用本地生产的建筑材料（10）；b、现浇混凝土采用预拌混凝土（10）；c、建筑砂浆采用预拌砂浆（5）；d、合理采用高性能结构材料（10）；e、采用高耐久性建筑材料（5）；f、合理采用耐久性好、易维护的装饰装修建筑材料（5）
室内环境质量	23+11+13=47	室内声环境	6+9+8=23	a、主要功能房间室内噪声级满足规范低限与高要求标准值的平均值（6）；b、主要功能房间的隔声性能良好（9）；c、采取减少噪声干扰的措施（8）
		室内光环境与视野	3+8=11	a、主要功能房间能通过外窗看到室外自然景观，无明显视线干扰（3）；b、教室空间的采光系数满足现行国家标准要求（8）
		室内热湿环境		无
		室内空气质量	13	a、优化建筑空间、平面布局和结构设计，改善自然通风效果（13）
等级：	二星级			
施工建造（不作为设计评价指标）				无
产业化技术（不作为设计评价指标）				无

绿色建筑评价得分与结果汇总表

绿色建筑评价得分与结果汇总表								
工程项目名称		XX·XX高新实验学校小学教学楼						
申请评价方								
评价阶段		☑ 设计评价	□ 运行评价		建筑类型	□ 居住建筑	☑ 公共建筑	
评价指标		节地与室外环境	节能与能源利用	节水与水资源利用	节材与材料资源利用	室内环境质量	施工管理	运营管理
控制项	评定结果	□ 满足	□ 满足	□ 满足	□ 满足	□ 满足	□ 满足	□ 满足
	说明							
评分项	权重 wi	0.16	0.28	0.18	0.19	0.19		
	适用总分	100	100	100	100	100		
	实际得分	61	73	55	59	47		
	得分 Qi	9.76	20.44	9.9	11.21	8.93		
加分项	得分 Q8	1						
	说明	卫生器具的用水效率均达到国家现行有关卫生器具用水效率等级标准规定的1级						
总得分 Q		9.76+20.44+9.9+11.21+8.93+1=61.24						
绿色建筑等级		□ 一星级	☑ 二星级	□ 三星级				
评价结果说明								
评价机构			评价时间					

建筑 ARCHL		
结构 STRUCT		
给水排水 PLUMBING		
电气 ELEC		
暖通/燃气 HVAC/GAS		

版次 EDITION No.	修改原因 REVISON REASON	修改日期 REVISON DATE

附注：
DESCRIPTIONS
1、此图纸版本归有关设计单位所有，未经书面许可切勿翻印。
2、切勿以比例量度此图，一切应依图内数字所示为准，并于现场复核尺寸。
3、所有设计图以最新版本为有效版本，所有旧版本图纸自动取消，以最新版本图纸替代。
4、使用此图应同时参照相关图纸和其他设计文件。
5、如发现有任何矛盾之处应立即通知设计单位注册建筑师和工程师。

工程设计文件专用章：
SEAL PROJECT DESIGN DOCUMENTS

注册师盖章：
CERTIFIED ENGINEER STAMP

审定 APPROVAL
项目负责人 CAPTAIN
注册建筑师 REVIEWED BY
审核 EXAMINE
校对 CHECK
设计 DESIGN
制图 DRAWING

建设单位：CLIENT XXXXXX建设投资有限公司
建设地点 SITE 湘潭高新区
项目名称：PROJECT XX·XX高新实验学校
子项名称 SUB-PROJECT 小学教学楼

图名 TITLE 绿色建筑各类评价指标对应措施

档案编号 DOCUMENT No.	A1422	工程编号 DESIGNED No.	A1422
图别 DRAWING TYPE	建施	图号 DRAWN NO	10/29
版次 EDITION No.	V1.0	日期 DATE	2021.09

建筑构造一览表

类型	编号	名称	用料做法	使用范围	备注
地面	1	水磨石地面 (防潮地面)	1. 12厚1200X1200浅绿色1:2水泥石子磨光 2. 素水泥浆结合层一遍 3. 18厚1:3水泥砂浆找平层 4. 20厚1:2.5水泥砂浆掺入水泥用量5%的防水剂(分两次抹) 5. 素水泥浆结合层一遍 6. 80厚C15混凝土 7. 素土夯实	普通教室、教师办公室 合班教室 外廊、交流活动区	
	2	防滑陶瓷地砖地面	1、600x600浅灰色地砖铺实拍平,水泥浆嵌缝 2、20厚1:4干硬性水泥砂浆 3、3厚聚合物水泥基防水涂料 4、刷基层处理剂一遍 5、20厚1:3水泥砂浆找平 6、350厚LC7.5轻骨料混凝土填充层找坡，坡向地漏 7、0.7厚聚乙烯丙纶复合防水卷材用1.3厚专用粘结料满粘(基层处理平整) 8、80厚C15混凝土 9、素土夯实	卫生间、实验教室、准备室	
	3	细石混凝土地面	1、40厚C20细石混凝土随打随抹光 2、1.2厚聚合物水泥防水涂料 3、刷基层处理剂一遍 4、最薄处15厚1:3水泥砂浆找坡抹平 5、80厚C15混凝土 6、素土夯实	强电、弱电、空调井	
	4	花岗石地面 (防潮地面)	1. 25厚600x600浅灰色花岗石板铺实拍平，水泥浆擦缝 2. 30厚1:4干性水泥砂浆 3. 20厚1:2.5水泥砂浆掺入水泥用量5%的防水剂(分两次抹) 4. 素水泥浆结合层一遍 5. 80厚C15混凝土 6. 素土夯实	楼梯间	
楼面	1	水磨石楼面	1. 12厚800X800浅绿色1:2水泥石子磨光 2. 素水泥浆结合层一遍 3. 18厚1:3水泥砂浆找平层 4. 素水泥浆结合层一遍 5. 现浇钢筋混凝土楼板	普通教室、合班教室、准备室 办公室、外廊、交流活动区	
	2	防滑陶瓷地砖地面	1、8~10厚地砖铺实拍平,水泥浆嵌缝 2、20厚1:4干硬性水泥砂浆 3、3厚聚合物水泥基防水涂料 4、刷基层处理剂一遍 5、20厚1:3水泥砂浆找平 6、100厚LC7.5轻骨料混凝土填充层找坡，坡向地漏 7、0.7厚聚乙烯丙纶复合防水卷材用1.3厚专用粘结料满粘(基层处理平整) 8、现浇钢筋混凝土楼板	卫生间	
	3	花岗石楼面	1. 25厚600X600浅灰色花岗石板铺实拍平，水泥浆擦缝 2. 30厚1:4干性水泥砂浆 3. 素水泥浆结合层一遍 4. 现浇钢筋混凝土楼板	楼梯间	
	4	细石混凝土楼面	1、40厚C20细石混凝土随打随抹光 2、素水泥砂浆结合层一遍 3、现浇钢筋混凝土楼板	强电、弱电、空调井	
注：走廊楼梯间裙高1800，其余房间裙高度为1500					
墙裙	1	面砖墙裙($H \geq 1.5m$) (由内到外)	1、15厚1:3水泥砂浆 2、刷素水泥浆一遍 3、4~5厚1:1水泥砂浆加水重20%建筑胶镶贴 4、600x300白色面砖，水泥浆擦缝	外廊、普通教室、 合班教室、实验教室	
踢脚	1	面砖踢脚(150高)	1、17厚1:3水泥砂浆 2、3~4厚1:1水泥砂浆加水重20%建筑胶镶贴 3、8~10厚面砖，水泥浆擦缝	普通教室、办公室、实验教室 合班教室、外廊、楼梯间、卫生间	

类型	编号	名称	用料做法	使用范围	备注
顶棚	1	喷涂(乳胶漆)顶棚	1. 喷涂料两道(乳胶漆三道，刮腻子一道) 2. 5厚1:1水泥砂浆压光 3. 5厚1:2水泥砂浆底层抹平 4. 刷素水泥浆一道(内掺水重3%~5%的108胶) 5. 钢筋混凝土板底	普通教室、合班教室、办公室、 强电井、弱电间外廊、楼梯间	实验教室
	2	铝合金封闭式条形板吊顶	1. 0.6厚铝扣板600x600喷塑(亚光,乳白色) 2. 配套成品轻钢龙骨	第五层教室顶棚、卫生间	
注：内墙面装修:填充墙体须先喷一道108胶水溶液(1:4)，钢筋混凝土墙体则刷掺水重3%~5%，有吊顶处墙面做至吊顶标高以上150					
内墙	1	乳胶漆墙面	1. 乳胶漆罩面二道 2. 满刮腻子 3. 8厚1:2.5水泥砂浆罩面压光 4. 12厚1:3水泥砂浆打底扫毛或划出纹道	普通教室、合班教室、办公室 实验教室、外廊	
	2	刮腻子墙面	1、9厚2:1:6水泥石灰膏砂浆分遍抹平 2、2厚面层耐水腻子分遍刮平	强电、弱电、空调井	
	3	釉面砖墙面	1、15厚1:3水泥砂浆 2、刷素水泥浆一遍 3、3~4厚1:1水泥砂浆加水重20%建筑胶镶贴 4、4~5厚釉面砖，白水泥浆擦缝	楼梯间、卫生间	
外墙	1	涂料外墙 (由外到内)	1、滚刷涂料二遍 2、滚刷底图料一遍 3、8厚1:2.5水泥砂浆木抹木槎平 4、20厚1:2.5水泥砂浆 5、200厚陶粒混凝土自保温砖 6、20厚1:2.5水泥砂浆	详见立面	
	2	面砖外墙面 (由外到内)	1、8~10厚面砖，水泥浆擦缝 2、4~5厚1:1水泥砂浆加水重20%建筑胶镶贴 3、刷素水泥砂浆一遍 4、20厚1:2.5水泥砂浆 5、200厚陶粒混凝土自保温砖 6、20厚1:2.5水泥砂浆		
	3	干挂石材外墙面 (由外到内)	1、30厚石材板，用环氧树脂胶固定销钉；石材接缝宽5~8，用硅酮密封胶填缝 2、按石材板高度安装配套不锈钢挂件 3、刷1.5厚聚合物水泥防水涂料 4、外墙表面清理后，用15厚1:3水泥砂浆找平 5、200厚页岩烧结多孔砖或钢筋混凝土墙柱 6、专用界面剂 7、无机轻集料保温沙浆I型，厚度30mm 8、耐碱玻纤网格布，抗裂砂浆，厚度5mm 9、内墙面层		
坡屋面	1	平瓦坡屋面(防水保温) (由外到内)	1、平瓦 2、挂瓦条L30x4，中距按瓦规格 3、顺水条-30x6，中距600 4、35厚C20细石混凝土(配φ6@500x500钢筋网)找平层 5、挤塑聚苯板，厚度75mm(计算值为60mm) 6、3厚高聚物改性沥青防水卷材 7、2厚高聚物改性沥青防水涂膜 8、刷基层处理剂一道 9、20厚1:3水泥砂浆找平 10、钢筋混凝土屋面板，在檐口和屋脊处预埋φ10锚筋各一排，纵向间距1500。	2 非上人屋面(由外到内) 1、20厚1:2.5水泥砂浆，分隔面积宜为1m² 2、满铺0.3厚聚酯乙烯薄膜一层 3、3厚高聚物改性沥青防水卷材 4、2厚高聚物改性沥青防水涂膜 5、刷基层处理剂一道 6、20厚1:2.5水泥砂浆找平 7、20厚(最薄处)1:8水泥憎水膨胀珍珠岩找2%坡 8、挤塑聚苯板，厚度45mm 9、钢筋混凝土屋面板，表面清扫干净	

室内装修表

层数、使用功能	房间名	地面	踢脚	墙裙	墙面(柱面)	天棚	备注
一层	普通教室	①	⑩	⑫	⑪	⑧	墙裙不低于1.5m，转角处均应作R10圆角，墙裙暗贴(墙裙面与上面涂料层在同一平面)
	实验教室、准备室	①	⑩	⑫	⑪	⑧	
	教师办公室	①	⑩	⑫	⑪	⑧	
	强电、弱电、空调井	②	⑩		⑪	⑧	
	外廊、交流活动区	①	⑩	⑫	⑪	⑧	
	楼梯间	⑮	⑩		⑦	⑧	内墙面面砖贴到顶
	卫生间	⑭	⑩		⑦	⑨	内墙面面砖贴到顶
二至五层	普通教室、合班教室	③	⑩	⑫	⑪	⑧	墙裙不低于1.5m，转角处均应作R10圆角，墙裙暗贴(墙裙面与上面涂料层在同一平面)
	实验教室、准备室	⑬	⑩	⑫	⑪	⑧	
	教师办公室	③	⑩	⑫	⑪	⑧	
	强电、弱电、空调井	⑤	⑩			⑧	
	外廊、交流活动区	③	⑩	⑫		③	
	楼梯间	④	⑩		⑦	⑧	内墙面面砖贴到顶
	卫生间	⑬	⑩		⑦	⑨	内墙面面砖贴到顶

选用标准图集	
①	地面 做法详11ZJ001第31页-地203
②	地面 做法详11ZJ001第29页-地201
③	楼面 做法详11ZJ001第31页-楼203
④	楼面 做法详11ZJ001第23页-楼105
⑤	楼面 做法详11ZJ001第32页-楼207
⑥	内墙 做法详11ZJ001第61页-内墙12
⑦	内墙 做法详11ZJ001第62页-内墙15
⑧	天棚 做法详11ZJ001第87页-顶8
⑨	天棚 做法详11ZJ001第93页-棚14
⑩	踢脚 做法详11ZJ001第48页-踢14
⑪	墙裙 做法参11ZJ001第74页-裙11
⑫	墙裙 做法详11ZJ001第74页-裙12
⑬	楼面 做法详11ZJ001第29页-楼201
⑭	地面 做法详11ZJ001第23页-地105
⑮	地面 做法详11ZJ001第32页-地207
室内阳角作水泥砂浆暗护角，做法详11ZJ501 $\frac{1}{22}$	

室内装修要求：

1、室内装修应采用节能、环保型建筑材料。
2、室内装修严禁破坏建筑物结构的安全性。
3、室内如需要重新装修时，不得随意改变原有设施、设备管线系统。
4、室内装修不得遮挡消防设施标志、疏散指示标志及安全出口，并不得影响消防设施和疏散通道的正常使用。

建筑 ARCHL		
结构 STRUCT		
给水排水 PLUMBING		
电气 ELEC		
暖通/燃气 HVAC/GAS		

版次 EDITION No.	修改原因 REVISON REASON	修改日期 REVISON DATE

附注：
DESCRIPTIONS
1、此图纸版本归有关设计单位所有，未经书面许可切勿翻印。
2、切勿以比例量度此图，一切应依图内数字所示为准，并于现场复核尺寸。
3、所有设计图以最新版本为有效版本，所有旧版本图纸自动取消，以最新版本图纸替代。
4、使用此图应同时参照相关图纸和其他设计文件。
5、如发现有任何矛盾之处应立即通知设计单位注册建筑师和工程师。

工程设计文件专用章：
SEAL PROJECT DESIGN DOCUMENTS

注册师盖章：
CERTIFIED ENGINEER STAMP

审定 APPROVAL	
项目负责人 CAPTAIN	
注册建筑师 REVIEWED BY	
审核 EXAMINE	
校对 CHECK	
设计 DESIGN	
制图 DRAWING	

建设单位: CLIENT	XXXXXX建设投资有限公司
建设地点 SITE	湘潭高新区
项目名称: PROJECT	XX·XX高新实验学校
子项名称 SUB-PROJECT	小学教学楼

图名 TITLE	室内装修做法表		
档案编号 DOCUMENT No.	A1422	工程编号 DESIGNED No.	A1422
图别 DRAWING TYPE	建施	图号 DRAWN NO	11/29
版次 EDITION No.	V1.0	日期 DATE	2021.09

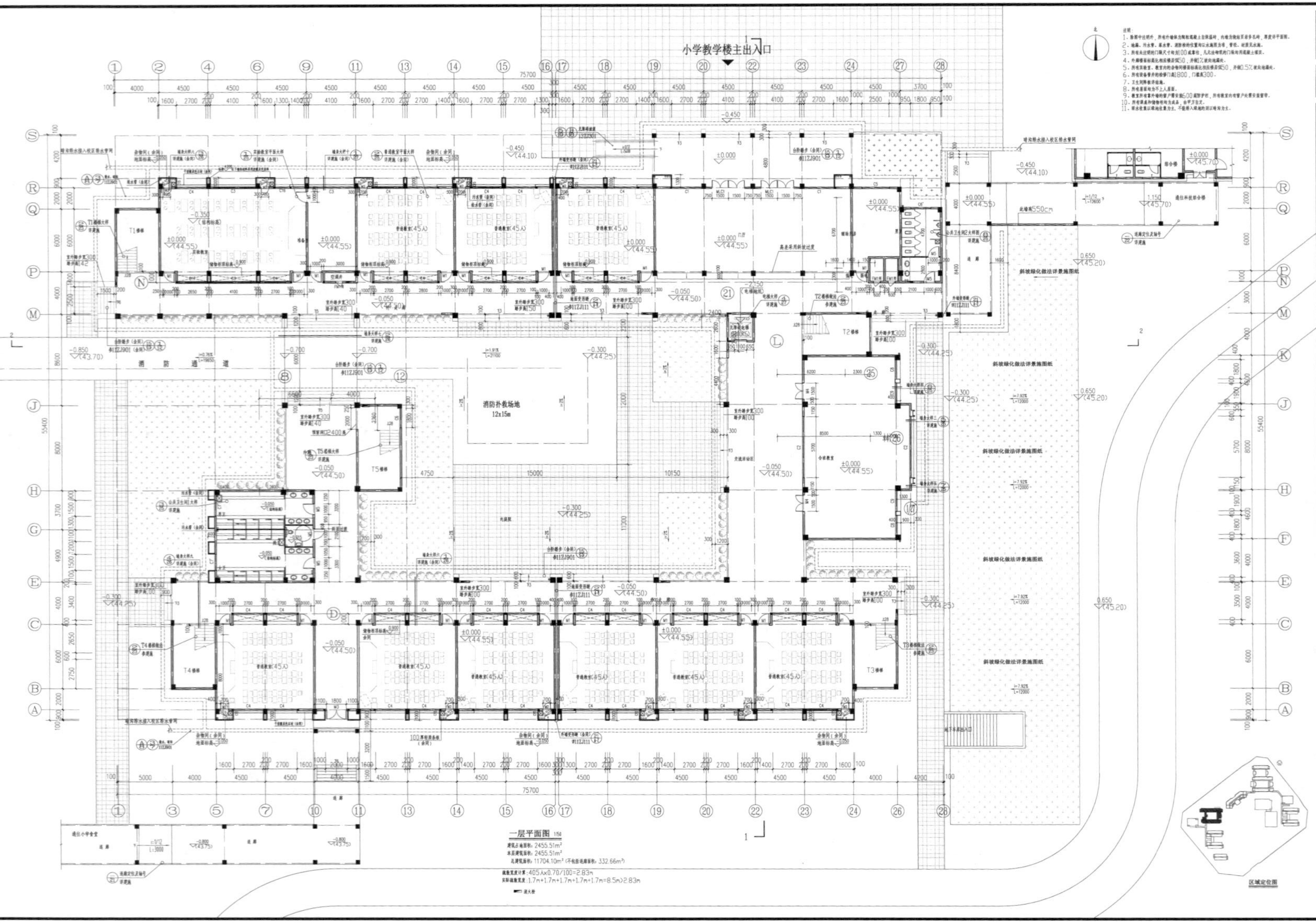

建筑	
结构	
给排水	
电气	
暖通/燃气	

版次	修改原因	修改日期

附注：

1. 此图纸版本归有关设计单位所有，未经书面许可切勿翻印。
2. 切勿以比例量度此图，一切应依图内数字所示为准，并于现场复核尺寸。
3. 所有设计图以最新版本为有效版本，所有旧版本图纸自动取消，以最新版本图纸替代。
4. 使用此图应同时参照相关图纸和其他设计文件。
5. 如发现有任何矛盾之处应立即通知设计单位注册建筑师和工程师。

工程设计文件专用章：

注册师盖章：

审定	
项目负责人	
注册建筑师	
审核	
校对	
设计	
制图	

建设单位：XX高新经济建设投资有限公司

建设地点：湘潭高新区

项目名称：XX·XX高新实验学校

子项名称：小学教学楼

图名：一层平面图

档案编号	A1422	工程编号	A1422
图别	建施	图号	12/29
版次	V1.0	日期	2015.09

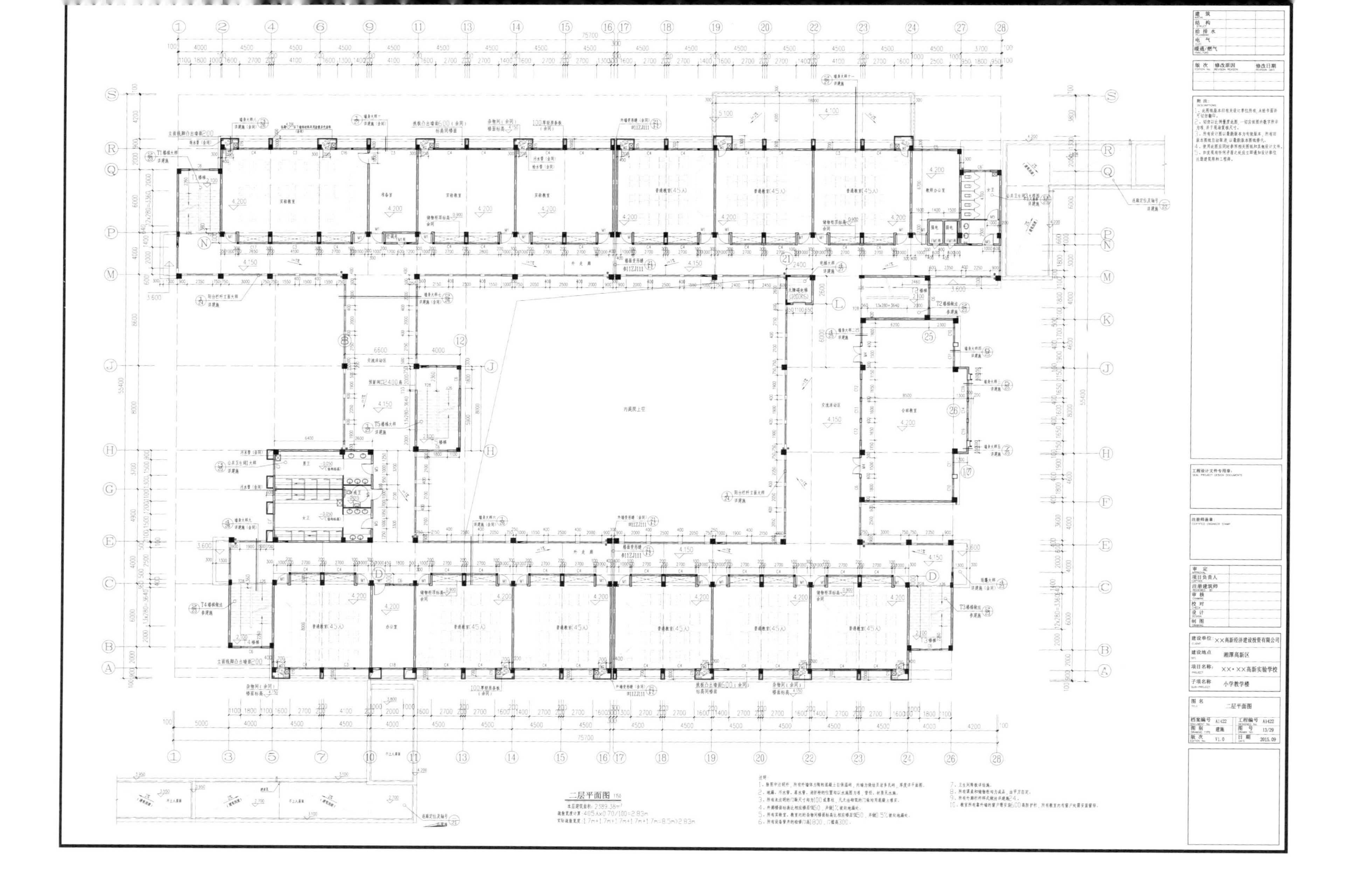

二层平面图 1:150
本层建筑面积: 2389.38m²
疏散宽度计算: 405人x0.70/100=2.83m
实际疏散宽度: 1.7m+1.7m+1.7m+1.7m+1.7m=8.5m>2.83m
建设单位: ××高新经济建设投资有限公司
建设地点 湘潭高新区
项目名称: ××·××高新实验学校
子项名称 小学教学楼
图名 二层平面图
档案编号 A1422
工程编号 A1422
图别 建施
图号 13/29
版次 V1.0
日期 2015.09

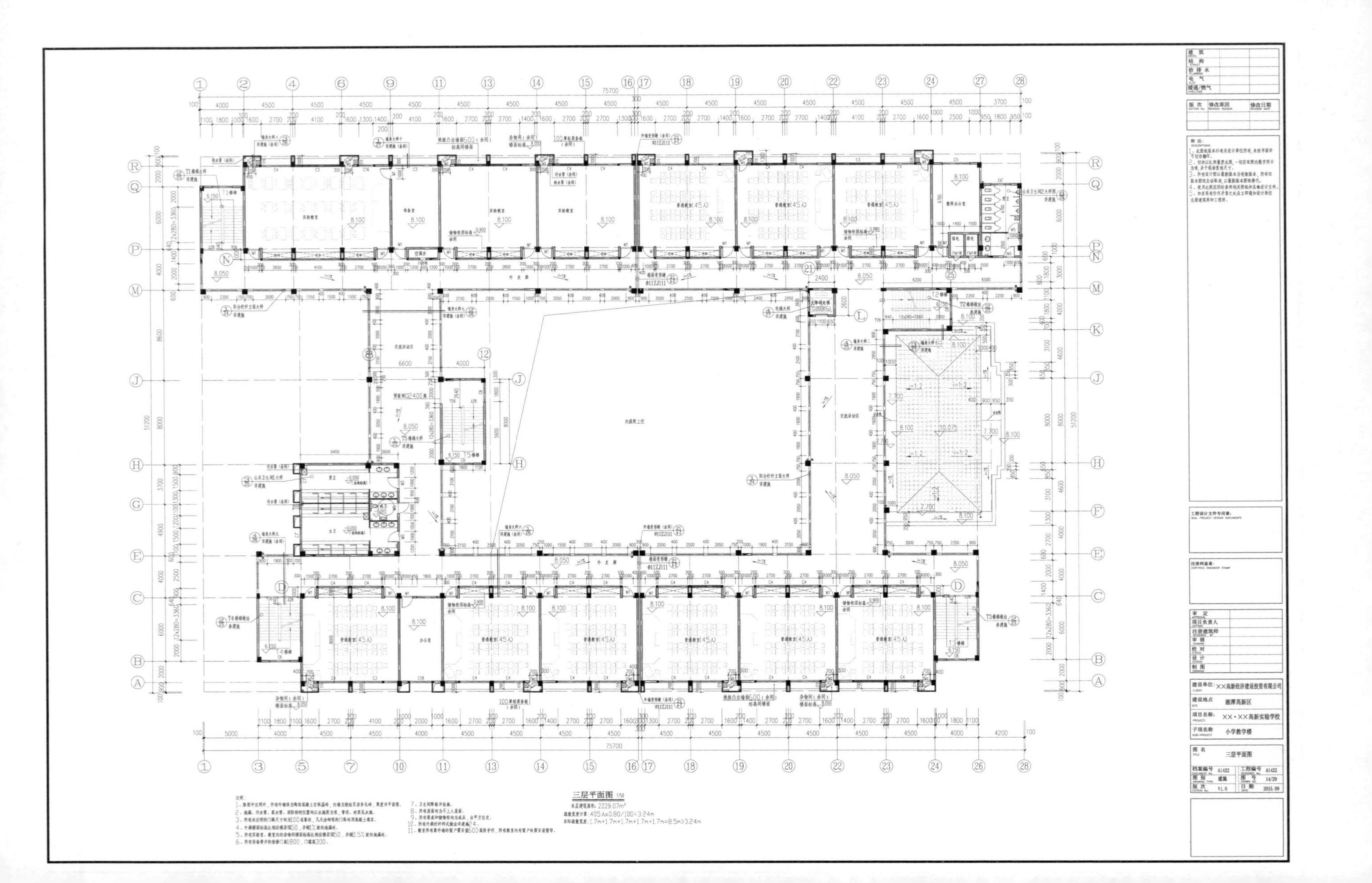
三层平面图 1:150
本层建筑面积：2229.07m²
疏散宽度计算：405人x0.80/100=3.24m
实际疏散宽度：1.7m+1.7m+1.7m+1.7m+1.7m=8.5m>3.24m
建设单位：XX高新经济建设投资有限公司
建设地点 湘潭高新区
项目名称：XX·XX高新实验学校
子项名称 小学教学楼
图名 三层平面图
档案编号 A1422
工程编号 A1422
图别 建施
图号 14/29
版次 V1.0
日期 2015.09

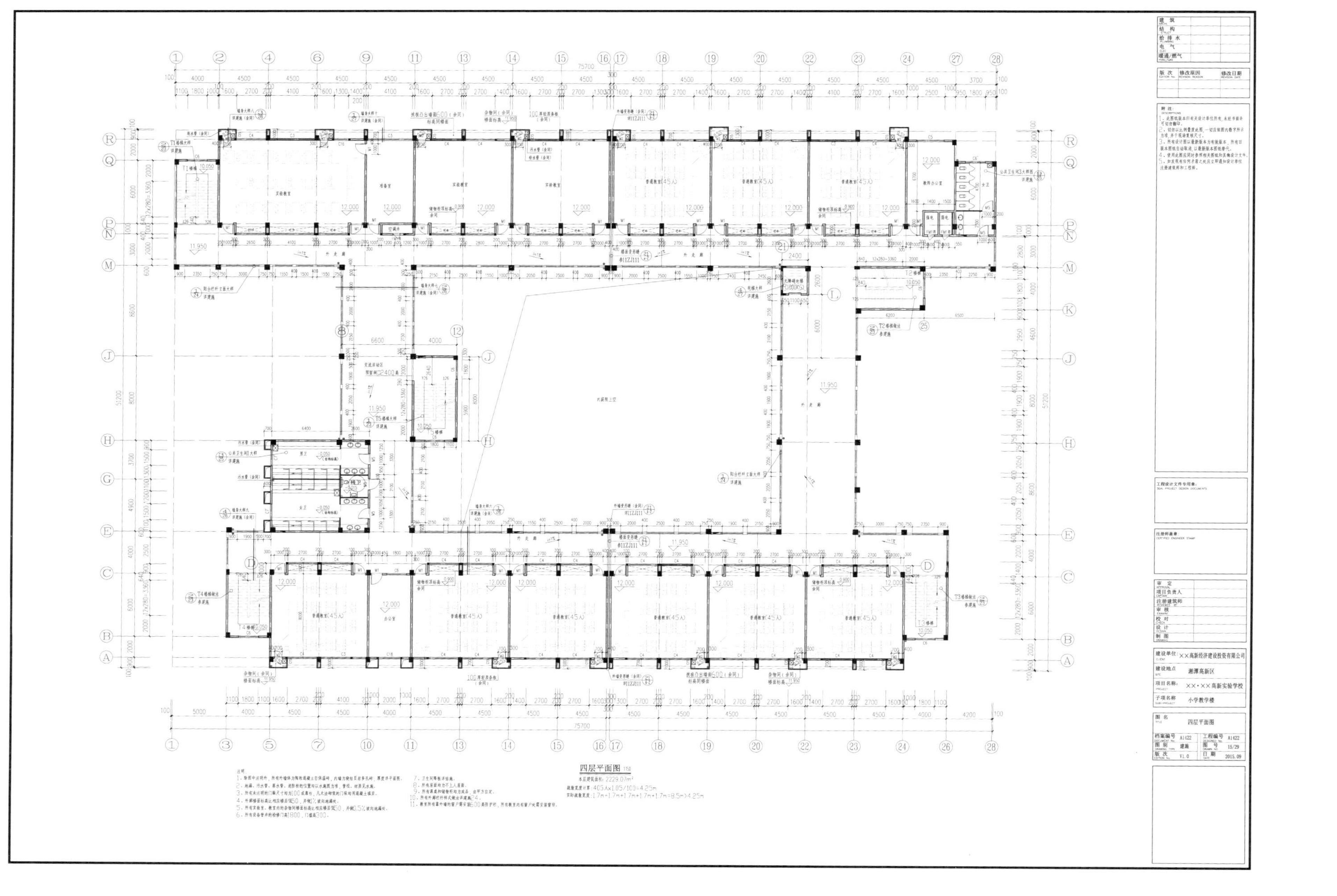
四层平面图 1:150
本层建筑面积：2229.07m²
建设单位 ××高新经济建设投资有限公司
建设地点 湘潭高新区
项目名称 ××·××高新实验学校
子项名称 小学教学楼
图名 四层平面图
档案编号 A1422
工程编号 A1422
图别 建施
图号 15/29
版次 V1.0
日期 2015.09

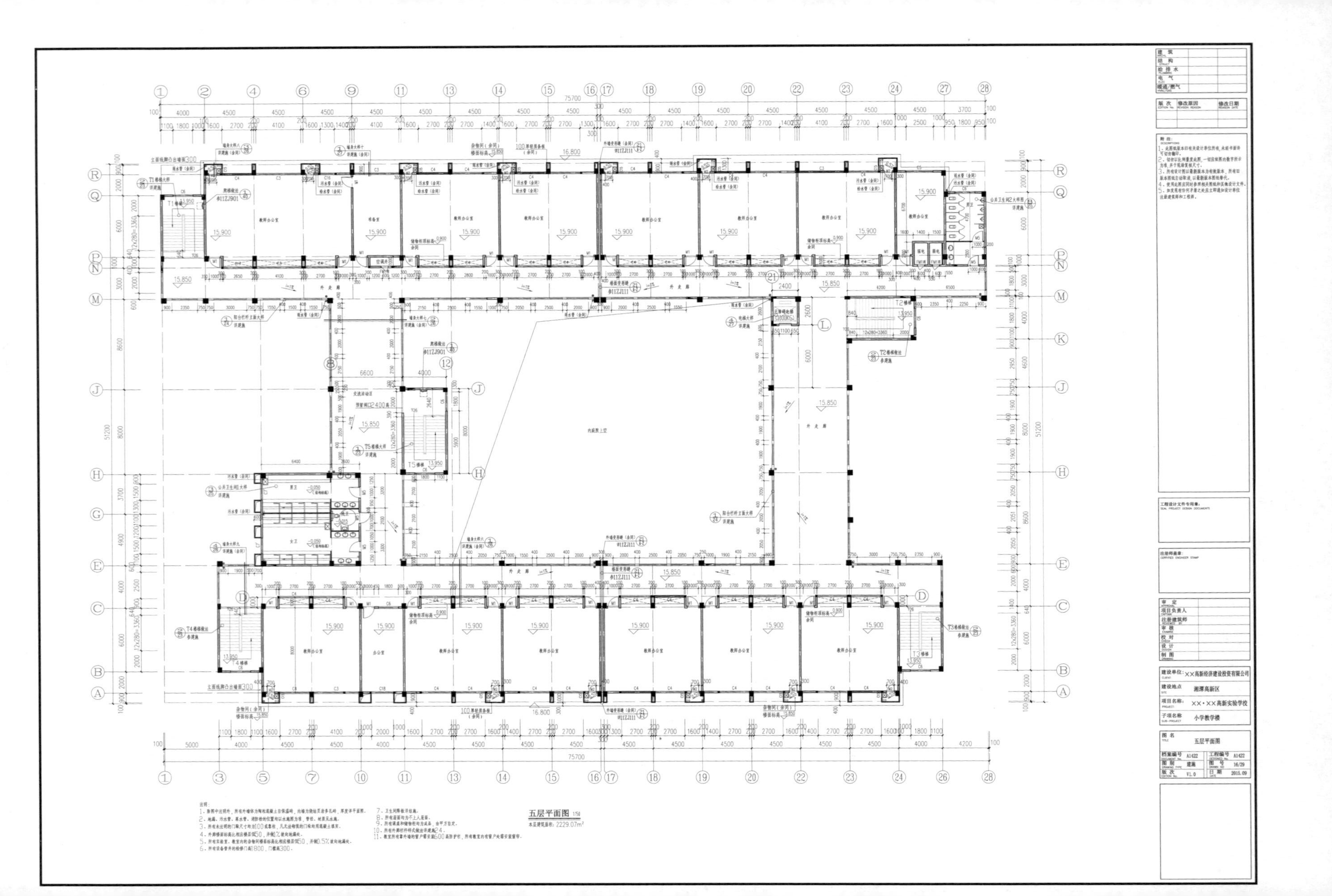
五层平面图 1:50
本层建筑面积：2229.07m²
建设单位：××高新经济建设投资有限公司
建设地点 湘潭高新区
项目名称：××·××高新实验学校
子项名称 小学教学楼
图名 五层平面图
档案编号 A1422
工程编号 A1422
图别 建施
图号 16/29
版次 V1.0
日期 2015.09
审定
项目负责人
注册建筑师
审核
校对
设计
制图
工程设计文件专用章
注册师图章
版次
修改原因
修改日期
建筑
结构
给排水
电气
暖通/燃气
教师办公室
办公室
准备室
外走廊
内庭院上空
T1楼梯
T2楼梯
T3楼梯
T4楼梯
T5楼梯
男卫
女卫
75700
51200

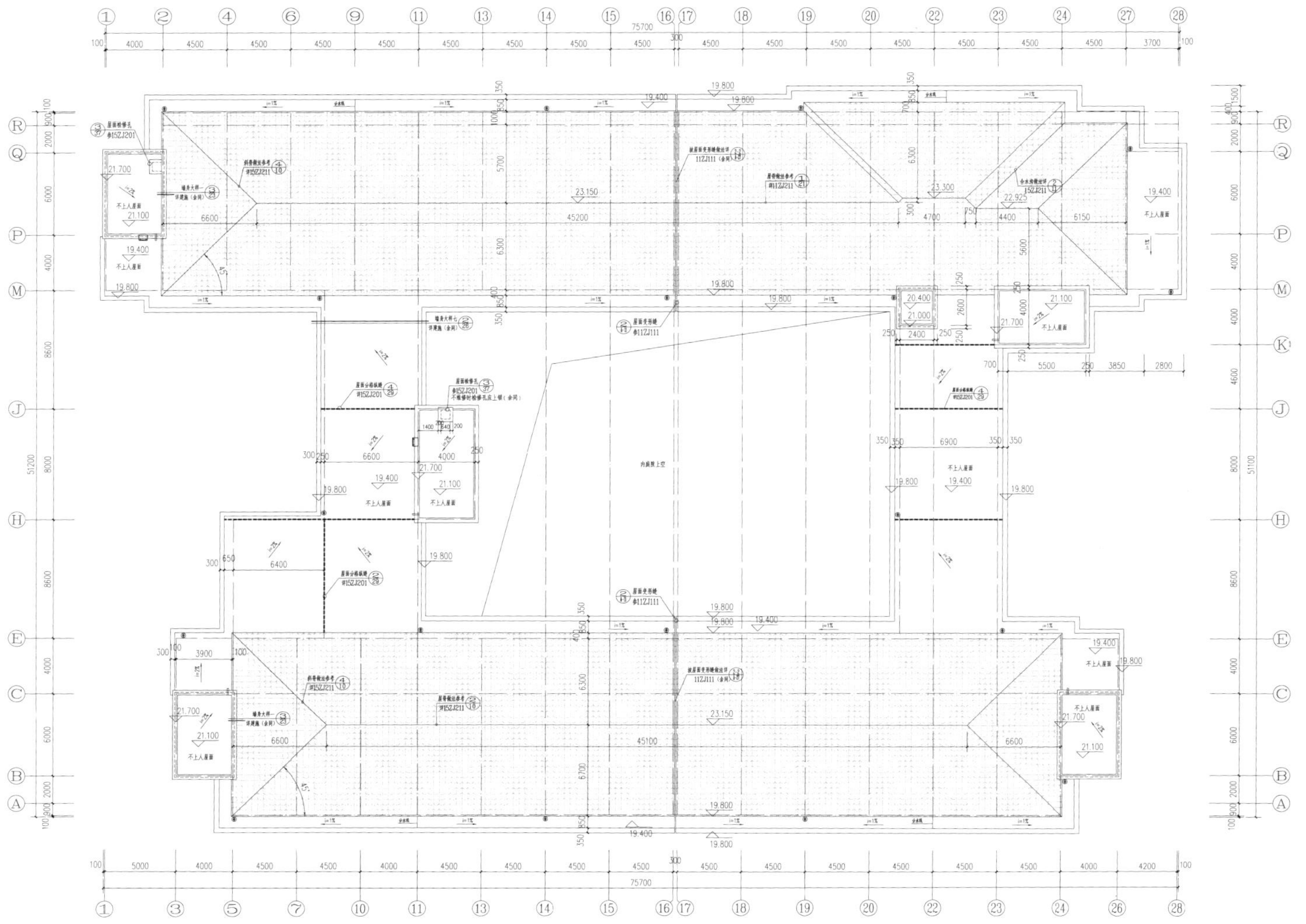

屋顶平面图 1:150

注：外天沟每隔12米需设伸缩缝一道，缝宽10mm，做法详11ZJ111(H)。

建筑 ARCHI.		
结构 STRUCT.		
给水排水 PLUMBING		
电气 ELEC.		
暖通/燃气 HVAC/GAS		

版次 EDITION No.	修改原因 REVISION REASON	修改日期 REVISION DATE

附注：
DESCRIPTIONS

1、此图纸版本归有关设计单位所有，未经书面许可切勿翻印。
2、切勿以比例量度此图，一切应依图内数字所示为准，并于现场复核尺寸。
3、所有设计图以最新版本为有效版本，所有旧版本图纸自动取消，以最新版本图纸替代。
4、使用此图应同时参照相关图纸和其他设计文件。
5、如发现有任何矛盾之处应立即通知设计单位注册建筑师和工程师。

工程设计文件专用章：
SEAL PROJECT DESIGN DOCUMENTS

注册师画章：
CERTIFIED ENGINEER STAMP

审定 APPROVAL	
项目负责人 CAPTAIN	
注册建筑师 REVIEWED BY	
审核 EXAMINE	
校对 CHECK	
设计 DESIGN	
制图 DRAWING	

建设单位 CLIENT:	××高新经济建设投资有限公司
建设地点 SITE	湘潭高新区
项目名称 PROJECT:	××·××高新实验学校
子项名称 SUB-PROJECT	小学教学楼

图名 TITLE	屋顶平面图		
档案编号 DOCUMENT No.	A1422	工程编号 DESIGNED No.	A1422
图别 DRAWING TYPE	建施	图号 DRAWING NO.	17/29
版次 EDITION No.	V1.0	日期 DATE	2015.09

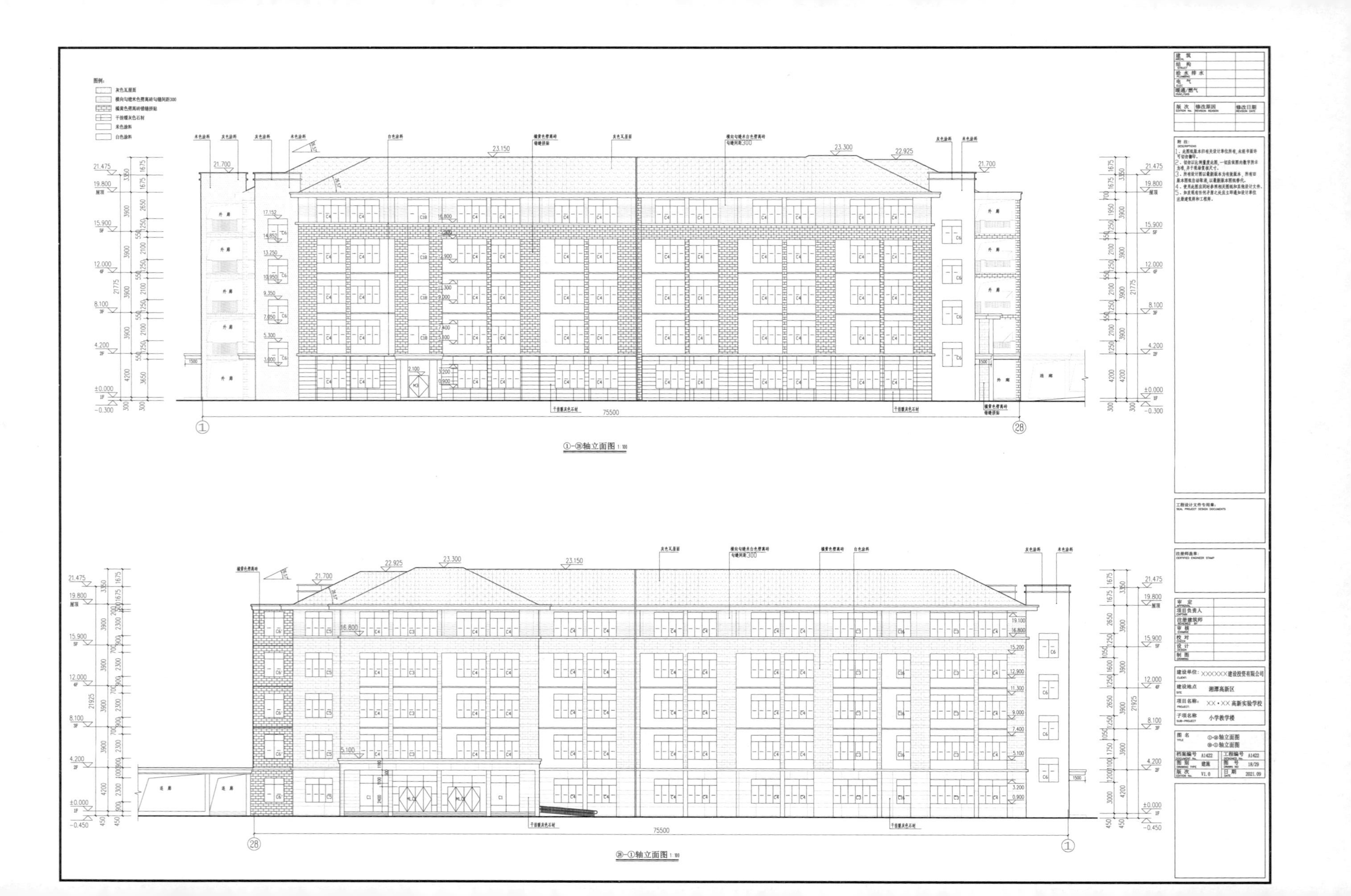

①-㉘轴立面图 1:100
㉘-①轴立面图 1:100
建设单位：XXXXXX建设投资有限公司
建设地点 湘潭高新区
项目名称：XX·XX高新实验学校
子项名称 小学教学楼
图名 ①-㉘轴立面图 ㉘-①轴立面图
档案编号 A1422
工程编号 A1422
图别 建施
图号 18/29
版次 V1.0
日期 2021.09

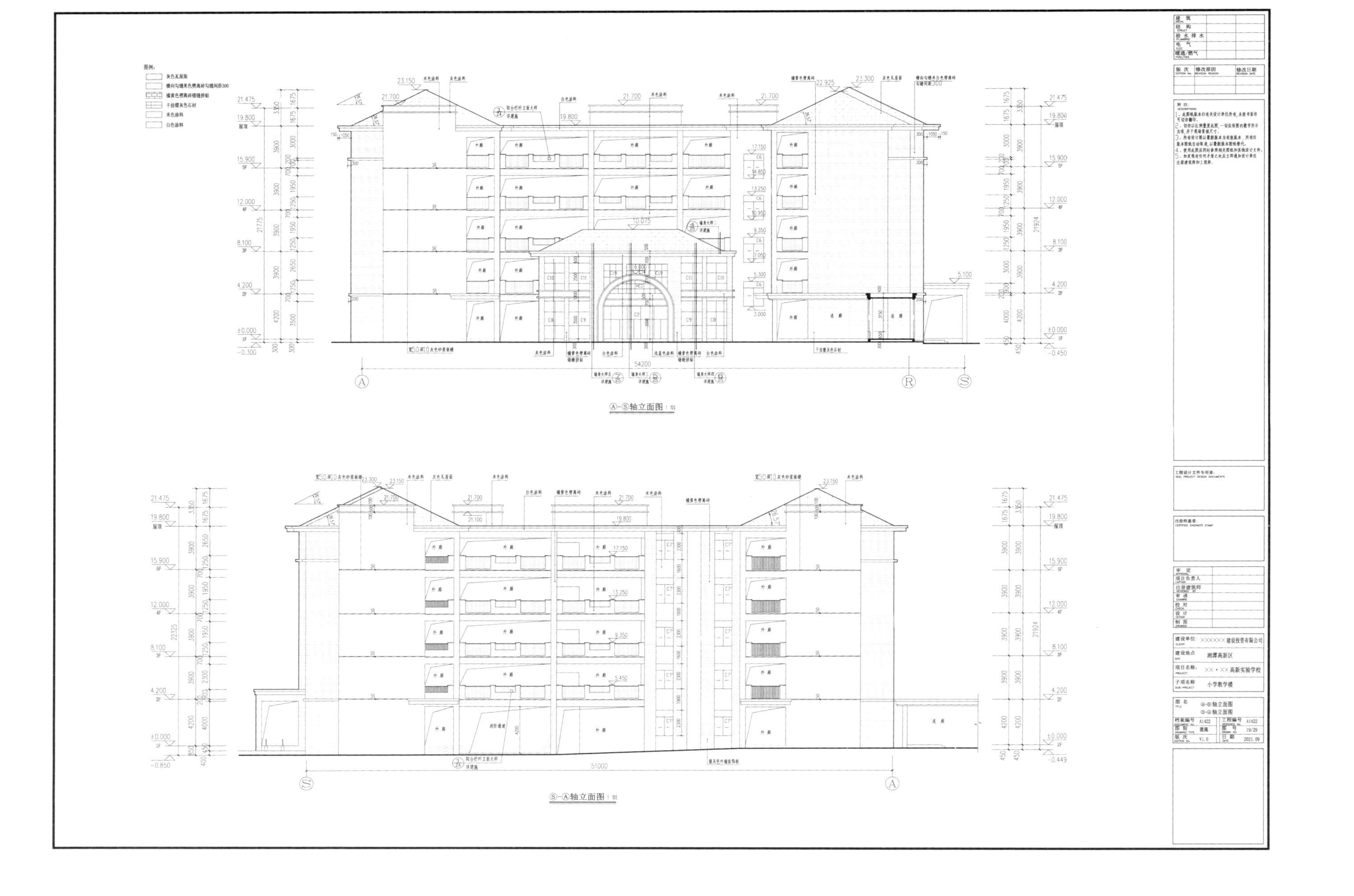
图例:
灰色瓦屋面
横向勾缝米色劈离砖勾缝间距300
橘黄色劈离砖错缝拼贴
干挂暖灰色石材
米色涂料
白色涂料
Ⓐ-Ⓢ轴立面图 1:100
Ⓢ-Ⓐ轴立面图 1:100
建筑
结构
给水排水
电气
暖通/燃气
版次
修改原因
修改日期
附注:
1. 此图纸版本归有关设计单位所有,未经书面许可切勿翻印。
2. 切勿以比例量度此图,一切应依图内数字所示为准,并于现场复核尺寸。
3. 所有设计图以最新版本为有效版本,所有旧版本图纸自动取消,以最新版本图纸替代。
4. 使用此图应同时参照相关图纸和其他设计文件。
5. 如发现有任何矛盾之处应立即通知设计单位注册建筑师和工程师。
工程设计文件专用章:
注册师盖章:
审定
项目负责人
注册建筑师
审核
校对
设计
制图
建设单位: ××××××建设投资有限公司
建设地点 湘潭高新区
项目名称: ××·××高新实验学校
子项名称 小学教学楼
图名 Ⓐ-Ⓢ轴立面图 Ⓢ-Ⓐ轴立面图
档案编号 A1422
工程编号 A1422
图别 建施
图号 19/29
版次 V1.0
日期 2021.09

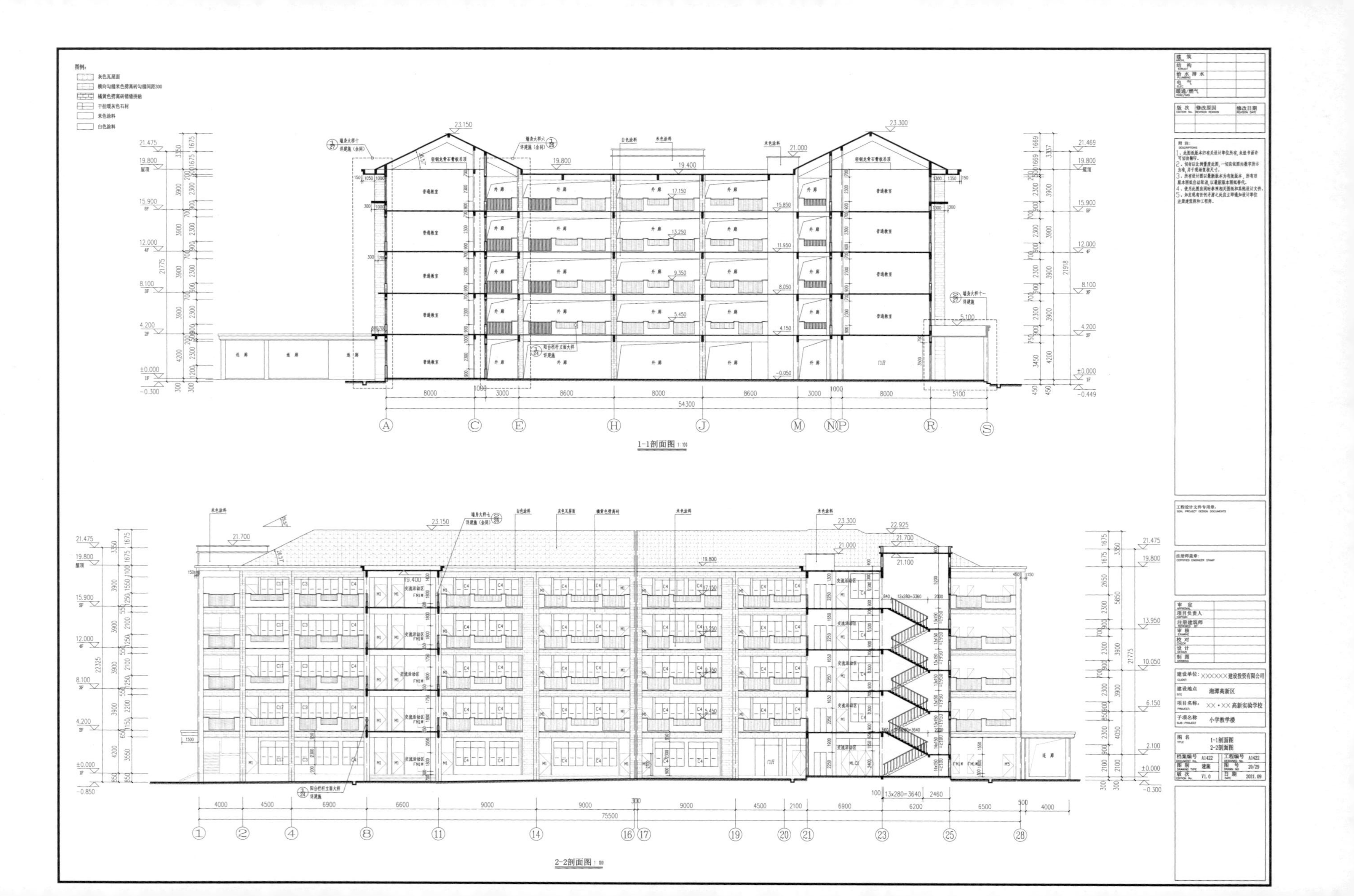

1-1剖面图 1:100
2-2剖面图 1:100
建设单位：XXXXXX建设投资有限公司
建设地点 湘潭高新区
项目名称：XX·XX高新实验学校
子项名称 小学教学楼
图名 1-1剖面图 2-2剖面图

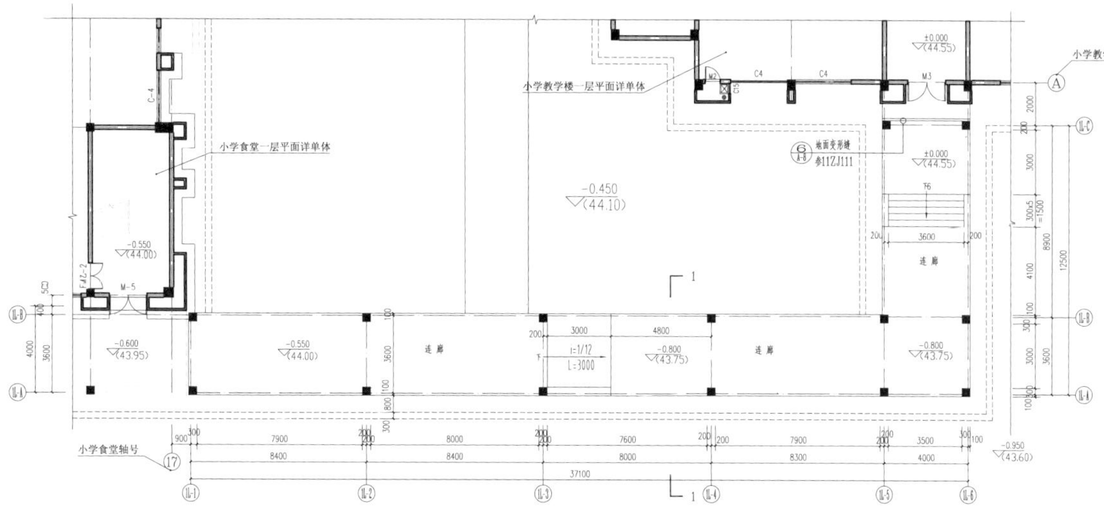

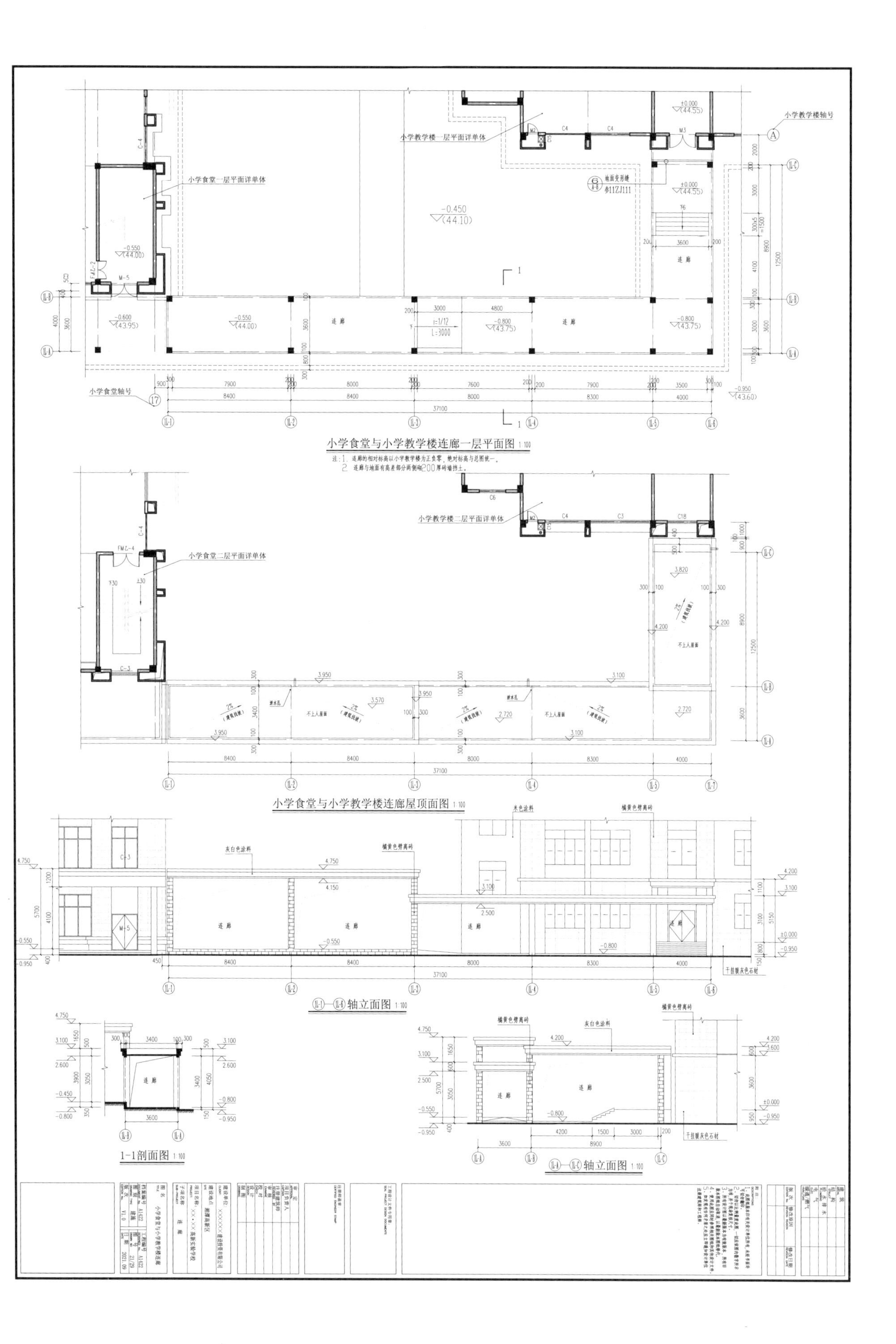

小学食堂与小学教学楼连廊一层平面图 1:100

注：1. 连廊的相对标高以小学教学楼为正负零，绝对标高与总图统一。
2. 连廊与地面有高差部分两侧砌200厚砖墙挡土。

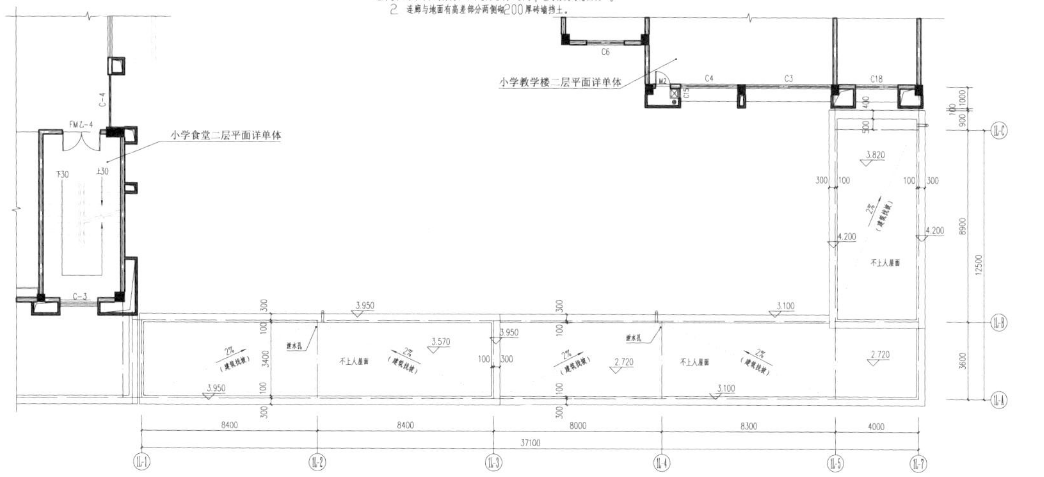

小学食堂与小学教学楼连廊屋顶面图 1:100

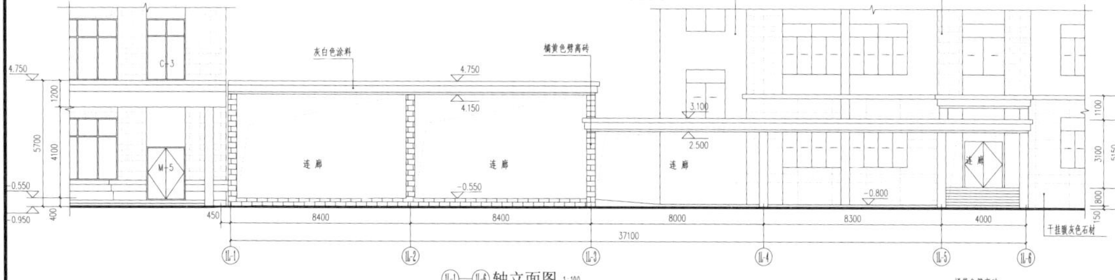

(1L-1)—(1L-6)轴立面图 1:100

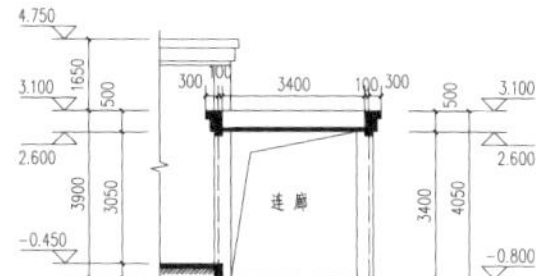

1-1剖面图 1:100

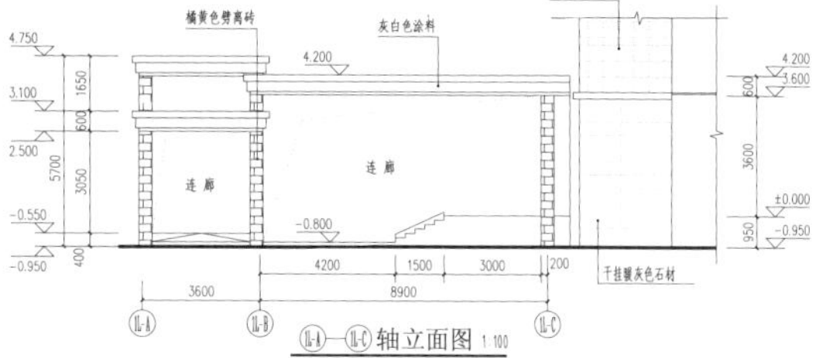

(1L-A)—(1L-C)轴立面图 1:100

图名	小学食堂与小学教学楼连廊
档案编号	A1422
工程编号	A1422
图别	建施
图号	21/29
版次	V1.0
日期	2021.09
建设单位	XXXXXX建设投资有限公司
建设地点	湘潭高新区
项目名称	XX·XX高新实验学校
子项名称	连廊

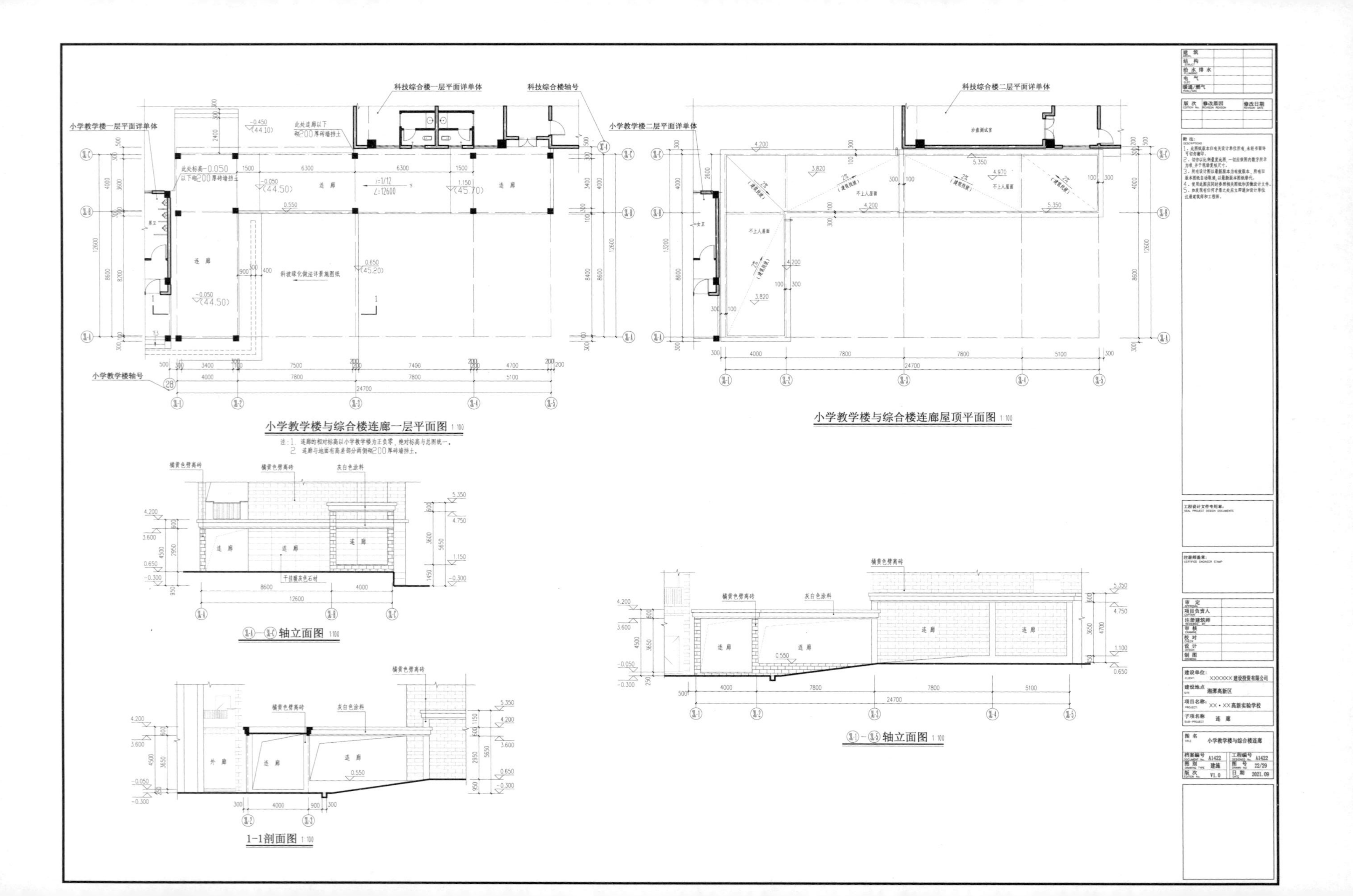

科技综合楼一层平面详单体
科技综合楼轴号
小学教学楼一层平面详单体
小学教学楼二层平面详单体
科技综合楼二层平面详单体
小学教学楼轴号
此处标高-0.050 以下砌200厚砖墙挡土
此处连廊以下砌200厚砖墙挡土
斜坡绿化做法详景施图纸
连 廊
不上人屋面
沙盘测试室
小学教学楼与综合楼连廊一层平面图 1:100
注：1. 连廊的相对标高以小学教学楼为正负零，绝对标高与总图统一。
2. 连廊与地面有高差部分两侧砌200厚砖墙挡土。
小学教学楼与综合楼连廊屋顶平面图 1:100
橘黄色劈离砖
灰白色涂料
干挂银灰色石材
轴立面图 1:100
1-1剖面图 1:100
建设单位：XXXXXX建设投资有限公司
建设地点 湘潭高新区
项目名称：XX·XX高新实验学校
子项名称 连 廊
图名 小学教学楼与综合楼连廊
档案编号 A1422
工程编号 A1422
图别 建施
图号 22/29
版次 V1.0
日期 2021.09

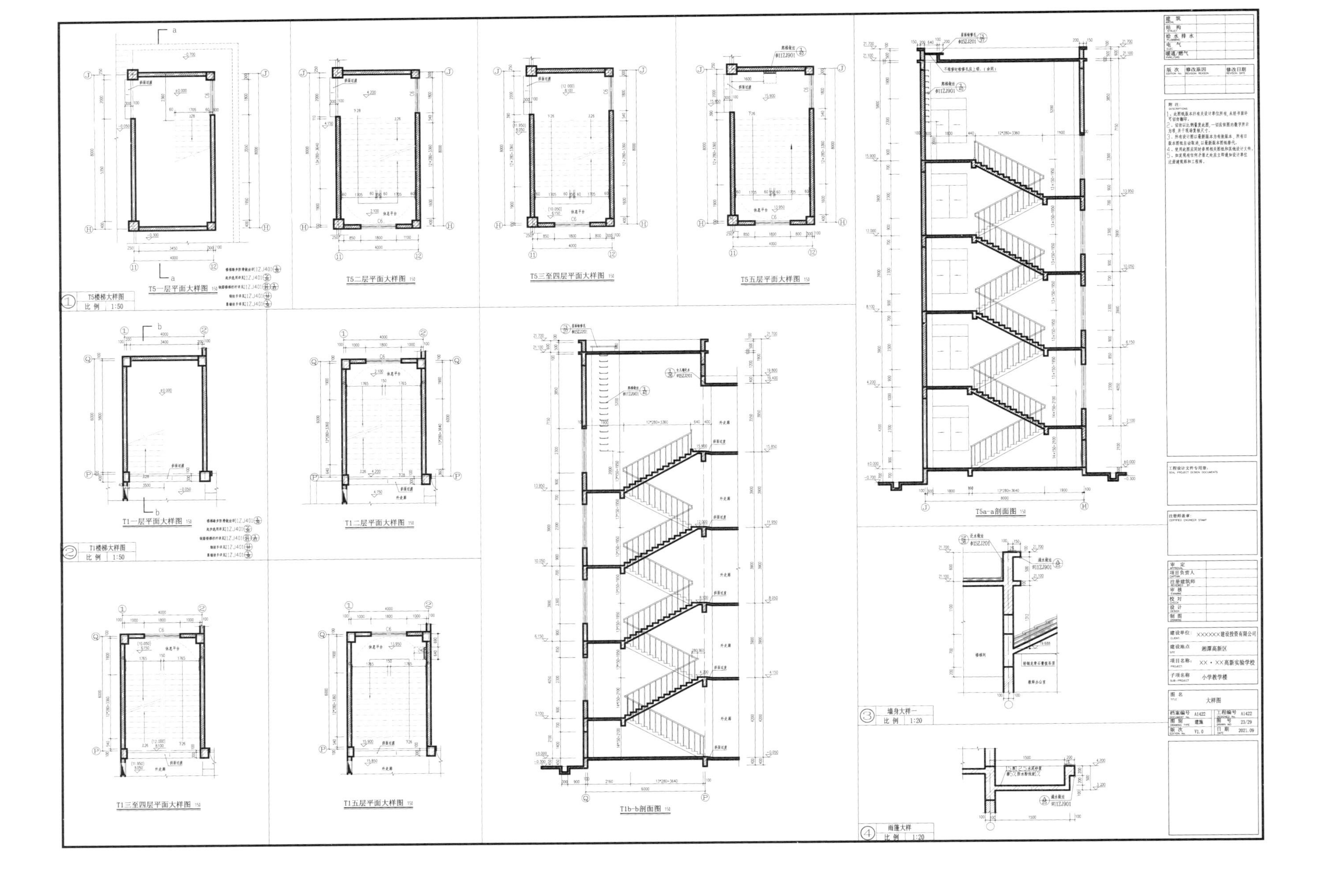

T5一层平面大样图 1:50
T5二层平面大样图 1:50
T5三至四层平面大样图 1:50
T5五层平面大样图 1:50
T5楼梯大样图
比 例 1:50
T1一层平面大样图 1:50
T1二层平面大样图 1:50
T1三至四层平面大样图 1:50
T1五层平面大样图 1:50
T1楼梯大样图
比 例 1:50
T1b-b剖面图 1:50
T5a-a剖面图 1:50
墙身大样一
比 例 1:20
雨篷大样
比 例 1:20
建设单位 XXXXXX建设投资有限公司
建设地点 湘潭高新区
项目名称 XX·XX高新实验学校
子项名称 小学教学楼
图 名 大样图
档案编号 A1422
工程编号 A1422
图 别 建施
图 号 23/29
版 次 V1.0
日 期 2021.09

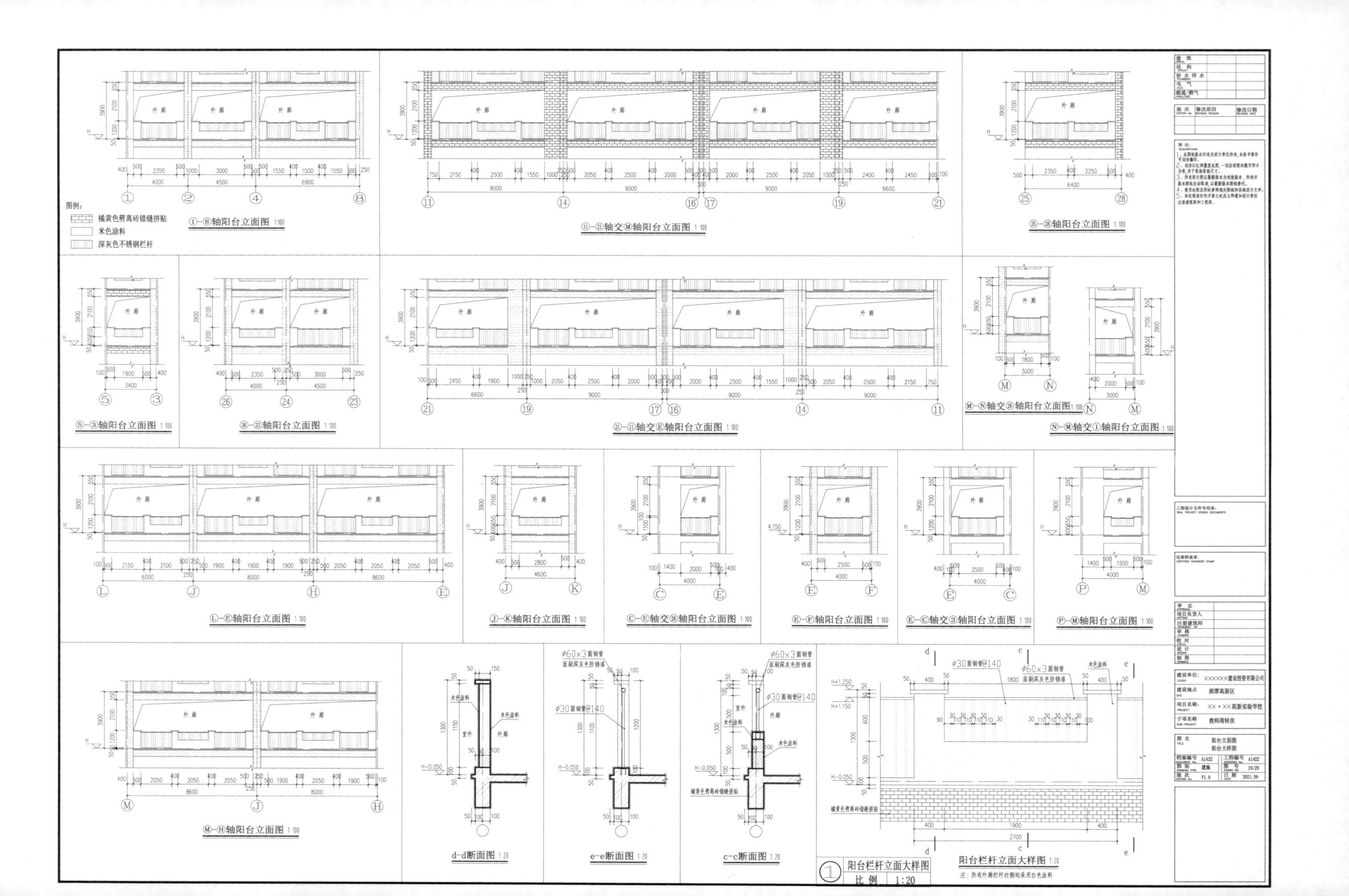

图例：
橘黄色劈离砖错缝拼贴
米色涂料
深灰色不锈钢栏杆
①-⑧轴阳台立面图 1:100
⑪-㉑轴交Ⓜ轴阳台立面图 1:100
㉕-㉘轴阳台立面图 1:100
⑤-③轴阳台立面图 1:100
㉖-㉓轴阳台立面图 1:100
㉑-⑪轴交Ⓔ轴阳台立面图 1:100
Ⓜ-Ⓝ轴交㉘轴阳台立面图 1:100
Ⓝ-Ⓜ轴交①轴阳台立面图 1:100
Ⓛ-Ⓔ轴阳台立面图 1:100
Ⓙ-Ⓚ轴阳台立面图 1:100
Ⓒ-Ⓔ轴交㉖轴阳台立面图 1:100
Ⓔ-Ⓕ轴阳台立面图 1:100
Ⓔ-Ⓒ轴交③轴阳台立面图 1:100
Ⓟ-Ⓜ轴阳台立面图 1:100
Ⓜ-Ⓗ轴阳台立面图 1:100
d-d断面图 1:20
e-e断面图 1:20
c-c断面图 1:20
φ60×3圆钢管
面刷深灰色防锈漆
φ30圆钢管@140
米色涂料
室外
外廊
橘黄色劈离砖错缝拼贴
阳台栏杆立面大样图 1:20
注：所有外廊栏杆内侧均采用白色涂料
① 阳台栏杆立面大样图
比 例 1:20
建设单位：XXXXXX建设投资有限公司
建设地点 湘潭高新区
项目名称：XX • XX高新实验学校
子项名称 教师周转房
图 名 阳台立面图 阳台大样图
档案编号 A1422
工程编号 A1422
图 别 建施
图 号 24/29
版 次 V1.0
日 期 2021.09

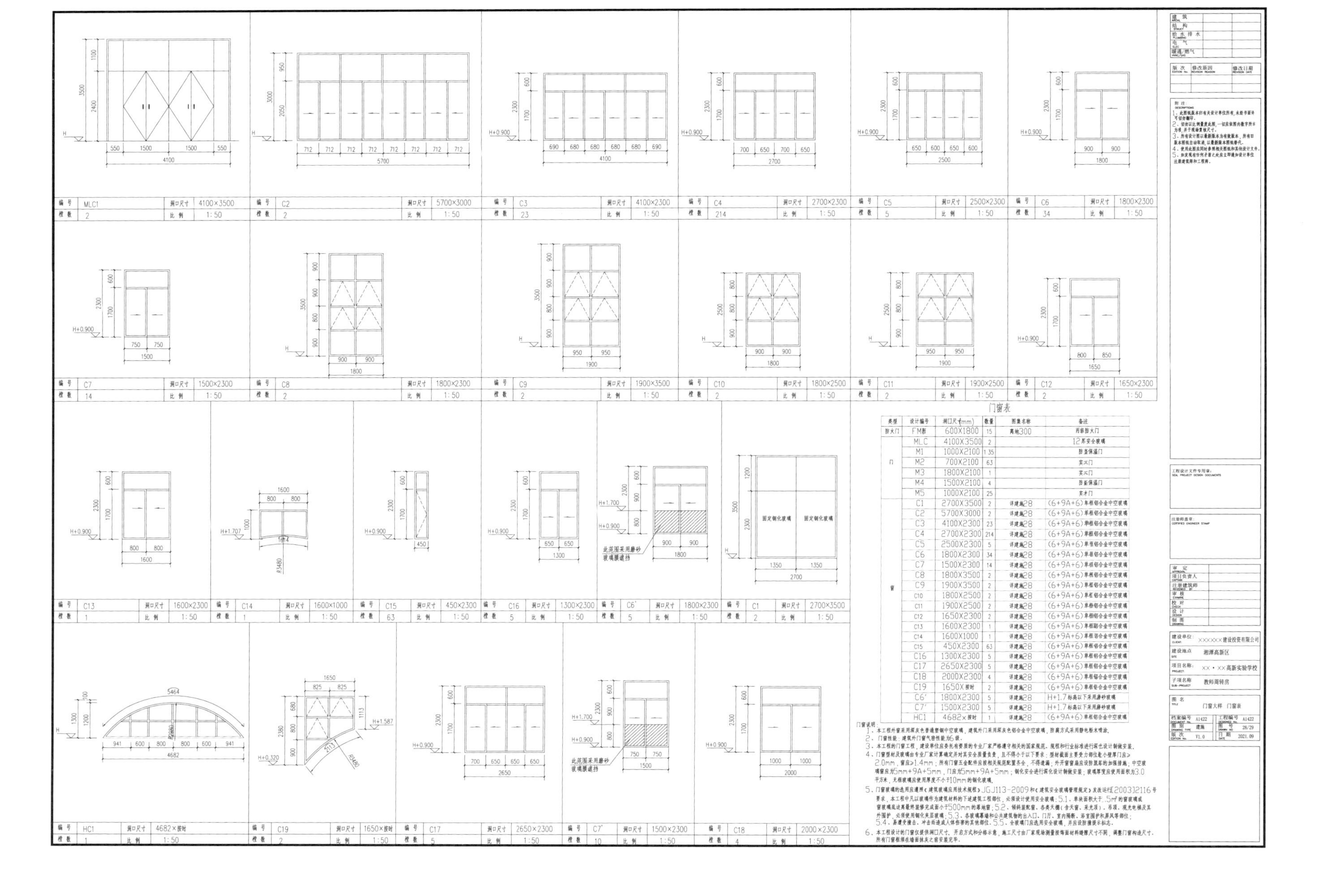

门窗表

类型	设计编号	洞口尺寸(mm)	数量	图集名称	备注
防火门	FM甲	600X1800	15	离地300	丙级防火门
门	MLC	4100X3500	2		12厚安全玻璃
	M1	1000X2100	135		防盗保温门
	M2	700X2100	63		实木门
	M3	1800X2100	1		实木门
	M4	1500X2100	4		防盗保温门
	M5	1000X2100	25		实木门
窗	C1	2700X3500	2	详建施28	(6+9A+6)单框铝合金中空玻璃
	C2	5700X3000	2	详建施28	(6+9A+6)单框铝合金中空玻璃
	C3	4100X2300	23	详建施28	(6+9A+6)单框铝合金中空玻璃
	C4	2700X2300	214	详建施28	(6+9A+6)单框铝合金中空玻璃
	C5	2500X2300	5	详建施28	(6+9A+6)单框铝合金中空玻璃
	C6	1800X2300	34	详建施28	(6+9A+6)单框铝合金中空玻璃
	C7	1500X2300	14	详建施28	(6+9A+6)单框铝合金中空玻璃
	C8	1800X3500	2	详建施28	(6+9A+6)单框铝合金中空玻璃
	C9	1900X3500	2	详建施28	(6+9A+6)单框铝合金中空玻璃
	C10	1800X2500	2	详建施28	(6+9A+6)单框铝合金中空玻璃
	C11	1900X2500	2	详建施28	(6+9A+6)单框铝合金中空玻璃
	C12	1650X2300	2	详建施28	(6+9A+6)单框铝合金中空玻璃
	C13	1600X2300	1	详建施28	(6+9A+6)单框铝合金中空玻璃
	C14	1600X1000	1	详建施28	(6+9A+6)单框铝合金中空玻璃
	C15	450X2300	63	详建施28	(6+9A+6)单框铝合金中空玻璃
	C16	1300X2300	5	详建施28	(6+9A+6)单框铝合金中空玻璃
	C17	2650X2300	5	详建施28	(6+9A+6)单框铝合金中空玻璃
	C18	2000X2300	4	详建施28	(6+9A+6)单框铝合金中空玻璃
	C19	1650X按时	2	详建施28	(6+9A+6)单框铝合金中空玻璃
	C6′	1800X2300	5	详建施28	H+1.7标高以下采用磨砂玻璃
	C7′	1500X2300	5	详建施28	H+1.7标高以下采用磨砂玻璃
	HC1	4682×按时	1	详建施28	(6+9A+6)单框铝合金中空玻璃

门窗说明：

1、本工程外窗采用深灰色普通塑钢中空玻璃，建筑外门采用深灰色铝合金中空玻璃，防腐方式采用静电粉末喷涂。

2、门窗性能：建筑外门窗气密性能为6级。

3、本工程的门窗工程，建设单位应委托有资质的专业厂家严格遵守相关的国家规范、规程和行业标准进行深化设计制做安装。

4、门窗型材及玻璃由专业厂家计算确定并对其安全质量负责，且不得小于以下要求：型材截面主要受力部位最小壁厚门应>2.0mm，窗应>1.4mm；所有门窗五金配件应按相关规范配置齐全，不得遗漏；外开窗窗扇应设防脱落的加强措施；中空玻璃窗应为5mm+9A+5mm，门应为5mm+9A+5mm；钢化安全进行深化设计制做安装；玻璃厚度应使用面积为3.0平方米，无框玻璃应使用厚度不小于10mm的钢化玻璃。

5、门窗玻璃的选用应遵照《建筑玻璃应用技术规程》JGJ113-2009和《建筑安全玻璃管理规定》发改运行[2003]2116号要求，本工程中凡以玻璃作为建筑材料的下述建筑工程部位，必须设计使用安全玻璃：5.1、单块面积大于1.5m²的窗玻璃或窗玻璃底边离最终装修完成面小于500mm的落地窗；5.2、倾斜装配窗、各类天棚（含天窗、采光顶）、吊顶、观光电梯及其外围护，必须使用钢化夹层玻璃；5.3、各玻璃幕墙和公共建筑物的出入口、门厅、室内隔断、浴室围护和屏风等部位；5.4、易遭受撞击、冲击而造成人体伤害的其他部位。5.5、全玻璃门应选用安全玻璃，并应设防撞提示标志。

6、本工程设计的门窗仅提供洞口尺寸、开启方式和分格示意，施工尺寸由厂家现场测量按饰面材料缝隙尺寸不同，调整门窗构造尺寸。所有门窗框须在墙面抹灰之前安装完毕。

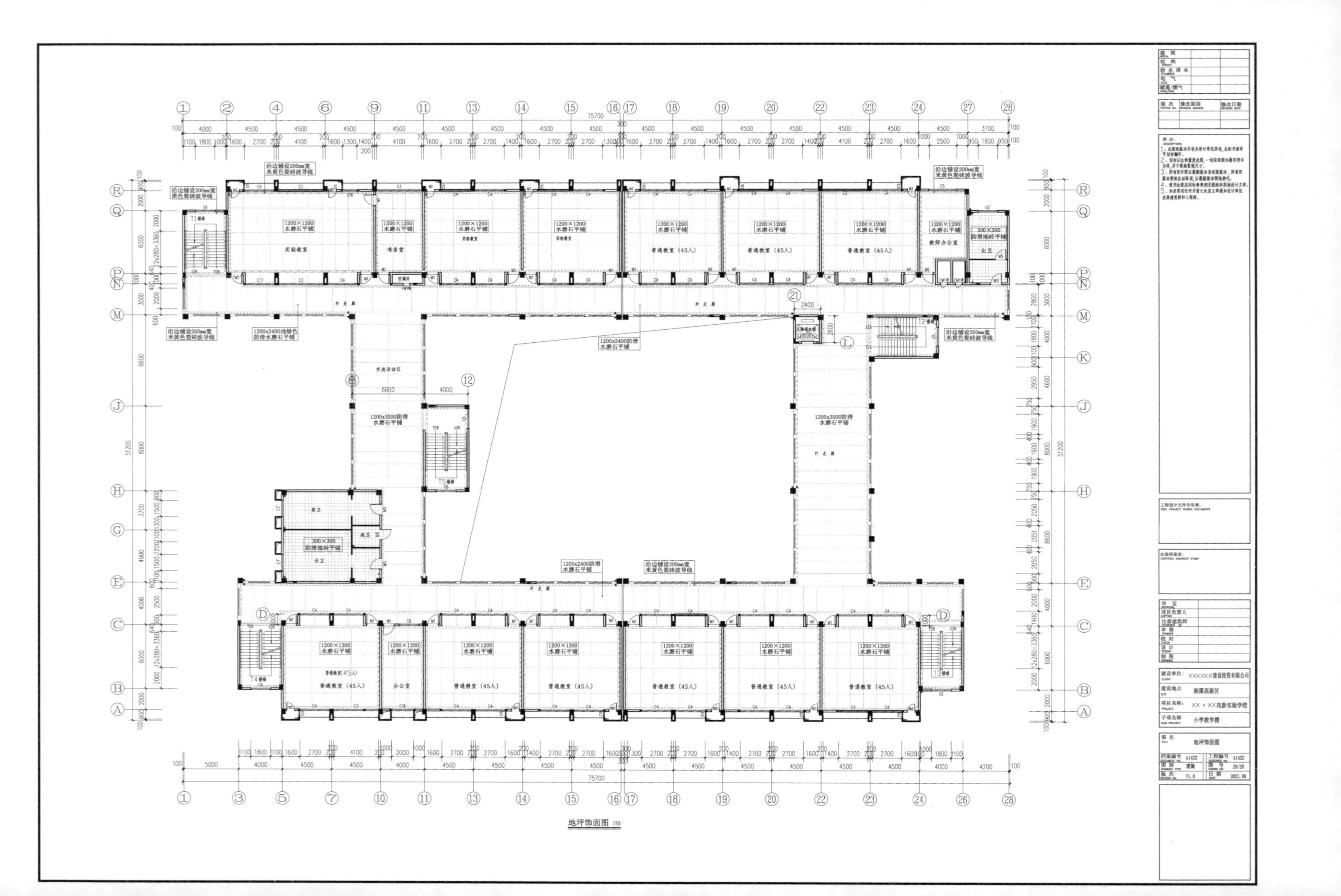
地坪饰面图
1200×1200
水磨石平铺
实验教室
准备室
普通教室（45人）
教师办公室
办公室
男卫
女卫
外走廊
1200x3000防滑
1200x2400防滑
沿边铺设200mm宽
米黄色瓷砖波导线
75700
51200
XXXXXX建设投资有限公司
湘潭高新区
XX・XX高新实验学校
小学教学楼

参考文献

[1] 钟彦锋．新技术和新材料在建筑设计中的应用 [J]. 科学技术创新，2020（22）：136-137.

[2] 刘杰．建筑设计中新技术和新材料的应用探微 [J]. 城市建设理论研究（电子版），2019（31）：55+51. DOI：10.19569/j.cnki.cn119313/tu.201931044.

[3] 孙琦．浅谈建筑设计中新技术和新材料的应用 [J]. 建材与装饰，2020（01）：105-106.

[4] 钟育彬．建筑设计中新技术和新材料的应用探讨 [J]. 低碳世界，2021，11（03）：135-136. DOI：10.16844/j.cnki.cn10-1007/tk.2021.03.065.

图书在版编目（CIP）数据

建筑施工图设计 / 陈芳，廖雅静主编；隆正前，徐婧，李晓琳副主编 .— 北京：中国建筑工业出版社，2021.9（2023.9 重印）
住房和城乡建设部“十四五”规划教材 全国住房和城乡建设职业教育教学指导委员会建筑与规划类专业指导委员会规划推荐教材 高等职业教育建筑与规划类“十四五”数字化新形态教材
ISBN 978-7-112-26801-6

Ⅰ.①建… Ⅱ.①陈… ②廖…③隆…④徐…⑤李… Ⅲ.①建筑制图—高等职业教育—教材 Ⅳ.①TU204.2

中国版本图书馆 CIP 数据核字（2021）第 211116 号

本教材内容依据 2016 年版全国《建筑工程设计文件编制深度规定》等相关文件，按照建筑施工图设计工作流程，遵循高职学生成长规律和认知特点编写。全书共分 5 个模块、18 个单元，内容包括：建筑工程设计工作概述、建筑专业设计工作、建筑设计与建筑师“精神”、建筑施工图设计一般要求、总平面图、平面图、立面图、剖面图、建筑详图、建筑设计总说明、建筑消防设计专篇、建筑节能设计专篇、绿色建筑设计专篇、装配式建筑设计专篇、质量通病防治设计与人防工程设计等其他专篇、建筑施工图设计综合实训任务书、实训指导书以及建筑专业施工图实例。

本教材可作为高等职业教育建筑与规划类专业教材，也可供土建类学科其他专业作为教材使用，也可作为岗位培训教材，还可供土建工程技术人员作为工作手册参考使用。

为更好地支持本课程的教学，我们向使用本书的教师免费提供教学课件，有需要者请与出版社联系，邮箱：jckj@cabp.com.cn，电话：01058337285，建工书院：http://edu.cabplink.com。

责任编辑：杨 虹 周 觅
书籍设计：康 羽
责任校对：李美娜 赵 菲

住房和城乡建设部“十四五”规划教材
全国住房和城乡建设职业教育教学指导委员会
建筑与规划类专业指导委员会规划推荐教材
高等职业教育建筑与规划类“十四五”数字化新形态教材
建筑施工图设计
主 编 陈芳 廖雅静
副主编 隆正前 徐婧 李晓琳
主 审 吴国雄
*
中国建筑工业出版社出版、发行（北京海淀三里河路 9 号）
各地新华书店、建筑书店经销
北京雅盈中佳图文设计公司制版
北京盛通印刷股份有限公司印刷
*
开本：787 毫米 ×1092 毫米 1/16 印张：$15^3/_4$ 字数：289 千字
2021 年 11 月第一版 2023 年 9 月第三次印刷
定价：**49.00** 元（赠教师课件）
ISBN 978-7-112-26801-6
（38612）